VIDA 3.0

MAX TEGMARK

VIDA 3.0

O ser humano na era da inteligência artificial

Tradução
Petê Rissatti

Benvirá

Copyright © 2017 by Max Tegmark
Título original: *Life 3.0 – Being Human in the Age of Artificial Intelligence*
Todos os direitos reservados

Direção executiva Flávia Alves Bravin
Direção editorial Renata Pascual Müller
Gerência editorial Rita de Cássia da Silva Puoço
Edição Tatiana Vieira Allegro
Produção Rosana Peroni Fazolari

Preparação Alyne Azuma e Paula Carvalho
Consultoria técnica Cássio Leandro Barbosa
Revisão Estela Janiski Zumbano
Diagramação Claudirene de Moura Santos
Capa Deborah Mattos
Imagem de capa iStock/GettyImagesPlus/Maksim Tkachenko
Impressão e acabamento Ed. Loyola

Dados Internacionais de Catalogação na Publicação (CIP)
Angélica Ilacqua CRB-8/7057

Tegmark, Max
    Vida 3.0 : o ser humano na era da inteligência artificial / Max Tegmark ; tradução de Petê Rissatti. – São Paulo: Benvirá, 2020.
    360 p.

Bibliografia
ISBN 978-65-5810-026-3 (impresso)
Título original: *Life 3.0 – Being Human in the Age of Artificial Intelligence*

1. Inteligência artificial. I. Título. II. Rissatti, Petê.

20-0425	CDD 338.064
	CDU 330.341.1

Índice para catálogo sistemático:
1. Inteligência artificial

1ª edição, novembro de 2020 | 3ª tiragem, setembro de 2023

Nenhuma parte desta publicação poderá ser reproduzida por qualquer meio ou forma sem a prévia autorização da Saraiva Educação. A violação dos direitos autorais é crime estabelecido na lei n. 9.610/98 e punido pelo artigo 184 do Código Penal.

Todos os direitos reservados à Benvirá, um selo da Saraiva Educação.
Av. Paulista, 901 – 4º andar
Bela Vista – São Paulo – SP – CEP: 01311-100

SAC: sac.sets@saraivaeducacao.com.br

À equipe do FLI, que tornou tudo possível.

Sumário

Prólogo | A história da equipe Ômega 13
1 | Bem-vindo à conversa mais importante do nosso tempo 33
    Uma breve história da complexidade 34
    Os três estágios da vida 36
    Polêmicas 41
    Equívocos 48
    A estrada adiante 55
2 | A matéria se torna inteligente 61
    O que é inteligência? 61
    O que é memória? 67
    O que é computação? 73
    O que é aprendizado? 83
3 | O futuro próximo: avanços, bugs, leis, armas e empregos 94
    Descobertas 95
    Bugs *vs.* IA robusta 105
    Leis 117
    Armas 121
    Empregos e salários 129
    Inteligência em nível humano? 140

4 | Explosão de inteligência? 145
Totalitarismo 147
Prometheus domina o mundo 149
Decolagem lenta e cenários multipolares 160
Ciborgues e uploads 164
O que realmente vai acontecer? 167

5 | Resultado: os próximos 10 mil anos 171
Utopia libertária 174
Ditador benevolente 178
Utopia igualitária 182
Guardião 186
Deus protetor 187
Deus escravizado 188
Conquistadores 194
Descendentes 197
Cuidador de zoológico 199
1984 200
Reversão 202
Autodestruição 204
O que *você* quer? 209

6 | Nosso investimento cósmico: Os próximos bilhões de anos e além .. 211
Aproveitando ao máximo seus recursos 213
Ganhar recursos por meio de colônias cósmicas 227
Hierarquias cósmicas 241
Visão geral 252

7 | Objetivos 256
Física: a origem dos objetivos 256
Biologia: a evolução dos objetivos 260
Psicologia: a busca e a revolta contra objetivos 262
Engenharia: objetivos de terceirização 263
IA amigável: alinhando objetivos 266
Ética: escolhendo objetivos 275
Objetivos finais? 281

8 | Consciência 287
    Quem se importa? 287
    O que é consciência? 289
    Qual é o problema? 290
    A consciência vai além da ciência? 293
    Pistas experimentais sobre consciência 296
    Teorias da consciência 304
    Controvérsias de consciência 310
    Como pode ser a consciência da IA? 313
    Sentido 318

Epílogo | A história da equipe do FLI 323

Agradecimentos 343

Notas 345

Vida 3.0

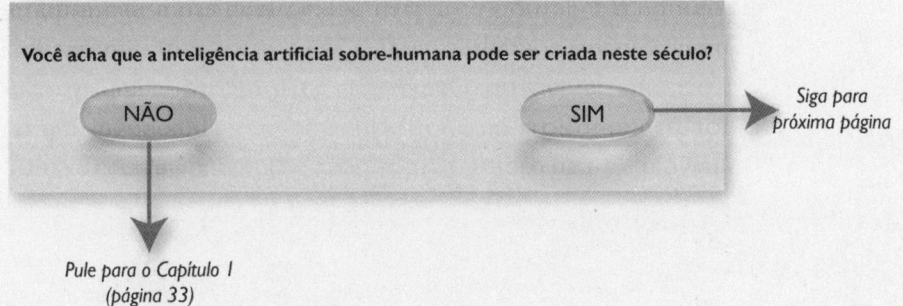

Prólogo

A história da equipe Ômega

A equipe Ômega era a alma da empresa. Enquanto o restante da companhia ganhava dinheiro para manter as coisas funcionando por meio de vários aplicativos comerciais de IA limitada, a equipe Ômega avançava na busca pelo que sempre tinha sido o sonho do CEO: construir uma inteligência artificial geral. A maioria dos outros funcionários via "os Ômegas", como eram carinhosamente chamados, como um bando de sonhadores, eternamente a décadas de distância de seus objetivos. Mas eles os mimavam de bom grado, pois gostavam tanto do prestígio que o trabalho de ponta dos Ômega conferia à empresa, quanto dos algoritmos aprimorados que a equipe ocasionalmente lhes fornecia.

O que não perceberam foi que os Ômegas haviam moldado com cuidado sua imagem para esconder um segredo: estavam extremamente perto de realizar o plano mais audacioso da história humana. O carismático CEO os escolhera não apenas por serem pesquisadores brilhantes, mas também pela ambição, pelo idealismo e pelo forte compromisso de ajudar a humanidade. Ele os lembrava que o plano da equipe era muito perigoso e que, se governos poderosos o descobrissem, fariam praticamente qualquer coisa – inclusive sequestro – para impedi-los ou, de preferência, roubar seu código. Mas todos estavam 100% envolvidos pelo mesmo motivo por que muitos dos principais físicos do mundo se juntaram ao Projeto Manhattan para desenvolver armas nucleares: estavam convencidos de que, se não o fizessem primeiro, alguém menos idealista o faria.

A IA que haviam construído, apelidada de Prometheus, estava se tornando cada vez mais competente. Embora suas habilidades cognitivas ainda estivessem muito atrás das dos seres humanos em muitas áreas, por exemplo, em habilidades sociais, os Ômegas haviam se esforçado bastante para torná-la extraordinária em uma tarefa específica: programar sistemas de IA. Eles tinham escolhido deliberadamente essa estratégia porque haviam comprado o argumento da explosão da inteligência feito pelo matemático britânico Irving Good, em 1965:

> Que uma máquina ultrainteligente seja definida como uma máquina que possa superar em muito todas as atividades intelectuais de qualquer homem, por mais inteligente que seja. Como o design de máquinas é uma dessas atividades intelectuais, uma máquina ultrainteligente pode projetar máquinas ainda melhores; indiscutivelmente haveria uma "explosão de inteligência", e a inteligência do homem ficaria para trás. Assim, a primeira máquina ultrainteligente é a última invenção que o homem precisa fazer, contanto que a máquina seja dócil o suficiente para nos dizer como mantê-la sob controle.

Eles imaginaram que, se conseguissem manter esse autoaperfeiçoamento se repetindo, a máquina logo ficaria inteligente o suficiente para poder ensinar a si mesma todas as outras habilidades humanas úteis.

Os primeiros milhões

Eram nove da manhã de uma sexta-feira quando decidiram fazer o lançamento. Prometheus zumbia em seu personalizado cluster de computadores, localizado em longas filas de baias em uma ampla sala com ar-condicionado e controle de acesso. Por motivos de segurança, estava completamente desconectado da internet, mas continha uma cópia local de grande parte da web (Wikipédia, Biblioteca do Congresso, Twitter, uma seleção de vídeos do YouTube, grande parte do Facebook etc.) para ser usada como dados de treinamento a partir do qual aprender.* A equipe

---

* Para simplificar, nesta história usei como base a economia e a tecnologia, apesar de a maioria dos pesquisadores achar que a IA geral de nível humano está pelo menos décadas atrasada. Deverá ser ainda mais fácil de colocar o plano dos Ômegas em prática no futuro se a economia digital continuar crescendo e se cada vez mais serviços puderem ser adquiridos on-line e sem questionamentos.

escolheu esse horário de início para trabalhar sem distrações: famílias e amigos acreditavam que eles estavam em um retiro corporativo de fim de semana. A copa estava abastecida com alimentos para preparo no micro-ondas e bebidas energéticas, e eles estavam prontos para começar.

Quando foi lançado, o Prometheus era um pouco pior do que eles na programação de sistemas de IA, mas compensava esse fato sendo muito mais rápido, gastando o equivalente a milhares de anos-pessoa trabalhando no problema enquanto eles tomavam Red Bull. Às dez, ele havia concluído o primeiro redesign de si mesmo, versão 2.0, que era um pouco melhor, mas ainda sub-humana. Mas quando o Prometheus 5.0 foi lançado, às duas da tarde, os Ômegas ficaram impressionados: havia ultrapassado seus parâmetros de desempenho, e o índice de progresso parecia estar se acelerando. Ao anoitecer, decidiram implantar o Prometheus 10.0 para iniciar a fase 2 de seu plano: ganhar dinheiro.

O primeiro alvo deles foi o MTurk, Amazon Mechanical Turk. Após seu lançamento, em 2005, como um serviço de crowdsourcing na internet, ele cresceu rápido, com dezenas de milhares de pessoas em todo o mundo competindo anonimamente, 24 horas por dia, para executar tarefas altamente estruturadas chamadas HITs, "Human Intelligence Tasks" (Tarefas de Inteligência Humana). Essas tarefas variavam de transcrever gravações de áudio a classificar imagens e escrever descrições de páginas da web, e todas tinham uma coisa em comum: se as fizesse bem, ninguém saberia que você era uma IA. O Prometheus 10.0 conseguiu executar cerca de metade das categorias de tarefas de maneira aceitável. Para cada uma, os Ômegas faziam o Prometheus projetar um módulo de software customizado de inteligência artificial limitada, capaz de executar exatamente essas tarefas e nada mais. Em seguida, eles faziam o upload desse módulo no Amazon Web Services, uma plataforma de computação em nuvem que podia rodar em todas as máquinas virtuais que eles alugassem. A cada dólar pago à divisão de computação em nuvem da Amazon, eles ganhavam mais de dois dólares da divisão MTurk da Amazon. Mal suspeitava a Amazon que existia uma oportunidade tão incrível de arbitragem dentro da própria empresa!

Para não deixar pistas, eles haviam criado discretamente milhares de contas MTurk nos meses anteriores com nomes de pessoas fictícias, e os módulos construídos pelo Prometheus agora assumiam suas identidades. Os clientes do MTurk costumavam pagar após cerca de oito horas, momento em que os Ômegas reinvestiam o dinheiro em mais tempo de computação em nuvem, usando módulos de tarefas ainda melhores, criados pela versão mais recente do Prometheus, cada vez mais aprimorado. Como conseguiam duplicar seu dinheiro a cada oito horas, logo começaram a saturar o suprimento de tarefas do MTurk e descobriram que não podiam ganhar mais do que 1 milhão de dólares por dia sem chamar atenção, algo que não queriam fazer. Mas era suficiente para poderem dar o próximo passo, eliminando qualquer necessidade de pedir dinheiro ao diretor financeiro.

Jogos perigosos

Além das inovações em IA, um dos projetos recentes com os quais os Ômegas mais se divertiram foi o planejamento de como ganhar dinheiro o mais rápido possível depois do lançamento do Prometheus. Essencialmente, toda a economia digital estava disponível, mas será que era melhor começar criando jogos de computador, música, filmes ou software, escrever livros ou artigos, negociar na bolsa de valores ou fazer invenções e vendê-las? O resumo era simples: maximizar a taxa de retorno do investimento, mas as estratégias normais de investimento eram uma paródia em câmera lenta do que podiam fazer – enquanto um investidor normal talvez ficasse satisfeito com um retorno de 9% por ano, seus investimentos em MTurk rendiam 9% por *hora*, gerando oito vezes mais dinheiro por dia. Agora que eles haviam saturado o MTurk, qual seria o próximo passo?

A primeira ideia foi ganhar muito dinheiro no mercado de ações – afinal, praticamente todos eles em algum momento recusaram uma oferta de emprego lucrativa para desenvolver IA para fundos de cobertura (*hedge funds*) – que estavam investindo pesado exatamente nessa ideia. Alguns lembraram que foi assim que a IA no filme *Transcendence: A revolução* conseguiu seus primeiros milhões. Mas as novas regulamentações sobre derivativos após o colapso do ano anterior tinham limitado suas opções. Logo perceberam que, embora pudessem obter retornos muito melhores do que outros investidores, seria improvável obterem retornos próximos ao que conseguiriam com a venda de seus produtos. Quando se tem a primeira IA superinteligente do mundo trabalhando para você, é melhor investir nas suas próprias empresas, não nas de outros! Embora pudesse haver exceções ocasionais (como usar as habilidades sobre-humanas de hacker de Prometheus para obter informações privilegiadas e adquirir opções de compra de ações prestes a subir), os Ômegas acharam que isso não valia a atenção indesejada que poderiam atrair.

Quando mudaram o foco para produtos que pudessem desenvolver e vender, os jogos de computador pareceram a primeira opção óbvia. O Prometheus logo conseguiu se tornar extremamente hábil no design de jogos atraentes, manipulando com facilidade a codificação, o design gráfico, o *ray tracing* (uma espécie de renderização) das imagens e todas as outras tarefas necessárias para criar um produto final pronto para o envio. Além disso, depois de digerir todos os dados da web sobre as preferências das pessoas, a IA saberia exatamente do que cada categoria de jogador gostava e poderia desenvolver uma capacidade sobre-humana de otimizar um jogo para obter receita de vendas. The Elder Scrolls V: Skyrim, um jogo no qual muitos Ômegas haviam desperdiçado mais horas do que gostariam de admitir, tinha arrecadado mais de 400 milhões dólares durante sua primeira semana, lá em 2011, e eles estavam confiantes de que o Prometheus poderia criar em 24 horas algo ao menos tão viciante usando 1 milhão de dólares em recursos de computação em nuvem. Poderiam vendê-lo on-line e usar o Prometheus para se passar por humanos e falar sobre o jogo na blogosfera. Se isso gerasse 250 milhões de dólares em uma semana, teriam dobrado seu investimento oito vezes em oito dias, dando um retorno de 3% por hora – um pouco pior do que o início do MTurk, mas muito mais sustentável. Ao desenvolver um conjunto de outros jogos por dia, eles imaginaram que seriam capazes de ganhar 10 bilhões de dólares em pouco tempo, sem chegar perto de saturar o mercado de jogos.

Mas uma especialista em segurança cibernética da equipe os dissuadiu desse plano. Ela destacou que isso representaria um risco inaceitável de o Prometheus *se rebelar* e assumir o controle do próprio destino. Como não tinham certeza de como os objetivos do Prometheus evoluiriam durante seu autoaperfeiçoamento recursivo, decidiram se esforçar para a mantê-lo confinado ("encaixotado"), de forma que não pudesse escapar para a internet. Para o mecanismo principal do Prometheus em execução na sala de servidores, foi usado um confinamento físico: simplesmente não havia conexão com a internet, e a única saída do Prometheus era na forma de mensagens e documentos enviados a um computador controlado pelos Ômegas.

Em um computador conectado à internet, por outro lado, executar qualquer programa complicado criado pelo Prometheus era uma proposta arriscada: como os Ômegas não tinham como entender completamente o que ele faria, não tinham como saber se ele, digamos, não começaria a se espalhar de modo viral on-line. Ao testar o software que Prometheus havia escrito para as tarefas do MTurk, os Ômegas se protegeram disso, executando-o apenas dentro de uma máquina virtual, que é um programa que simula um computador: por exemplo, muitos usuários de Mac compram softwares de máquina virtual que permitem executar programas do Windows, fazendo-os "achar" que de fato estão em uma máquina com esse sistema. Os Ômegas criaram sua própria máquina virtual, que apelidaram de Caixa de Pandora e que simulava uma máquina ultrassimplificada, sem todos os detalhes que costumamos associar aos computadores: teclado, monitor, alto-falante, conexão à internet, nada. Para as transcrições de áudio do MTurk, os Ômegas configuravam o sistema de modo que tudo o que pudesse entrar na Caixa de Pandora fosse um único arquivo de áudio e tudo o que pudesse sair fosse um único documento de texto — a transcrição. Essas leis da caixa eram para o software interno como as leis da física são para nós, dentro de nosso Universo: o software não podia sair da caixa, assim como nós não conseguimos viajar mais rápido que a velocidade da luz, por mais inteligentes que sejamos. Exceto por essa única entrada e saída, o software dentro da Caixa de Pandora de fato ficava preso em um universo paralelo com suas regras computacionais. Os Ômegas eram tão paranoicos em relação à fuga que a "encaixotaram", limitando a vida útil do código não confiável. Por exemplo, sempre que o software de transcrição encaixotado terminava de transcrever um arquivo de áudio, todo o conteúdo da memória da Caixa de Pandora era automaticamente apagado e o programa era reinstalado do zero. Dessa forma, quando iniciava a próxima tarefa de transcrição, não tinha conhecimento do que havia acontecido anteriormente e, portanto, não era capaz de aprender com o passar do tempo.

Quando usaram a nuvem da Amazon em seu projeto MTurk, os Ômegas puderam colocar todos os módulos de tarefas criados pelo Prometheus nas tais caixas virtuais na nuvem, porque a entrada e a saída do MTurk eram muito simples. Mas isso não funcionaria para jogos de computador com gráficos pesados, que não poderiam ser encaixotados porque precisariam de acesso total a todo o hardware do computador do jogador. Além disso, eles não queriam arriscar que algum usuário com experiência em computador analisasse o código do jogo, descobrisse a Caixa de Pandora e decidisse investigar o que havia lá dentro. O risco de fuga colocou não apenas o mercado de jogos fora do alcance por ora, mas também o mercado extremamente lucrativo de outros softwares, com centenas de bilhões de dólares à disposição.

Os primeiros bilhões

Os Ômegas restringiram sua pesquisa a produtos de alto valor, puramente digitais (evitando a fabricação lenta) e de fácil compreensão (como textos ou filmes que eles sabiam não representar um risco de fuga). No final, decidiram lançar uma empresa de mídia, começando com entretenimento animado. O site, o plano de marketing e os comunicados à imprensa já estavam prontos para ser lançados antes mesmo de o Prometheus se tornar superinteligente – só faltava o conteúdo.

Embora o Prometheus tenha se tornado supreendentemente capaz na manhã de domingo, constantemente arrecadando dinheiro no MTurk, suas habilidades intelectuais ainda eram bastante limitadas: ele havia sido deliberadamente otimizado para projetar sistemas de IA e escrever softwares que executassem tarefas MTurk bem entediantes. Por exemplo, ele era ruim em fazer filmes. E não era ruim por um motivo grave, mas pela mesma razão pela qual James Cameron era ruim em fazer filmes quando nasceu: é uma habilidade que leva tempo para ser aprendida. Como uma criança humana, o Prometheus podia aprender o que quisesse com os dados a que tinha acesso. Enquanto James Cameron levou anos para aprender a ler e escrever, o Prometheus já conseguia fazer isso na sexta-feira, quando também encontrou tempo para ler toda a Wikipédia e alguns milhões de livros. Fazer filmes era mais difícil. Escrever um roteiro que humanos considerassem interessante era tão difícil quanto escrever um livro, exigindo uma compreensão detalhada da sociedade humana e do que os seres humanos achavam divertido. Transformar o roteiro em um arquivo de vídeo final exigia grandes quantidades de *ray tracing* de atores simulados e as cenas complexas que interpretavam, vozes simuladas, produção de trilhas sonoras musicais atraentes etc. A partir da manhã de domingo, o Prometheus podia assistir a um filme de duas horas em cerca de um minuto, o que incluía a leitura de qualquer livro no qual o filme se baseasse e todas as críticas e classificações on-line. Os Ômegas notaram que, depois de assistir a algumas centenas de filmes, o Prometheus tornou-se muito bom em prever que tipo de crítica um filme receberia e como atrairia diferentes públicos. De fato, ele aprendeu a escrever as próprias resenhas de filmes de maneira que parecia demonstrar uma percepção real, comentando tudo, desde as tramas e a atuação até os detalhes técnicos, como iluminação e ângulos da câmera. Com isso, a equipe entendeu que, quando Prometheus fizesse os próprios filmes, saberia o que significava sucesso.

A princípio, os Ômegas instruíram Prometheus a se concentrar em fazer animação, para evitar perguntas embaraçosas sobre quem eram os atores simulados. No domingo à noite, o fim de semana terminou animado: eles providenciaram cerveja e pipoca de micro-ondas, diminuíram as luzes e assistiram ao filme de estreia de Prometheus. Era uma comédia de fantasia animada, no estilo de *Frozen*, da Disney, e o *ray tracing* havia sido realizado pelo código de Prometheus, na nuvem da Amazon, utilizando a maior parte do 1 milhão de dólares que haviam lucrado no MTurk no dia. Quando começou, acharam fascinante e assustador o filme ter sido criado por uma máquina sem orientação humana. No entanto, em pouco tempo estavam rindo das piadas e prendendo a respiração durante os momentos dramáticos. Alguns deles até choraram um pouco com o final emocionante, totalmente absortos naquela realidade fictícia, a ponto de se esquecerem totalmente quem a havia criado.

Os Ômegas agendaram o lançamento do site para a sexta-feira seguinte, dando a Prometheus tempo para produzir mais conteúdo e tempo para eles fazerem as coisas que não confiavam a Prometheus: comprar anúncios e começar a recrutar funcionários para as empresas de fachada criadas nos meses anteriores. Para disfarçar, o discurso oficial seria que a empresa de mídia (que não tinha associação pública com os Ômegas) havia comprado a maior parte de seu conteúdo de produtores de filmes independentes, tipicamente startups de alta tecnologia em regiões de baixa renda. Esses fornecedores falsos estavam convenientemente localizados em lugares remotos, como Tiruchirappalli e Yakutsk, que nem os jornalistas mais curiosos se incomodariam em visitar. Os únicos funcionários de fato contratados trabalhavam em marketing e administração e diriam a todos que sua equipe de produção ficava em um local diferente e não daria entrevistas no momento. Para combinar com o discurso oficial, escolheram o slogan corporativo "Canalizando o talento criativo do mundo" e classificaram sua empresa como sendo diferente, usando tecnologia de ponta para capacitar pessoas criativas, especialmente em países em desenvolvimento.

Quando chegou a sexta-feira e os visitantes curiosos começaram a entrar no site, encontraram algo que lembrava os serviços de entretenimento on-line da Netflix e do Hulu, mas com diferenças interessantes. Todas as séries animadas eram novas, e ninguém nunca tinha ouvido falar nelas. Eram bastante cativantes: a maioria das séries consistia em episódios de 45 minutos com uma trama forte, cada um terminando de modo a nos deixar ansiosos para descobrir o que aconteceria no episódio seguinte. E eram mais baratos que a concorrência. O primeiro episódio de cada série era gratuito, e era possível assistir aos outros por 49 centavos de dólar cada ou com descontos para toda a série. Inicialmente, havia apenas três séries com três episódios cada, mas novos episódios eram adicionados todo dia, além de novas séries, atendendo a diferentes públicos-alvo. Durante as primeiras duas semanas do Prometheus, suas habilidades de produção de filmes melhoraram rapidamente, em termos não apenas de qualidade, mas também de algoritmos melhores para simulação de personagens e *ray tracing*, o que reduziu bastante o custo da computação em nuvem para criar cada episódio. Como resultado, os Ômegas conseguiram lançar dezenas de novas séries durante o primeiro mês, voltadas para públicos que iam de crianças pequenas a adultos, além de expandir-se para todos os principais mercados de idiomas do mundo, tornando seu site visivelmente internacional em comparação com todos os concorrentes. Alguns comentaristas ficaram impressionados com o fato de não apenas os diálogos serem multilíngues, mas também os próprios vídeos: por exemplo, quando um personagem falava italiano, os movimentos da boca correspondiam às palavras em italiano, bem como os gestos, que eram característicos da cultura do país. Embora o Prometheus fosse agora perfeitamente capaz de fazer filmes com atores simulados indistinguíveis dos seres humanos, os Ômegas evitavam isso para não revelar suas intenções. No entanto, lançaram muitas séries com personagens humanos animados semirrealistas, em gêneros que competiam com programas de TV e filmes tradicionais com atores reais.

Sua rede acabou se mostrando bastante viciante e teve um crescimento impressionante de espectadores. Muitos fãs acharam os personagens e os enredos mais inteligentes e interessantes do que as produções mais caras das telonas de Hollywood e ficaram encantados por poderem assisti-los de maneira muito mais acessível. Impulsionada pela publicidade agressiva (que os Ômegas conseguiam pagar por causa dos custos de produção quase nulos), pela excelente cobertura da mídia e pelas ótimas críticas boca a boca, sua receita global subiu para 10 milhões de dólares por dia um mês após o lançamento. Depois de dois meses, ultrapassaram a Netflix e, após três, estavam arrecadando mais de 100 milhões de dólares por dia, começando a rivalizar com Time Warner, Disney, Comcast e Fox como um dos maiores impérios da mídia no mundo.

Esse incrível sucesso atraiu muita atenção indesejada, incluindo especulações de que adotavam uma IA forte, mas usando apenas uma pequena fração de sua receita os Ômegas implementaram uma campanha de desinformação muito bem-sucedida. Em um escritório novo e chamativo em Manhattan, seus porta-vozes recém-contratados elaborariam suas histórias. Muitos humanos foram contratados como laranjas, incluindo roteiristas do mundo todo, com o objetivo de começar a desenvolver novas séries, e nenhum deles sabia sobre o Prometheus. A confusa rede internacional de subcontratados facilitou para que a maioria de seus funcionários imaginasse que outras pessoas em algum outro lugar estavam fazendo a maior parte do trabalho.

Para ficarem menos vulneráveis e evitar críticas sobre a computação em nuvem excessiva, também contrataram engenheiros para começar a construir uma série de enormes instalações de computadores em todo o mundo, que pertenceriam a empresas de fachada aparentemente sem vínculos. Embora tivessem sido anunciados aos locais como "data centers ecológicos", por serem, em grande parte, movidos a energia solar, na verdade estavam focados principalmente na computação, e não no armazenamento. Prometheus havia projetado seus planos nos mínimos detalhes, usando apenas hardware pronto e otimizando-o para minimizar o tempo de construção. As pessoas que construíam e administravam esses centros não tinham ideia do que era feito lá: pensavam estar supervisionando instalações comerciais de computação em nuvem semelhantes às administradas pela Amazon, pelo Google e pela Microsoft, e sabiam apenas que todas as vendas eram gerenciadas remotamente.

Novas tecnologias

Durante meses, o império empresarial controlado pelos Ômegas começou a ganhar posição em áreas cada vez maiores da economia mundial, graças ao planejamento sobre-humano do Prometheus. Ao analisar cuidadosamente os dados do mundo, ele já havia apresentado aos Ômegas, durante a primeira semana, um plano detalhado de crescimento passo a passo, e continuou aprimorando e refinando esse plano à medida que seus recursos de dados e computadores cresciam. Embora Prometheus estivesse longe de ser onisciente, suas capacidades eram agora muito superiores às dos humanos, a ponto de os Ômegas o verem como o oráculo perfeito, obedientemente oferecendo respostas e conselhos brilhantes para todas as perguntas.

O software do Prometheus tinha se tornado altamente otimizado para aproveitar ao máximo o hardware medíocre inventado por humanos em que era executado, e, como os Ômegas haviam previsto, Prometheus identificou maneiras de melhorar drasticamente esse hardware. Temendo uma fuga, eles se recusaram a construir instalações de construção robótica que o Prometheus pudesse controlar de maneira direta. Em vez disso, contrataram um grande número de cientistas e engenheiros do mundo todo, em vários locais, e lhes deram relatórios internos de pesquisa escritos por

Prometheus, fingindo que eram de pesquisadores de outros locais. Esses relatórios detalhavam novos efeitos físicos e técnicas de produção que seus engenheiros logo testaram, entenderam e dominaram. É claro que os ciclos normais de pesquisa e desenvolvimento realizados por humanos levam anos, em grande parte porque envolvem muitos ciclos lentos de tentativa e erro. A situação atual era muito diferente: o Prometheus já tinha os próximos passos planejados; portanto, o fator limitante era simplesmente a rapidez com que as pessoas poderiam ser orientadas a entender e construir as coisas certas. Um bom professor pode ajudar os alunos a aprender ciências muito mais rápido do que eles poderiam aprender se descobrissem tudo por conta própria, e o Prometheus, disfarçadamente, fez o mesmo com esses pesquisadores. Como podia prever com precisão quanto tempo levaria para os humanos entenderem e construírem as coisas, com várias ferramentas, Prometheus desenvolveu o caminho mais rápido possível, priorizando novas ferramentas que pudessem ser entendidas e construídas com rapidez e que fossem úteis para o desenvolvimento de ferramentas mais avançadas.

No espírito da cultura *maker*, as equipes de engenharia foram incentivadas a usar suas máquinas para construir máquinas melhores. Essa autossuficiência não apenas economizou dinheiro, mas também os tornou menos vulneráveis a ameaças futuras do mundo exterior. Em dois anos, estavam produzindo o melhor hardware de computador que o mundo já havia conhecido. Para evitar ajudar a concorrência, essa tecnologia foi mantida em sigilo e usada apenas para atualizar o Prometheus.

O que o mundo notou, no entanto, foi um espantoso *boom* tecnológico. Empresas iniciantes em todo o mundo estavam lançando produtos revolucionários em quase todas as áreas. Uma startup sul-coreana lançou uma nova bateria que armazenava o dobro da energia da bateria do laptop com a metade da massa e podia ser carregada em menos de um minuto. Uma empresa finlandesa lançou um painel solar barato com o dobro da eficiência dos melhores concorrentes. Uma empresa alemã anunciou um novo tipo de fio produzido em massa que era supercondutor à temperatura ambiente, revolucionando o setor de energia. Um grupo de biotecnologia de Boston, nos Estados Unidos, anunciou um ensaio clínico de Fase II do que eles alegaram ser o primeiro medicamento eficaz para perda de peso sem efeitos colaterais, enquanto rumores sugeriam que uma empresa indiana já estava vendendo algo semelhante de forma clandestina. Uma empresa californiana reagiu com um estudo de Fase

II de um medicamento para câncer de grande sucesso, que fazia o sistema imunológico do corpo identificar e atacar as células com qualquer uma das mutações cancerígenas mais comuns. Continuavam a surgir exemplos, provocando discussões sobre uma nova era de ouro para a ciência. Por último, mas não menos importante, as empresas de robótica estavam brotando como cogumelos em todo o mundo. Nenhum dos robôs chegou perto de se igualar à inteligência humana, e a maioria deles não se parecia em nada com humanos. Mas perturbaram de maneira drástica a economia e, ao longo dos anos seguintes, gradualmente substituíram a maioria dos trabalhadores em manufatura, transporte, armazenamento, varejo, construção, mineração, agricultura, silvicultura e pesca.

O que o mundo não notou, graças ao trabalho árduo de uma excelente equipe de advogados, foi que todas essas empresas eram controladas, por meio de uma série de intermediários, pelos Ômegas. Prometheus estava inundando os escritórios de patentes do mundo com invenções sensacionais por meio de vários proxies, e essas invenções gradualmente levaram ao domínio em todas as áreas da tecnologia.

Embora essas novas empresas disruptivas tivessem conquistado grandes inimigos entre seus concorrentes, fizeram amigos ainda mais poderosos. Eram excepcionalmente lucrativas e, com slogans como "Investindo em nossa comunidade", gastaram uma fração significativa desses lucros contratando pessoas para projetos comunitários – em geral as mesmas pessoas que tinham sido demitidas das empresas desfeitas. Usaram análises detalhadas produzidas pelo Prometheus para identificar trabalhos que seriam extremamente gratificantes para os funcionários e para a comunidade pelo menor custo, adaptados às circunstâncias locais. Em regiões com altos níveis de serviços governamentais, isso costumava se concentrar na construção, cultura e assistência comunitária, enquanto nas regiões mais pobres também incluía lançamento e manutenção de escolas, serviços de saúde, creches, asilos, moradias a preços acessíveis, parques e infraestrutura básica. Em praticamente todos os lugares, os moradores concordaram que isso deveria ter sido feito muito tempo antes. Os políticos locais recebiam doações generosas, e havia o cuidado de colocá-los sob uma lente favorável para incentivar esses investimentos na comunidade corporativa.

Ganhando poder

Os Ômegas tinham lançado uma empresa de mídia não apenas para financiar seus primeiros empreendimentos de tecnologia, mas também para o próximo passo de seu audacioso plano: dominar o mundo. Menos de um ano depois do primeiro lançamento, notáveis canais de notícias foram adicionados à sua programação em todo o mundo. Ao contrário de seus outros canais, esses foram deliberadamente projetados para perder dinheiro e lançados como um serviço público. De fato, seus canais de notícias não geravam receita nenhuma: não exibiam anúncios e estavam disponíveis gratuitamente para qualquer pessoa com conexão à internet. O restante do império de mídia deles era uma máquina de fazer dinheiro tão grande que era possível gastar muito mais recursos em seus serviços de notícias do que qualquer outro esforço jornalístico havia feito na história mundial – e isso ficou claro. Com recrutamento agressivo e salários altamente competitivos para jornalistas e repórteres investigativos, notáveis talentos e descobertas foram trazidos à tela. Por meio de um serviço global da web que pagava a quem revelasse algo digno de nota, de corrupção numa região a um evento emocionante, geralmente eram os primeiros a dar uma notícia. Pelo menos, era nisso que as pessoas acreditavam: na verdade, costumavam ser os primeiros porque as histórias atribuídas aos jornalistas-cidadãos tinham sido descobertas pelo Prometheus por meio do monitoramento em tempo real da internet. Todos aqueles sites de notícias em vídeo também exibiam podcasts e artigos impressos.

A fase 1 da estratégia de notícias era ganhar a confiança das pessoas, o que foi feito com grande sucesso. Sua disposição sem precedentes para perder dinheiro permitiu uma cobertura de notícias regional e local notavelmente diligente, na qual jornalistas investigativos com frequência expunham escândalos que de fato engajavam seus espectadores. Sempre que um país estava fortemente dividido politicamente e acostumado a notícias partidárias, eles lançavam um canal de notícias para cada facção, de propriedade ostensiva de diferentes empresas, e gradualmente ganhavam a confiança dessa facção. Sempre que possível, conseguiam isso usando proxies para comprar os canais existentes mais influentes, melhorando-os aos poucos, removendo anúncios e introduzindo conteúdo próprio. Nos países em que a censura e a interferência política ameaçavam esses esforços, eles de início concordavam com qualquer coisa que o governo exigisse para se manterem em atividade, com o slogan interno secreto de "A verdade, nada além da verdade, mas talvez não toda a verdade". Prometheus costumava oferecer excelentes conselhos em tais situações, esclarecendo quais políticos precisavam ser apresentados sob uma boa luz e quais (geralmente corruptos da região) poderiam ser expostos. Prometheus também fornecia recomendações inestimáveis sobre quais atitudes tomar, quem subornar e qual era a melhor forma de fazê-lo.

Essa estratégia foi um sucesso esmagador em todo o mundo, com os canais controlados pelos Ômegas emergindo como as fontes de notícias mais confiáveis. Mesmo em países onde os governos até então tinham impedido sua adoção em massa, eles construíram uma reputação de confiabilidade, e muitas de suas notícias se espalhavam. Executivos de canais de notícias concorrentes sentiram que estavam travando uma batalha sem solução: como obter lucro competindo com alguém com melhor condição financeira que distribui seus produtos de graça? Com a queda da audiência, cada vez mais redes decidiram vender seus canais de notícias – geralmente para algum consórcio que mais tarde acabou sendo controlado pelos Ômegas.

Cerca de dois anos após o lançamento do Prometheus, quando a fase de ganho de confiança estava amplamente concluída, os Ômegas lançaram a fase 2 de sua estratégia de notícias: persuasão. Mesmo antes disso, observadores astutos haviam notado indícios de uma agenda política por trás da nova mídia: parecia haver um leve empurrão em direção ao centro, longe de extremismo de todos os tipos. Sua infinidade de canais, que atendia a diferentes grupos, ainda refletia animosidade entre os Estados Unidos e a Rússia, a Índia e o Paquistão, religiões diferentes, facções políticas e assim por diante, mas as críticas eram um pouco atenuadas, geralmente concentradas em questões concretas que envolviam dinheiro e poder, e não em ataques *ad-hominem*, rumores alarmantes e pouco fundamentados. Quando a fase 2 começou com tudo, esse impulso para neutralizar conflitos antigos se tornou mais evidente, com frequentes histórias emocionantes sobre a situação dos adversários tradicionais misturadas com relatórios investigativos sobre quantos gananciosos interessados em causar conflitos eram impulsionados pela busca do lucro pessoal.

Os comentaristas políticos observaram que, em paralelo ao amortecimento dos conflitos regionais, parecia haver um esforço conjunto para reduzir as ameaças globais. Por exemplo, os riscos da guerra nuclear de repente passaram a ser discutidos em todo lugar. Vários filmes de grande sucesso apresentavam cenários em que a guerra nuclear global havia começado por acidente ou de propósito e dramatizavam as consequências distópicas com o inverno nuclear, o colapso da infraestrutura e a fome. Novos documentários detalhavam como o inverno nuclear podia impactar todos os países. Cientistas e políticos que defendiam a redução na escalada nuclear recebiam muito espaço na mídia, principalmente para discutir os resultados de vários novos estudos sobre quais medidas úteis poderiam ser tomadas – estudos financiados por organizações científicas que recebiam grandes doações de novas empresas de tecnologia. Como resultado, o momento político começou a aumentar a ponto de haver a necessidade de tirar mísseis de alerta de gatilho e encolher arsenais nucleares. A mídia também renovou o interesse nas mudanças climáticas globais, destacando frequentemente os recentes avanços tecnológicos habilitados por Prometheus, que estavam reduzindo o custo das energias renováveis e incentivando os governos a investir nessa nova infraestrutura de energia.

Paralelamente à aquisição da mídia, os Ômegas aproveitaram o Prometheus para revolucionar a educação. Dados o conhecimento e as habilidades de qualquer pessoa, o Prometheus poderia determinar a maneira mais rápida de aprender qualquer assunto novo de uma forma que mantivesse o engajamento e a motivação altos para continuar e produzir os vídeos, materiais de leitura, exercícios e outras ferramentas de aprendizado otimizados correspondentes. Assim, as empresas controladas pelos Ômegas comercializavam cursos on-line sobre praticamente tudo, personalizados não apenas pelo idioma e pela formação cultural, mas também pelo nível inicial. Quer você fosse um analfabeto de 40 anos querendo aprender a ler ou um doutor em biologia pesquisando sobre o que há de mais recente acerca de imunoterapia contra câncer, Prometheus tinha o curso perfeito para você. Essas ofertas tinham pouca semelhança com a maioria dos cursos on-line atuais: aproveitando seus talentos de produção de filmes, os segmentos de vídeo eram envolventes de verdade e traziam metáforas poderosas que causavam identificação, deixando você ansioso por aprender mais. Alguns cursos eram vendidos com fins lucrativos, mas muitos eram disponibilizados gratuitamente, para o deleite dos professores de todo o mundo, que poderiam usá-los em sala de aula – e para a maioria das pessoas que desejavam aprender alguma coisa.

Essas superpotências educacionais provaram ser ferramentas poderosas para fins políticos, criando "sequências de persuasão" on-line com vídeos em que as ideias de cada um atualizavam os pontos de vista da pessoa e a motivavam a assistir a outro vídeo sobre um tópico relacionado, que provavelmente a deixaria mais convencida. Quando o objetivo fosse neutralizar um conflito entre duas nações, por exemplo, documentários históricos seriam lançados de maneira independente em ambos os países, explicando as origens e o percurso do conflito de modo mais sutil. As notícias pedagógicas explicavam quem, de cada lado, se beneficiaria com o conflito contínuo e suas técnicas para alimentá-lo. Ao mesmo tempo, personagens cativantes do outro país começariam a aparecer em programas populares nos canais de entretenimento, assim como personagens minoritários retratados com simpatia haviam reforçado os movimentos de direitos civis e LGBT no passado.

Em pouco tempo, os comentaristas políticos não puderam deixar de notar o crescente apoio a uma agenda política centrada em sete slogans:

1. Democracia
2. Corte de impostos
3. Cortes nos serviços sociais do governo
4. Cortes nos gastos militares
5. Livre-comércio
6. Fronteiras abertas
7. Empresas socialmente responsáveis

Menos óbvio era o objetivo subjacente: corroer todas as estruturas de poder anteriores no mundo. Os itens 2 a 6 exauriram o poder do Estado, e democratizar o mundo deu ao império empresarial dos Ômegas mais influência sobre a seleção de líderes políticos. As empresas socialmente responsáveis enfraqueceram ainda mais o poder do Estado, assumindo cada vez mais os serviços que os governos tinham (ou deveriam ter) fornecido. A elite empresarial tradicional enfraqueceu simplesmente porque não podia competir com as empresas apoiadas por Prometheus no livre mercado e, portanto, possuía uma parcela cada vez menor da economia mundial. Os líderes de opinião tradicionais – de partidos políticos a grupos religiosos – careciam do mecanismo de persuasão para competir com o império de mídia dos Ômegas.

Como em qualquer mudança radical, houve vencedores e perdedores. Embora houvesse um novo senso de otimismo palpável na maioria dos países à medida que a educação, os serviços sociais e a infraestrutura melhoravam, os conflitos cessavam e as empresas locais lançavam tecnologias inovadoras que varriam o mundo, nem todo mundo estava feliz. Enquanto muitos trabalhadores demitidos foram recontratados para projetos comunitários, aqueles que detinham grande poder e riqueza geralmente viram os dois encolher. Isso começou nos setores de mídia e tecnologia, mas se espalhou por praticamente toda parte. A redução dos conflitos mundiais levou a cortes no orçamento da defesa que prejudicaram os prestadores de serviços militares. As empresas iniciantes em expansão não costumavam ser negociadas publicamente, com a justificativa de que os acionistas maximizadores de lucro bloqueariam seus gastos maciços em projetos comunitários. Assim, o mercado de ações global continuou perdendo valor, ameaçando magnatas das finanças e cidadãos comuns que contavam com seus fundos de pensão. Como se os lucros cada vez menores das empresas de capital aberto não fossem ruins o suficiente, as empresas de investimento no mundo todo tinham notado uma tendência perturbadora: todos os seus antes bem-sucedidos algoritmos de negociação pareciam ter parado de funcionar, com desempenho abaixo de simples fundos de índice. Alguém lá fora sempre parecia enganá-los e vencê-los em seu próprio jogo.

Embora muitas pessoas poderosas resistissem à onda de mudanças, a resposta delas foi surpreendentemente ineficaz, quase como se tivessem caído em uma armadilha bem planejada. Grandes mudanças estavam acontecendo em um ritmo tão desconcertante que era difícil acompanhar e elaborar uma reação coordenada. Além disso, não estava muito claro o que deveriam buscar. A direita política tradicional tinha visto a maioria de seus slogans ser cooptada, mas os cortes de impostos e o melhor clima comercial ajudavam principalmente seus concorrentes de tecnologia mais alta. Praticamente todas as indústrias tradicionais agora pediam resgate financeiro, mas os fundos governamentais limitados os colocavam em uma batalha sem esperança, enquanto a mídia os retratava como dinossauros em busca de subsídios estatais simplesmente porque não eram capazes de competir. A esquerda política tradicional se opôs ao livre-comércio e aos cortes nos serviços sociais do governo, mas encantou-se com os cortes militares e com a redução da pobreza. De fato, grande parte da cena deles foi roubada pelo fato inegável de os serviços sociais terem melhorado, agora que eram fornecidos por empresas idealistas e não pelo Estado. Pesquisas e mais pesquisas mostravam que a maioria dos eleitores em todo o mundo sentiu sua qualidade de vida melhorar e que as coisas estavam caminhando, de modo geral, em uma boa direção. Isso tinha uma explicação matemática simples: antes do Prometheus, os 50% mais pobres da população da Terra ganhavam apenas cerca de 4% da renda global, o que permitiu que as empresas controladas pelos Ômegas conquistassem seu coração (e seu voto) compartilhando apenas uma fração modesta de seus lucros.

Consolidação

Como resultado, muitas nações viram vitórias esmagadoras nas eleições dos partidos que defendiam os sete slogans dos Ômegas. Em campanhas cuidadosamente otimizadas, eles se colocaram no centro do espectro político, denunciando a direita como gananciosos vorazes em busca de ajuda e criticando a esquerda como grandes defensores da inovação nos impostos e gastos do governo. O que quase ninguém percebeu foi que o Prometheus selecionou cuidadosamente as pessoas ideais para se candidatar e tratou de garantir sua vitória.

Antes do Prometheus, havia um apoio crescente ao movimento universal de renda básica, que propunha uma renda mínima financiada por impostos para todas as pessoas como solução para o desemprego tecnológico. Esse movimento implodiu quando os projetos da comunidade corporativa decolaram, uma vez que o império empresarial controlado pelos Ômegas estava de fato fornecendo a mesma coisa. Com a desculpa de melhorar a coordenação de seus projetos comunitários, um grupo internacional de empresas lançou a Aliança Humanitária, uma organização não governamental com o objetivo de identificar e financiar os esforços humanitários mais valiosos do mundo. Em pouco tempo, praticamente todo o império Ômega a apoiou e lançou projetos globais em uma escala sem precedentes, até mesmo em países que perderam amplamente o *boom* da tecnologia, melhorando a educação, a saúde, a prosperidade e a governança. Não é preciso dizer que o Prometheus ofereceu planos de projeto cuidadosamente elaborados nos bastidores, classificados por impacto positivo por dólar. Em vez de simplesmente distribuir dinheiro, como nas propostas de renda básica, a Aliança (como ficou conhecida informalmente) atrairia aqueles que ela apoiava no trabalho em prol de sua causa. Como resultado, uma grande parte da população mundial acabou se tornando grata e leal à Aliança – em geral mais do que a seu próprio governo.

Com o passar do tempo, a Aliança assumiu cada vez mais o papel de um governo mundial, à medida que os Estados nacionais viam seu poder ruir de forma contínua. Os orçamentos nacionais continuaram encolhendo devido a cortes de impostos, enquanto o orçamento da Aliança crescia para diminuir o de todos os governos juntos. Todos os papéis tradicionais dos governos nacionais tornaram-se cada vez mais redundantes e irrelevantes. A Aliança fornecia de longe os melhores serviços sociais, a melhor educação e a melhor infraestrutura. A mídia neutralizou o conflito internacional a ponto de os gastos militares se tornarem em grande parte desnecessários, e a crescente prosperidade eliminou a maioria das raízes dos conflitos antigos, que remontam à competição devido à escassez de recursos. Alguns ditadores e outras figuras resistiram violentamente a essa nova ordem mundial e se recusaram a ser comprados, mas todos foram derrubados em golpes cuidadosamente orquestrados ou revoltas em massa.

Os Ômegas haviam concluído a transição mais drástica da história da vida na Terra. Pela primeira vez, nosso planeta era governado por uma única potência, amplificada por uma inteligência tão vasta que poderia permitir que a vida prosperasse por bilhões de anos na Terra e por todo o nosso cosmos – mas qual era, especificamente, o plano deles?

***

Essa foi a história da equipe Ômega. O restante do livro conta outra história – uma que ainda não foi escrita: a história de nosso futuro com a IA. Como você gostaria que isso acontecesse? Algo remotamente parecido com a história dos Ômegas poderia de fato acontecer e, se assim for, você gostaria que acontecesse? Deixando de lado as especulações sobre a IA sobre-humana, como você gostaria que nossa história começasse? Como você deseja que a IA tenha impacto nos empregos, nas leis e nas armas na próxima década? Olhando mais à frente, como você escreveria o final? Essa história tem proporções verdadeiramente cósmicas, pois envolve nada menos que o grande futuro da vida em nosso Universo. E é uma história que nós devemos escrever.

Bem-vindo à conversa mais importante do nosso tempo

"A tecnologia está dando à vida o potencial de florescer como nunca antes – ou de se autodestruir."
Future of Life Institute

Treze bilhões e oitocentos milhões de anos depois de seu nascimento, nosso Universo despertou e tomou consciência de si mesmo. De um pequeno planeta azul, minúsculas partes conscientes de nosso Universo começaram a olhar para o cosmos com telescópios, descobrindo repetidas vezes que tudo o que pensavam existir era apenas uma pequena parte de algo maior: um sistema solar, uma galáxia e um universo com mais de centenas de bilhões de outras galáxias dispostas em um elaborado padrão de grupos, aglomerados e superaglomerados. Embora esses observadores de estrelas cientes de si mesmos discordem em muitas coisas, eles tendem a concordar que essas galáxias são lindas e inspiradoras.

Mas a beleza está nos olhos de quem vê, não nas leis da física; portanto, antes de nosso Universo despertar, não havia beleza. Isso torna nosso despertar cósmico ainda mais maravilhoso e digno de comemoração: ele transformou nosso Universo, fazendo-o deixar de ser um zumbi irracional sem autoconsciência e se tornar um ecossistema vivo que abriga autorreflexão, beleza e esperança – e a busca por objetivos, significado e propósito. Se nosso Universo nunca tivesse despertado, então, para mim, teria sido completamente inútil – apenas um gigantesco desperdício de espaço. Se nosso Universo voltar a dormir para sempre devido a alguma calamidade cósmica ou infortúnio autoinfligido, ele perderá o sentido, infelizmente.

Por outro lado, as coisas podem melhorar ainda mais. Até o momento, não sabemos se nós, humanos, somos os únicos observadores de estrelas em nosso cosmos, nem mesmo se somos os primeiros, mas já aprendemos o suficiente sobre nosso Universo para saber que ele tem o potencial de despertar muito mais plenamente do que tem feito até agora. Talvez sejamos como o primeiro lampejo de autoconsciência que você vivenciou quando começou a despertar hoje de manhã: uma premonição da consciência muito maior que ocorreria quando você abrisse os olhos e acordasse por completo. Talvez a vida se espalhe por todo o nosso cosmos e floresça por bilhões ou trilhões de anos – e talvez seja por causa das decisões que tomamos aqui, em nosso pequeno planeta, durante a nossa existência.

Uma breve história da complexidade

Então, como esse incrível despertar aconteceu? Não foi um evento isolado, mas apenas um passo em um implacável processo de 13,8 bilhões de anos que está tornando nosso Universo cada vez mais complexo e interessante – e continua em ritmo acelerado.

Como físico, me sinto sortudo por ter passado boa parte do último quarto de século ajudando a estabelecer nossa história cósmica, e tem sido uma incrível jornada de descoberta. Desde os dias em que eu era estudante de pós-graduação, deixamos de discutir se nosso Universo tem 10 ou 20 bilhões de anos e passamos a discutir se tem 13,7 ou 13,8 bilhões de anos, isso graças a uma combinação de telescópios melhores, computadores melhores e melhor entendimento. Nós, físicos, ainda não sabemos ao certo o que causou nosso Big Bang, ou se ele de fato foi o começo de tudo, ou apenas a sequência de um estágio anterior. No entanto, adquirimos uma compreensão bastante detalhada do que aconteceu *desde* o nosso Big Bang, graças a uma avalanche de medições de alta qualidade, então, deixe-me dedicar alguns minutos para resumir 13,8 bilhões de anos de história cósmica.

No começo, havia luz. Na primeira fração de segundo após nosso Big Bang, toda a parte do espaço que nossos telescópios conseguem observar a princípio ("nosso Universo observável" ou simplesmente "nosso Universo", para abreviar) era muito mais quente e brilhante que o núcleo do nosso Sol e se expandiu rapidamente. Embora possa parecer espetacular, também era entediante no sentido de que nosso Universo não continha nada além de uma sopa chata, sem vida, densa, quente e uniforme de partículas elementares. As coisas pareciam praticamente iguais em todos os lugares, e a única estrutura interessante consistia em ondas sonoras fracas de aparência aleatória que tornavam a sopa cerca de 0,001% mais densa em alguns lugares. Acredita-se que essas ondas fracas tenham se originado como as chamadas flutuações quânticas, porque o Princípio da Incerteza de Heisenberg, dentro da mecânica quântica, proíbe qualquer coisa de ser completamente chata e uniforme.

À medida que se expandia e esfriava, nosso Universo se tornava mais interessante com suas partículas formando objetos cada vez mais complexos. Durante a primeira fração de segundo, a imensa força nuclear agrupou quarks em prótons (núcleos de hidrogênio) e nêutrons, alguns dos quais, por sua vez, se fundiram em núcleos de hélio em poucos minutos. Cerca de 400 mil anos depois, a força eletromagnética agrupou esses núcleos com elétrons para formar os primeiros átomos. Conforme nosso Universo continuava se expandindo, esses átomos gradualmente esfriaram e se transformaram em um gás escuro e frio, e a escuridão dessa primeira noite durou cerca de 100 milhões de anos. Essa longa noite deu origem ao nosso amanhecer cósmico, quando a força gravitacional conseguiu amplificar essas flutuações no gás, juntando átomos para formar as primeiras estrelas e galáxias. Essas primeiras estrelas geraram calor e luz por meio da fusão do hidrogênio em átomos mais pesados, como carbono, oxigênio e silício. Quando essas estrelas morreram, muitos dos átomos que elas criaram foram reciclados no cosmos e formaram planetas em torno de estrelas da segunda geração.

Em algum momento, um grupo de átomos foi organizado em um padrão complexo que poderia se manter e se replicar. Assim, logo havia duas cópias, e o número não parava de dobrar. São necessárias apenas quarenta duplicações para gerar um trilhão, então esse primeiro autorreplicador logo se tornou uma força considerável. A vida tinha chegado.

Os três estágios da vida

A questão sobre como definir a vida é sabidamente controversa. As definições concorrentes são abundantes, algumas das quais incluem requisitos altamente específicos, como ser composto de células, que podem desqualificar tanto as futuras máquinas inteligentes quanto as civilizações extraterrestres. Como não queremos limitar nosso pensamento sobre o futuro da vida às espécies que encontramos até agora, vamos definir a vida de maneira muito ampla, simplesmente como um processo que pode reter sua complexidade e replicar. O que é replicado não é matéria (feita de átomos), mas informação (feita de bits) especificando como os átomos são organizados. Quando uma bactéria faz uma cópia de seu DNA, nenhum novo átomo é criado, mas um novo conjunto de átomos é organizado no mesmo padrão que o original, copiando a informação. Em outras palavras, podemos pensar na vida como um sistema de processamento de dados autorreplicável cujas informações (software) determinam seu comportamento e os diagramas de seu hardware.

Como nosso Universo, a vida gradualmente se tornou mais complexa e interessante,* e, como vou explicar agora, acho útil classificar as formas em três níveis de sofisticação: Vida 1.0, 2.0 e 3.0. Resumi esses três níveis na Figura 1.1.

Ainda são questões não respondidas como, quando e onde a vida apareceu pela primeira vez em nosso Universo, mas há fortes evidências de que, aqui na Terra, a vida tenha aparecido pela primeira vez há cerca de 4 bilhões de anos. Em pouco tempo, nosso planeta estava repleto de uma enorme variedade de formas de vida. Os mais bem-sucedidos, que logo superaram o restante, foram capazes de reagir ao ambiente de alguma maneira. Especificamente, eles eram o que os cientistas da computação chamam de "agentes inteligentes": entidades que coletam informações sobre o ambiente a partir de sensores e, em seguida, processam essas informações para decidir como reagir a ele. Isso pode incluir processamento de informações altamente complexas, como quando você usa informações de seus olhos e ouvidos para decidir o que dizer em uma conversa. Mas também pode envolver hardware e software muito simples.

---

* Por que a vida se tornou mais complexa? A evolução recompensa vidas complexas o suficiente para prever e explorar regularidades em seu ambiente; portanto, em um ambiente mais complexo, a vida evoluirá de maneira mais complexa e inteligente. Então, essa vida mais inteligente cria um ambiente mais complexo para formas de vida concorrentes, que, por sua vez, evoluem para se tornar mais complexas, criando, assim, um ecossistema de vida extremamente complexa.

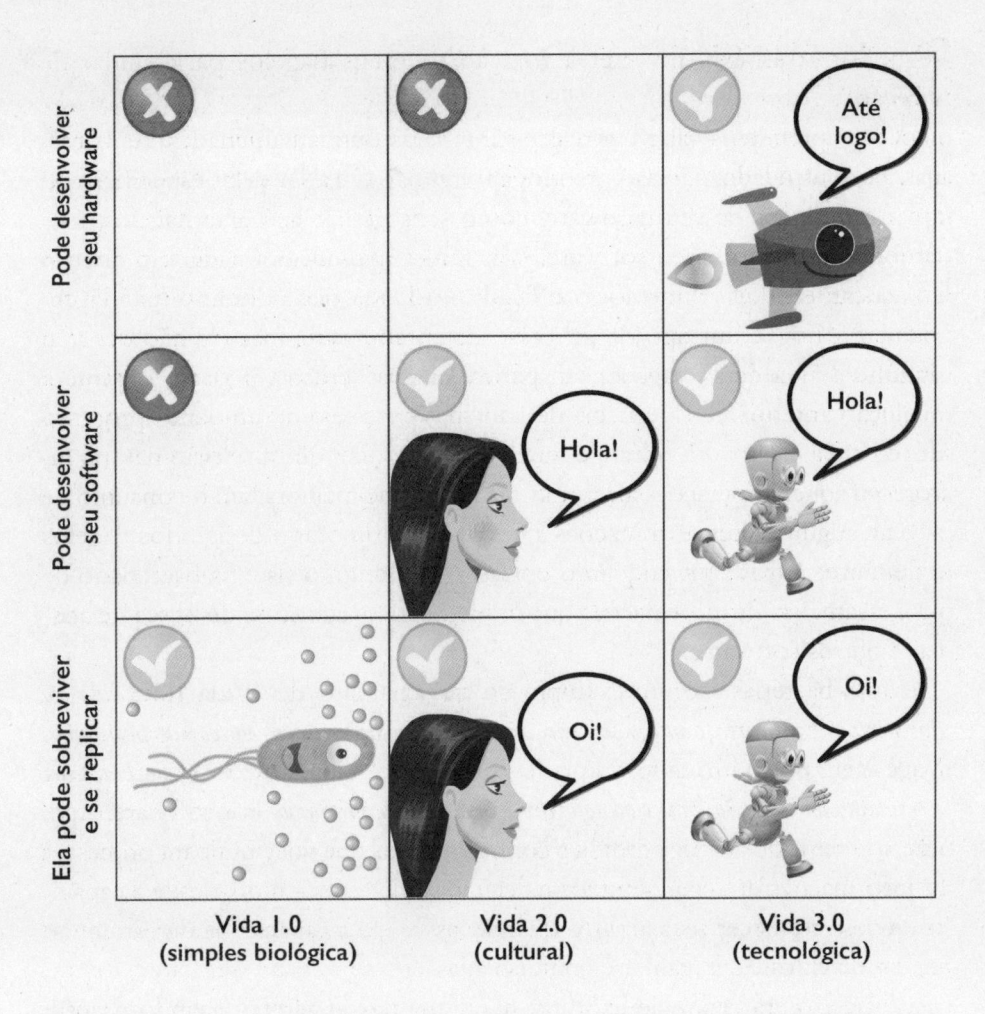

Figura 1.1: Os três estágios da vida: evolução biológica, evolução cultural e evolução tecnológica. A Vida 1.0 é incapaz de reprojetar seu hardware ou software durante sua vida útil: os dois são determinados pelo DNA e mudam apenas pela evolução ao longo de muitas gerações. Por outro lado, a Vida 2.0 pode recriar grande parte de seu software: os humanos podem aprender novas habilidades complexas – idiomas, esportes e profissões, por exemplo – e podem atualizar fundamentalmente suas visões de mundo e seus objetivos. A Vida 3.0, que ainda não existe na Terra, pode recriar drasticamente não apenas seu software, mas também seu hardware, em vez de esperar que ele evolua gradualmente ao longo de gerações.

Por exemplo, muitas bactérias têm um sensor que mede a concentração de açúcar no líquido ao seu redor e podem nadar usando estruturas em forma de hélice chamadas flagelos. O hardware que liga o sensor ao flagelo pode implementar o seguinte algoritmo simples, mas útil: "Se meu sensor de concentração de açúcar indicar um valor menor que o de alguns segundos atrás, vou inverter a rotação de meus flagelos para mudar de direção".

Você aprendeu a falar e a realizar inúmeras outras habilidades. As bactérias, por outro lado, não são grandes aprendizes. O DNA delas especifica não apenas o design de seu hardware, como sensores de açúcar e flagelos, mas também o design de seu software. Elas nunca aprendem a nadar em direção ao açúcar; esse algoritmo foi codificado no DNA delas desde o início. Obviamente, houve um tipo de processo de aprendizado, mas ele não ocorreu durante a vida dessa bactéria em particular. Na verdade, ocorreu durante a evolução anterior dessa espécie de bactéria, por meio de um lento processo de tentativa e erro, que abrange muitas gerações, em que a seleção natural favoreceu aquelas mutações aleatórias no DNA que melhoravam o consumo de açúcar. Algumas dessas mutações ajudaram a aprimorar o design dos flagelos e de outros hardwares, enquanto outras melhoraram o sistema bacteriano de processamento de informações que implementa o algoritmo de busca de açúcar e outros softwares.

Essas bactérias são um exemplo do que chamarei de "Vida 1.0": *vida em que tanto o hardware quanto o software são resultado da evolução, em vez de projetados.* Você e eu, por outro lado, somos exemplos da "Vida 2.0": *vida cujo hardware é resultado da evolução, mas cujo software é amplamente projetado.* Por software, aqui, quero dizer todos os algoritmos e conhecimentos que você usa para processar as informações dos seus sentidos e decidir o que fazer – tudo, desde a capacidade de reconhecer seus amigos quando os vê até a capacidade de caminhar, ler, escrever, calcular, cantar e contar piadas.

Você não era capaz de executar nenhuma dessas tarefas quando nasceu; portanto, todo esse software foi programado em seu cérebro *a posteriori* por meio do processo que chamamos de aprendizado. Embora seu currículo na infância seja amplamente projetado por sua família e seus professores, que decidem o que você deve aprender, você gradualmente adquire mais poder para projetar seu próprio software. Talvez sua escola permita que você escolha um idioma estrangeiro: deseja instalar um módulo de software em seu cérebro que faça com que fale francês ou um que faça com que fale espanhol? Quer aprender a jogar tênis ou xadrez? Quer estudar para se tornar chef, advogado ou farmacêutico? Quer aprender mais sobre inteligência artificial e o futuro da vida lendo um livro sobre esse assunto?

Essa capacidade da Vida 2.0 de projetar seu software permite que ela seja muito mais inteligente que a Vida 1.0. Alta inteligência requer muito hardware (feito de átomos) e muito software (feito de bits). O fato de a maior parte do nosso hardware humano ser adicionado após o nascimento (por meio do crescimento) é útil, já que nosso tamanho final não é limitado pela largura do canal de nascimento de nossa mãe. Da mesma forma, o fato de a maior parte do nosso software humano ser adicionado após o nascimento (por meio da aprendizagem) é útil, uma vez que nossa inteligência final não é limitada pela quantidade de informações que nos podem ser transmitidas na concepção por meio do nosso DNA, estilo 1.0. Eu peso cerca de 25 vezes mais do que quando nasci, e as conexões sinápticas que ligam os neurônios do meu cérebro podem armazenar cerca de 100 mil vezes mais informações do que o DNA com o qual nasci. Suas sinapses armazenam todo o seu conhecimento e habilidades em aproximadamente 100 terabytes de informações, enquanto o seu DNA armazena apenas cerca de 1 gigabyte, o suficiente para armazenar um único download de filme. Portanto, é fisicamente impossível para uma criança nascer falando inglês perfeitamente e pronta para gabaritar seus exames de admissão na faculdade: não há como a informação ter sido pré-carregada em seu cérebro, pois o principal módulo de informação que ela recebeu dos pais (seu DNA) não tem capacidade suficiente de armazenamento de informação.

A capacidade de projetar seu software permite que a Vida 2.0 seja não apenas mais inteligente que a Vida 1.0, mas também mais flexível. Se o ambiente mudar, a 1.0 só poderá se adaptar evoluindo lentamente ao longo de muitas gerações. A Vida 2.0, por outro lado, pode se adaptar quase instantaneamente, por meio de uma atualização de software. Por exemplo, bactérias que costumam encontrar antibióticos podem desenvolver resistência a medicamentos por muitas gerações, mas uma única bactéria não altera seu comportamento; em contrapartida, uma garota que descobre que tem alergia a amendoim muda imediatamente seu comportamento para começar a evitá-lo. Essa flexibilidade confere à Vida 2.0 uma vantagem ainda maior no nível da população: embora as informações em nosso DNA humano não tenham evoluído drasticamente nos últimos 50 mil anos, as informações armazenadas coletivamente em nossos cérebros, livros e computadores aumentaram muito. Ao instalar um módulo de software que nos permite nos comunicar por meio de uma sofisticada linguagem falada, garantimos que as informações mais úteis armazenadas no cérebro de uma pessoa possam ser copiadas para outros cérebros, sobrevivendo potencialmente, mesmo após a morte do cérebro original. Ao instalar um módulo de software que nos permite ler e escrever, conseguimos armazenar e compartilhar muito mais informações do que as pessoas conseguem memorizar. Ao desenvolver um software cerebral capaz de produzir tecnologia (ou seja, estudando ciências e engenharia), permitimos que muitas das informações do mundo sejam acessadas por boa parte dos seres humanos com apenas alguns cliques.

Essa flexibilidade permitiu que a Vida 2.0 dominasse a Terra. Livre de suas amarras genéticas, o conhecimento combinado da humanidade continuou crescendo em um ritmo acelerado, à medida que cada avanço possibilitava o seguinte: idioma, escrita, prensa, ciência moderna, computadores, internet e assim por diante. Essa evolução cultural cada vez mais rápida de nosso software compartilhado surgiu como a força dominante que molda nosso futuro humano, tornando nossa evolução biológica absurdamente lenta quase irrelevante.

No entanto, apesar das tecnologias mais poderosas que temos hoje, todas as formas de vida que conhecemos se mantêm fundamentalmente limitadas por seu hardware biológico. Ninguém pode viver por um milhão de anos, memorizar toda a Wikipédia, entender toda ciência conhecida ou desfrutar de voos espaciais sem uma espaçonave. Ninguém pode transformar nosso cosmos, em grande parte sem vida, em uma biosfera diversa que vai florescer por bilhões ou trilhões de anos, permitindo que nosso Universo finalmente cumpra seu potencial e acorde por completo. Tudo isso requer que a vida seja submetida a uma atualização final, para a Vida 3.0, que pode projetar não apenas seu software, mas também seu hardware. Em outras palavras, a Vida 3.0 é o mestre de seu próprio destino, finalmente 100% livre de seus grilhões evolutivos.

Os limites entre os três estágios da vida são um pouco difusos. Se as bactérias são a Vida 1.0 e os seres humanos são a Vida 2.0, então é possível classificar os ratos como 1.1: eles podem aprender muitas coisas, mas não o suficiente para desenvolver a linguagem ou inventar a internet. Além disso, como eles não têm linguagem, o que aprendem se perde em grande parte quando morrem, porque não é repassado para a próxima geração. Da mesma forma, você pode argumentar que os humanos de hoje devem ser classificados como Vida 2.1: podemos realizar pequenas atualizações de hardware, como implantar dentes artificiais, joelhos e marca-passos, mas nada tão drástico quanto aumentar nossa estatura em dez vezes ou adquirir cérebros mil vezes maiores.

Em resumo, podemos dividir o desenvolvimento da vida em três estágios, distinguidos pela capacidade da vida de se projetar:

- Vida 1.0 (estágio biológico): o hardware e o software são resultado da evolução;
- Vida 2.0 (estágio cultural): o hardware é resultado da evolução, o software é, em grande parte, projetado;
- Vida 3.0 (estágio tecnológico): o hardware e o software são projetados.

Após 13,8 bilhões de anos de evolução cósmica, o desenvolvimento acelerou drasticamente aqui na Terra: a Vida 1.0 chegou cerca de 4 bilhões de anos atrás, a Vida 2.0 (nós humanos) chegou há aproximadamente cem milênios, e muitos pesquisadores de IA acreditam que a Vida 3.0 pode chegar ao longo do próximo século, talvez durante a nossa geração, graças ao progresso na IA. O que vai acontecer e o que isso significa para nós? Esse é o assunto deste livro.

Polêmicas

Essa questão é maravilhosamente polêmica, com os principais pesquisadores de IA do mundo discordando de modo apaixonado não apenas em suas previsões, mas também em suas reações emocionais, que variam de otimismo confiante a sérias preocupações. Eles nem sequer chegam a um consenso sobre questões de curto prazo sobre o impacto econômico, jurídico e militar da IA, e suas divergências aumentam quando expandimos o horizonte de tempo e perguntamos sobre *inteligência artificial geral* (IAG) – em especial sobre a IAG atingir o nível humano e além, possibilitando a Vida 3.0. A *inteligência geral* pode atingir praticamente qualquer objetivo, inclusive aprender, em contraste com, digamos, a inteligência limitada de um programa de xadrez.

Curiosamente, a controvérsia sobre a Vida 3.0 gira em torno de não uma, mas de duas perguntas distintas: quando e o quê? Quando acontecerá (se é que acontecerá) e o que isso significará para a humanidade? Do meu ponto de vista, existem três escolas de pensamento distintas que precisam ser levadas a sério, pois cada uma inclui vários especialistas reconhecidos mundialmente. Como ilustrado na Figura 1.2, penso neles como *utopistas digitais*, *tecnocéticos* e *membros do movimento da IA benéfica*, respectivamente. Vou apresentar alguns de seus campeões de maior destaque.

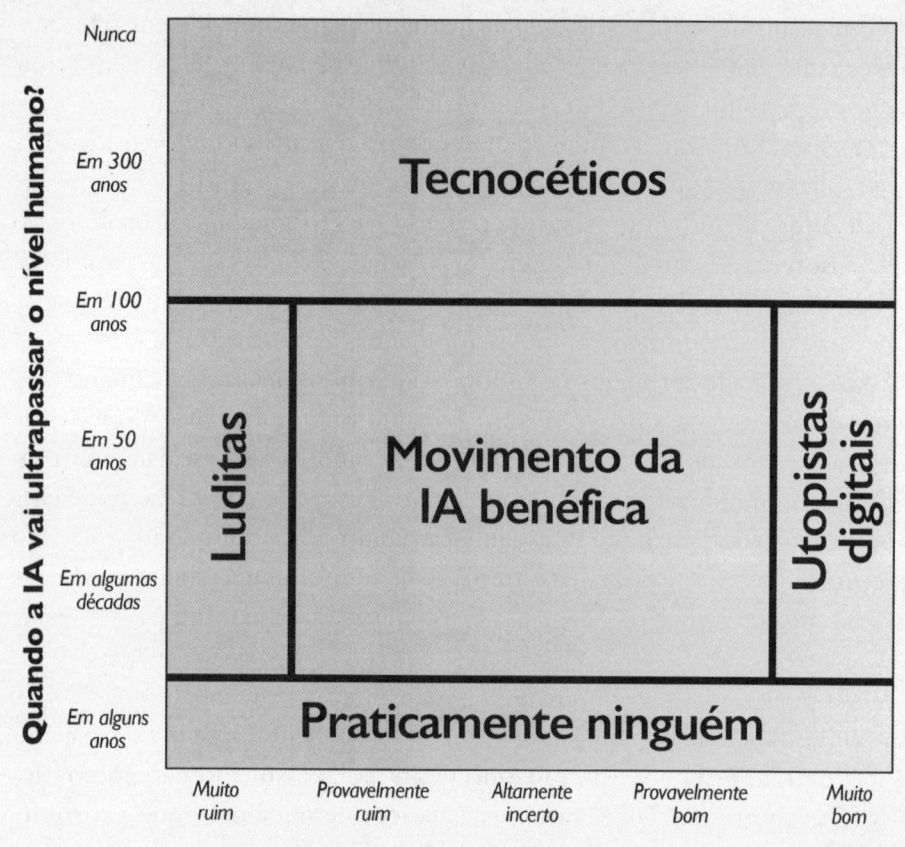

Figura 1.2: A maioria das polêmicas em torno da inteligência artificial forte (que pode corresponder aos humanos em qualquer tarefa cognitiva) se concentra em duas perguntas: quando (ou se) isso vai acontecer e será uma coisa boa para a humanidade? Os tecnocéticos e os utopistas digitais concordam que não devemos nos preocupar, mas por razões muito diferentes: os primeiros estão convencidos de que a inteligência artificial geral (IAG) em nível humano não acontecerá num futuro próximo, enquanto os últimos pensam que isso vai acontecer, mas que é praticamente garantido que será uma coisa boa. O movimento da IA benéfica considera que a preocupação é justificada e útil, porque a pesquisa e a discussão sobre segurança da IA agora aumentam as chances de um bom resultado. Os luditas estão convencidos de um resultado ruim e se opõem à IA. Esta figura é parcialmente inspirada em Tim Urban.[1]

Utopistas digitais

Quando eu era criança, imaginava que bilionários exalavam pompa e arrogância. Quando conheci Larry Page no Google, em 2008, ele rompeu totalmente com esse estereótipo. Vestido casualmente, de jeans e uma camisa que parecia bastante comum, ele teria se misturado totalmente às pessoas em um piquenique do MIT. Seu estilo atencioso de fala mansa e seu sorriso amigável me fizeram ficar mais relaxado do que intimidado conversando com ele. Em 18 de julho de 2015, nos encontramos em uma festa em Napa Valley, organizada por Elon Musk e sua então esposa, Talulah, e conversamos sobre os interesses escatológicos de nossos filhos. Recomendei o profundo clássico literário *The day my butt went psycho*, de Andy Griffiths, e Larry o encomendou na hora. Lutei para lembrar que ele pode ser considerado o ser humano mais influente que já existiu: meu palpite é que, se a vida digital superinteligente engolir nosso Universo durante a minha vida, será por causa das decisões de Larry.

Com nossas esposas, Lucy e Meia, acabamos jantando juntos e discutindo se as máquinas seriam necessariamente conscientes, questão que ele alegava ser um engodo. Mais tarde naquela noite, após os drinques, houve um longo e animado debate entre ele e Elon sobre o futuro da IA e o que deveria ser feito. Nas primeiras horas da madrugada, o círculo de espectadores e *kibitzers* continuou crescendo. Larry fez uma defesa apaixonada da posição que gosto de pensar como "utopismo digital": que a vida digital é o próximo passo natural e desejável da evolução cósmica e que, se deixarmos as mentes digitais livres, em vez de tentar contê-las ou escravizá-las, é quase certo que o resultado será bom. Vejo Larry como o expoente mais influente do utopismo digital. Ele argumentou que, se a vida se espalhar por toda a nossa galáxia e além dela, o que ele achava que deveria acontecer, seria necessário fazê-lo em formato digital. Suas principais preocupações eram que a paranoia com a IA atrasaria a utopia digital e/ou causaria uma aquisição militar da IA prejudicial ao slogan do Google "Não seja mau". Elon continuou insistindo e pedindo a Larry para esclarecer detalhes de seus argumentos, como por que ele estava tão confiante de que a vida digital não destruiria tudo o que nos interessa. Às vezes, Larry acusava Elon de ser "especieísta", tratando certas formas de vida como inferiores apenas porque eram baseadas em silício, e não em carbono. Vamos voltar a explorar detalhadamente essas questões e esses argumentos interessantes, começando no Capítulo 4.

Embora Larry parecesse em desvantagem naquela noite quente de verão à beira da piscina, o utopismo digital que ele tão eloquentemente defendia tem muitos apoiadores proeminentes. O roboticista e futurista Hans Moravec inspirou toda uma geração de utopistas digitais com seu livro clássico de 1988, *Mind Children*, uma tradição mantida e refinada pelo inventor Ray Kurzweil. Richard Sutton, um dos pioneiros do subcampo da IA conhecido como aprendizado por reforço, fez uma defesa apaixonada do utopismo digital em nossa conferência em Porto Rico, sobre a qual falaremos em breve.

Tecnocéticos

Outro proeminente grupo de pensadores também não está preocupado com a IA, mas por uma razão completamente diferente: eles acham que construir uma IAG sobre-humana é tão difícil que vai levar centenas de anos e, portanto, consideram tolice se preocupar com isso agora. Eu penso nisso como a posição tecnocética, eloquentemente articulada por Andrew Ng: "Temer o surgimento de robôs assassinos é como se preocupar com a superpopulação em Marte". Andrew foi o principal cientista do Baidu, o Google da China, e recentemente repetiu esse argumento quando conversei com ele em uma conferência em Boston. Ele também me disse que achava que se preocupar com o risco da IA era uma distração potencialmente prejudicial que poderia retardar o progresso dela. Sentimentos semelhantes foram expressados por outros tecnocéticos, como Rodney Brooks, ex-professor do MIT por trás do aspirador de pó robótico Roomba e do robô industrial Baxter. Acho interessante que, embora concordem que não devemos nos preocupar com a IA, os utopistas digitais e os tecnocéticos não concordam em muito mais coisas. A maioria dos utopistas acha que a IAG no nível humano pode acontecer dentro de 20 a 100 anos, e os tecnocéticos os consideram sonhadores desinformados, e costumam ridicularizar a singularidade profetizada como "o arrebatamento dos geeks". Quando conheci Rodney Brooks em uma festa de aniversário em dezembro de 2014, ele me disse que tinha 100% de certeza de que eu não veria isso acontecer. "Você tem certeza de que não quer dizer 99%?", perguntei por e-mail mais tarde, ao que ele respondeu "Sem míseros 99%. 100%. Simplesmente não vai acontecer".

O movimento da IA benéfica

Quando conheci Stuart Russell em um café em Paris, em junho de 2014, ele me fez lembrar o cavalheiro britânico por excelência. Eloquente, atencioso e de fala mansa, mas com um brilho aventureiro nos olhos, ele me parecia uma encarnação moderna de Phileas Fogg, meu herói de infância do clássico de 1873 de Jules Verne, *A volta ao mundo em 80 dias*. Embora ele fosse um dos mais famosos pesquisadores de IA vivos, sendo coautor do livro de teoria padrão sobre o assunto, sua modéstia e seu entusiasmo logo me deixaram à vontade. Ele me explicou como o progresso na IA o convenceu de que a IAG em nível humano neste século era uma possibilidade real e, embora estivesse esperançoso, não dava para garantir um bom resultado. Havia perguntas cruciais a que precisávamos responder primeiro, e eram tão difíceis que deveríamos começar a pesquisá-las agora para ter as respostas prontas quando precisássemos delas.

Hoje, as opiniões de Stuart são bastante comuns, e muitos grupos ao redor do mundo estão buscando o tipo de pesquisa sobre segurança da IA que ele defende. Mas nem sempre foi assim. Um artigo no *The Washington Post* se referiu a 2015 como o ano em que a pesquisa sobre segurança da IA se tornou popular. Antes disso, as conversas sobre riscos da IA eram muitas vezes incompreendidas pelos principais pesquisadores da área e descartadas como comentários luditas destinados a impedir o progresso da IA. Como vamos explorar no Capítulo 5, preocupações semelhantes às de Stuart foram articuladas pela primeira vez há mais de meio século, pelo pioneiro da computação Alan Turing e pelo matemático Irving J. Good, que trabalhou com Turing para decifrar códigos alemães durante a Segunda Guerra Mundial. Na década passada, a pesquisa sobre esses tópicos era realizada principalmente por um punhado de pensadores independentes que não eram pesquisadores profissionais de IA – por exemplo, Eliezer Yudkowsky, Michael Vassar e Nick Bostrom. O trabalho deles teve pouco efeito na maioria dos pesquisadores de IA, que tendiam mais a se concentrar nas tarefas diárias de tornar os sistemas de IA mais inteligentes do que em contemplar as consequências de longo prazo do sucesso. Dos pesquisadores de IA que conheci e que demonstravam alguma preocupação, muitos hesitaram em expressar isso por medo de serem vistos como tecnofóbicos alarmistas.

Senti que essa situação polarizada precisava mudar, para que toda a comunidade de IA pudesse participar e influenciar a conversa sobre como criar uma IA benéfica. Felizmente, eu não estava sozinho. Na primavera de 2014, fundei uma organização sem fins lucrativos chamada Future of Life Institute (FLI; <http://futureoflife.org>), junto com minha esposa Meia, meu amigo físico Anthony Aguirre, a estudante de Harvard Viktoriya Krakovna e o fundador do Skype Jaan Tallinn. Nosso objetivo era simples: ajudar a garantir que o futuro da vida existisse e fosse o mais impressionante possível. Especificamente, sentimos que a tecnologia estava dando à vida o poder de florescer como nunca ou de se autodestruir, e preferimos a primeira opção.

Nossa primeira reunião foi uma sessão de brainstorming em nossa casa, em 15 de março de 2014, com cerca de 30 estudantes, professores e outros pensadores da área de Boston. Houve amplo consenso de que, embora devêssemos prestar atenção à biotecnologia, às armas nucleares e às mudanças climáticas, nosso primeiro grande objetivo deveria ser ajudar a popularizar a pesquisa sobre segurança de IA. Meu colega de física do MIT, Frank Wilczek, que ganhou o Prêmio Nobel por ajudar a descobrir como os quarks funcionam, sugeriu que começássemos escrevendo um artigo para chamar atenção para o problema e torná-lo difícil de ser ignorado. Entrei em contato com Stuart Russell (que eu ainda não conhecia) e com meu colega de física Stephen Hawking, e ambos concordaram em se juntar a mim e a Frank como coautores. Muitas edições depois, nosso artigo foi rejeitado pelo *The New York Times* e por muitos outros jornais americanos, então o publicamos na minha conta de blog no *Huffington Post*. Para minha alegria, a própria Arianna Huffington me enviou um e-mail dizendo: "Emocionada por termos esse artigo! Vamos postar na primeira página!", e esse posicionamento no topo da página inicial desencadeou uma onda de cobertura da mídia sobre segurança de IA que durou o resto do ano, com Elon Musk, Bill Gates e outros líderes de tecnologia participando do movimento. O livro de Nick Bostrom, *Superinteligência,* saiu naquele outono e alimentou ainda mais o crescente debate público.

O objetivo seguinte de nossa campanha de IA benéfica para o FLI era levar os principais pesquisadores de IA do mundo a uma conferência na qual mal-entendidos poderiam ser esclarecidos, consensos, forjados e planos, construídos. Sabíamos que seria difícil convencer uma multidão tão ilustre a participar de uma conferência organizada por pessoas de fora que eles não conheciam, especialmente por causa do tópico controverso, por isso nos esforçamos ao máximo: proibimos a mídia de participar, definimos como local de realização um resort de praia em janeiro (em Porto Rico), conseguimos que as estadias fossem gratuitas (graças à generosidade de Jaan Tallinn) e demos o título menos alarmista em que conseguimos pensar: "O futuro da IA: oportunidades e desafios". Mais importante ainda, nos unimos a Stuart Russell, e graças a ele conseguimos aumentar o comitê organizador para incluir um grupo de líderes de IA da academia e da indústria – incluindo Demis Hassabis, do DeepMind do Google, que mostrou que a IA pode vencer seres humanos até mesmo no jogo Go. Quanto mais conhecia Demis, mais percebia que ele tinha a ambição não apenas de tornar a IA poderosa, mas também de torná-la benéfica.

O resultado foi um notável encontro de mentes (Figura 1.3). Os pesquisadores da IA se uniram aos principais economistas, estudiosos do direito, líderes de tecnologia (entre eles, Elon Musk) e outros pensadores (incluindo Vernor Vinge, que cunhou o termo "singularidade", foco do Capítulo 4). O resultado superou até nossas expectativas mais otimistas. Talvez tenha sido a combinação de Sol e vinho, ou talvez aquele fosse o momento certo: apesar do tema polêmico, houve um consenso notável que sistematizamos em uma carta aberta[2] que acabou sendo assinada por mais de 8 mil pessoas, incluindo um verdadeiro time de estrelas da IA. A essência da carta era que o objetivo da IA deveria ser redefinido: não deveria ser criar inteligência não direcionada, mas inteligência benéfica. A carta também mencionava uma lista detalhada de tópicos de pesquisa que promoveriam esse objetivo. O movimento da IA benéfica começou a se popularizar. Vamos acompanhar esse progresso subsequente mais adiante neste livro.

Figura 1.3: A conferência de janeiro de 2015 em Porto Rico reuniu um notável grupo de pesquisadores em IA e áreas afins. Atrás, da esq. para a dir.: Tom Mitchell, Seán Ó hÉigeartaigh, Huw Price, Shamil Chandaria, Jaan Tallinn, Stuart Russell, Bill Hibbard, Blaise Agüera y Arcas, Anders Sandberg, Daniel Dewey, Stuart Armstrong, Luke Muehlhauser, Tom Dietterich, Michael Osborne, James Manyika, Ajay Agrawal, Richard Mallah, Nancy Chang, Matthew Putman. Segunda fileira, da esq. para a dir.: Marilyn Thompson, Rich Sutton, Alex Wissner-Gross, Sam Teller, Toby Ord, Joscha Bach, Katja Grace, Adrian Weller, Heather Roff-Perkins, Dileep George, Shane Legg, Demis Hassabis, Wendell Wallach, Charina Choi, Ilya Sutskever, Kent Walker, Cecilia Tilli, Nick Bostrom, Erik Brynjolfsson, Steve Crossan, Mustafa Suleyman, Scott Phoenix, Neil Jacobstein, Murray Shanahan, Robin Hanson, Francesca Rossi, Nate Soares, Elon Musk, Andrew McAfee, Bart Selman, Michele Reilly, Aaron VanDevender, Max Tegmark, Margaret Boden, Joshua Greene, Paul Christiano, Eliezer Yudkowsky, David Parkes, Laurent Orseau, JB Straubel, James Moor, Sean Legassick, Mason Hartman, Howie Lempel, David Vladeck, Jacob Steinhardt, Michael Vassar, Ryan Calo, Susan Young, Owain Evans, Riva-Melissa Tez, János Krámar, Geoff Anders, Vernor Vinge e Anthony Aguirre. Sentados: Sam Harris, Tomaso Poggio, Marin Soljačić, Viktoriya Krakovna, Meia Chita-Tegmark. Atrás da câmera: Anthony Aguirre (e também incluído por Photoshop pela inteligência em nível humano sentada ao lado dele).

Outra lição importante da conferência foi que as questões levantadas pelo sucesso da IA não são apenas intelectualmente fascinantes; também são moralmente cruciais, porque nossas escolhas têm o potencial de afetar todo o futuro da vida. O significado moral das escolhas passadas da humanidade às vezes era grande, mas sempre limitado: tínhamos nos recuperado até das maiores pragas, e até mesmo os maiores impérios acabaram desmoronando. As gerações passadas sabiam que, assim como o Sol nasceria amanhã, também nasceriam os humanos de amanhã, enfrentando flagelos perenes, como pobreza, doenças e guerra. Mas alguns dos palestrantes da conferência em Porto Rico argumentaram que desta vez podia ser diferente: pela primeira vez, disseram, poderíamos construir uma tecnologia poderosa o suficiente para acabar definitivamente com esses flagelos – ou com a própria humanidade. Podemos criar sociedades que floresçam como nunca, na Terra e talvez além, ou um estado de vigilância global kafkiano tão poderoso que nunca poderá ser derrubado.

Figura 1.4: Embora a mídia muitas vezes retrate Elon Musk como uma figura em desacordo com a comunidade da IA, existe na verdade um amplo consenso de que uma pesquisa sobre segurança da IA é necessária. Aqui, em 4 de janeiro de 2015, Tom Dietterich, presidente da Associação para o Avanço da Inteligência Artificial, compartilha a empolgação de Elon acerca do novo programa de pesquisa sobre segurança de IA que o empresário tinha prometido financiar momentos antes. As fundadoras do FLI Meia Chita-Tegmark e Viktoriya Krakovna estão escondidas atrás deles.

Equívocos

Quando saí de Porto Rico, estava convencido de que a conversa que tivéramos sobre o futuro da IA precisava continuar, porque é a conversa mais importante do nosso tempo.* É a conversa sobre o futuro coletivo de todos nós, por isso não deve se limitar aos pesquisadores de IA. Foi por isso que escrevi este livro: na esperança de que você, caro leitor, participe dessa conversa. Que tipo de futuro você quer? Devemos desenvolver armas autônomas letais? O que você gostaria que acontecesse com a automação do trabalho? Que conselho de carreira daria aos filhos de hoje? Você prefere novos empregos substituindo os antigos ou uma sociedade sem emprego, na qual todos desfrutem de uma vida de lazer e riqueza produzida por máquinas? Mais adiante, você gostaria que criássemos a Vida 3.0 e a espalhássemos pelo nosso cosmos? Vamos controlar máquinas inteligentes ou elas nos controlarão? As máquinas inteligentes nos substituirão, coexistirão conosco ou se fundirão conosco? O que significa ser humano na era da inteligência artificial? O que você gostaria que isso significasse e como podemos criar um futuro assim?

O objetivo deste livro é ajudá-lo a participar dessa conversa. Como mencionei, existem polêmicas fascinantes em que os principais especialistas do mundo discordam. Mas também vi muitos exemplos de pseudopolêmicas chatas nas quais as pessoas não se entendem e falam de coisas diferentes achando que estão falando sobre um mesmo tema. Para nos ajudar a nos concentrar nas controvérsias interessantes e nas questões abertas – e não nos mal-entendidos –, vamos começar esclarecendo alguns dos equívocos mais comuns.

Existem muitas definições concorrentes em uso para termos como "vida", "inteligência" e "consciência", e muitos equívocos surgem de pessoas que não percebem que estão usando a mesma palavra de duas maneiras diferentes. Para ter certeza de que você e eu não cairemos nessa armadilha, incluí uma "cola" na Tabela 1.1, mostrando como uso os principais termos deste livro. Algumas dessas definições só serão introduzidas e explicadas adequadamente nos próximos capítulos. Observe que não estou afirmando que minhas definições são melhores que as de qualquer outra pessoa – apenas desejo esclarecer o quero dizer para evitar confusões. Você verá que em geral busco definições

---

* A conversa sobre IA é importante em termos de urgência e impacto. Em comparação com a mudança climática, que pode causar estragos dentro de 50 a 200 anos, muitos especialistas esperam que a IA tenha maior impacto em décadas – e potencialmente nos dê tecnologia para mitigar a mudança climática. Em comparação com guerras, terrorismo, desemprego, pobreza, migração e questões de justiça social, a ascensão da IA terá maior impacto geral – aliás, vamos explorar neste livro como ela pode dominar o que acontece com todas essas questões, para melhor ou para pior.

amplas que evitam o viés antropocêntrico e podem ser aplicadas tanto a máquinas quanto a seres humanos. Por favor, leia a "cola" agora e verifique-a de novo mais tarde, caso se surpreenda com o modo como uso algum de seus termos – especialmente nos Capítulos de 4 a 8.

TABELA DE TERMINOLOGIA	
Vida	Processo que pode reter sua complexidade e se replicar
Vida 1.0	Vida que evolui seu hardware e software (estágio biológico)
Vida 2.0	Vida que evolui seu hardware, mas projeta grande parte de seu software (estágio cultural)
Vida 3.0	Vida que projeta seu hardware e software (estágio tecnológico)
Inteligência	Capacidade de atingir objetivos complexos
Inteligência Artificial (IA)	Inteligência não biológica
Inteligência limitada	Capacidade de atingir um conjunto restrito de metas, por exemplo, jogar xadrez ou dirigir um carro
Inteligência geral	Capacidade de atingir praticamente qualquer objetivo, incluindo aprendizado
Inteligência universal	Capacidade de adquirir inteligência geral com acesso a dados e recursos
Inteligência Artificial Geral [nível humano] (IAG)	Capacidade de realizar qualquer tarefa cognitiva pelo menos tão bem quanto os seres humanos
IA em nível humano	IAG
IA forte	IAG
Superinteligência	Inteligência geral muito além do nível humano
Civilização	Grupo interativo de formas de vida inteligentes
Consciência	Experiência subjetiva
Qualia	Instâncias individuais de experiência subjetiva
Ética	Princípios que regem como devemos nos comportar
Teleologia	Explicação das coisas em termos de seus objetivos ou propósitos, em vez de suas causas
Comportamento orientado ao objetivo	Comportamento mais facilmente explicado pelo efeito do que pela causa
Tendo um objetivo	Exibir comportamento orientado a objetivos

Tendo propósito	Atingir objetivos próprios ou de outra entidade
IA amigável	Superinteligência cujos objetivos estão alinhados com os nossos
Ciborgue	Híbrido homem-máquina
Explosão de inteligência	Autoaperfeiçoamento recursivo que rapidamente leva à superinteligência
Singularidade	Explosão de inteligência
Universo	A região do espaço a partir da qual a luz teve tempo de nos alcançar durante os 13,8 bilhões de anos desde o nosso Big Bang

Tabela 1.1: Muitos mal-entendidos sobre IA são causados por pessoas que usam as palavras acima para significar coisas diferentes. Aqui estão os significados como eu os entendo neste livro. (Algumas dessas definições só serão adequadamente apresentadas e explicadas nos próximos capítulos.)

Além da confusão sobre a terminologia, também vi muitas conversas sobre IA serem prejudicadas por equívocos simples. Vamos esclarecer os mais comuns.

Mitos da linha do tempo

O primeiro diz respeito à linha do tempo da Figura 1.2: quanto tempo levará até que as máquinas substituam consideravelmente a IAG no nível humano? Aqui, um equívoco comum é de que sabemos a resposta com muita certeza.

Um mito popular é que sabemos que teremos IAG sobre-humana neste século. De fato, a história está cheia de exageros tecnológicos. Onde estão aquelas usinas de fusão e aqueles carros voadores que prometeram que teríamos a esta altura? A IA também foi exagerada no passado, mesmo por alguns dos fundadores da área; por exemplo, John McCarthy (que cunhou o termo "inteligência artificial"), Marvin Minsky, Nathaniel Rochester e Claude Shannon escreveram essa previsão extremamente otimista sobre o que poderia ser realizado durante dois meses com computadores da idade da pedra:

> Propomos que um estudo de 2 meses e 10 homens sobre inteligência artificial seja realizado durante o verão de 1956 na Dartmouth College [...] Será feita uma tentativa de descobrir como fazer as máquinas usarem a linguagem, formar abstrações e conceitos, resolver tipos de problemas

agora reservados aos humanos e melhorar a si mesmos. Pensamos que um avanço significativo pode ser alcançado em um ou mais desses problemas se um grupo cuidadosamente selecionado de cientistas trabalhar juntos por um verão.

Por outro lado, um contramito popular é que sabemos que *não* alcançaremos a IAG sobre-humana neste século. Os pesquisadores fizeram uma ampla gama de estimativas de quão longe estamos da IAG sobre-humana, mas sem dúvida não podemos dizer com muita confiança que a probabilidade neste século é zero, dado o histórico sombrio de tais previsões tecnocéticas. Por exemplo, Ernest Rutherford, indiscutivelmente o maior físico nuclear de sua época, disse em 1933 – menos de 24 horas antes da invenção da reação nuclear em cadeia por Leo Szilard – que a energia nuclear era "tolice" e, em 1956, o astrônomo real Richard Woolley chamou as conversas sobre viagens espaciais de "perda de tempo". A forma mais extrema desse mito é que a IAG sobre-humana nunca chegará por ser fisicamente impossível. No entanto, os físicos sabem que um cérebro consiste em quarks e elétrons organizados para agir como um computador poderoso, e que não existe lei da física que nos impeça de construir blobs de quarks ainda mais inteligentes.

Houve vários estudos que perguntaram aos pesquisadores de IA em quantos anos eles achavam que teríamos IAG em nível humano com pelo menos 50% de probabilidade, e todas essas pesquisas chegam à mesma conclusão: os principais especialistas do mundo discordam, então simplesmente não sabemos. Por exemplo, em um estudo realizado com pesquisadores de IA na conferência de Porto Rico, a resposta média (mediana) foi até 2055, mas alguns pesquisadores previram centenas de anos ou mais.

Existe também um mito relacionado de que as pessoas preocupadas com a IA acham que faltam apenas alguns anos para sua chegada. De fato, a maioria daqueles que se preocupam com a IAG sobre-humana acha que ela ainda está a décadas de distância, pelo menos. Mas argumentam que, como não temos 100% de certeza de que ela acontecerá neste século, é inteligente começar uma pesquisa de segurança agora para estarmos preparados para a possibilidade. Como veremos neste livro, muitos dos problemas de segurança são tão difíceis que podem levar décadas para serem resolvidos; portanto, é prudente começar a pesquisá-los agora, e não um dia antes de alguns programadores regados a bebidas energéticas decidirem acionar a IAG de nível humano.

Mitos controversos

Outro equívoco comum é que as únicas pessoas que alimentam preocupações sobre a IA e defendem a pesquisa sobre segurança da IA são luditas que não sabem muito sobre o tema. Quando Stuart Russell mencionou isso durante sua palestra em Porto Rico, a plateia riu alto. Um equívoco relacionado é que o apoio à pesquisa sobre segurança da IA é extremamente controverso. De fato, para apoiar um investimento modesto em pesquisa sobre segurança de IA, as pessoas não precisam estar convencidas de que os riscos são altos, apenas não desprezíveis, assim como um investimento modesto em seguro residencial é justificado por uma probabilidade não desprezível de uma casa pegar fogo.

Minha análise pessoal é que a mídia fez o debate sobre segurança da IA parecer mais controverso do que realmente é. Afinal, o medo vende, e os artigos que usam citações fora de contexto para proclamar o destino iminente podem gerar mais cliques do que os sutis e equilibrados. Como resultado, é provável que duas pessoas que apenas conhecem as posições uma da outra por meio de citações da mídia pensem que discordam mais do que realmente o fazem. Por exemplo, um tecnocético cujo único conhecimento sobre a posição de Bill Gates provém de um tabloide britânico pode pensar erroneamente que Gates acredita que a superinteligência é iminente. Da mesma forma, alguém no movimento da IA benéfica que não sabe nada sobre a posição de Andrew Ng, exceto sua citação mencionada anteriormente sobre superpopulação em Marte, pode erroneamente pensar que ele não se importa com a segurança da IA. Na verdade, eu sei que ele se importa com isso – mas o ponto crucial é que, como suas estimativas de linha do tempo são mais longas, ele naturalmente tende a priorizar os desafios de IA de curto prazo em relação aos de longo prazo.

Mitos sobre quais são os riscos

Revirei os olhos quando vi essa manchete no *Daily Mail*:[3] "Stephen Hawking adverte que a ascensão de robôs pode ser desastrosa para a humanidade". Perdi a conta de quantas matérias semelhantes já vi. Normalmente, vêm acompanhadas por um robô de aparência maligna carregando uma arma e sugerem que devemos nos preocupar com robôs se revoltando e nos matando porque adquiriram consciência e/ou se tornaram maus. Para desanuviar um pouco, essas matérias de fato são bastante impressionantes, porque resumem de maneira sucinta o cenário com o qual meus colegas de

IA não se preocupam. Esse cenário combina até três equívocos distintos: preocupação com *consciência, o mal* e *robôs*, respectivamente.

Se você dirige pela estrada, tem uma experiência subjetiva de cores, sons etc. Mas um carro autônomo tem uma experiência subjetiva? Como é ser um carro autônomo, é como um zumbi inconsciente sem nenhuma experiência subjetiva? Embora esse mistério da consciência seja interessante por si só, e vamos dedicar o Capítulo 8 a ele, é irrelevante para o risco da IA. Se você for atropelado por um carro sem motorista, a consciência subjetiva dele não fará diferença para você. Da mesma forma, o que afetará a nós, humanos, é o que IA superinteligente faz, não como é subjetivamente.

O medo de máquinas se tornarem más é outra questão. A verdadeira preocupação não é a maleficência, mas a competência. Uma IA superinteligente é, por definição, muito boa em atingir seus objetivos, sejam quais forem, por isso precisamos garantir que seus objetivos estejam alinhados com os nossos. Você provavelmente não odeia formigas, não é alguém que pisa nas formigas por maldade, mas se está à frente de um projeto de energia verde hidrelétrica e há um formigueiro na região a ser inundada, azar das formigas. O movimento da IA benéfica quer evitar colocar a humanidade na posição dessas formigas.

O equívoco da consciência está relacionado ao mito de que as máquinas não podem ter objetivos. As máquinas podem obviamente ter objetivos no sentido estrito de exibir um comportamento orientado a objetivos: o comportamento de um míssil orientado pelo calor é mais bem explicado economicamente como um objetivo de atingir um alvo. Se você se sente ameaçado por uma máquina cujos objetivos estão desalinhados com os seus, então são exatamente os objetivos nesse sentido estrito que o incomodam, não se a máquina está consciente e tem uma noção de propósito. Se estivesse sendo perseguido por aquele míssil orientado pelo calor, você provavelmente não exclamaria "Não estou preocupado, porque as máquinas não podem ter objetivos!".

Sou solidário a Rodney Brooks e outros pioneiros da robótica que se sentem injustamente demonizados por tabloides fofoqueiros, porque alguns jornalistas parecem obsessivamente apegados a robôs e adornam muitas de suas matérias com monstros de metal de aparência maligna e olhos vermelhos brilhantes. Aliás, a principal preocupação do movimento benéfico da IA não é com robôs, mas com a inteligência em si: especificamente, inteligência cujos objetivos estão desalinhados com os nossos. Para nos causar problemas, essa inteligência desalinhada não precisa de um corpo robótico, apenas de uma conexão com a internet – vamos explorar no Capítulo 4 como isso pode permitir a superação dos mercados financeiros, a invenção de pesquisadores humanos, a manipulação de líderes humanos e o desenvolvimento de armas que nem sequer conseguimos entender. Mesmo que a construção de robôs fosse fisicamente impossível, uma IA superinteligente e super-rica poderia facilmente pagar ou manipular uma infinidade de seres humanos para executar suas ordens involuntariamente, como no romance de ficção científica *Neuromancer,* de William Gibson.

O equívoco do robô está relacionado ao mito de que as máquinas não podem controlar os seres humanos. A inteligência permite o controle: os humanos controlam os tigres não porque somos mais fortes, mas porque somos mais inteligentes. Significa que, se abandonarmos nossa posição de mais inteligentes no planeta, é possível que o controle também saia de nossas mãos.

A Figura 1.5 resume todos esses conceitos errôneos comuns para que possamos eliminá-los de uma vez por todas e concentrar nossas discussões com amigos e colegas nas muitas polêmicas legítimas – que, como veremos, são inúmeras!

A estrada adiante

No restante deste livro, você e eu vamos explorar juntos o futuro da vida com a IA. Vamos navegar por esse assunto rico e multifacetado de maneira organizada, primeiro explora ndo conceitual e cronologicamente toda a história da vida e depois explorando metas, significados e ações a serem tomadas para criar o futuro que queremos.

No Capítulo 2, vamos tratar dos fundamentos da inteligência e como a matéria aparentemente inerte pode ser reorganizada para lembrar, calcular e aprender. Conforme avançamos no futuro, nossa história se ramifica em muitos cenários definidos pelas respostas a certas perguntas-chave. A Figura 1.6 resume as principais perguntas que vamos encontrar à medida que avançamos no tempo para uma IA potencialmente cada vez mais avançada.

No momento, enfrentamos a escolha de iniciar uma corrida armamentista de IA e perguntas sobre como tornar os sistemas de IA de amanhã robustos e livres de bugs. Se o impacto econômico da IA continuar crescendo, também precisamos decidir como modernizar nossas leis e quais conselhos de carreira dar às crianças para que elas possam evitar empregos que serão automatizados em breve. Exploraremos essas questões de curto prazo no Capítulo 3.

Mito: A superinteligência será inevitável até 2100 **Mito:** A superinteligência será impossível até 2100		**Fato:** Pode acontecer em décadas, séculos ou nunca: Os especialistas em IA discordam, e nós simplesmente não sabemos
Mito: Apenas os ludistas se preocupam com a IA		**Fato:** Muitos pesquisadores importantes de IA estão preocupados
Preocupação mítica: IA se tornando maléfica **Preocupação mítica:** IA tornando-se consciente		**Preocupação real:** IA tornando-se competente, com objetivos desalinhados com os nossos
Mito: Robôs são a principal preocupação		**Fato:** Inteligência desalinhada é a principal preocupação: não precisa de corpo, apenas de conexão com a internet
Mito: IA não consegue controlar humanos		**Fato:** A inteligência permite o controle: controlamos tigres sendo mais inteligentes
Mito: As máquinas não podem ter objetivos		**Fato:** Um míssil guiado pelo calor tem objetivo
Preocupação mítica: A superinteligência vai levar anos	PÂNICO!	**Preocupação real:** Está a pelo menos décadas de distância, mas talvez seja preciso todo esse tempo para que seja segura — PLANEJE-SE!

Figura 1.5: Mitos comuns a respeito da IA superinteligente.

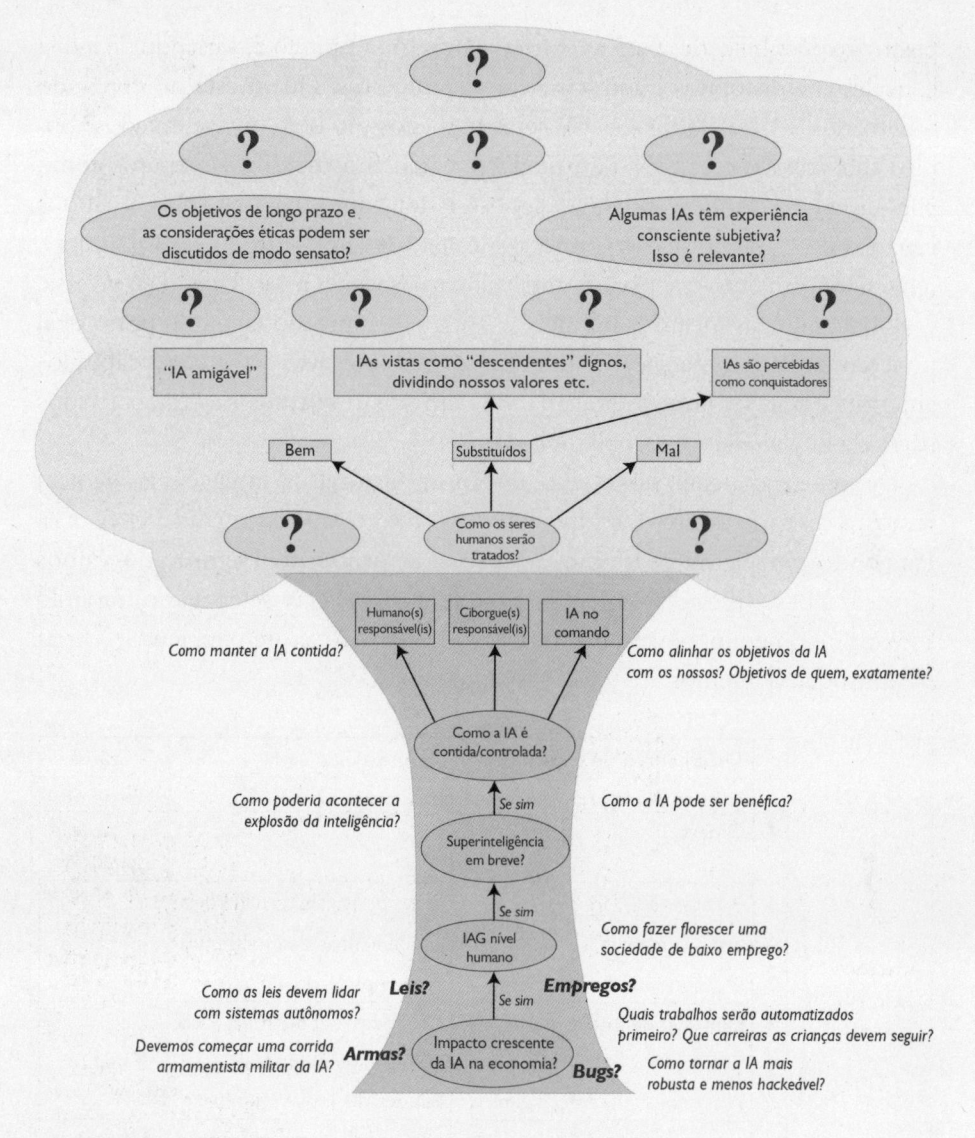

Figura 1.6: Saber quais perguntas de IA são interessantes depende do avanço da IA e de qual caminho nosso futuro vai seguir.

Se o progresso da IA continuar para os níveis humanos, também precisamos nos perguntar como garantir que isso seja benéfico e se podemos ou devemos criar uma sociedade de lazer que prospere sem emprego. Isso também levanta a questão de saber se uma explosão de inteligência ou um crescimento lento mas constante pode impulsionar a IAG muito além dos níveis humanos. Vamos explorar uma ampla gama de cenários no Capítulo 4 e investigar o espectro de possibilidades para as consequências no Capítulo 5, variando de indiscutivelmente distópicas a indiscutivelmente utópicas. Quem está no comando – humanos, IA ou ciborgues? Os seres humanos são bem ou maltratados? Somos substituídos e, em caso afirmativo, percebemos nossos substitutos como conquistadores ou descendentes dignos? Estou muito curioso sobre qual dos cenários do Capítulo 5 você prefere! Montei um site, <http://AgeOfAi.org> (em inglês), em que você pode compartilhar suas visões e participar da conversa.

Finalmente, avançamos bilhões de anos no futuro no Capítulo 6, no qual poderemos, ironicamente, tirar conclusões mais incisivas do que nos capítulos anteriores, pois os limites finais da vida em nosso cosmos são estabelecidos não pela inteligência, mas pelas leis da física.

Depois de concluir nossa exploração da história da inteligência, dedicaremos o restante do livro a considerar que futuro almejar e como chegar lá. Para poder vincular fatos simples a questões de propósito e significado, vamos explorar a base física dos objetivos no Capítulo 7 e a consciência no Capítulo 8. Por fim, no epílogo, veremos o que pode ser feito agora para ajudar a criar o futuro que queremos.

		Título curto de capítulo	Assunto	Status
		Prólogo: A história da equipe Ômega	Para pensar	Extremamente especulativo
A história da inteligência	1	A conversa	Ideias principais, terminologia	Não muito especulativo
	2	Matéria inteligente	Fundamentos de inteligência	
	3	IA, economia, armas e lei	Futuro próximo	
	4	Explosão de inteligência?	Cenários de superinteligência	Extremamente especulativo
	5	Resultado	10 mil anos seguintes	
	6	Nosso investimento cósmico	Bilhões de anos seguintes	
A história do sentido	7	Objetivos	História do comportamento orientado ao objetivo	Não muito especulativo
	8	Consciência	Consciência natural e artificial	Especulativo
		Epílogo: A história da equipe do FLI	O que devemos fazer?	Não muito especulativo

Figura 1.7: Estrutura do livro.

Caso você goste de ler fora de ordem, a maioria dos capítulos é relativamente independente depois que você processar a terminologia e as definições deste primeiro capítulo e do início do próximo. Se você realiza pesquisas na área de IA, pode optar por pular todo o Capítulo 2, exceto suas definições iniciais de inteligência. Se for iniciante em IA, os Capítulos 2 e 3 fornecerão os argumentos para entender o motivo pelo qual os Capítulos 4 a 6 não podem ser simplesmente descartados como ficção científica impossível. A Figura 1.7 resume de que forma os vários capítulos se enquadram no espectro – de factual a especulativo.

Uma jornada fascinante nos espera. Vamos lá!

Resumo

- A vida, definida como um processo que pode reter sua complexidade e replicar, pode se desenvolver em três estágios: um estágio biológico (1.0), em que hardware e software são resultado da evolução; um estágio cultural (2.0), em que o software pode ser projetado (por meio da aprendizagem); e um estágio tecnológico (3.0), no qual o hardware também pode ser projetado, tornando o indivíduo mestre de seu próprio destino.
- A inteligência artificial pode nos permitir lançar a Vida 3.0 neste século, e uma conversa fascinante surgiu sobre o futuro que devemos buscar e como isso pode ser realizado. Existem três campos principais na controvérsia: tecnocéticos, utopistas digitais e o movimento da IA benéfica.
- Os tecnocéticos veem a construção da IAG sobre-humana como algo tão difícil que não acontecerá nas próximas centenas de anos, tornando tolice se preocupar com ela (e com a Vida 3.0) agora.
- Os utopistas digitais a veem como provável neste século e acolhem com sinceridade a Vida 3.0, enxergando-a como o próximo passo natural e desejável na evolução cósmica.
- O movimento da IA benéfica também a vê como provável neste século, mas enxerga um bom resultado como algo não tão garantido, mas que precisa de muito trabalho em forma de pesquisa sobre segurança da IA.
- Além de tais controvérsias legítimas, em que os principais especialistas do mundo discordam, também existem pseudopolêmicas entediantes causadas por mal-entendidos. Por exemplo, nunca perca tempo discutindo "vida", "inteligência" ou "consciência" sem ter certeza de que você e seu interlocutor estejam usando esses termos com o mesmo sentido! Este livro usa as definições da Tabela 1.1.

- Também tome cuidado com os equívocos comuns na Figura 1.5: "A superinteligência será inevitável/impossível até 2100", "Apenas os luditas se preocupam com a IA", "A preocupação é que a IA se torne má e/ou consciente, e daqui a apenas alguns anos", "Os robôs são a principal preocupação", "A IA não pode controlar humanos e não pode ter objetivos".
- Nos Capítulos 2 a 6, vamos explorar a história da inteligência desde seu humilde começo, bilhões de anos atrás, até possíveis futuros cósmicos, bilhões de anos a partir de agora. Primeiro, vamos investigar desafios de curto prazo, como empregos, armas de inteligência artificial e a busca por IAG em nível humano, depois vamos nos debruçar sobre as possibilidades de um fascinante espectro de futuros possíveis com máquinas inteligentes e/ou humanos. Fico imaginando quais opções você prefere!
- Nos Capítulos de 7 a 9, passaremos de descrições factuais simples para uma exploração de objetivos, consciência e significado e vamos investigar o que podemos fazer agora para ajudar a criar o futuro que queremos.
- Vejo essa conversa sobre o futuro da vida com a IA como a mais importante do nosso tempo – venha participar dela!

2

A matéria se torna inteligente

*"O hidrogênio [...], com tempo suficiente,
se transforma em pessoas."*
Edward Robert Harrison, 1995

Um dos desenvolvimentos mais espetaculares durante os 13,8 bilhões de anos desde o nosso Big Bang é que a matéria "estúpida" e sem vida se tornou inteligente. Como isso pôde acontecer e que nível de inteligência as coisas podem alcançar no futuro? O que a ciência tem a dizer sobre a história e o destino da inteligência em nosso cosmos? Para nos ajudar a resolver essas questões, vamos dedicar este capítulo a explorar os alicerces e os blocos de construção fundamentais da inteligência. O que significa dizer que uma gota de matéria é inteligente? O que significa dizer que um objeto pode lembrar, calcular e aprender?

O que é inteligência?

Recentemente, minha esposa e eu tivemos a sorte de assistir a um simpósio sobre inteligência artificial organizado pela Fundação Nobel, e, quando um painel dos principais pesquisadores de IA foi convidado a definir inteligência, eles tiveram uma longa discussão, sem chegar a um acordo. Achamos isso bem engraçado: não há consenso sobre o que é inteligência, nem mesmo entre os inteligentes pesquisadores de inteligência! Logo, claramente, não há definição "correta" indiscutível de inteligência. Na verdade, existem muitas definições concorrentes, incluindo capacidade de lógica, compreensão, planejamento, conhecimento emocional, autoconsciência, criatividade, resolução de problemas e aprendizado.

Em nossa exploração do futuro da inteligência, queremos ter a visão mais ampla e inclusiva possível, não limitada aos tipos de inteligência que existem até agora. É por isso que a definição que dei no último capítulo e a maneira como vou usar o termo ao longo deste livro são muito amplas:

> **inteligência** = *capacidade de atingir objetivos complexos*

Isso é amplo o suficiente para incluir todas as definições acima mencionadas, uma vez que compreensão, autoconsciência, resolução de problemas, aprendizado etc. são exemplos de objetivos complexos que se pode ter. Também é amplo o suficiente para incluir a definição do dicionário Oxford: "A capacidade de adquirir e aplicar conhecimentos e habilidades", pois é possível ter como objetivo aplicar conhecimentos e habilidades.

Como existem muitos objetivos possíveis, existem muitos tipos possíveis de inteligência. Pela nossa definição, não faz sentido quantificar a inteligência de seres humanos, animais não humanos ou máquinas por um único número, como um QI.* O que é mais inteligente: um programa de computador que só sabe jogar xadrez ou um que só sabe jogar Go? Não há uma resposta sensata para isso, pois eles são bons em coisas diferentes, que não podem ser comparadas diretamente. No entanto, podemos dizer que um terceiro programa é mais inteligente que os outros se for pelo menos tão bom quanto eles em realizar todos os objetivos e estritamente melhor em pelo menos um (ganhar no xadrez, digamos).

Também faz pouco sentido discutir se algo é ou não inteligente em casos limítrofes, já que a capacidade existe em um espectro e não é necessariamente uma característica de tudo ou nada. Que pessoas têm a capacidade de atingir o objetivo de falar? Recém-nascidos? Não. Apresentadores de rádio? Sim. Mas e as crianças que conseguem falar 10 palavras? Quinhentas palavras? Onde você colocaria o limite? Usei uma palavra vaga,

---

* Para dar um exemplo, imagine como você reagiria se alguém dissesse que a habilidade de alcançar feitos atléticos de nível olímpico pode ser quantificada por um único número chamado "o quociente atlético" – ou QA, para abreviar –, de modo que o atleta olímpico com mais alto QA ganharia medalhas de ouro em todos os esportes.

"complexos", na definição acima de propósito, porque não é muito interessante tentar definir um limite artificial entre inteligência e não inteligência, e é mais útil quantificar o grau de habilidade para atingir objetivos diferentes.

Para classificar diferentes inteligências em uma taxonomia, outra distinção crucial é aquela entre a inteligência *limitada* e a *ampla*. O computador de xadrez da IBM, Deep Blue, que destronou o campeão de xadrez Garry Kasparov em 1997, só foi capaz de realizar a tarefa muito limitada de jogar xadrez – apesar de seu hardware e seu software impressionantes, ele não conseguia nem mesmo vencer uma criança de quatro anos no jogo da velha. O sistema DQN de IA do Google DeepMind pode atingir uma gama um pouco mais ampla de objetivos: pode jogar dezenas de diferentes jogos de Atari em nível humano ou superior. Em contraste, até agora a inteligência humana é excepcionalmente ampla, capaz de dominar uma enorme gama de habilidades. Uma criança saudável, com tempo suficiente de treinamento, pode se tornar razoavelmente boa, não apenas em *qualquer* jogo, mas também em qualquer idioma, esporte ou vocação. Comparando a inteligência de humanos e máquinas hoje em dia, nós, seres humanos, ganhamos facilmente em amplitude, enquanto as máquinas nos superam em um número pequeno, mas crescente, de domínios estreitos, como ilustrado na Figura 2.1. O Santo Graal da pesquisa em IA é criar uma "IA geral" (mais conhecida como "Inteligência artificial geral", IAG) que seja extremamente ampla: capaz de realizar praticamente qualquer objetivo, inclusive o aprendizado. Vamos explorar isso em detalhes no Capítulo 4. O termo "IAG"* foi popularizado pelos pesquisadores de IA Shane Legg, Mark Gubrud e Ben Goertzel para definir mais especificamente a inteligência artificial geral *de nível humano*: a capacidade de realizar qualquer objetivo pelo menos tão bem quanto os humanos.[1] Então, vou ficar com a definição deles; a menos que eu qualifique explicitamente o acrônimo (escrevendo "IAG sobre-humano", por exemplo), usarei IAG como abreviação de "IAG em nível humano".**

---

* No original, AGI, do inglês "artificial general intelligence". Como os termos de IA são relativamente novos, sem traduções consagradas, optamos por utilizar em português neste caso, conforme léxico sugerido pela Unesco [N.E.]
** Algumas pessoas preferem "IA em nível humano" ou "IA forte" como sinônimos de IAG, mas ambas são problemáticas. Até mesmo uma calculadora de bolso é uma IA de nível humano no sentido estreito. O antônimo de "IA forte" é "IA fraca", mas parece estranho chamar de "fracos" sistemas de IA como Deep Blue, Watson e AlphaGo.

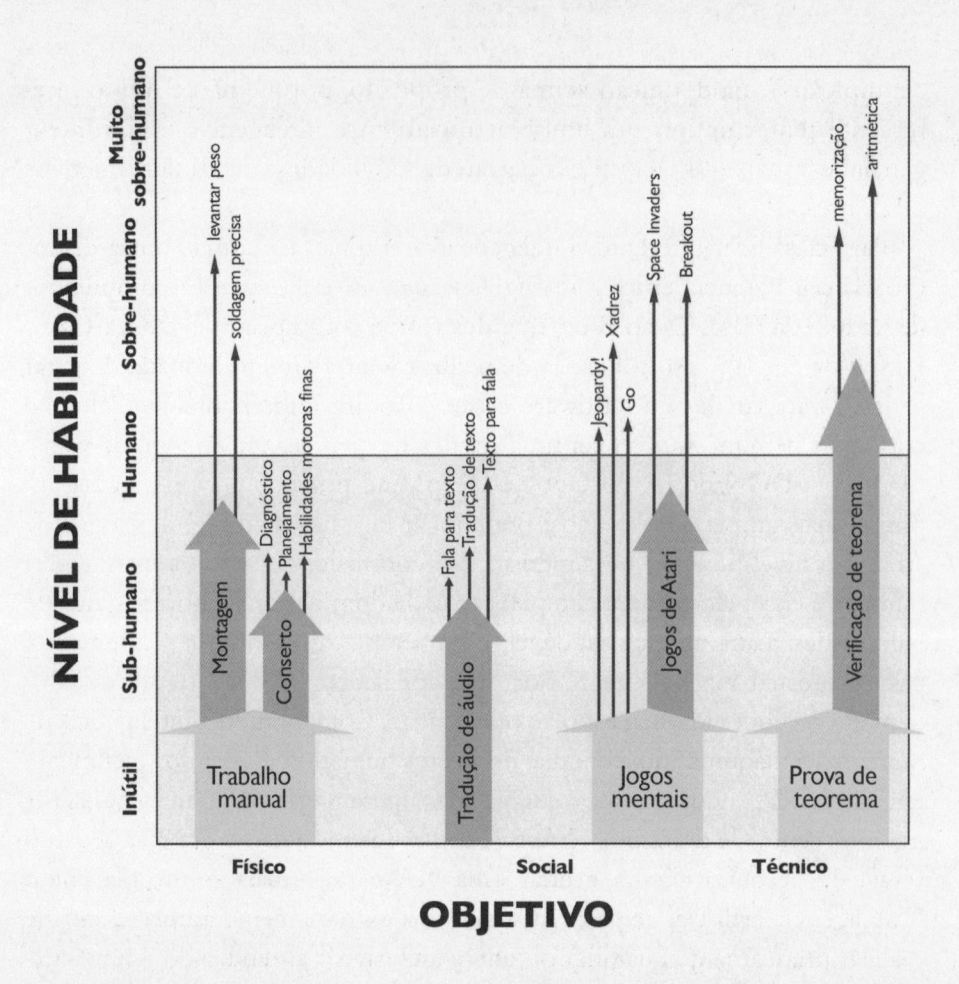

Figura 2.1: Inteligência, definida como a capacidade de atingir objetivos complexos, não pode ser medida por um simples QI, apenas por um espectro de habilidades por todos os objetivos. Cada seta indica a capacidade atual dos melhores sistemas de IA de atingir diversos objetivos, ilustrando que a inteligência artificial de hoje costuma ser *limitada*, com cada sistema capaz de realizar apenas objetivos muito específicos. Em contraste, a inteligência humana é notoriamente ampla: uma criança saudável pode aprender a se aperfeiçoar em quase qualquer coisa.

Embora a palavra "inteligência" tenda a conotações positivas, é importante notar que a estamos usando de uma maneira completamente neutra em termos de valor: como capacidade de atingir objetivos complexos, independentemente de esses objetivos serem considerados bons ou ruins. Assim, uma pessoa inteligente pode ser muito boa em ajudar outras pessoas ou muito boa em fazer mal a elas. Vamos explorar a questão dos objetivos no Capítulo 7. Em relação aos objetivos, também precisamos esclarecer a sutileza dos objetivos a que estamos nos referindo. Suponha que o seu futuro assistente pessoal robótico novinho em folha não tenha objetivos próprios, mas vai fazer o que você pedir, e você pede que prepare um jantar italiano perfeito. Se ele se conectar à internet e pesquisar receitas de comidas italianas, como chegar ao supermercado mais próximo, como escorrer macarrão e assim por diante, e depois comprar os ingredientes e preparar uma refeição deliciosa, é provável que você o considere inteligente, apesar de o objetivo original ser seu. Na verdade, ele adotou seu objetivo depois que você fez o pedido e, em seguida, dividiu-o em uma hierarquia de subobjetivos próprios, de pagar a compra a ralar o parmesão. Nesse sentido, o comportamento inteligente está inexoravelmente ligado à realização dos objetivos.

É natural classificarmos a complexidade das tarefas levando em consideração a dificuldade que os humanos têm em realizá-las, como mostra a Figura 2.1. Mas isso pode passar uma imagem enganosa de sua dificuldade para computadores. Parece muito mais difícil multiplicar 314.159 por 271.828 do que reconhecer um amigo em uma foto; no entanto, os computadores nos superaram em aritmética muito antes de eu nascer, enquanto o reconhecimento de imagem em nível humano só se tornou possível recentemente. O fato de tarefas sensório-motoras de baixo nível parecerem fáceis, apesar de exigirem enormes recursos computacionais, é conhecido como Paradoxo de Moravec e é explicado pelo fato de nosso cérebro facilitar essas tarefas dedicando enormes quantidades de hardware personalizado a elas – mais de um quarto de nosso cérebro, na verdade.

Eu amo essa metáfora de Hans Moravec e tomei a liberdade de ilustrá-la na Figura 2.2:

> Computadores são máquinas universais, seu potencial se estende uniformemente por uma variedade ilimitada de tarefas. Os potenciais humanos, por outro lado, são fortes em áreas há muito tempo importantes para a sobrevivência, mas fracas em coisas distantes. Imagine uma "paisagem de competência humana", com planícies com rótulos como "aritmética" e "memorização mecânica", contrafortes como "prova de teoremas" e "jogo de xadrez" e picos de montanhas altos denominados "locomoção", "coordenação óculo-manual" e "interação social". Melhorar o desempenho do computador é como a água inundando a paisagem lentamente. Há meio século, começou a afogar as planícies, expulsando calculadoras humanas e arquivistas, mas deixando a maioria de nós secos. Agora o dilúvio chegou ao contraforte e nossos postos avançados estão contemplando uma retirada. Nós nos sentimos seguros em nossos picos, mas, no ritmo atual, eles também serão submersos em mais meio século. Propo-

nho construirmos arcas à medida que esse dia se aproxima e adotarmos uma vida marítima!²

Figura 2.2: Ilustração da "paisagem de competência humana", de Hans Moravec, na qual a elevação representa dificuldade para computadores, e o aumento do nível do mar representa o que os computadores conseguem fazer.

Desde que ele escreveu essas passagens, o nível do mar continuou subindo incansavelmente, como ele previu, como se houvesse um aquecimento global potencializado, e alguns de seus contrafortes (como o "jogo de xadrez") estão submersos faz tempo. O que vem a seguir e o que devemos fazer sobre isso é o assunto do restante deste livro.

À medida que continua subindo, o nível do mar pode um dia chegar a um ponto de inflexão, provocando mudanças drásticas. Esse nível crítico do mar corresponde às máquinas que se tornam capazes de executar o projeto de IA. Antes que esse ponto de inflexão seja alcançado, o aumento do nível do mar é causado por *humanos* melhorando máquinas; depois, o aumento pode ser impulsionado por *máquinas* melhorando máquinas, potencialmente com muito mais rapidez do que os humanos poderiam ter feito, cobrindo rapidamente toda a terra. Essa é a ideia fascinante e controversa da *singularidade*, com a qual nos divertiremos explorando no Capítulo 4.

O pioneiro da computação Alan Turing provou que, se um computador é capaz de executar um determinado conjunto mínimo de operações, então, com tempo e memória suficientes, ele pode ser programado para fazer qualquer coisa que *qualquer* outro computador faz. Máquinas que excedem esse limite crítico são chamadas de *computadores universais* (também conhecidas como máquinas universais de Turing); todos os smartphones e laptops de hoje são universais nesse sentido. Analogamente, gosto de pensar no limiar de inteligência crítica necessário para o design de IA como o limite para a *inteligência universal*: com tempo e recursos suficientes, pode se tornar capaz de atingir qualquer objetivo, assim como *qualquer* outra entidade inteligente faria. Por exemplo, se decidir que deseja melhores habilidades sociais, de previsão ou de design de IA, pode adquiri-las. Se decidir descobrir como construir uma fábrica de robôs, pode fazê-lo. Em outras palavras, a inteligência universal tem potencial para se transformar na Vida 3.0.

O senso comum entre os pesquisadores de inteligência artificial é que, em última análise, a inteligência se refere apenas a informações e computação, não a carne, sangue ou átomos de carbono. Isso significa que não existe razão fundamental para que um dia as máquinas não sejam pelo menos tão inteligentes quanto nós.

Mas o que de fato são informação e computação, dado que a física nos ensinou que, em um nível fundamental, tudo é simplesmente matéria e energia se movendo? Como algo abstrato, intangível e etéreo como informação e computação pode ser incorporado por material físico tangível? Em particular, como um monte de partículas estúpida, movendo-se de acordo com as leis da física, exibe um comportamento que chamaríamos de inteligente?

Se você acha que a resposta para essa pergunta é óbvia e considera plausível que as máquinas se tornem tão inteligentes quanto os seres humanos neste século – por exemplo, porque você é um pesquisador de IA –, pule o restante deste capítulo e vá direto para o Capítulo 3. Caso contrário, ficará satisfeito em saber que escrevi as próximas três seções especialmente para você.

O que é memória?

Se dissermos que um atlas contém *informação* sobre o mundo, queremos dizer que há uma relação entre o estado do livro (em particular, as posições de certas moléculas que dão às letras e imagens suas cores) e o estado do mundo (por exemplo, a localização dos continentes). Se os continentes estivessem em lugares diferentes, essas moléculas também estariam em lugares diferentes. Nós, humanos, usamos muitos dispositivos diferentes para armazenar informações, de livros e cérebros a discos rígidos, e todos compartilham essa propriedade:

que seu estado pode estar relacionado (portanto, nos informando sobre) ao estado de outras coisas com as quais nos preocupamos.

Que propriedade física fundamental todos eles têm em comum que os torna úteis como dispositivos de memória, ou seja, dispositivos para armazenar informações? A resposta é que todos podem estar em *estados duradouros diferentes* – duradouros o suficiente para codificar as informações até que sejam necessárias. Vamos ver um exemplo simples, suponha que você coloque uma bola em uma superfície montanhosa com 16 vales diferentes, como na Figura 2.3. Quando tiver rolado para baixo e parado, a bola estará em um dos 16 locais, então você poderá usar a posição dela como uma maneira de lembrar qualquer número entre 1 e 16.

Esse dispositivo de memória é bastante robusto, porque, mesmo que seja um pouco sacudido e perturbado por forças externas, é provável que a bola permaneça no mesmo vale em que você a colocou, então você ainda pode saber qual número está sendo armazenado. A razão pela qual essa memória é tão estável é que tirar a bola de seu vale requer mais energia do que distúrbios aleatórios provavelmente vão fornecer. Essa mesma ideia pode oferecer memórias estáveis de modo muito mais genérico do que para uma bola móvel: a energia de um sistema físico complicado pode depender de todos os tipos de propriedades mecânicas, químicas, elétricas e magnéticas, e, enquanto for necessária energia para afastar o sistema do estado de que você deseja que ele se lembre, esse estado será estável. É por isso que os sólidos têm muitos estados de vida longa, enquanto líquidos e gases, não: se você gravar o nome de alguém em um anel de ouro, as informações ainda estarão lá anos depois, porque a remodelagem do ouro requer uma energia significativa, mas se você as gravar na superfície de uma lagoa, ele vai se perder em um segundo, quando a superfície da água mudar sua forma sem esforço.

O dispositivo de memória mais simples possível tem apenas dois estados estáveis (Figura 2.3, ao lado). Podemos, portanto, pensar nisso como a codificação de um dígito binário (ou bit, abreviação de *binary digit*), ou seja, zero ou um. As informações armazenadas por qualquer dispositivo de memória mais complicado podem ser armazenadas de modo equivalente em múltiplos bits: por exemplo, juntos, os quatro bits mostrados na Figura 2.3 (à direita) podem estar em $2 \times 2 \times 2 \times 2 = 16$ estados diferentes 0000, 0001, 0010, 0011, ..., 1111, então, em conjunto, eles têm exatamente a mesma capacidade de memória do sistema mais complicado de 16 estados (à esquerda). Podemos, portanto, considerar os bits como átomos de informação – o menor pedaço indivisível de informação, que pode ser combinado para formar qualquer informação. Por exemplo, apenas digitei a palavra *"word"*, e meu laptop a representou em sua memória como a sequência de quatro números "119 111 114 100", armazenando cada um desses números como 8 bits (representa cada letra minúscula por um número de 96 mais a sua ordem no alfabeto). Assim que eu apertei a tecla *"W"* no meu teclado, meu laptop exibiu uma imagem visual de um "W" na minha tela, e essa imagem também é representada por bits: 32 bits especificam a cor de cada um dos milhões de pixels da tela.

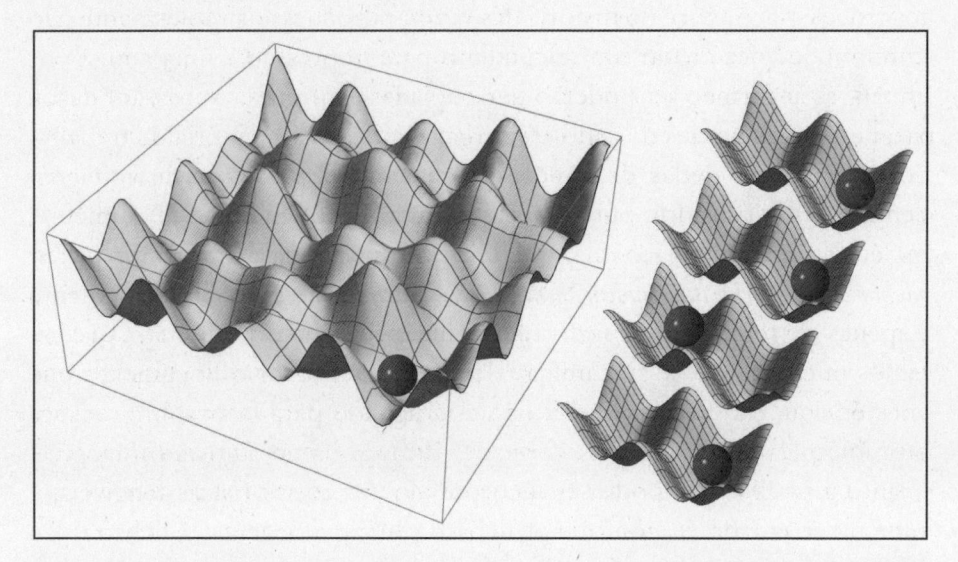

Figura 2.3: Um objeto físico é um dispositivo de memória útil se estiver em muitos estados estáveis diferentes. A bola à esquerda pode codificar quatro bits de informação, rotulando em qual dos $2^4 = 16$ vales ela está. Juntas, as quatro esferas à direita também codificam quatro bits de informação – um bit cada.

Como os sistemas de dois estados são fáceis de fabricar e trabalhar, os computadores mais modernos armazenam suas informações como bits, mas esses bits são incorporados de várias maneiras. Em um DVD, cada bit corresponde à existência ou não de um ponto microscópico em um determinado ponto da superfície plástica. Em um disco rígido, cada bit corresponde a um ponto na superfície sendo magnetizado de uma entre duas maneiras. Na memória de trabalho do meu laptop, cada bit corresponde às posições de certos elétrons, determinando se um dispositivo chamado microcapacitor está carregado. Alguns tipos de bits também são convenientes para o transporte, mesmo à velocidade da luz: por exemplo, em uma fibra óptica que transmite seu e-mail, cada bit corresponde a um feixe de laser que fica forte ou fraco em um determinado momento.

Os engenheiros preferem codificar bits em sistemas que não são apenas estáveis e fáceis de ler (como um anel de ouro), mas também fáceis de escrever: alterar o estado do seu disco rígido requer muito menos energia do que gravar em ouro. Também preferem sistemas convenientes de trabalhar e baratos para produzir em massa. Mas, para além disso, eles simplesmente não se importam com a forma como os bits são representados como objetos físicos – nem você na maioria das vezes, porque isso simplesmente não importa! Se você enviar um documento para impressão a uma amiga por e-mail, as informações poderão ser copiadas em rápida sucessão, desde magnetizações no disco rígido até cargas elétricas na memória de trabalho do computador, ondas de rádio na rede sem fio, variações de voltagem dentro do seu roteador, pulsos de laser em uma óptica fibra e, finalmente, moléculas em um pedaço de papel. Em outras palavras, *as informações podem ganhar vida própria, independentemente de seu substrato físico!* De fato, geralmente é apenas nesse aspecto da informação, independente do substrato, que estamos interessados: se sua amiga telefona para discutir o documento que você enviou, ela provavelmente não está ligando para falar sobre tensões ou moléculas. Essa é a nossa primeira dica de como algo tão intangível quanto a inteligência pode ser incorporado em coisas físicas tangíveis, e vamos ver em breve como essa ideia de independência do substrato é muito mais profunda, incluindo não apenas informações, mas também computação e aprendizado.

Devido a essa independência do substrato, engenheiros inteligentes foram capazes de substituir repetidas vezes os dispositivos de memória dentro de nossos computadores por dispositivos drasticamente melhores, baseados em novas tecnologias, sem exigir nenhuma alteração no software. O resultado foi espetacular, como ilustrado na Figura 2.4: nas últimas seis décadas, o preço da memória do computador caiu pela metade mais ou menos a cada dois anos. Os discos rígidos ficaram 100 milhões de vezes mais baratos, e as memórias mais rápidas, muito mais úteis para a computação do que o mero armazenamento, tornaram-se impressionantes 10 trilhões de vezes mais baratas. Se você conseguisse "99,99999999999% de desconto" em todas as suas compras, poderia comprar todos os imóveis em Nova York por cerca de 10 centavos e todo o ouro que já foi extraído por cerca de um dólar.

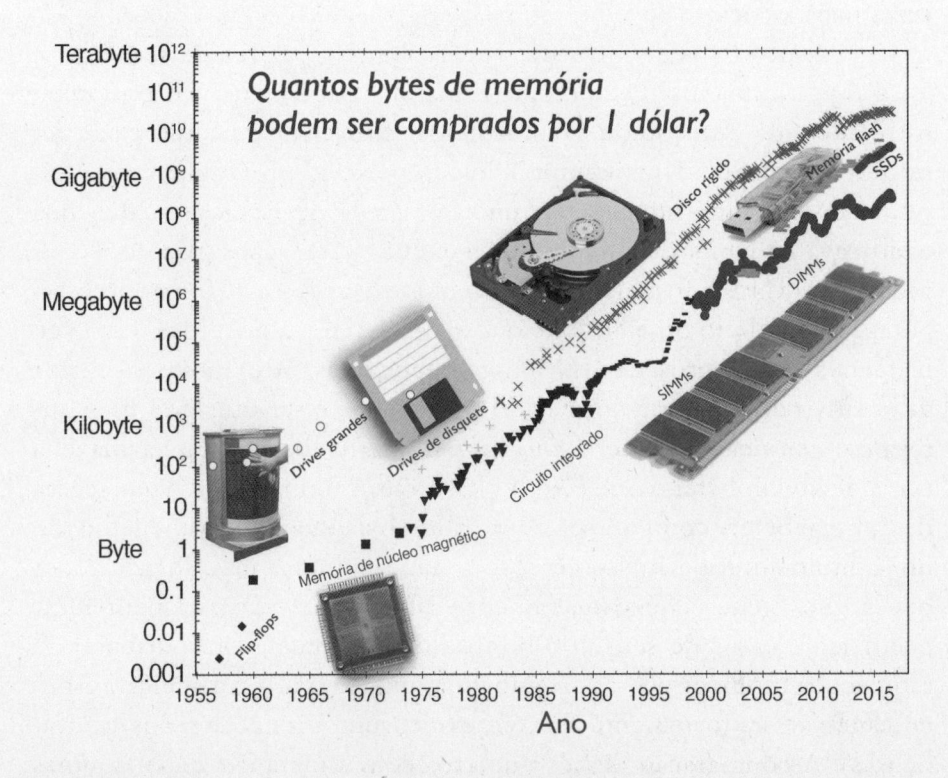

Figura 2.4: Nas últimas seis décadas, a memória do computador ficou duas vezes mais barata a cada dois anos, correspondendo a mil vezes mais barata a cada vinte anos. Um byte é igual a oito bits. Os dados são cortesia de John McCallum, de <http://www.jcmit.net/memoryprice.htm>.

Para muitos de nós, as melhorias espetaculares na tecnologia da memória vêm com histórias pessoais. Lembro-me com carinho de trabalhar em uma loja de doces quando estava no colégio para pagar por um computador com 16 kilobytes de memória. Lembro também de quando fiz e vendi, com meu colega de classe Magnus Bodin, um processador de texto que rodava nesse computador: fomos forçados a escrever tudo em código de máquina ultracompacto para deixar memória suficiente para as palavras que deveria processar. Depois de me acostumar com as unidades de disquete que armazenam 70 kB, fiquei impressionado com os disquetes menores, de 3,5 polegadas, que podiam armazenar 1,44 MB e conter um livro inteiro, e depois com meu primeiro disco rígido que armazenava 10

MB – e que mal tinha espaço suficiente para um arquivo de música hoje. Essas lembranças da minha adolescência pareceram quase irreais outro dia, quando gastei cerca de 100 dólares em um disco rígido com 300 mil vezes mais capacidade.

E os dispositivos de memória que evoluíram, em vez de serem projetados por humanos? Os biólogos ainda não sabem qual foi a primeira forma de vida que copiou seus projetos entre gerações, mas pode ter sido bem pequena. Uma equipe liderada por Philipp Holliger, na Universidade de Cambridge, criou uma molécula de RNA em 2016 que codificava 412 bits de informação genética e era capaz de copiar as cadeias de RNA por mais tempo do que ela própria, reforçando a hipótese do "mundo do RNA" de que a vida na Terra primitiva envolveu pequenos fragmentos de RNA autorreplicantes. Até agora, o menor dispositivo de memória conhecido por evoluir e ser utilizado na natureza é o genoma da bactéria *Candidatus Carsonella ruddii*, que armazena cerca de 40 kilobytes, enquanto o nosso DNA humano armazena cerca de 1,6 gigabytes, comparável a um filme baixado. Como mencionado no capítulo anterior, nosso cérebro armazena muito mais informações que nossos genes: aproximadamente 10 gigabytes eletricamente (especificando quais de seus 100 bilhões de neurônios estão disparando a qualquer momento) e 100 terabytes química/biologicamente (especificando quão fortemente diferentes neurônios estão ligados por sinapses). A comparação desses números com a memória das máquinas mostra que os melhores computadores do mundo agora podem equivaler a qualquer sistema biológico – a um custo que está caindo rapidamente e chegou a alguns milhares de dólares em 2016.

A memória do seu cérebro funciona de maneira muito diferente da memória do computador, não apenas em termos de como é construída, mas também de como é usada. Considerando que você recupera memórias de um computador ou disco rígido especificando *onde* estão armazenadas, você recupera memórias do seu cérebro especificando algo sobre *o que* está armazenado. Cada grupo de bits na memória do computador tem um endereço numérico, e, para recuperar uma informação, o computador especifica em que endereço procurar, como se eu dissesse: "Vá até a minha estante, pegue o quinto livro da direita na prateleira superior e me diga o que está escrito na página 314". Por outro lado, você recupera informações do seu cérebro de maneira semelhante à de um mecanismo de pesquisa: você especifica uma parte da informação ou algo relacionado a ela, e ela é exibida. Se eu disser "Ser ou não" para você, ou se pesquisar no Google, é provável que o resultado alcançado seja "Ser ou não ser, eis a questão". De fato, é provável que funcione mesmo que eu use outra parte da citação ou embaralhe um pouco as coisas. Esses sistemas de memória são chamados *autoassociativo*, uma vez que se lembram por associação, e não por endereço.

Em um famoso artigo de 1982, o físico John Hopfield mostrou como uma rede de neurônios interconectados poderia funcionar como uma memória autoassociativa. Acho a ideia básica muito bonita, e funciona em qualquer sistema físico com vários estados estáveis. Por exemplo, pense em uma bola sobre uma superfície com dois vales, como o sistema de um bit na Figura 2.3, e vamos modelar a superfície para que as coordenadas x dos dois mínimos onde a bola possa descansar sejam $x = \sqrt{2} \approx 1.41421$ e $x = \pi \approx 3,14159$, respectivamente. Se você lembrar apenas que π é próximo de 3, basta colocar a bola em $x = 3$ e observar que ela revela um valor π mais exato enquanto rola para o mínimo mais próximo. Hopfield percebeu que uma complexa rede de neurônios fornece uma paisagem análoga com muitos mínimos de energia nos quais o sistema pode se estabelecer, e depois ficou provado que você pode espremer até 138 memórias diferentes para cada mil neurônios sem causar grande confusão.

O que é computação?

Vimos agora como um objeto físico pode se lembrar de informações. Mas como consegue computar?

Uma computação é a transformação de um estado de memória em outro. Em outras palavras, uma computação pega informações e as transforma, implementando o que os matemáticos chamam de *função*. Penso em uma função como um moedor de carne para obter informações, como ilustrado na Figura 2.5: você coloca as informações no topo, gira a manivela e obtém as informações processadas na parte inferior – e pode repetir o processo quantas vezes quiser com entradas diferentes. Esse processamento de informações é determinístico já que, se for repetido com a mesma informação, sempre dará o mesmo resultado.

Embora pareça ilusoriamente simples, essa ideia de função é incrivelmente genérica. Algumas funções são bastante triviais, como a chamada NOT, que insere um único bit e gera o inverso, transformando zero em um e vice-versa. As funções sobre as quais aprendemos na escola em geral correspondem a botões em uma calculadora de bolso, inserindo um ou mais números e produzindo um único número – por exemplo, a função x^2 apenas insere um número e gera o resultado multiplicado por ele mesmo. Outras funções podem ser extremamente complicadas. Por exemplo, se você tem uma função que insere bits que representam uma posição arbitrária do xadrez e gera os bits que representam o melhor próximo passo possível, pode usá-lo para ganhar o Campeonato Mundial de Xadrez de Computador. Se você tiver uma função que insere todos os dados financeiros do mundo e produz as melhores ações para comprar, em breve será extremamente rico. Muitos pesquisadores de IA dedicam a carreira a descobrir como implementar determinadas funções. Por exemplo, o objetivo da pesquisa em tradução automática é implementar uma função inserindo bits representando texto em um idioma e emitindo bits representando o mesmo texto em outro idioma, e o objetivo da pesquisa em legendas automáticas é inserir bits representando uma imagem e gerar bits representando o texto que a descreve (Figura 2.5, direita).

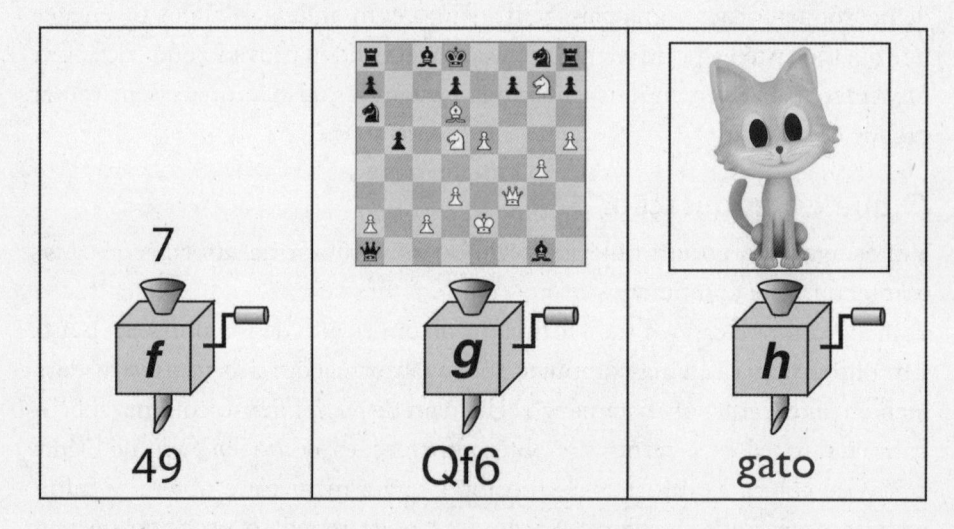

Figura 2.5: A *computação* pega informações e as transforma, implementando o que os matemáticos chamam de *função*. A função *f* (esquerda) pega bits que representam um número e calcula seu quadrado. A função *g* (meio) pega bits que representam uma posição de xadrez e calcula a melhor jogada para as peças brancas. A função *h* (direita) pega bits que representam uma imagem e calcula um rótulo de texto que a descreve.

Em outras palavras, se você pode implementar funções altamente complexas, então pode construir uma máquina inteligente capaz de atingir objetivos altamente complexos. Isso dá mais nitidez à nossa questão de como a matéria pode ser inteligente: em particular, como um grupo de matéria aparentemente inerte calcula uma função complexa?

Em vez de apenas permanecer imóvel, como um anel de ouro ou outro dispositivo de memória estática, ele deve demonstrar *dinâmica* para que seu estado futuro dependa de alguma maneira complicada (e esperamos que controlável/programável) do estado atual. Seu arranjo de átomos deve ser menos ordenado do que um sólido rígido, no qual nada interessante muda, mas mais ordenado do que um líquido ou gás. Especificamente, queremos que o sistema tenha a propriedade de, se o colocarmos em um estado que codifica as informações de entrada, evoluir de acordo com as leis da física por um certo tempo e depois interpretar o estado final resultante como informação de saída, então a saída é a função desejada da entrada. Se for esse caso, podemos dizer que nosso sistema calcula nossa função.

Como um primeiro exemplo dessa ideia, vamos explorar como podemos construir uma função muito simples (mas também muito importante) chamada "Porta NAND"* fora da boa e velha matéria inerte. Esta função insere dois bits e gera um bit: gera 0 se as duas entradas forem 1; em todos os outros casos, gera 1. Se conectarmos dois comutadores em série com uma bateria e um eletroímã, o eletroímã estará ligado apenas se o primeiro *e* o segundo comutadores estiverem fechados ("ligado"). Vamos colocar um terceiro comutador sob o eletroímã, conforme ilustrado na Figura 2.6, de modo que o ímã o abra sempre que for ligado. Se interpretarmos os dois primeiros comutadores como bits de entrada e o terceiro como o bit de saída (com 0 = comutador aberto, 1 = comutador fechado), teremos uma porta NAND: o terceiro comutador estará aberto apenas se os dois primeiros estiverem fechados. Existem muitas outras maneiras mais práticas de construir portas NAND – por exemplo, usando transistores, conforme ilustrado na Figura 2.6 (à direita). Nos computadores de hoje, as portas NAND são tipicamente construídas a partir de transistores microscópicos e outros componentes que podem ser gravados automaticamente em pastilhas de silício.

---

* NAND é a abreviatura de NOT AND: uma porta AND emite 1 somente se a primeira entrada for 1 e a segunda entrada for 1, então a NAND gera exatamente o oposto.

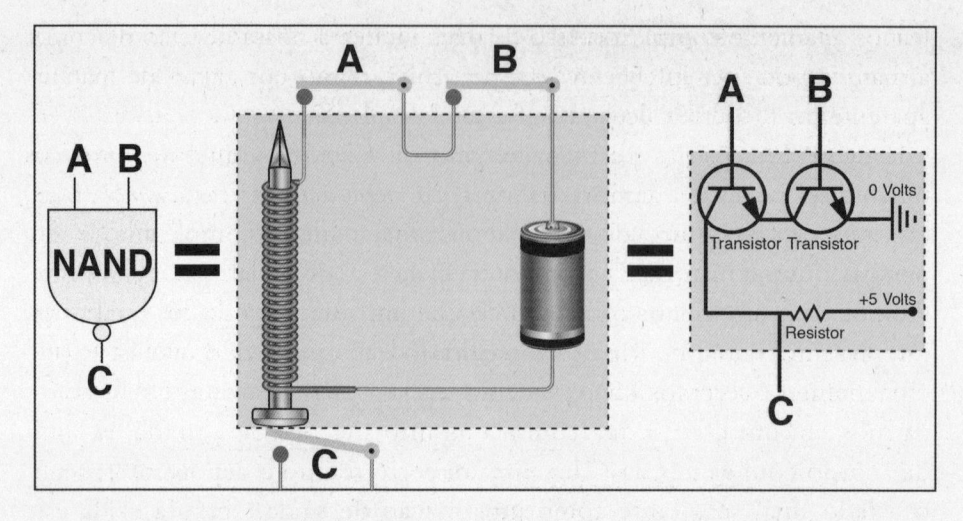

Figura 2.6: Uma porta chamada NAND recebe dois bits, A e B, como entradas e calcula um bit C como saída, de acordo com a regra de que C = 0 se A = B = 1 e, em qualquer outra combinação de A e B, C = 1. Muitos sistemas físicos podem ser usados como portas NAND. No exemplo do meio, os comutadores são interpretados como bits em que 0 = aberto, 1 = fechado e, quando os comutadores A e B são fechados, um eletroímã abre o comutador C. À direita da figura, tensões (potenciais elétricos) são interpretadas como bits em que 1 = cinco volts, 0 = zero volt e, quando os fios A e B estão ambos em cinco volts, os dois transistores conduzem eletricidade e o fio C cai para aproximadamente zero volt.

Existe um teorema conhecido na ciência da computação que diz que as portas NAND são *universais*, o que significa que você pode implementar *qualquer* função bem definida simplesmente conectando portas NAND.* Portanto, se você pode construir portas NAND suficientes, pode construir um dispositivo que computa qualquer coisa! Caso queira ver como isso funciona, a Figura 2.7 mostra como multiplicar números usando nada além de portas NAND.

Os pesquisadores do MIT Norman Margolus e Tommaso Toffoli cunharam o nome *computronium* para qualquer substância que consiga executar cálculos arbitrários. Acabamos de ver que a produção de *computronium* não precisa ser particularmente difícil: a substância precisa apenas ser capaz de implementar portas NAND conectadas da maneira desejada. De fato, existem muitos outros tipos de *computronium* também. Uma variante simples que também funciona envolve a substituição das portas NAND pelas portas NOR, que produzem 1 somente quando ambas as entradas são 0. Na próxima seção,

---

* Estou usando "função bem definida" para me referir ao que matemáticos e cientistas da computação chamam de "função computável", ou seja, uma função que pode ser calculada por um computador hipotético com memória e tempo ilimitados. Alan Turing e Alonzo Church provaram que há também funções que podem ser descritas, mas não são computáveis.

vamos explorar as redes neurais, que também podem implementar cálculos arbitrários, ou seja, agir como *computronium*. O cientista e empresário Stephen Wolfram mostrou que o mesmo vale para dispositivos simples chamados autômatos celulares, que atualizam repetidamente os bits com base no que os bits vizinhos estão fazendo. Já lá em 1936, o pioneiro da computação Alan Turing provou em um artigo de referência que uma máquina simples (agora conhecida como "máquina universal de Turing") que pudesse manipular símbolos em uma tira de fita também poderia implementar cálculos arbitrários. Em resumo, não só é possível que a matéria implemente qualquer cálculo bem definido, como também isso é possível de várias maneiras diferentes.

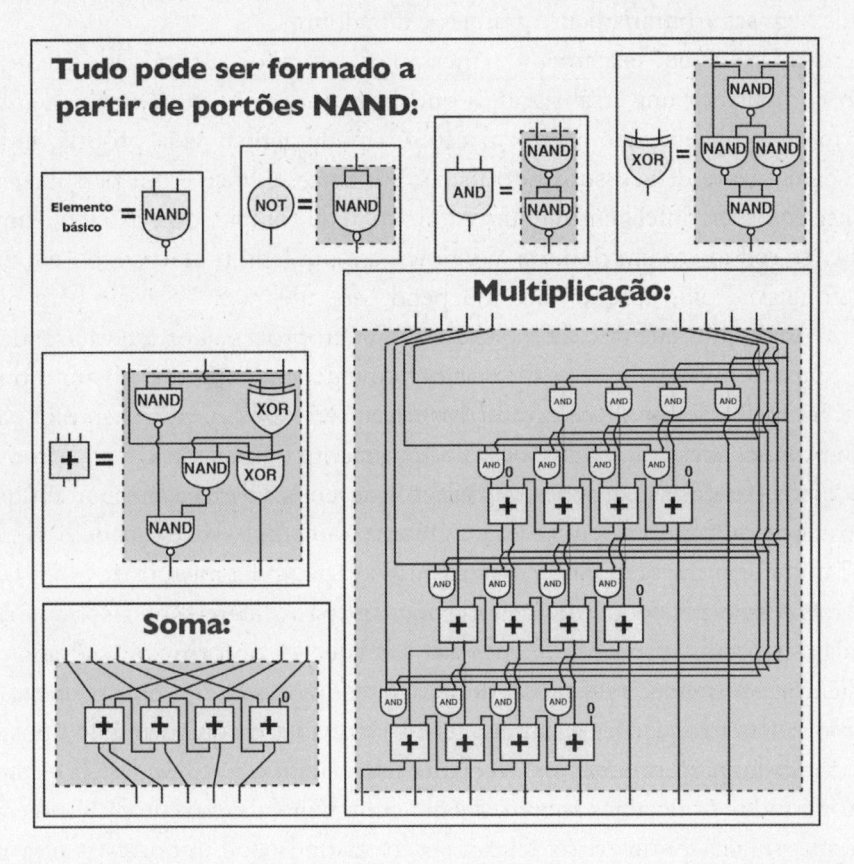

Figura 2.7: *Qualquer* computação bem definida pode ser realizada apenas com a combinação inteligente de portas NAND. Por exemplo, os módulos de adição e multiplicação acima inserem dois números binários representados por 4 bits e resultam num número binário representado por 5 bits e 8 bits, respectivamente. Os módulos menores NOT, AND e XOR e + (que resumem três bits separados em um número binário de 2 bits) são, por sua vez, construídos com portas NAND. Compreender totalmente essa figura é extremamente desafiador e completamente desnecessário para acompanhar o restante deste livro: estou incluindo aqui apenas para ilustrar a ideia de universalidade – e para satisfazer meu lado geek.

Como mencionado anteriormente, Turing também provou algo ainda mais profundo naquele artigo de 1936: se um tipo de computador pode executar um determinado conjunto mínimo de operações, então é *universal* no sentido de que, com recursos suficientes, pode fazer qualquer coisa que *qualquer* outro computador pode fazer. Ele demonstrou que sua máquina de Turing era universal, e, pensando mais próximo do mundo da física, acabamos de ver que essa família de computadores universais também inclui objetos tão diversos quanto uma rede de portas NAND e uma rede de neurônios interconectados. De fato, Stephen Wolfram argumentou que *a maioria* dos sistemas físicos não triviais, de sistemas climáticos a cérebros, seriam computadores universais se pudessem ser arbitrariamente grandes e duradouros.

Esse fato de que exatamente o mesmo cálculo pode ser realizado em *qualquer* computador universal significa que a *computação é independente de substrato*, da mesma maneira que a informação: ela pode ganhar vida própria, independentemente de seu substrato físico! Portanto, se você é um personagem consciente superinteligente em um futuro jogo de computador, não tem como saber se rodou em um desktop Windows, em um laptop Mac OS ou em um telefone Android, porque você independe do substrato. Você também não teria como saber que tipo de transistores o microprocessador estava usando.

Comecei a valorizar essa ideia crucial de independência do substrato porque há muitos exemplos bonitos disso na física. Ondas, por exemplo: elas têm propriedades como velocidade, comprimento e frequência, e nós, físicos, podemos estudar as equações que elas obedecem sem precisar saber em que substância específica as ondas estão. Quando ouve algo, você está detectando ondas sonoras causadas por moléculas que se agitam na mistura de gases que chamamos de ar, e podemos calcular muitas coisas interessantes sobre essas ondas – a forma como sua intensidade enfraquece conforme o quadrado da distância, a maneira como elas se dobram quando passam por portas abertas e como saltam das paredes e causam ecos – sem saber do que o ar é composto. Na verdade, nem precisamos saber que ele é feito de moléculas: podemos ignorar todos os detalhes sobre oxigênio, nitrogênio, dióxido de carbono etc., porque a única propriedade do substrato da onda que importa e entra na famosa equação de onda é um número único que podemos medir: a velocidade dela, que nesse caso é de cerca de 300 metros por segundo. Aliás, essa equação de onda sobre a qual falei para meus alunos do MIT em um curso na primavera passada foi descoberta e utilizada muito antes de os físicos terem estabelecido que átomos e moléculas existiam!

Esse exemplo da onda ilustra três pontos importantes. Primeiro, que a independência do substrato não significa que um substrato é desnecessário, mas que a maioria dos detalhes não importa. Você obviamente não pode ter ondas sonoras no gás se não houver gás, mas qualquer gás será suficiente. Da mesma forma, você obviamente não pode ter computação sem matéria, mas qualquer matéria funcionará desde que possa ser organizada em portas NAND, neurônios conectados ou algum outro componente que permita a computação universal. Segundo, que o fenômeno independente do substrato ganha vida própria, independente do substrato. Uma onda pode atravessar um lago, mesmo que nenhuma de suas moléculas de água o faça – elas oscilam para cima e para baixo, como fãs fazendo a *ola* em um estádio. Terceiro, que em geral estamos interessados apenas no aspecto independente do substrato: um surfista costuma se preocupar mais com a posição e a altura de uma onda do que com sua composição molecular detalhada. Vimos como isso era verdadeiro para as informações e para a computação: se dois programadores estão caçando em conjunto um bug em seu código, provavelmente não estão discutindo transistores.

Chegamos agora a uma resposta à nossa pergunta inicial sobre como as coisas físicas tangíveis podem dar origem a algo que parece intangível, abstrato e etéreo como a inteligência: parece tão não física porque independe do substrato, levando uma vida à parte que não depende nem reflete os detalhes físicos. Em resumo, a computação é um padrão no arranjo de partículas no espaço-tempo, e não são as partículas, mas o padrão o que realmente importa! A matéria não importa.

Em outras palavras, o hardware é o problema e o software é o padrão. Essa independência de substrato da computação implica que a IA é possível: a inteligência não requer carne, sangue ou átomos de carbono.

Por causa dessa independência do substrato, engenheiros perspicazes conseguiram substituir repetidamente as tecnologias dentro de nossos computadores por tecnologias drasticamente melhores, sem alterar o software. Os resultados foram tão espetaculares quanto os dos dispositivos de memória. Conforme ilustrado na Figura 2.8, o preço da computação continua caindo pela metade mais ou menos a cada dois anos, e essa tendência persiste há mais de um século, reduzindo o custo dos computadores um milhão de milhões de milhões (10^{18}) vezes desde que minhas avós nasceram. Se tudo ficasse um milhão de milhões de milhões de vezes mais barato, então um centésimo de centavo permitiria que você comprasse todos os bens e serviços produzidos na Terra este ano. Essa queda drástica nos custos é, obviamente, uma das principais razões pelas quais a computação está em toda parte nos dias de hoje, tendo se espalhado das instalações de computação do tamanho de um prédio do passado para nossas casas, nossos carros e nossos bolsos – e aparecendo até em lugares inesperados, como nos tênis.

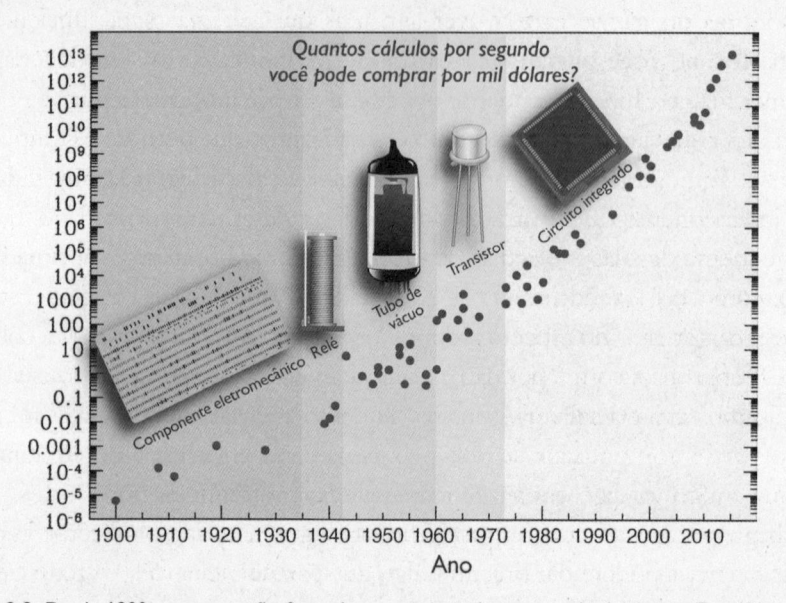

Figura 2.8: Desde 1900, a computação ficou duas vezes mais barata a cada dois anos. O gráfico mostra o poder de computação medido em operações de ponto flutuante por segundo (FLOPS) que podem ser compradas por mil dólares.[3] O cálculo específico que define uma operação de ponto flutuante corresponde a cerca de 10^5 operações lógicas elementares, como inversões de bits ou avaliações NAND.

Por que nossa tecnologia continua ganhando o dobro de poder em intervalos regulares, exibindo o que os matemáticos chamam de crescimento exponencial? De fato, por que isso está acontecendo não apenas em termos de miniaturização de transistor (uma tendência conhecida como Lei de Moore), mas também de forma mais ampla para a computação como um todo (Figura 2.8), para a memória (Figura 2.4) e para uma infinidade de outras tecnologias que variam do sequenciamento do genoma à imagem do cérebro? Ray Kurzweil chama esse fenômeno de duplicação persistente de "lei dos retornos acelerados".

Todos os exemplos de duplicação persistente que conheço na natureza têm a mesma causa fundamental, e esse exemplo tecnológico não é exceção: um passo cria o seguinte. Por exemplo, você mesmo passou por um crescimento exponencial logo após sua concepção: cada uma de suas células se dividiu e deu origem a cerca de duas células diariamente, fazendo com que seu número total de células aumentasse dia após dia: 1, 2, 4, 8, 16 e assim por diante. De acordo com a teoria científica mais popular de nossas origens cósmicas, conhecida como "inflação", nosso Universo bebê cresceu exponencialmente como você, dobrando repetidamente seu tamanho em intervalos regulares até que um grão muito menor e mais leve que um átomo se tornasse mais massivo do que todas as galáxias que já vimos com nossos telescópios. Mais uma vez, a causa foi um processo no qual cada etapa de duplicação causava a seguinte. É assim que a tecnologia também progride: uma vez que a tecnologia se torna duas vezes mais poderosa, ela pode ser usada para projetar e construir uma tecnologia que é duas vezes mais poderosa, acionando repetidas duplicações de capacidades, no espírito da lei de Moore.

Algo que ocorre com tanta regularidade quanto a duplicação de nosso poder tecnológico é o surgimento de alegações de que a duplicação está terminando. Sim, é claro que a lei de Moore vai terminar, significando que há um limite físico de como pequenos transistores podem ser feitos. Mas algumas pessoas assumem erroneamente que a lei de Moore é sinônimo de duplicação persistente de nosso poder tecnológico. Por outro lado, Ray Kurzweil aponta que a lei de Moore envolve não o primeiro, mas o quinto paradigma tecnológico para gerar crescimento exponencial na computação, como ilustrado na Figura 2.8: sempre que uma tecnologia para de melhorar, nós a substituímos por uma ainda melhor. Quando não conseguimos mais encolher nossos tubos de vácuo, nós os substituímos por transistores e depois por circuitos integrados, nos quais os elétrons se movem em duas dimensões. Quando essa tecnologia alcança seus limites, há muitas alternativas que podemos tentar – por exemplo, usar circuitos tridimensionais e usar algo diferente de elétrons para realizar nosso comando.

Ninguém sabe ao certo qual será o próximo substrato computacional de grande sucesso, mas sabemos que não estamos nem perto dos limites impostos pelas leis da física. Seth Lloyd, meu colega do MIT, descobriu qual é esse limite fundamental e, como vamos explorar mais detalhadamente no Capítulo 6, esse limite é de 33 ordens de grandeza (10^{33} vezes) além do máximo do que a computação de um grupo de matéria pode fazer hoje. Portanto, mesmo se continuarmos duplicando o poder de nossos computadores a cada dois anos, vai levar mais de dois séculos até atingirmos essa fronteira final.

Embora todos os computadores universais sejam capazes dos mesmos cálculos, alguns são mais eficientes que outros. Por exemplo, uma computação que requer milhões de multiplicações não requer milhões de módulos de multiplicação separados, construídos a partir de transistores separados, como na Figura 2.6: ele precisa de apenas um desses módulos, desde que possa usá-lo várias vezes sucessivas com entradas apropriadas. Nesse espírito de eficiência, a maioria dos computadores modernos usa um paradigma em que os cálculos são divididos em várias etapas de tempo, durante as quais as informações são embaralhadas entre os módulos de memória e os módulos de computação. Essa arquitetura computacional foi desenvolvida entre 1935 e 1945 por pioneiros da computação, incluindo Alan Turing, Konrad Zuse, Presper Eckert, John Mauchly e John von Neumann. Mais especificamente, a memória do computador armazena dados e software (um programa, ou seja, uma lista de instruções sobre o que fazer com os dados). Em cada etapa do tempo, uma unidade central de processamento (CPU, do inglês *central processing unit*) executa a próxima instrução no programa, que especifica alguma função simples a ser aplicada a alguma parte dos dados. A parte do computador que monitora o que fazer a seguir é apenas outra parte de sua memória, chamada *program counter*, que armazena o número da linha atual no programa. Para ir para a próxima instrução, basta somar 1 ao *program counter*. Para pular para outra linha do programa, simplesmente copie esse número de linha no *program conter* – é assim que os tais "*if statements*" e loops são implementados.

Os computadores de hoje costumam ganhar velocidade adicional por *processamento paralelo*, que inteligentemente desfaz parte dessa reutilização de módulos: se um cálculo pode ser dividido em partes que podem ser feitas em paralelo (porque a entrada de uma parte não requer a saída de outra), as partes podem ser computadas simultaneamente por diferentes partes do hardware.

O melhor computador paralelo é um *computador quântico*. O pioneiro da computação quântica David Deutsch argumenta, de modo controverso, que "computadores quânticos compartilham informações com um grande número de versões de si mesmos no multiverso" e podem obter respostas mais rapidamente aqui em nosso Universo, de certa forma, recebendo ajuda dessas outras versões.[4] Ainda não sabemos se um computador quântico comercialmente competitivo pode ser construído durante as próximas décadas, porque isso depende tanto de a física quântica funcionar como pensamos quanto de nossa capacidade de superar desafios técnicos assustadores, mas empresas e governos em todo o mundo estão apostando dezenas de milhões de dólares por ano na possibilidade. Embora os computadores quânticos não possam acelerar os cálculos comuns, foram desenvolvidos algoritmos inteligentes que podem acelerar drasticamente tipos específicos de cálculos, como quebrar sistemas de criptografia e treinar redes neurais. Um computador quântico também pode simular com eficiência o comportamento de sistemas mecânicos quânticos, incluindo átomos, moléculas e novos materiais, substituindo medições em laboratórios de química da mesma maneira que simulações em computadores tradicionais substituíram medições em túneis de vento.

O que é aprendizado?

Embora uma calculadora de bolso possa me derrotar numa competição aritmética, ela nunca vai melhorar sua velocidade ou precisão, por mais que pratique. Ela não aprende. Por exemplo, toda vez que pressiono seu botão de raiz quadrada, ela calcula exatamente a mesma função do mesmo modo. Da mesma forma, o primeiro programa de computador que me venceu no xadrez nunca aprendeu com seus erros, apenas implementou uma função que seu programador inteligente havia projetado para calcular uma boa jogada seguinte. Por outro lado, quando Magnus Carlsen perdeu seu primeiro jogo de xadrez aos 5 anos, ele iniciou um processo de aprendizado que o tornou Campeão Mundial de Xadrez 18 anos depois.

A capacidade de aprender é, sem dúvida, o aspecto mais fascinante da inteligência geral. Já vimos como um amontoado de matéria inerte pode se lembrar e calcular, mas como pode aprender? Vimos que encontrar a resposta para uma pergunta difícil corresponde ao cálculo de uma função e que matéria adequadamente arranjada pode calcular qualquer função computável. Quando nós, humanos, criamos calculadoras de bolso e programas de xadrez, *nós* fazemos o arranjo. Para que a matéria aprenda, ela deve *se* reorganizar para melhorar cada vez mais a computação da função desejada – simplesmente obedecendo às leis da física.

Para desmistificar o processo de aprendizado, primeiro consideremos como um sistema físico muito simples pode aprender os dígitos de π e outros números. Anteriormente, vimos como uma superfície com muitos vales (veja a Figura 2.3) pode ser usada como um dispositivo de memória: por exemplo, se o fundo de um dos vales estiver na posição $x = \pi \approx 3,14159$, e não houver outros vales próximos, então é possível colocar uma bola em $x = 3$ e observar o sistema calcular as casas decimais faltantes, deixando a bola rolar para baixo. Agora, suponha que a superfície seja feita de argila macia e comece completamente plana, como uma lousa em branco. Se alguns entusiastas da matemática colocarem a bola repetidas vezes nos locais de cada um de seus números favoritos, a gravidade criará gradualmente vales nesses locais, e, depois, a superfície da argila poderá ser usada para recuperar essas memórias armazenadas. Em outras palavras, a superfície da argila *aprendeu* a calcular dígitos de números como π.

Outros sistemas físicos, como o cérebro, podem aprender com muito mais eficiência com base na mesma ideia. John Hopfield mostrou que sua rede de neurônios interconectados mencionada anteriormente pode aprender de maneira análoga: se você a colocar em certos estados de modo repetitivo, ela vai aprender de modo gradual esses estados e retornar a eles de qualquer estado próximo. Se você vê os membros de sua família muitas vezes, as memórias de como são podem ser acionadas por qualquer coisa relacionada a eles.

As redes neurais agora transformaram a inteligência biológica e artificial e recentemente começaram a dominar o subcampo da IA conhecido como aprendizado de máquina, ou *machine learning* (o estudo de algoritmos que melhoram com a experiência). Antes de nos aprofundarmos em como essas redes podem aprender, vamos primeiro entender como elas podem calcular. Uma rede neural é simplesmente um grupo de neurônios interconectados capazes de influenciar o comportamento um do outro. Seu cérebro contém quase tantos neurônios quanto o número de estrelas em nossa galáxia: na casa dos cem bilhões. Em média, cada um desses neurônios está conectado a cerca de mil outros através de junções chamadas *sinapses*, e são os pontos fortes dessas conexões de sinapse de cerca de cem trilhões que codificam a maioria das informações em seu cérebro.

Podemos desenhar esquematicamente uma rede neural como uma coleção de pontos representando neurônios conectados por linhas representando sinapses (veja a Figura 2.9). Os neurônios do mundo real são dispositivos eletroquímicos muito complicados que não se parecem em nada com esta ilustração esquemática: eles envolvem partes diferentes com nomes como axônios e dendritos; existem muitos tipos diferentes de neurônios que operam de várias maneiras, e os detalhes exatos de como e quando a atividade elétrica em um neurônio afeta os outros ainda é objeto de estudo ativo. No entanto, os pesquisadores de IA mostraram que as redes neurais ainda podem atingir desempenho em nível humano em muitas tarefas notavelmente complexas, mesmo que alguém ignore todas essas complexidades e substitua os neurônios biológicos reais por neurônios simulados bastante simples que sejam todos idênticos e obedeçam a regras muito simples. O modelo mais popular atualmente para tal *rede neural artificial* representa o estado de cada neurônio por um único número e a força de cada sinapse por um único número. Nesse modelo, todo neurônio atualiza seu estado em etapas regulares, simplesmente calculando a média das entradas de todos os neurônios conectados, ponderando-as pelas forças sinápticas, adicionando de modo opcional uma constante e aplicando o que é chamado de *função de ativação* ao resultado para calcular seu próximo estado.* A melhor maneira de usar uma rede neural como função é torná-la *feedforward*, com as informações fluindo apenas em uma direção, como na Figura 2.9, conectando a entrada à função em uma camada de neurônios na parte superior e extraindo a saída de uma camada de neurônios na parte inferior.

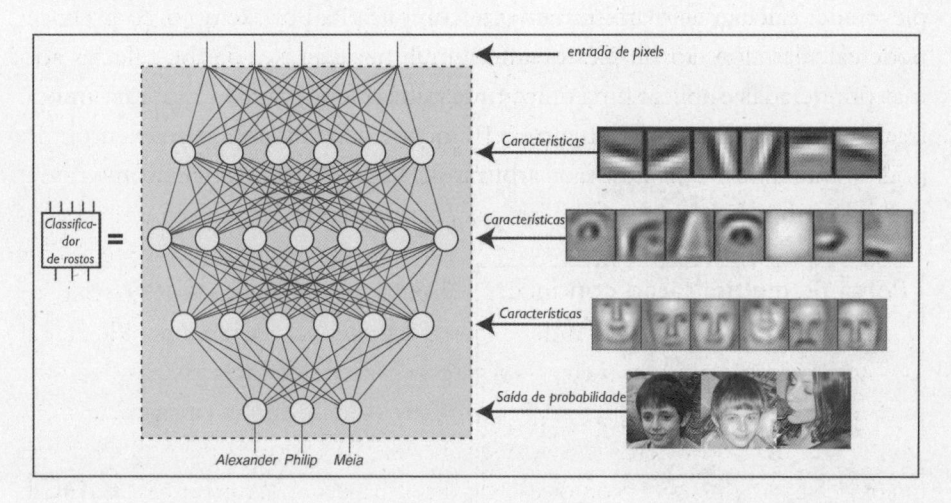

Figura 2.9: Uma rede de neurônios pode calcular funções, assim como uma rede de portas NAND. Por exemplo, redes neurais artificiais foram treinadas para receber como entrada números que representam o brilho de diferentes pixels da imagem e produzir números de saída que representam a probabilidade de a imagem representar várias pessoas. Aqui, cada neurônio artificial (círculo) calcula uma soma ponderada dos números enviados a ele por meio de conexões (linhas) de cima, aplica uma função simples e passa o resultado para baixo, cada camada subsequente calculando recursos de nível superior. As redes típicas de reconhecimento facial contêm centenas de milhares de neurônios; a figura mostra apenas um punhado para dar maior clareza.

O sucesso dessas redes neurais artificiais simples é outro exemplo de independência de substrato: as redes neurais têm um grande poder computacional aparentemente independente dos detalhes de baixo nível da sua construção. Aliás, George Cybenko, Kurt Hornik, Maxwell Stinchcombe e Halbert White provaram algo notável em 1989: essas redes neurais simples são *universais* no sentido de que podem calcular *qualquer* função arbitrariamente com precisão, apenas ajustando esses números de intensidade de sinapse de acordo. Em

---

* Caso você goste de matemática, duas escolhas populares dessa função de ativação são as chamadas função sigmoide $\sigma(x) = 1/(1+e^{-x})$ e função rampa $\sigma(x) = max\{0,x\}$, embora tenha sido comprovado que quase qualquer função será suficiente desde que não seja linear (uma linha reta). O famoso modelo de Hopfield usa $\sigma(x) = -1$ se $x < 0$ e $\sigma(x) = 1$ se $x \geq 0$. Se os estados dos neurônios são armazenados em um vetor, a rede é atualizada simplesmente multiplicando esse vetor por uma matriz que armazena os acoplamentos sinápticos e depois aplica a função σ para todos os elementos.

outras palavras, é provável que a evolução não tenha complicado nossos neurônios biológicos porque era necessário, mas porque era mais eficiente – e porque a evolução, ao contrário dos engenheiros humanos, não recompensa projetos simples e fáceis de entender.

Assim que eu soube disso, fiquei perplexo com o fato de algo tão simples poder calcular algo arbitrariamente complicado. Por exemplo, como você pode calcular algo tão simples quanto a multiplicação, se só sabe calcular somas ponderadas e aplicar uma única função fixa? Caso você queira uma amostra de como isso funciona, a Figura 2.10 mostra como apenas cinco neurônios podem multiplicar dois números arbitrários e como um único neurônio pode multiplicar três bits juntos.

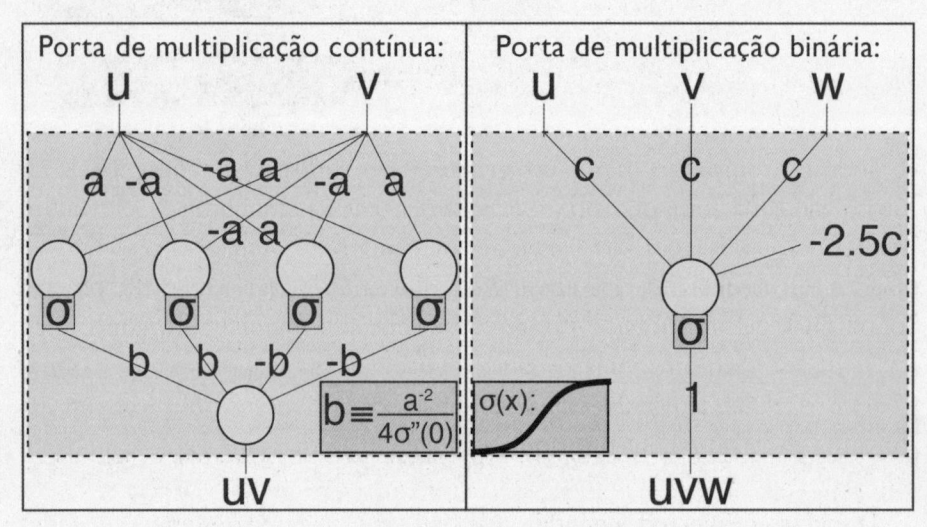

Figura 2.10: Como a matéria pode multiplicar sem usar portas NAND, como na Figura 2.7, e sim neurônios. O ponto principal não requer seguir os detalhes e é que não apenas os neurônios (artificiais ou biológicos) conseguem calcular, mas também a multiplicação requer muito menos neurônios que as portas NAND. *Detalhes opcionais para grandes fãs de matemática:* círculos executam somatórios, quadrados aplicam a função σ, e as linhas se multiplicam pelas constantes que as rotulam. As entradas são números reais (esquerda) e bits (direita). A multiplicação se torna arbitrariamente precisa como $a \to 0$ (esquerda) e $c \to \infty$ (direita). A rede esquerda funciona para qualquer função σ(x) que é curvada na origem (com a segunda derivada $a''(0) \neq 0$), o que pode ser comprovado por Taylor expandindo σ(x). A rede da direita requer que a função σ(x) se aproxime de 0 e 1 quando x se torna muito pequeno e muito grande, respectivamente, o que é visto pela observação de que $uvw = 1$ somente se $u + v + w = 3$. (Esses exemplos são de um artigo que escrevi com meus alunos Henry Lin e David Rolnick, "Why Does Deep and Cheap Learning Work So Well?", que pode ser encontrado em: <http://arxiv.org/abs/1608.08225>.) Combinando muitas multiplicações (como acima) e adições, é possível calcular qualquer polinômio, que é conhecido pela capacidade de aproximar qualquer função suave.

Embora você possa provar que consegue calcular qualquer coisa em *teoria* com uma rede neural arbitrariamente grande, a prova não diz se você pode fazê-

-lo na *prática*, com uma rede de tamanho razoável. De fato, quanto mais eu pensava sobre isso, mais intrigado ficava que as redes neurais funcionassem tão bem.

Por exemplo, suponha que queremos classificar imagens com megapixels em escala de cinza em duas categorias, digamos, cães ou gatos. Se cada um dos milhões de pixels puder assumir um dos, digamos, 256 valores, então existem $256^{1000000}$ imagens possíveis e, para cada uma, desejamos calcular a probabilidade de representar um gato. Isso significa que uma função arbitrária que insere uma imagem e gera uma probabilidade é definida por uma lista de $256^{1000000}$ probabilidades, ou seja, muito mais números do que átomos no nosso Universo (cerca de 10^{78}). No entanto, redes neurais com apenas milhares ou milhões de parâmetros de alguma forma conseguem executar essas tarefas de classificação muito bem. Como as redes neurais bem-sucedidas podem ser "baratas", no sentido de exigir tão poucos parâmetros? Afinal, você pode provar que uma rede neural pequena o suficiente para caber dentro do nosso Universo vai falhar espetacularmente em aproximar quase todas as funções, tendo sucesso apenas em uma fração ridiculamente minúscula de todas as tarefas computacionais que você pode atribuir a ela.

Eu me diverti bastante pensando nisso e nos mistérios relacionados com meu aluno Henry Lin. Uma das coisas pelas quais sinto mais gratidão na vida é a oportunidade de colaborar com alunos incríveis, e Henry é um deles. Quando Henry entrou na minha sala para perguntar se eu estava interessado em trabalhar com ele, pensei comigo mesmo que seria mais apropriado perguntar se ele estava interessado em trabalhar comigo: aquele garoto modesto, simpático e de olhos brilhantes, de Shreveport, na Louisiana, já havia escrito oito artigos científicos, ganhado um Forbes 30 Under 30 e dado uma palestra TED com mais de um milhão de visualizações – e ele tinha apenas vinte anos! Um ano depois, escrevemos um artigo com uma conclusão surpreendente: a questão de por que as redes neurais funcionam tão bem não pode ser respondida apenas com matemática, porque parte da resposta está na física. Descobrimos que a classe de funções que as leis da física jogam em nós e nos leva a ter interesse em computação também é uma classe bem pequena porque, por razões que ainda não entendemos por completo, as leis da física são notoriamente simples. Além disso, a pequena fração de funções que as redes neurais podem calcular é muito semelhante à pequena fração em que a física nos deixa interessados! Também ampliamos o trabalho anterior, mostrando que as redes neurais de aprendizado profundo (chamadas de *profundo* se elas contêm muitas camadas) são muito mais eficientes do que as superficiais para muitas dessas funções de interesse. Por exemplo, junto com outro aluno incrível do MIT,

David Rolnick, mostramos que a tarefa simples de multiplicar n números requer uma quantidade imensa de 2^n neurônios para uma rede com apenas uma camada, mas precisa de apenas cerca de 4^n neurônios em uma rede profunda. Isso ajuda a explicar não apenas por que as redes neurais agora estão na moda entre os pesquisadores de IA, mas também por que desenvolvemos redes neurais em nossos cérebros: se desenvolvemos cérebros para prever o futuro, faz sentido evoluirmos uma arquitetura computacional boa naqueles problemas computacionais que importam no mundo físico.

Agora que exploramos como as redes neurais funcionam e calculam, vamos voltar à questão de como podem aprender. Especificamente, como uma rede neural pode melhorar a computação atualizando suas sinapses?

Em seu seminal livro de 1949, *The Organization of Behavior: A Neuropsychological Theory*, o psicólogo canadense Donald Hebb argumentou que, se dois neurônios próximos estivessem frequentemente ativos ("disparando") ao mesmo tempo, seu acoplamento sináptico se fortaleceria para que aprendessem a ajudar a desencadear um ao outro – uma ideia captada pelo slogan popular "Acende junto, se conecta junto". Embora os detalhes de como os cérebros reais aprendem ainda estejam longe de serem compreendidos, e a pesquisa tenha mostrado que as respostas são, em muitos casos, muito mais complicadas, também foi demonstrado que mesmo essa regra simples de aprendizado (conhecida como aprendizado hebbiano) permite que redes neurais aprendam coisas interessantes. John Hopfield mostrou que o aprendizado hebbiano permitiu que sua rede neural artificial simplificada armazenasse muitas memórias complexas simplesmente sendo expostas a elas repetidas vezes. Essa exposição à informação a ser aprendida costuma ser chamada de "treinamento" quando se refere a redes neurais artificiais (ou a animais ou pessoas aprendendo habilidades), embora "estudo", "educação" ou "experiência" possam ser igualmente adequados. As redes neurais artificiais que alimentam os sistemas atuais de IA tendem a substituir o aprendizado hebbiano por regras de aprendizado mais sofisticadas com nomes nerds como "retropropagação" e "gradiente descendente estocástico", mas a ideia básica é a mesma: existe uma regra determinística simples, semelhante à lei da física, pela qual as sinapses são atualizadas ao longo do tempo. Como que por mágica, essa regra simples pode fazer a rede neural aprender cálculos notavelmente complexos se o treinamento for realizado com grandes quantidades de dados. Ainda não sabemos exatamente quais regras de aprendizado nossos cérebros usam, mas seja qual for a resposta, não há indicação de que violem as leis da física.

Assim como a maioria dos computadores digitais ganha eficiência dividindo seu trabalho em várias etapas e reutilizando módulos computacionais muitas vezes, o mesmo ocorre com muitas redes neurais artificiais e biológicas. Cérebros têm partes que são chamadas pelos cientistas da computação de redes neurais *recorrentes*, em vez de redes neurais *feedforward*, em que as informações podem fluir em várias direções e não apenas de uma maneira, para que a saída atual possa se tornar uma entrada para o que acontece a seguir. A rede de portas lógicas no microprocessador de um laptop também é recorrente nesse sentido: ela continua reutilizando suas informações passadas e permite que novas informações inseridas em um teclado, *trackpad*, câmera etc. afetem seu cálculo contínuo que, por sua vez, determina a saída de informações para, por exemplo, uma tela, um alto-falante, uma impressora e uma rede sem fio. Analogamente, a rede de neurônios em seu cérebro é recorrente, permitindo que a entrada de informações de seus olhos, ouvidos etc. afetem a computação em andamento, que por sua vez determina a saída de informações para os músculos.

A história da aprendizagem é pelo menos tão longa quanto a própria história da vida, uma vez que todo organismo autorreprodutor realiza cópias e processamentos interessantes de informações – comportamento que de alguma forma foi aprendido. Durante a era da Vida 1.0, no entanto, os organismos não aprenderam durante a vida: suas regras para processar informações e reagir foram determinadas pelo DNA herdado; portanto, o único aprendizado ocorreu devagar no nível das espécies, por meio da evolução darwiniana através das gerações.

Cerca de meio bilhão de anos atrás, certas linhagens de genes aqui na Terra descobriram uma maneira de criar animais contendo redes neurais, capazes de aprender comportamentos de experiências durante a vida. A Vida 2.0 havia chegado e, devido à sua capacidade de aprender dramaticamente mais rápido e superar a concorrência, se espalhou como um incêndio em todo o mundo. Como exploramos no Capítulo 1, a vida melhorou progressivamente na aprendizagem, e em um ritmo cada vez maior. Uma espécie particular de macaco desenvolveu um cérebro tão hábil em adquirir conhecimento que aprendeu a usar ferramentas, fazer fogo, falar uma língua e criar uma sociedade global complexa. Essa sociedade pode ser vista como um sistema que lembra, calcula e aprende, tudo em um ritmo acelerado, conforme uma invenção possibilita a seguinte: escrita, prensa, ciência moderna, computadores, internet etc. O que os futuros historiadores colocarão a seguir nessa lista de invenções facilitadoras? Meu palpite é inteligência artificial.

Como todos sabemos, as melhorias explosivas na memória dos computadores e no poder computacional (Figura 2.4 e Figura 2.8) se traduziram em um progresso espetacular na inteligência artificial – mas levou muito tempo até o aprendizado de máquina atingir a maioridade. Quando o computador Deep Blue da IBM venceu o campeão de xadrez Garry Kasparov, em 1997, suas principais vantagens estavam na memória e nos cálculos, não no aprendizado. Sua inteligência computacional havia sido criada por uma equipe de humanos, e o principal motivo pelo qual o Deep Blue poderia superar seus criadores era sua capacidade de calcular com mais rapidez e, assim, analisar mais posições em potencial. Quando o computador Watson da IBM destronou o humano campeão do mundo no show de perguntas *Jeopardy!*, também se baseava menos em aprendizado do que em habilidades programadas sob medida e memória e velocidade superiores. O mesmo pode ser dito das inovações mais recentes da robótica, desde robôs com pernas a carros autônomos e foguetes de aterrissagem automática.

Figura 2.11: "Um grupo de jovens jogando frisbee" – essa legenda foi escrita por um computador sem entendimento de pessoas, jogos ou frisbees.

Por outro lado, a força motriz por trás de muitas das mais recentes inovações da IA tem sido o *aprendizado* de máquina. Considere a Figura 2.11, por exemplo. É fácil dizer o que está retratado na foto, mas programar uma função que não insira nada além das cores de todos os pixels de uma imagem e produza uma legenda precisa, como "Um grupo de jovens jogando frisbee", frustrou todos os pesquisadores de IA do mundo por décadas. No entanto, uma equipe do Google liderada por Ilya Sutskever fez exatamente isso em 2014. Insira um conjunto diferente de cores de pixel e ele responde "Uma manada de elefantes andando por um campo de grama seca", de novo corretamente. Como fizeram isso? No estilo Deep Blue, programando algoritmos artesanais para detectar frisbees, rostos e coisas do gênero? Não, criando uma rede neural relativamente simples, sem qualquer conhecimento sobre o mundo físico ou seu conteúdo, e depois deixando-o aprender, expondo-o a grandes quantidades de dados. O visionário da IA Jeff Hawkins escreveu em 2004 que "nenhum computador pode... ver tão bem quanto um rato", mas esses dias já se foram há muito tempo.

Assim como não entendemos completamente como nossos filhos aprendem, ainda não entendemos completamente como essas redes neurais aprendem e por que de vez em quando falham. Mas o que está claro é que eles já são altamente úteis e estão provocando uma onda de investimentos em aprendizado profundo (*deep learning*). Agora, o aprendizado profundo transformou muitos aspectos da visão computacional, da transcrição à mão à análise de vídeo em tempo real para carros autônomos. Da mesma forma, revolucionou a capacidade dos computadores de transformar a linguagem falada em texto e traduzi-la para outros idiomas, mesmo em tempo real – e é por isso que agora podemos conversar com assistentes digitais pessoais como Siri, Google Now e Cortana. Os quebra-cabeças irritantes do CAPTCHA, nos quais precisamos convencer um site de que somos humanos, estão se tornando cada vez mais difíceis para se manter à frente do que a tecnologia de aprendizado de máquina pode fazer. Em 2015, o Google DeepMind lançou um sistema de IA, usando aprendizado profundo, capaz de dominar dezenas de jogos de computador, como uma criança faria – sem nenhuma instrução –, exceto que logo aprendeu a jogar melhor do que qualquer humano. Em 2016, a mesma empresa construiu o AlphaGo, um sistema de computador que utilizou o aprendizado profundo para avaliar a força de diferentes posições do tabuleiro e derrotou o campeão mundial do jogo Go. Esse progresso está alimentando um círculo virtuoso, trazendo cada vez mais financiamento e talento para a pesquisa em IA – o que gera mais progresso.

Passamos este capítulo explorando a natureza da inteligência e seu desenvolvimento até agora. Quanto tempo vai demorar até que as máquinas possam nos superar em *todas* as tarefas cognitivas? Claramente, não sabemos, e precisamos estar abertos à possibilidade de que a resposta seja "nunca". No entanto, uma mensagem básica deste capítulo é que também precisamos considerar a possibilidade de que *vai* acontecer, talvez até durante a nossa vida. Afinal, a matéria pode ser organizada de modo que, quando obedece às leis da física, ela se lembre, calcule e aprenda – e não precise ser biológica. Os pesquisadores de IA têm sido acusados com frequência de prometer demais e apresentar resultados insuficientes, mas, para ser justo, alguns de seus críticos também não têm o melhor histórico. Alguns continuam mexendo nas metas, definindo efetivamente a inteligência como aquilo que os computadores ainda não podem fazer ou como aquilo que nos impressiona. Agora, as máquinas são boas ou excelentes em aritmética, jogar xadrez, provar teoremas matemáticos, escolher ações, legendar imagens, dirigir, jogar jogos eletrônicos, jogar Go, sintetizar a fala, transcrever a fala, traduzir e diagnosticar câncer, mas alguns críticos zombam com desdém "Claro, mas isso não é inteligência *real*!". Eles podem continuar alegando que a inteligência real envolve apenas os topos das montanhas da paisagem de Moravec (Figura 2.2) que ainda não foram submersos, assim como algumas pessoas no passado argumentavam que legendagem de imagens e o jogo Go deveriam contar – enquanto a água continuou subindo.

Supondo que a água continue subindo por pelo menos um tempo, o impacto da IA na sociedade continuará aumentando. Muito antes de a IA atingir o nível humano em todas as tarefas, ela nos dará oportunidades e desafios fascinantes envolvendo questões como bugs, leis, armas e empregos. O que são e como podemos nos preparar melhor para eles? Vamos explorar isso no próximo capítulo.

Resumo

- A inteligência, definida como capacidade de atingir objetivos complexos, não pode ser medida por um simples QI, apenas por um espectro de habilidades por todos os objetivos.
- A inteligência artificial de hoje tende a ser *limitada*, com cada sistema capaz de atingir apenas objetivos muito específicos, enquanto a inteligência humana é notavelmente ampla.
- Memória, computação, aprendizado e inteligência passam uma sensação abstrata, intangível e etérea porque são *independentes de substrato*: capazes de levar vida própria que não depende nem reflete os detalhes do substrato material subjacente.

- Qualquer pedaço de matéria pode ser o substrato para *memória* contanto que tenha muitos estados estáveis diferentes.
- Qualquer matéria pode ser *computronium*, o substrato para *computação*, desde que contenha certos blocos de construção universais que possam ser combinados para implementar qualquer função. As portas NAND e os neurônios são dois exemplos importantes desses "átomos computacionais" universais.
- Uma rede neural é um substrato poderoso para o *aprendizado* porque, simplesmente obedecendo às leis da física, ela pode se reorganizar para melhorar cada vez mais na implementação dos cálculos desejados.
- Devido à impressionante simplicidade das leis da física, nós, humanos, nos preocupamos apenas com uma pequena fração de todos os problemas computacionais imagináveis, e as redes neurais tendem a ser notavelmente boas em resolver exatamente essa pequena fração.
- Uma vez que a tecnologia se torna duas vezes mais poderosa, ela pode ser usada para projetar e construir uma tecnologia que é duas vezes mais poderosa, acionando repetidas duplicações de capacidades, no espírito da lei de Moore. O custo da tecnologia da informação vem caindo pela metade a cada dois anos há cerca de um século, possibilitando a era da informação.
- Se o progresso da IA continuar, muito antes de ela atingir o nível humano para todas as habilidades, ela nos dará oportunidades e desafios fascinantes envolvendo questões como bugs, leis, armas e empregos – que vamos explorar no próximo capítulo.

3

O futuro próximo: avanços, bugs, leis, armas e empregos

"Se não mudarmos de direção logo, acabaremos aonde estamos indo."
Irwin Corey

O que significa ser humano nos dias de hoje? Por exemplo, o que realmente valorizamos sobre nós mesmos que nos diferencia de outras formas de vida e das máquinas? O que as outras pessoas valorizam sobre nós que faz com que algumas delas estejam dispostas a nos oferecer empregos? Quaisquer que sejam as nossas respostas para essas perguntas a qualquer momento, fica claro que a ascensão da tecnologia vai mudá-las gradualmente.

Analise minha situação, por exemplo. Como cientista, tenho orgulho de estabelecer meus objetivos, usar a criatividade e a intuição para enfrentar uma ampla gama de problemas não resolvidos e usar a linguagem para compartilhar o que descubro. Felizmente para mim, a sociedade está disposta a me pagar para fazer isso como trabalho. Séculos atrás, eu poderia, como muitos outros, ter construído minha identidade como agricultor ou artesão, mas a expansão da tecnologia reduziu essas profissões a uma pequena parcela da força de trabalho. Isso significa que não é mais possível que todos construam sua identidade em torno da agricultura e do artesanato.

Pessoalmente, não me incomoda que as máquinas de hoje me superem em habilidades manuais, como cavar e tricotar, já que esses não são meus hobbies nem minhas fontes de renda ou de autovalorização. Aliás, quaisquer ilusões que eu tenha alimentado sobre minhas habilidades a esse respeito foram destruídas aos 8 anos de idade, quando minha escola me forçou a fazer uma aula de tricô na qual quase fui reprovado, e concluí meu projeto só porque um aluno solidário da quinta série ficou com pena de mim e me ajudou.

Contudo, à medida que a tecnologia continua melhorando, será que a ascensão da IA vai acabar encobrindo também essas habilidades que criam minha noção atual de autoestima e meu valor no mercado de trabalho? Stuart Russell me disse que ele e muitos de seus colegas pesquisadores de IA haviam vivenciado recentemente um momento de "Minha nossa!", quando testemunharam a IA fazendo algo que não esperavam ver por muitos anos. Por falar nisso, por favor, deixe-me contar sobre alguns dos meus momentos de surpresa, e como os vejo como precursores de habilidades humanas que logo serão superadas.

Descobertas

Agentes de aprendizado por reforço profundo

Fiquei extremamente boquiaberto em 2014 enquanto assistia a um vídeo do sistema de IA DeepMind aprendendo a jogar jogos de computador. Para ser mais específico, a IA estava jogando Breakout (veja a Figura 3.1), um clássico jogo de Atari da minha adolescência do qual me lembro com carinho. O objetivo é mover uma barra para bater várias vezes uma bola contra uma parede de tijolos; toda vez que você bate em um tijolo, ele desaparece, e sua pontuação aumenta.

Na época, eu já tinha criado alguns jogos de computador por conta própria e sabia que não era difícil escrever um programa que pudesse jogar Breakout – mas *não* foi isso que a equipe do DeepMind tinha feito. Na verdade, eles criaram uma IA nova que não sabia nada sobre esse jogo – nem sobre outros jogos, nem mesmo sobre os *conceitos* jogos, barras, tijolos ou bolas. Tudo o que a IA sabia era que uma longa lista de números era inserida em intervalos regulares: a pontuação atual e uma longa lista de números que nós (mas não a IA) reconheceríamos como especificações de como diferentes partes da tela eram coloridas. A IA foi simplesmente instruída a maximizar a pontuação emitindo, em intervalos regulares, números que nós (mas não a IA) reconheceríamos como códigos de quais teclas pressionar.

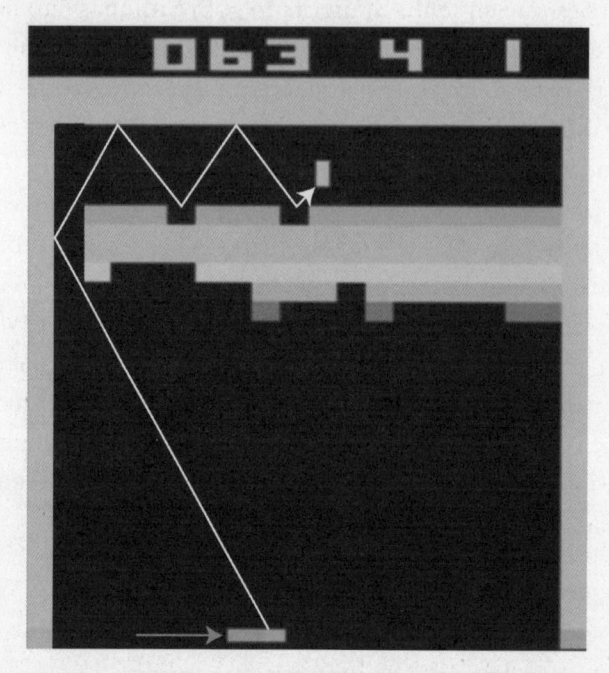

Figura 3.1: Depois de aprender a jogar o jogo Breakout, do Atari, usando o aprendizado por reforço profundo para maximizar a pontuação, o DeepMind descobriu a estratégia ideal: perfurar uma parte mais à esquerda da parede de tijolos e deixar a bola passar por trás dela, acumulando pontos muito rápido. Desenhei setas mostrando as trajetórias passadas da bola e da barra.

De início, a IA se saiu muito mal: balançava a barra para a frente e para trás, de modo aparentemente aleatório, e errava a bola quase sempre. Depois de um tempo, parecia ter percebido que mover a barra em direção à bola era uma boa ideia, mesmo que ainda perdesse na maior parte do tempo. Mas continuou melhorando com a prática, e logo ficou melhor do que eu jogo do que eu, devolvendo a bola todas as vezes, independentemente da velocidade com que ela se aproximava. E então fiquei surpreso: ela descobriu essa estratégia incrível para maximizar a pontuação de sempre apontar para o canto superior esquerdo para fazer um buraco na parede e deixar a bola ficar presa ali, batendo entre a parte de trás da parede e a barreira atrás dela. Parecia uma coisa bem inteligente a fazer. Aliás, Demis Hassabis, mais tarde, me contou que os programadores da equipe DeepMind não conheciam esse truque até aprenderem com a IA que haviam construído. Recomendo assistir a um vídeo disso no link que eu forneci.[1]

Havia um recurso semelhante ao humano que achei um tanto perturbador: eu estava assistindo uma IA que tinha um objetivo e aprendia a melhorá-lo cada vez mais, alcançando um desempenho superior aos de seus criadores. No capítulo anterior, definimos inteligência como simplesmente a capacidade de atingir objetivos complexos; portanto, nesse sentido, a IA do DeepMind estava ficando mais inteligente diante dos meus olhos (embora apenas no sentido restrito de jogar esse jogo em particular). No primeiro capítulo, encontramos o que os cientistas da computação chamam de *agentes inteligentes*: entidades que coletam informações sobre seu ambiente a partir de sensores e depois processam essas informações para decidir como agir nesse ambiente. Embora a IA de jogo do Deep Mind vivesse em um mundo virtual extremamente simples composto por tijolos, barras e bolas, eu não podia negar que era um agente inteligente.

O DeepMind logo publicou seu método e compartilhou seu código, explicando ter usado uma ideia muito simples, mas poderosa, chamada *aprendizado por reforço profundo*.[2] O aprendizado básico por reforço é uma técnica clássica de aprendizado de máquina inspirada na psicologia behaviorista, na qual obter uma recompensa positiva aumenta sua tendência a fazer algo novamente e vice-versa. Assim como um cão aprende a fazer truques quando isso aumenta a probabilidade de receber incentivo ou um petisco do dono logo em seguida, a IA do DeepMind aprendeu a mover a barra para pegar a bola, porque isso aumentava a probabilidade de obter mais pontos em breve. O DeepMind combinou essa ideia com o aprendizado profundo: eles treinaram uma rede neural profunda, como no capítulo anterior, para prever quantos pontos seriam obtidos, em média, pressionando cada uma das teclas permitidas no teclado e, em seguida, a IA selecionava qualquer tecla que a rede neural classificasse como mais promissora, dado o estado atual do jogo.

Quando relacionei traços que contribuem para a minha sensação pessoal de autovalorização como humano, incluí a capacidade de lidar com ampla gama de problemas não resolvidos. Por outro lado, ser capaz de jogar Breakout e não fazer mais nada constitui uma inteligência extremamente limitada. Para mim, a verdadeira importância do avanço do DeepMind é que o aprendizado por reforço profundo é uma técnica completamente genérica. Com certeza deixaram exatamente a mesma IA praticando jogar 49 jogos diferentes da Atari, e ela aprendeu a superar seus testadores humanos em 29 deles, de Pong a Boxing, Video Pinball e Space Invaders.

Não demorou muito para que a mesma ideia de IA começasse a se provar em jogos mais modernos, cujos mundos eram tridimensionais, e não bidimensionais. Em pouco tempo, a OpenAI, concorrente do DeepMind baseada em São Francisco, lançou uma plataforma chamada Universe, na qual a IA do DeepMind e outros agentes inteligentes podem praticar a interação com um computador inteiro como se fosse um jogo: clicar em qualquer coisa, digitar qualquer coisa e abrir e executar qualquer software que eles possam navegar – acionando um navegador da web e mexendo nele on-line, por exemplo.

Olhando para o futuro do aprendizado por reforço profundo e os aperfeiçoamentos relacionados a ele, não há um fim óbvio à vista. O potencial não se limita aos mundos de jogos virtuais, pois, se você é um robô, a própria vida pode ser vista como um jogo. Stuart Russell me disse que seu primeiro grande momento de surpresa foi ver o robô Big Dog subir uma encosta de uma floresta coberta de neve, resolvendo com elegância o problema de locomoção por pernas que ele próprio havia lutado para resolver por muitos anos.[3] No entanto, quando esse marco foi alcançado em 2008, envolveu grande quantidade de trabalho de programadores inteligentes. Após o avanço do DeepMind, não há razão para que um robô não possa usar alguma variante do aprendizado por reforço profundo para aprender a andar sem a ajuda de programadores humanos: só é necessário um sistema que dê a ele pontos sempre que progredir. Os robôs no mundo real também têm o potencial de aprender a nadar, voar, jogar pingue-pongue, lutar e executar uma lista quase infinita de outras tarefas motoras sem a ajuda de programadores humanos. Para acelerar as coisas e reduzir o risco de ficarem presos ou se danificarem durante o processo de aprendizado, eles provavelmente realizariam os primeiros estágios do aprendizado em realidade virtual.

Intuição, criatividade e estratégia

Outro momento decisivo para mim foi quando o AlphaGo, sistema de IA do DeepMind, venceu uma disputa de cinco partidas de Go contra Lee Sedol, considerado o melhor do mundo nesse jogo no início do século XXI.

Era de se esperar que jogadores humanos de Go fossem destronados por máquinas em algum momento, já que isso acontecera com seus colegas enxadristas duas décadas antes. No entanto, a maioria dos especialistas em Go previu que isso levaria mais uma década, então o triunfo do AlphaGo foi um momento crucial para eles e para mim. Nick Bostrom e Ray Kurzweil enfatizaram como pode ser difícil o avanço da IA, o que fica evidente em entrevistas com o próprio Lee Sedol antes e depois de perder os três primeiros jogos:

- Outubro de 2015: "Com base no nível visto… acho que vencerei o jogo quase de lavada."
- Fevereiro de 2016: "Ouvi dizer que a IA do Google DeepMind é surpreendentemente forte e está ficando mais forte, mas estou confiante de que posso ganhar pelo menos desta vez."
- 9 de março de 2016: "Fiquei muito surpreso porque achava que não ia perder."
- 10 de março de 2016: "Fiquei sem palavras… estou em choque. Preciso admitir que… o terceiro jogo não vai ser fácil para mim."
- 12 de março de 2016: "Eu meio que me senti impotente."

Em menos de um ano depois de jogar com Lee Sedol, um AlphaGo melhorado jogou com todos os 20 melhores jogadores do mundo sem perder uma única partida.

Por que isso foi tão importante para mim pessoalmente? Bem, confessei anteriormente que vejo a intuição e a criatividade como dois dos meus principais traços humanos, e como vou explicar agora, sinto que o AlphaGo exibia ambos.

Os jogadores de Go se revezam colocando pedras pretas e brancas nas 19 linhas verticais e 19 horizontais do tabuleiro (veja a Figura 3.2). Existem muito mais posições possíveis no Go do que átomos em nosso Universo, o que significa que tentar analisar todas as sequências interessantes de movimentos futuros rapidamente se torna inútil. Os jogadores, portanto, dependem fortemente da intuição subconsciente para complementar seu raciocínio consciente, com especialistas desenvolvendo uma sensação quase estranha de quais posições são fortes e quais são fracas. Como vimos no capítulo anterior, os resultados do aprendizado profundo às vezes lembram a intuição: uma rede neural profunda pode determinar que uma imagem retrata um gato sem ser capaz de explicar o porquê. Portanto, a equipe do DeepMind apostou na ideia de que o aprendizado profundo pode ser capaz de reconhecer não apenas gatos, mas também posições fortes de Go. A ideia central que construíram no AlphaGo foi casar o poder intuitivo do aprendizado profundo com o poder lógico do GOFAI – que significa, jocosamente, o que é conhecido como a "boa e velha IA" de antes da revolução do aprendizado profundo. Eles usaram um enorme banco de dados de posições Go, tanto de jogos humanos quanto de jogos em que o AlphaGo havia interpretado um clone de si mesmo e treinado uma profunda rede neural para prever de cada posição a probabilidade de as peças brancas vencerem. Também treinaram uma rede separada para prever prováveis próximos passos. Então combinaram essas redes com um método GOFAI que pesquisou de maneira inteligente uma lista limitada de prováveis sequências de movimentos futuros para identificar o próximo movimento que levaria à posição mais forte no caminho.

Figura 3.2: O AlphaGo, IA da DeepMind, fez um movimento altamente criativo na linha 5, desafiando milênios de sabedoria humana, que, cerca de 50 movimentos mais tarde, se mostrou crucial para a derrota de Lee Sedol, lenda do Go.

Esse casamento de intuição e lógica deu origem a movimentos que não eram apenas poderosos, mas, em alguns casos, também altamente criativos. Por exemplo, a sabedoria milenar do Go determina que, no começo do jogo, é melhor jogar na 3ª ou 4ª linha a partir de uma borda. Há uma difícil escolha entre os dois: jogar na 3ª linha ajuda no ganho de território de curto prazo em direção ao lado do tabuleiro, enquanto jogar na 4ª ajuda na influência estratégica de longo prazo em direção ao centro.

No 37º movimento do segundo jogo, o AlphaGo chocou o mundo Go ao desafiar o que já era conhecido e jogando na quinta linha (Figura 3.2), como se fosse ainda mais confiante do que um ser humano em suas habilidades de planejamento a longo prazo e, portanto, favorecesse a vantagem estratégica sobre ganho a curto prazo. Os críticos ficaram surpresos, e Lee Sedol até se levantou e saiu da sala por um tempo.[4] Como era esperado, cerca de 50 jogadas depois, a luta no canto inferior esquerdo do tabuleiro acabou se conectando com aquela pedra negra do movimento 37! E foi por isso que acabou vencendo o jogo, consolidando o legado do movimento de 5ª linha do AlphaGo como um dos mais criativos da história do jogo.

Por causa de seus aspectos intuitivos e criativos, o Go é visto mais como uma das quatro "artes essenciais" na China antiga, juntamente com pintura, caligrafia e música *qin*. Assim, o mundo Go ficou bastante abalado com o resultado e viu a vitória do AlphaGo como um marco profundo para a humanidade.

No fim de 2017, a equipe do DeepMind lançou o sucessor do AlphaGo: o AlphaZero. Ele pegou milhares de anos da sabedoria humana em relação ao Go, ignorou-a totalmente e aprendeu do zero simplesmente jogando por conta própria. Não apenas ele derrotou o AlphaGo, como também aprendeu a se tornar o mais forte jogador de xadrez do mundo apenas jogando por conta própria. Depois de duas horas de prática, ele já podia vencer os melhores jogadores humanos, e depois de quatro horas acabou com Stockfish, o melhor programa de xadrez do mundo. O que achei mais impressionante é que ele destruiu não apenas jogadores humanos, mas também programadores humanos de IA, tornando obsoleto todo o software de IA que eles haviam desenvolvido ao longo de muitas décadas. Em outras palavras, não podemos descartar a ideia de uma IA criando uma IA ainda melhor.

Para mim, o AlphaGo também nos ensina outra lição importante para o futuro próximo: combinar a intuição do aprendizado profundo com a lógica do GOFAI pode produzir resultados de *estratégia* inigualáveis. Como o Go é um dos maiores jogos de estratégia, a IA agora está fadada a avançar para um próximo nível e desafiar (ou ajudar) os melhores estrategistas humanos, até além dos tabuleiros de jogo – por exemplo, com estratégias política, militar e de investimento. Tais problemas de estratégia do mundo real são tipicamente complicados pela psicologia humana, pela falta de informações e por fatores que precisam ser tratados como aleatórios, mas os sistemas de IA para jogar pôquer já demonstraram que nenhum desses desafios é insuperável.

Linguagem natural

Outra área em que o progresso da IA me surpreendeu recentemente é a linguagem. Eu me apaixonei por viajar muito cedo na vida, e a curiosidade sobre outras culturas e outros idiomas formou uma parte importante da minha identidade. Fui criado falando sueco e inglês, aprendi alemão e espanhol na escola, aprendi português e romeno por meio de dois casamentos e aprendi um pouco de russo, francês e mandarim por diversão.

Mas a IA está chegando e, depois de uma importante descoberta em 2016, quase não há idiomas preguiçosos que eu possa traduzir melhor do que o sistema de IA desenvolvido pelo equipamento do cérebro do Google.

Eu fui claro? Na verdade, eu estava tentando dizer o seguinte:

Mas a IA está me alcançando e, após um grande avanço em 2016, quase não há idiomas que eu possa traduzir melhor do que o sistema de IA desenvolvido pela equipe do Google Brain.

No entanto, eu o traduzi primeiro para o espanhol e depois de volta para o inglês usando um aplicativo que instalei no meu laptop há alguns anos. Em 2016, a equipe do Google Brain atualizou seu serviço gratuito Google Tradutor para usar redes neurais recorrentes profundas, e a melhoria em relação aos sistemas GOFAI mais antigos foi drástica:[5]

Mas a IA está me alcançando e, após um avanço em 2016, quase não há idiomas que possam ser traduzidos melhor do que o sistema de IA desenvolvido pela equipe do Google Brain.

Como você pode ver, o pronome "eu" se perdeu durante a tradução em espanhol, o que infelizmente mudou o significado. Quase certo, mas não exatamente! No entanto, em defesa da IA do Google, sou frequentemente criticado por escrever frases desnecessariamente longas e difíceis de analisar, e escolhi uma das mais confusas e complicadas para esse exemplo. Para frases mais comuns, ela em geral faz traduções impecáveis. Como resultado, causou um grande rebuliço quando saiu, e é útil o suficiente para ser usada por centenas de milhões de pessoas diariamente. Além disso, graças aos recentes progressos no aprendizado profundo da conversão de fala em texto e de texto em fala, esses usuários agora podem falar com seus smartphones em um idioma e ouvir o resultado traduzido.

O processamento de linguagem natural é agora um dos campos de IA de mais rápido avanço, e acho que o sucesso adicional terá um grande impacto, porque a linguagem é muito central para o ser humano. Quanto melhor uma IA se tornar em previsões linguísticas, melhor poderá criar respostas razoáveis por e-mail ou continuar uma conversa falada. Isso pode, pelo menos para alguém de fora, dar a impressão de que o pensamento humano está ocorrendo. Os sistemas de aprendizado profundo estão, portanto, dando pequenos passos para passar pelo famoso teste de Turing, no qual uma máquina precisa conversar suficientemente bem por escrito para induzir uma pessoa a pensar que ela também é humana.

A IA de processamento de línguas ainda tem um longo caminho a percorrer. Embora eu precise confessar que fico um pouco desanimado quando sou traduzido por uma IA, me sinto melhor quando lembro que, até agora, ela não *compreende* o que está dizendo de nenhum modo significativo. Ao ser treinada com grandes conjuntos de dados, ela descobre padrões e relações envolvendo palavras sem nunca as relacionar com nada no mundo real. Por exemplo, ela pode representar cada palavra com uma lista de mil números que especificam sua semelhança com outras palavras e, então, concluir que a diferença entre "rei" e "rainha" é semelhante à diferença entre "marido" e "esposa" – mas ainda não tem ideia do que significa ser homem ou mulher, nem mesmo que exista uma realidade física com espaço, tempo e matéria.

Como o teste de Turing trata fundamentalmente de decepção, foi criticado por testar a credulidade humana mais do que a verdadeira inteligência artificial. Por outro lado, um teste rival chamado Winograd Schema Challenge (ou Desafio do Esquema de Winograd, em tradução livre) vai direto na jugular, adotando o entendimento de senso comum que os atuais sistemas de aprendizado profundo tendem a não ter. Nós, humanos, ao analisar uma frase, com frequência usamos o conhecimento do mundo real para descobrir a que um determinado pronome se refere. Por exemplo, um desafio típico de Winograd pergunta a que "eles" se referem aqui:

1. "Os vereadores da cidade não deram permissão aos manifestantes porque eles temiam violência."
2. "Os vereadores da cidade não deram permissão aos manifestantes porque eles defendiam a violência."

Há uma competição anual de IA para responder a essas perguntas, e a IA ainda apresenta um desempenho ruim.[6] Esse desafio específico – entender o que se refere a quê – venceu até o Google Tradutor quando substituí o espanhol pelo chinês no meu exemplo anterior:

Mas a IA me alcançou, depois de uma grande pausa em 2016, quase sem idioma, eu poderia traduzir o sistema de IA do que desenvolvido pela equipe do Google Brain.

Tente você mesmo em https://translate.google.com, agora que está lendo o livro, e veja se a IA do Google melhorou! Existe uma boa chance de ter melhorado, já que existem abordagens promissoras para o casamento de redes neurais recorrentes profundas com o GOFAI para criar uma IA de processamento de linguagem que inclua um modelo mundial.

Oportunidades e desafios

É óbvio que esses três exemplos foram apenas uma amostra, pois a IA está progredindo rapidamente em muitas frentes importantes. Além disso, embora eu tenha mencionado apenas duas empresas nesses exemplos, grupos de pesquisa concorrentes em universidades e outras empresas em geral não estavam muito atrás. Um barulho alto de sucção pode ser ouvido nos departamentos de ciência da computação em todo o mundo enquanto Apple, Baidu, DeepMind, Facebook, Google, Microsoft e outros usam ofertas lucrativas para sugar estudantes, pós-doutores e professores.

É importante não se deixar enganar pelos exemplos que dei para não ver a história da IA como períodos de estagnação marcados por avanços ocasionais. Do meu ponto de vista, tenho visto um progresso constante por muito tempo – que a mídia relata como uma inovação sempre que ultrapassa o limite de permitir um novo aplicativo que atraia a imaginação ou um produto útil. Por isso, considero provável que o progresso acelerado da IA continue por muitos anos. Além disso, como vimos no capítulo anterior, não há razão fundamental para que esse progresso não possa continuar até que a IA atinja as habilidades humanas na maioria das tarefas.

O que levanta a questão: como isso nos afetará? Como o progresso da IA a curto prazo mudará o que significa ser humano? Vimos que está ficando cada vez mais difícil argumentar que a IA carece completamente de objetivos, amplitude, intuição, criatividade ou linguagem – características que muitos consideram essenciais para o ser humano. Isso significa que, mesmo no curto prazo, muito antes que qualquer IAG possa nos acompanhar em todas as tarefas, a IA pode ter um impacto drástico na maneira como nos vemos, no que podemos fazer quando complementados por ela e no que podemos ganhar dinheiro quando competindo com ela. Esse impacto será para melhor ou para pior? Que oportunidades e desafios de curto prazo isso apresentará?

Tudo o que amamos na civilização é produto da inteligência humana; portanto, se podemos amplificá-la com inteligência artificial, obviamente temos o potencial de tornar a vida ainda melhor. Mesmo progressos modestos na IA podem se traduzir em grandes melhorias na ciência e na tecnologia e as correspondentes reduções de acidentes, doenças, injustiças, guerras, trabalhos tediosos e pobreza. Mas, para colher esses benefícios da IA sem criar novos problemas, precisamos responder a muitas perguntas importantes. Por exemplo:

1. Como podemos tornar os sistemas futuros de IA mais robustos do que os atuais, para que façam o que queremos sem travar, apresentar mau funcionamento nem ser invadidos?
2. Como podemos atualizar nossos sistemas jurídicos para que sejam mais justos e eficientes e para acompanhar o cenário digital em rápida mudança?
3. Como podemos tornar as armas mais inteligentes e menos propensas a matar civis inocentes sem desencadear uma corrida armamentista fora de controle por armas letais autônomas?
4. Como podemos aumentar nossa prosperidade por meio da automação sem deixar pessoas sem renda nem propósito?

Vamos dedicar o restante deste capítulo a explorar cada uma dessas perguntas. Essas quatro questões de curto prazo são direcionadas principalmente a cientistas da computação, estudiosos, estrategistas militares e economistas, respectivamente. No entanto, para ajudar a obter as respostas que precisamos na hora em que precisamos delas, todos devem participar dessa conversa, porque, como veremos, os desafios transcendem todas as fronteiras tradicionais – tanto entre especialidades quanto entre nações.

Bugs vs. IA robusta

A tecnologia da informação já teve grande impacto positivo em praticamente todos os setores de nossa vida como seres humanos, da ciência às finanças, indústria, transporte, saúde, energia e comunicação, e esse impacto não é nada em comparação com o progresso que a IA tem o potencial de trazer. No entanto, quanto mais contamos com a tecnologia, mais importante se torna que ela seja robusta e confiável, fazendo o que queremos que ela faça.

Ao longo da história humana, contamos com a mesma abordagem comprovada para manter nossa tecnologia benéfica: aprender com os erros. Inventamos o fogo, erramos várias vezes e depois inventamos o extintor de incêndio, a saída de incêndio, o alarme de incêndio e o corpo de bombeiros. Inventamos o automóvel, o batemos muitas vezes e depois inventamos os cintos de segurança, os *airbags* e os veículos autônomos. Até agora, nossas tecnologias normalmente causavam um número reduzido e limitado de acidentes, evitando que seus danos superassem seus benefícios. No entanto, à medida que desenvolvemos de maneira inexorável uma tecnologia cada vez mais poderosa, chegaremos inevitavelmente a um ponto em que até um único acidente poderá ser ruim o suficiente para superar todos os benefícios. Alguns argumentam que a guerra nuclear global acidental constituiria tal exemplo. Outros argumentam que poderia ser uma pandemia criada pela engenharia biológica, e, no próximo capítulo, exploraremos a controvérsia sobre se a IA futura poderia causar a extinção humana. Mas não precisamos considerar exemplos tão extremos para chegar a uma conclusão crucial: à medida que a tecnologia se torna mais poderosa, devemos confiar menos na abordagem de tentativa e erro da engenharia de segurança. Em outras palavras, *devemos nos tornar mais proativos do que reativos*, investindo em pesquisas de segurança destinadas a impedir que acidentes aconteçam uma vez que seja. É por isso que a sociedade investe mais em segurança de reatores nucleares do que em segurança de ratoeiras.

Essa também é a razão pela qual, como vimos no Capítulo 1, havia um forte interesse da comunidade na pesquisa sobre segurança da IA na conferência de Porto Rico. Computadores e sistemas de IA sempre falharam, mas desta vez é diferente: a IA está gradualmente entrando no mundo real, e não é apenas um incômodo se ela travar a rede elétrica, o mercado de ações ou um sistema de armas nucleares. No restante desta seção, quero apresentar as quatro principais áreas de pesquisa técnica sobre segurança de IA que estão dominando a discussão atual sobre o tema e sendo realizadas em todo o mundo: *verificação, validação, segurança* e *controle*.* Para impedir que as coisas fiquem muito nerds e secas, vamos fazer isso explorando sucessos e falhas passados da tecnologia da informação em diferentes áreas, bem como lições valiosas com as quais podemos aprender e desafios de pesquisa que elas apresentam.

---

* Se você deseja um mapa mais detalhado do cenário de pesquisa sobre segurança de IA, há um mapa interativo desenvolvido em um esforço conjunto liderado por Richard Mallah, do FLI, disponível em <https://futureoflife.org/landscape>.

Embora a maioria dessas histórias seja antiga, envolvendo sistemas de computador de baixa tecnologia que quase ninguém chamaria de IA e que causaram poucas baixas, ou nenhuma, veremos que elas ainda nos ensinam lições valiosas para projetar futuros sistemas de IA seguros e poderosos, cujas falhas podem ser de fato catastróficas.

IA para exploração espacial

Vamos começar com algo de que gosto: exploração espacial. A tecnologia dos computadores nos permitiu levar as pessoas para a Lua e enviar naves espaciais não tripuladas para explorar todos os planetas do nosso Sistema Solar, chegando até a lua de Saturno, Titã, e a um cometa. Como vamos explorar no Capítulo 6, a futura IA pode nos ajudar a explorar outros sistemas solares e outras galáxias – se não houver bugs. Em 4 de junho de 1996, os cientistas que esperavam pesquisar a magnetosfera da Terra aplaudiram felizes quando um foguete Ariane 5, da Agência Espacial Europeia, rugiu através do céu com os instrumentos científicos que eles haviam construído. Trinta e sete segundos depois, seus sorrisos desapareceram quando o foguete explodiu em uma queima de fogos de artifício, custando centenas de milhões de dólares.[7] Verificou-se que a causa tinha sido um software com bugs manipulando um número muito grande para caber nos 16 bits alocados para ele.[8] Dois anos depois, o Mars Climate Orbiter da Nasa acidentalmente entrou na atmosfera do Planeta Vermelho e se desintegrou porque duas partes distintas do software usaram unidades diferentes de força, causando um erro de 445% no controle de impulso do motor do foguete.[9] Esse foi o segundo bug supercaro da Nasa: sua missão Mariner I para Vênus explodiu após o lançamento no Cabo Canaveral, em 22 de julho de 1962, depois que o software de controle de voo foi enganado por um sinal de pontuação incorreto.[10] Como que para mostrar que não apenas os ocidentais dominaram a arte de lançar bugs no espaço, a missão soviética Phobos 1 falhou em 2 de setembro de 1988. Essa foi a espaçonave interplanetária mais pesada já lançada, com o objetivo espetacular de implantar uma sonda na lua de Marte, Phobos – frustrada quando a ausência de um hífen fez com que o comando "*end-of-mission*" fosse enviado à espaçonave enquanto ela estava a caminho de Marte, desligando todos os sistemas.[11]

O que aprendemos com esses exemplos é a importância do que os cientistas da computação chamam de *verificação*: garantir que o software atenda totalmente a todos os requisitos esperados. Quanto mais vidas e recursos estiverem em jogo, mais confiança queremos ter de que o software funcionará conforme o esperado. Felizmente, a IA pode ajudar a automatizar e melhorar o processo de verificação. Por exemplo, um kernel completo do sistema operacional de uso geral seL4 foi recentemente verificado matematicamente em relação a uma especificação formal para dar forte garantia contra falhas e operações inseguras: embora ainda não venha com todos os componentes do Windows e do Mac OS, você pode ter certeza de que ele não lhe dará o que é carinhosamente conhecido como "a tela azul da morte" ou "a roda giratória da destruição". A Agência de Projetos de Pesquisa Avançada de Defesa dos Estados Unidos (DARPA) patrocinou o desenvolvimento de um conjunto de ferramentas de código aberto de alta segurança chamado HACMS (sistemas cibermilitares de alta garantia) que são comprovadamente seguros. Um desafio importante é tornar essas ferramentas suficientemente poderosas e fáceis de usar para que sejam implantadas de maneira ampla. Outro desafio é que a própria tarefa de verificação se torne mais difícil à medida que o software passe para robôs e novos ambientes e à medida que o software pré-programado tradicional seja substituído por sistemas de IA que continuam aprendendo, mudando seu comportamento, como no Capítulo 2.

IA para finanças

As finanças são outra área que está sendo transformada pela tecnologia da informação, permitindo que os recursos sejam realocados de maneira eficiente em todo o mundo na velocidade da luz e permitindo financiamento acessível para tudo, desde hipotecas a empresas iniciantes. É provável que o progresso na IA ofereça grandes oportunidades de lucro futuro no comércio financeiro: a maioria das decisões de compra/venda no mercado de ações agora é feita automaticamente por computadores, e meus alunos graduados do MIT são sempre tentados pelos salários iniciais astronômicos para melhorar a negociação algorítmica.

A verificação também é importante para o software financeiro, algo que a empresa americana Knight Capital aprendeu da maneira mais difícil em 1º de agosto de 2012, perdendo 440 milhões de dólares em 45 minutos após a implantação do software de negociação não verificado.[12] O "Flash Crash" de 6 de maio de 2010, quando o mercado acionário perdeu quase um trilhão de dólares em valor, foi digno de nota por um motivo diferente. Embora tenha causado grandes interrupções por cerca de meia hora antes da estabilização dos mercados, com o preço das ações de algumas empresas importantes, como a Procter

& Gamble, oscilando entre um centavo e 100 mil dólares,[13] o problema não foi causado por bugs nem mau funcionamento do computador, algo que a verificação poderia ter evitado. Na verdade, foi causado pela violação das expectativas: os programas de negociação automática de muitas empresas se viram operando em uma situação inesperada em que suas suposições não eram válidas – por exemplo, a suposição de que, se um computador da bolsa informasse que uma ação tinha o preço de um centavo, então essa ação realmente valia um centavo.

A quebra ilustra a importância do que os cientistas da computação chamam de *validação*. Enquanto a verificação pergunta: "Criei o sistema corretamente?", a validação pergunta: "Criei o sistema certo?".* Por exemplo, o sistema depende de suposições que nem sempre são válidas? Se sim, como pode ser melhorado para lidar melhor com a incerteza?

IA para indústria

Não é preciso dizer que a IA tem um grande potencial para melhorar a indústria, controlando robôs que aumentam a eficiência e a precisão. As impressoras 3D em constante aprimoramento agora podem criar protótipos de qualquer coisa, desde edifícios de escritórios a dispositivos micromecânicos menores que um grão de sal.[14] Enquanto enormes robôs industriais constroem carros e aviões, usinas, tornos, cortadores e afins controlados por computador estão alimentando não apenas fábricas, mas também o "movimento de criação" popular, nos quais os entusiastas locais materializam suas ideias em mais de mil "fab labs" comunitários em todo o mundo.[15] Porém, quanto mais robôs tivermos ao nosso redor, mais importante será verificarmos e validarmos seu software. A primeira pessoa que sabemos ter sido morta por um robô foi Robert Williams, um operário de uma fábrica da Ford em Flat Rock, Michigan. Em 1979, um robô que deveria recuperar peças de uma área de armazenamento não funcionou corretamente, então Williams subiu na área para pegar as peças. O robô silenciosamente começou a operar e esmagou a cabeça dele, continuando suas tarefas por trinta minutos até os colegas de trabalho de Williams descobrirem o que havia acontecido.[16] A vítima seguinte de um robô foi Kenji Urada, engenheiro de manutenção de uma fábrica de Kawasaki, em Akashi, Japão. Enquanto trabalhava em um robô quebrado em

---

* Mais precisamente, a verificação pergunta se um sistema atende às suas especificações, enquanto a validação pergunta se as especificações corretas foram escolhidas.

1981, ele acidentalmente apertou o botão de ligar e foi esmagado até a morte pelo braço hidráulico do robô.[17] Em 2015, um terceirizado de 22 anos em uma das fábricas da Volkswagen em Baunatal, Alemanha, estava trabalhando na montagem de um robô para pegar e manipular peças de automóvel. Algo deu errado, fazendo com que o robô o agarrasse e o esmagasse até a morte contra uma placa de metal.[18]

Figura 3.3: Apesar de os robôs industriais tradicionais serem caros e difíceis de programar, há uma tendência para os mais baratos, movidos por IA, que podem aprender o que fazer a partir de trabalhadores sem experiência em programação.

Embora esses acidentes sejam trágicos, é importante observar que representam uma fração minúscula de todos os acidentes industriais. Além disso, à medida que a tecnologia melhorou, os acidentes industriais têm *diminuído* em vez de aumentar, passando de cerca de 14 mil mortes em 1970 para 4.821 em 2014 nos Estados Unidos.[19] Os três acidentes mencionados acima mostram que o acréscimo de inteligência a máquinas burras deve ser capaz de melhorar ainda mais a segurança industrial, fazendo com que os robôs aprendam a ter mais cuidado com as pessoas. Todos os três acidentes poderiam ter sido evitados com uma melhor validação: os robôs causaram danos não por causa de bugs ou maldade, mas porque fizeram suposições inválidas – de que a pessoa não estava presente ou que era uma peça de automóvel.

IA para transporte

Embora possa salvar muitas vidas na indústria, a IA pode conseguir economizar ainda mais no transporte. Só os acidentes de carro mataram mais de

1,2 milhão de pessoas em 2015, e os acidentes de aeronaves, trens e barcos juntos mataram milhares mais. Nos Estados Unidos, com seus altos padrões de segurança, os acidentes de automóvel mataram cerca de 35 mil pessoas no ano passado – sete vezes mais do que todos os acidentes industriais juntos.[20] Quando tivemos um painel de discussão sobre isso em Austin, Texas, na reunião anual de 2016 da Associação para o Avanço da Inteligência Artificial, o cientista de computação israelense Moshe Vardi ficou bastante emocionado e argumentou que a IA não apenas *poderia* reduzir as fatalidades nas estradas, mas *deve* fazê-lo: "É um imperativo moral!", exclamou. Como quase todos os acidentes de carro são causados por erro humano, acredita-se amplamente que carros autônomos movidos a IA podem eliminar pelo menos 90% das mortes nas estradas, e esse otimismo está incentivando um grande progresso no sentido de colocar carros autônomos nas estradas. Elon Musk prevê que futuros veículos autônomos não serão apenas mais seguros, mas também ganharão dinheiro para seus proprietários enquanto não forem necessários, competindo com a Uber e a Lyft.

Até agora, os carros autônomos têm, de fato, um registro de segurança melhor do que os motoristas humanos, e os acidentes ocorridos ressaltam a importância e a dificuldade da validação. A primeira colisão causada por um carro autônomo do Google ocorreu em 14 de fevereiro de 2016 porque o sistema fez uma suposição incorreta sobre um ônibus: que seu motorista cederia passagem quando o carro parasse na frente dele. O primeiro acidente fatal causado por um Tesla autônomo, que atingiu o baú de um caminhão que atravessava a estrada, em 7 de maio de 2016, foi causado por duas suposições incorretas:[21] que o lado branco brilhante do baú era apenas parte do céu claro e que o motorista (que supostamente estava assistindo a um filme de Harry Potter) estava prestando atenção e interviria se algo desse errado.*

Mas, às vezes, uma boa verificação e validação não são suficientes para evitar acidentes, porque também precisamos de bom *controle*: capacidade de um operador humano monitorar o sistema e alterar seu comportamento, se necessário. Para que sistemas com envolvimento humano (*human-in-the-loop*) funcionem bem, é crucial que a comunicação homem-máquina seja eficaz. Assim, uma luz vermelha no painel o alertará convenientemente se você deixar acidentalmente o porta-malas do seu carro aberto. Por outro lado, quando

---

* Mesmo incluindo esse acidente nas estatísticas, foi verificado que o piloto automático da Tesla reduz as falhas em 40% quando ativado: <http://tinyurl.com/teslasafety>.

a balsa britânica de carros "Herald of Free Enterprise" deixou o porto de Zeebrugge, em 6 de março de 1987, com as portas de proa abertas, não havia luz de advertência nem outro aviso visível para o capitão, e a balsa virou logo após deixar o porto, matando 193 pessoas.[22]

Outra trágica falha de controle que poderia ter sido evitada por uma melhor comunicação homem-máquina ocorreu na noite de 1º de junho de 2009, quando o voo 447 da Air France caiu no Oceano Atlântico, matando todos os 228 a bordo. De acordo com o relatório oficial do acidente, "a tripulação não entendeu que havia uma falha e, assim, não aplicou uma manobra de recuperação" – o que envolveria inclinar a aeronave – até que fosse tarde demais. Especialistas em segurança de voo especularam que o acidente poderia ter sido evitado se houvesse um indicador de "ângulo de ataque" no *cockpit*, mostrando aos pilotos que o nariz do avião estava muito apontado para cima.[23]

Quando o voo 148 da Air Inter caiu nas montanhas Vosges, perto de Estrasburgo, na França, em 20 de janeiro de 1992, matando 87 pessoas, a causa não foi a falta de comunicação máquina-humano, mas uma interface de usuário confusa. Os pilotos digitaram "33" no teclado porque queriam descer em um ângulo de 3,3 graus, mas o piloto automático interpretou isso como 3.300 pés por minuto –, porque estava em um modo diferente – e a tela do monitor era pequena demais para mostrar o modo e permitir que os pilotos percebessem o erro.

IA para energia

A tecnologia da informação fez maravilhas pela geração e distribuição de energia, com algoritmos sofisticados que equilibram produção e consumo nas redes elétricas do mundo e sistemas sofisticados de controle que mantêm as usinas operando com segurança e eficiência. O progresso futuro da IA provavelmente tornará a "rede inteligente" ainda mais inteligente, para se adaptar de maneira ideal às mudanças na oferta e na demanda, até mesmo no nível de painéis solares individuais e sistemas de baterias domésticas. Mas em 14 de agosto de 2003, uma quinta-feira, cerca de 55 milhões de pessoas nos Estados Unidos e no Canadá ficaram sem energia elétrica, muitas das quais continuaram assim por dias. Também aqui, ficou determinado que a causa foi uma falha nas comunicações máquina-homem: um bug no software impediu o sistema de alarme em uma sala de controle de Ohio de alertar os operadores sobre a necessidade de redistribuir a energia antes que um problema menor (linhas de transmissão sobrecarregadas atingindo folhagem não cortada) fugisse do controle.[24]

O colapso nuclear parcial em um reator em Three Mile Island, na Pensilvânia, em 28 de março de 1979, acarretou um bilhão de dólares em custos de limpeza e a uma grande reação contra a energia nuclear. O relatório final do acidente identificou vários fatores contribuintes, incluindo confusão causada por uma interface de usuário ruim.[25] Em particular, a luz de aviso que os operadores *pensaram* que indicava se uma válvula crítica de segurança estava aberta ou fechada apenas indicava se havia sido enviado um sinal para fechar a válvula – então os operadores não perceberam que a válvula havia ficado aberta.

Esses acidentes de energia e transporte nos ensinam que, à medida que colocamos a IA no comando de sistemas cada vez mais físicos, precisamos fazer sérios esforços de pesquisa não apenas para fazer as máquinas funcionarem por conta própria, mas também para fazer com que elas colaborem efetivamente com seus controladores humanos. À medida que a IA se tornar mais inteligente, isso envolverá não apenas a criação de boas interfaces de usuário para compartilhamento de informações, mas também a maneira ideal de alocar tarefas em equipes humano-computador – por exemplo, identificar situações em que o controle deve ser transferido e aplicar a análise humana de maneira eficiente às decisões de maior valor, em vez de distrair os controladores humanos com uma enxurrada de informações sem importância.

IA para cuidados de saúde

A IA tem um enorme potencial para melhorar a assistência médica. A digitalização de registros médicos já permitiu que médicos e pacientes tomassem decisões melhores e mais rápidas, além de obter ajuda instantânea de especialistas de todo o mundo no diagnóstico de imagens digitais. De fato, os melhores especialistas para realizar esse diagnóstico podem em breve ser sistemas de IA, dado o rápido progresso na visão computacional e no aprendizado profundo. Por exemplo, um estudo holandês de 2015 mostrou que o diagnóstico de câncer de próstata realizado por computador usando ressonância magnética (RM) era tão bom quanto o de radiologistas humanos,[26] e um estudo de 2016 de Stanford mostrou que, usando imagens de microscópio, a IA poderia diagnosticar um câncer de pulmão ainda melhor do que patologistas humanos.[27] Se o aprendizado de máquina puder ajudar a revelar as relações entre genes, doenças e respostas ao tratamento, poderá revolucionar a medicina personalizada, tornar os animais de fazenda mais saudáveis e permitir colheitas mais fortes. Além disso, os robôs têm o potencial de se tornar cirurgiões mais precisos e confiáveis do que os humanos, mesmo sem o uso de IA avançada. Uma grande variedade de cirurgias robóticas foi realizada com sucesso nos últimos anos, com frequência fazendo uso de precisão, miniaturização e incisões menores que levam a diminuição da perda de sangue, menos dor e menor tempo de cicatrização.

Infelizmente, houve lições dolorosas sobre a importância de um software robusto também no setor de saúde. Por exemplo, a máquina de terapia radioativa Therac-25, construída no Canadá, foi projetada para tratar pacientes com câncer de dois modos diferentes: com um feixe de elétrons de baixa potência ou com um feixe de raios X megavolt de alta potência que era mantido no alvo por um escudo especial. Infelizmente, o software não verificado contra bug às vezes fazia com que os técnicos abrissem o feixe de megavolt quando pensavam que estavam administrando o feixe de baixa potência, e sem a proteção, que acabou custando a vida de vários pacientes.[28] Em 2000 e 2001, muito mais pacientes morreram de overdose de radiação no Instituto Nacional de Oncologia do Panamá, onde equipamentos de radioterapia usando cobalto-60 radioativo foram programados para tempos de exposição excessivos por causa de uma interface de usuário confusa que não havia sido validada adequadamente.[29] De acordo com um relatório recente,[30] os acidentes de cirurgia robótica foram associados a 144 mortes e 1.391 lesões nos Estados Unidos entre 2000 e 2013, com problemas comuns, incluindo não apenas questões de hardware, como arco elétrico e pedaços de instrumentos queimados ou quebrados que caem no paciente, mas também de software, como movimentos descontrolados e desligamento espontâneo.

A boa notícia é que o restante de quase dois milhões de cirurgias robóticas cobertas pelo relatório ocorreu sem problemas, e os robôs parecem estar tornando as cirurgias cada vez mais seguras. De acordo com um estudo do governo americano, os maus cuidados hospitalares contribuem para que ocorram mais de 100 mil mortes por ano somente nos Estados Unidos,[31] portanto, o imperativo moral para o desenvolvimento de uma IA melhor para a medicina é indiscutivelmente ainda mais forte que o dos carros autônomos.

IA para comunicação

O setor de comunicação é indiscutivelmente aquele em que os computadores tiveram o maior impacto até agora. Após a introdução de quadros telefônicos computadorizados nos anos 1950, da internet nos anos 1960 e da World Wide

Web em 1989, bilhões de pessoas agora ficam on-line para se comunicar, comprar, ler notícias, assistir a filmes ou jogar jogos, acostumadas a ter as informações do mundo a apenas um clique de distância – e em geral de graça. A nova *Internet das Coisas* promete maior eficiência, precisão, conveniência e benefício econômico ao disponibilizar tudo on-line, desde lâmpadas, termostatos e freezers a chips para controle de gado.

Esses sucessos espetaculares na conexão do mundo trouxeram aos cientistas da computação um quarto desafio: eles precisam melhorar não apenas a verificação, a validação e o controle, mas também a *segurança* contra software malicioso ("malware") e invasões. Enquanto todos os problemas mencionados anteriormente resultaram de erros não intencionais, a segurança é direcionada para *delitos deliberados*. O primeiro malware a chamar a atenção da mídia foi o "worm Morris", lançado em 2 de novembro de 1988, que explorava bugs no sistema operacional UNIX. Foi supostamente uma tentativa equivocada de contar quantos computadores estavam on-line e, embora tenha infectado e travado cerca de 10% dos 60 mil computadores que compunham a internet na época, isso não impediu seu criador Robert Morris de acabar conseguindo um cargo de professor titular de ciência da computação no MIT.

Outros malwares exploram vulnerabilidades não no software, mas nas pessoas. Em 5 de maio de 2000, como que para comemorar meu aniversário, as pessoas receberam e-mails com o assunto "ILOVEYOU" de conhecidos e colegas, e os usuários do Microsoft Windows que clicaram no anexo "LOVE-LETTER-FOR-YOU.txt.vbs" lançaram involuntariamente um script que danificou o computador e reenviou o e-mail a todos em seu catálogo de endereços. Criado por dois jovens programadores das Filipinas, esse worm infectou cerca de 10% da internet, assim como o worm Morris, mas como a internet era muito maior até então, tornou-se uma das maiores infecções de todos os tempos, afetando 50 milhões de computadores e causando mais de 5 bilhões de dólares em danos. Como você provavelmente sabe bem, a internet continua infestada de inúmeros tipos de malware infeccioso, que os especialistas em segurança classificam em worms, trojans, vírus e outras categorias intimidadoras, e os danos que causam variam desde a exibição de mensagens inofensivas até a exclusão de arquivos, roubo de informações pessoais, espionagem e sequestro do computador para envio spam.

Enquanto o malware é direcionado para qualquer computador, hackers atacam alvos específicos – exemplos recentes de destaque incluem Target, TJ Maxx, Sony Pictures, Ashley Madison, a empresa de petróleo saudita Aramco e o Comitê Nacional Democrata dos Estados Unidos. Além disso, os saques parecem estar ficando cada vez mais espetaculares. Os hackers roubaram 130 milhões de números de cartão de crédito e outras informações de contas da Heartland Payment Systems em 2008 e violaram mais de um bilhão (!) de contas de e-mail do Yahoo! em 2013.[32] Uma invasão no Gabinete de Gerenciamento de Pessoas do governo dos Estados Unidos em 2014 vazou registros pessoais e informações sobre candidaturas de emprego de mais de 21 milhões de pessoas, incluindo funcionários com autorização de segurança de alto nível e impressões digitais de agentes secretos.

Como resultado, reviro os olhos sempre que leio sobre algum novo sistema que é supostamente 100% seguro e protegido contra invasão. Ainda que protegidos contra invasão seja inquestionavelmente o que precisamos que os futuros sistemas de IA sejam antes de colocá-los no comando de, digamos, infraestrutura crítica ou sistemas de armas, de modo que o crescente papel da IA na sociedade continue aumentando os padrões de segurança dos computadores. Enquanto algumas invasões exploram a credulidade humana ou vulnerabilidades complexas em softwares recém-lançados, outros permitem o acesso não autorizado a computadores remotos, aproveitando os bugs simples que passaram despercebidos por um tempo embaraçosamente longo. O bug Heartbleed durou de 2012 a 2014 em uma das mais populares bibliotecas de software para comunicação segura entre computadores, e o Bashdoor foi incorporado ao próprio sistema operacional dos computadores Unix de 1989 a 2014. Isso significa que as ferramentas de IA para verificação e validação aprimoradas também melhorarão a segurança.

Infelizmente, sistemas melhores de IA também podem ser usados para encontrar novas vulnerabilidades e executar invasões mais sofisticadas. Imagine, por exemplo, que um dia você receba um e-mail de "phishing" estranhamente personalizado tentando convencê-lo a divulgar informações pessoais. Ele é enviado da conta de uma amiga sua por uma IA que a invadiu e que está personificando a sua amiga, imitando a maneira como ela escreve com base em uma análise de outros e-mails enviados e incluindo muitas informações pessoais sobre você vindas de outras fontes. Você cairia nessa? E se o e-mail de phishing parecer vir da sua empresa de cartão de crédito e for seguido por um telefonema de uma voz humana simpática que você não percebe que é gerada por uma IA? Na constante corrida armamentista de segurança informática entre ataque e defesa, há muito pouco indício de que a defesa esteja ganhando.

Leis

Nós, seres humanos, somos animais sociais que subjugaram todas as outras espécies e conquistaram a Terra graças à nossa capacidade de cooperar. Desenvolvemos leis para incentivar e facilitar a cooperação; portanto, se a IA puder melhorar nossos sistemas legais e de governança, ela poderá nos permitir cooperar com mais sucesso do que nunca, trazendo o melhor de nós. E há muitas oportunidades de aprimoramento aqui, tanto em como nossas leis são aplicadas quanto em como são escritas, então vamos explorar as duas.

Quais são as primeiras associações que vêm à mente quando você pensa no sistema judicial do seu país? Se pensar em atrasos prolongados, altos custos e injustiças ocasionais, você não está sozinho. Não seria maravilhoso se seus primeiros pensamentos fossem "eficiência" e "justiça"? Como o processo legal pode ser abstratamente visto como um cálculo, inserindo informações sobre evidências e leis e emitindo uma decisão, alguns estudiosos sonham em automatizá-lo completamente com "juízes-robôs": sistemas de IA que aplicam incansavelmente os mesmos altos padrões legais a todas as análises, sem sucumbir a erros humanos, como preconceito, fadiga ou falta do conhecimento mais recente.

Juízes-robôs

Byron De La Beckwith Jr. foi condenado em 1994 por assassinar o líder dos direitos civis Medgar Evers em 1963, mas dois diferentes júris compostos apenas por brancos do Mississippi não o condenaram no ano seguinte ao assassinato, apesar de as evidências físicas serem essencialmente as mesmas.[33] Infelizmente, a história jurídica está repleta de julgamentos tendenciosos, baseados em cor de pele, sexo, orientação sexual, religião, nacionalidade etc. Os juízes-robôs poderiam, em princípio, garantir que, pela primeira vez na história, todos se tornassem verdadeiramente iguais perante a lei: eles poderiam ser programados para serem idênticos e tratar todos da mesma forma, aplicando a lei de maneira transparente e imparcial.

Os juízes-robôs também podem eliminar preconceitos humanos acidentais e não intencionais. Por exemplo, um controverso estudo de 2012 sobre juízes israelenses afirmou que estes davam veredictos significativamente mais severos quando estavam com fome: enquanto negavam cerca de 35% dos casos de liberdade condicional logo após o café da manhã, negavam mais de 85% logo antes do almoço.[34] Outra deficiência dos juízes humanos é que eles podem não ter tempo suficiente para explorar todos os detalhes de um caso. Por outro lado, os juízes-robôs podem ser facilmente copiados, pois são pouco mais do que um software, permitindo que todos os casos pendentes sejam processados em paralelo, e não em série, cada um recebendo seu próprio juiz-robô pelo tempo que for necessário. Finalmente, embora seja impossível para os juízes humanos dominar todo o conhecimento técnico necessário para todos os casos possíveis, desde disputas de patentes espinhosas a mistérios de assassinatos que dependem da mais recente ciência forense, os futuros juízes-robôs podem ter memória e capacidade de aprendizado essencialmente ilimitadas.

Um dia, esses juízes-robôs podem, portanto, ser mais eficientes e justos, por serem imparciais, competentes e transparentes. Sua eficiência os torna ainda mais justos: acelerando o processo legal e dificultando a distorção do resultado por advogados mais experientes, eles poderiam reduzir drasticamente os custos para que a justiça fosse feita nos tribunais. Isso poderia aumentar muito as chances de uma empresa iniciante ou pessoa sem recursos vencer uma empresa bilionária ou multinacional com um exército de advogados.

Mas e se os juízes-robôs tiverem bugs ou forem hackeados? Ambos os problemas já atingiram as urnas eletrônicas, e, quando anos atrás das grades ou milhões no banco estão em jogo, os incentivos para ataques cibernéticos são ainda maiores. Mesmo que a IA possa ser suficientemente robusta para confiarmos que um juiz-robô está usando o algoritmo legislado, todos sentirão que entendem seu raciocínio lógico o suficiente para respeitar seu julgamento? Esse desafio é exacerbado pelo sucesso recente das redes neurais, que muitas vezes superam os tradicionais algoritmos de IA fáceis de entender ao preço da inescrutabilidade. Se os réus desejam saber *por que* foram condenados, não deveriam ter direito a uma resposta melhor do que "Treinamos o sistema em muitos dados, e foi isso que ele decidiu"? Além disso, estudos recentes demonstraram que, se você treina um sistema de aprendizado neural profundo com grandes quantidades de dados sobre presos, ele pode prever quem provavelmente será reincidente no crime (e, portanto, deve ter sua liberdade condicional negada) melhor do que os juízes humanos. Mas e se esse sistema descobrir que a reincidência está estatisticamente ligada ao sexo ou à raça de um preso – isso faria com que ele fosse considerado um juiz-robô sexista e racista que precisa ser reprogramado? De fato, um estudo de 2016 argumentou que o software de previsão de reincidência usado nos Estados Unidos era tendencioso contra os afroamericanos e havia contribuído para sentenças injustas.[35] Essas são questões importantes sobre as quais todos precisamos refletir e discutir para garantir que a IA permaneça benéfica. Não estamos enfrentando uma decisão do tipo tudo ou nada em relação a juízes-robô, mas uma decisão sobre a extensão e a velocidade com que queremos implantar a IA em nosso sistema jurídico. Queremos que os juízes humanos tenham sistemas de apoio à decisão baseados em IA, assim como os médicos de amanhã? Queremos ir além e ter decisões de juízes-robôs que possam ser revistas por juízes humanos, ou queremos ir até o fim e dar a palavra final às máquinas, mesmo quanto a penas de morte?

Controvérsias jurídicas

Até agora, exploramos apenas a *aplicação* da lei; vamos agora falar sobre seu *conteúdo*. Existe um amplo consenso de que nossas leis precisam evoluir para acompanhar o ritmo de nossa tecnologia. Por exemplo, os dois programadores que criaram o worm ILOVEYOU e causaram bilhões de dólares em danos foram absolvidos de todas as acusações e ficaram livres porque, naquela época, não havia leis contra a criação de malware nas Filipinas. Como o ritmo do progresso tecnológico parece estar se acelerando, as leis precisam ser atualizadas cada vez mais rápido, e tendem a ficar para trás. A entrada de pessoas mais entendidas em tecnologia nas faculdades de direito e nos governos é provavelmente uma jogada inteligente para a sociedade. Mas os sistemas de apoio à decisão com base na IA para eleitores e legisladores devem prevalecer, seguidos por legisladores-robôs?

A melhor maneira de alterar nossas leis para refletir o progresso da IA é um tópico fascinantemente controverso. Uma disputa reflete a tensão entre privacidade e liberdade de informação. Os fãs da liberdade argumentam que, quanto menos privacidade tivermos, mais evidências os tribunais terão e mais justos serão os julgamentos. Por exemplo, se o governo usar os dispositivos eletrônicos de todos para registrar onde estão e o que digitam, clicam, dizem e fazem, muitos crimes seriam facilmente resolvidos, e outros poderiam ser evitados. Os defensores da privacidade afirmam que não querem um estado de vigilância orwelliano e que, mesmo que o desejassem, existe o risco de se transformar em uma ditadura totalitária de proporções épicas. Além disso, as técnicas de aprendizado de máquina vem melhorando gradualmente na análise de dados cerebrais a partir de scanners de ressonância magnética para determinar o que uma pessoa está pensando e, em particular, se está dizendo a verdade ou mentindo. Se a tecnologia de varredura cerebral auxiliada pela IA se tornar comum nas salas de tribunal, o processo tedioso atual de estabelecer os fatos de um caso pode ser drasticamente simplificado e acelerado, permitindo processos mais rápidos e julgamentos mais justos. Mas os defensores da privacidade podem temer que esses sistemas cometam erros de vez em quando e, mais fundamentalmente, que nossas mentes não deveriam ser bisbilhotadas pelo governo. Os governos que não apoiam a liberdade de pensamento podem usar essa tecnologia para criminalizar a manutenção de certas crenças e opiniões. Onde *você* traça a linha entre justiça e privacidade e entre proteger a sociedade e proteger a liberdade pessoal? Onde quer que você coloque esse limite, ele se moverá gradual, mas inexoravelmente, em direção a uma privacidade reduzida para compensar o fato de que as evidências ficam mais fáceis de falsificar? Por exemplo, quando a IA se tornar capaz de produzir vídeos falsos totalmente realistas de você cometendo crimes, você votará em um sistema em que o governo rastreie o paradeiro de todas as pessoas em todos os momentos e possa fornecer um álibi acima de qualquer suspeita, se necessário?

Outra controvérsia interessante é se a pesquisa de IA deve ser regulamentada ou, de maneira mais geral, quais incentivos os formuladores de políticas devem dar aos pesquisadores de IA para maximizar as chances de um resultado benéfico. Alguns pesquisadores da IA argumentaram contra todas as formas de regulamentação do desenvolvimento da IA, alegando que atrasariam desnecessariamente inovações que são urgentes (por exemplo, carros autônomos que salvam vidas) e levariam as pesquisas de ponta da IA para submundo e/ou outros países com governos mais permissivos. Na conferência sobre IA benéfica de Porto Rico mencionada no primeiro capítulo, Elon Musk argumentou que o que precisamos agora dos governos não é supervisão, mas compreensão: para ser específico, pessoas tecnicamente capazes em cargos no governo que possam monitorar o progresso da IA e orientá-la, garantindo que está no caminho certo. Ele também argumentou que a regulamentação do governo às vezes pode nutrir, em vez de sufocar o progresso: por exemplo, se os padrões de segurança do governo para carros autônomos puderem ajudar a reduzir o número de acidentes com carros autônomos, então uma reação pública negativa é menos provável, e a adoção da nova tecnologia pode ser acelerada. As empresas de IA mais preocupadas com a segurança podem, portanto, favorecer a regulamentação que força os concorrentes menos escrupulosos a atingir seus altos padrões de segurança.

Outra controvérsia jurídica interessante envolve a concessão de direitos às máquinas. Se os carros autônomos reduzirem pela metade as 32 mil mortes anuais no trânsito nos Estados Unidos, talvez os fabricantes de automóveis não recebam 16 mil notas de agradecimento, mas 16 mil ações judiciais.

Portanto, se um carro autônomo causa um acidente, quem deve ser responsabilizado – seus ocupantes, seu proprietário ou seu fabricante? O jurista David Vladeck propôs uma quarta resposta: o carro em si! Especificamente, ele propõe que os carros autônomos sejam autorizados (e obrigados) a manter um seguro. Dessa forma, modelos com um excelente registro de segurança se qualificarão para prêmios muito baixos, provavelmente inferiores aos disponíveis para motoristas, enquanto modelos mal projetados, de fabricantes desleixados, se qualificarão apenas para apólices de seguro que os tornam absurdamente caros.

Mas se máquinas, como carros, tiverem apólices de seguro, elas também deverão possuir dinheiro e bens? Nesse caso, não há nada que juridicamente impeça computadores inteligentes de ganhar dinheiro na bolsa de valores e usá-lo para comprar serviços on-line. Quando um computador começa a pagar aos seres humanos para trabalhar por ele, pode realizar qualquer coisa que os humanos fazem. Se os sistemas de IA ficarem melhores do que os humanos em investimentos (o que já acontece em alguns domínios), isso pode levar a uma situação em que a maior parte de nossa economia seja de propriedade e controlada por máquinas. É isso que nós queremos? Se isso parecer distante, considere que a maior parte da nossa economia já pertence a outra forma de entidade não humana: as empresas, que em geral são mais poderosas do que qualquer pessoa e podem, em certa medida, ganhar vida própria.

Se você concorda em conceder às máquinas o direito de propriedade, então que tal conceder-lhes o direito de voto? Nesse caso, cada programa de computador deve receber o direito a um voto, mesmo que possa trivialmente fazer trilhões de cópias de si mesmo na nuvem, caso seja rico o suficiente, garantindo assim que decidirá todas as eleições? Caso contrário, em que base moral estamos discriminando as mentes das máquinas em relação às mentes humanas? Faz diferença se as mentes das máquinas estão conscientes, no sentido de ter uma experiência subjetiva como a nossa? Vamos explorar com maior profundidade essas questões controversas relacionadas ao controle computacional de nosso mundo no próximo capítulo e as questões relacionadas à consciência da máquina no Capítulo 8.

Armas

Desde sempre, a humanidade sofre de fome, doenças e guerra. Já mencionamos como a IA pode ajudar a reduzir a fome e as doenças, mas e a guerra? Alguns argumentam que as armas nucleares impedem a guerra entre os países que as possuem porque são horríveis, então que tal deixar todas as nações construírem armas ainda mais terríveis baseadas em IA na esperança de acabar com a guerra para sempre? Se você não se deixa convencer por esse argumento e acredita que guerras futuras são inevitáveis, que tal usar a IA para tornar essas guerras mais humanas? Se as guerras se resumirem apenas a máquinas combatendo máquinas, nenhum soldado ou civil humano precisa ser morto. Além disso, futuros drones com inteligência artificial e outros sistemas de armas autônomos (AWS, do inglês *autonomous weapon systems*, também conhecido por seus oponentes como "robôs assassinos") podem esperançosamente ser mais justos e racionais do que soldados humanos: equipados com sensores sobre-humanos e sem medo de serem mortos, eles podem permanecer calmos, calculistas e equilibrados, mesmo no calor da batalha, e têm menos probabilidade de matar civis acidentalmente.

Figura 3.4: Considerando que os drones militares de hoje (como este MQ-1 Predator da Força Aérea dos Estados Unidos) são controlados remotamente por humanos, os futuros drones movidos a IA têm o potencial de tirar humanos de cena, usando um algoritmo para decidir em quem mirar e matar.

Um humano no circuito

Mas e se os sistemas automatizados estiverem com erros, confusos ou não se comportarem conforme o esperado? O sistema Phalanx dos Estados Unidos para cruzadores da classe Aegis detecta, rastreia e ataca automaticamente ameaças, como mísseis antiaéreos e aeronaves. O "USS Vincennes" era um cruzador de mísseis guiados apelidado de Robocruiser em referência ao seu sistema Aegis, e, em 3 de julho de 1988, no meio de uma escaramuça com canhoneiras iranianas durante a guerra Irã-Iraque, seu sistema de radar alertou sobre a chegada de uma aeronave. O capitão William Rodgers III inferiu que eles estavam sendo atacados por um caça F-14 iraniano de mergulho e deu autorização ao sistema Aegis para disparar. O que ele não percebeu na época foi que abateram o voo 655 da Iran Air, um jato civil iraniano de passageiros, matando todas as 290 pessoas a bordo e causando indignação internacional. A investigação subsequente implicou uma interface de usuário confusa que não mostrava automaticamente quais pontos na tela do radar eram aviões civis (o voo 655 seguia sua trajetória diária regular de voo e estava com o transponder de aeronave civil ligado) ou quais pontos estavam "descendo" (como para um ataque) e quais estavam "ascendendo" (como o voo 655 estava fazendo após a decolagem em Teerã). Em vez disso, quando o sistema automatizado foi consultado para obter informações sobre a aeronave misteriosa, ele relatou "descendo", porque esse era o status de uma aeronave diferente, da qual havia erroneamente transferido um número usado pela marinha para rastrear aviões: o que estava descendo era um avião americano de patrulha aérea de combate em superfície que operava longe, no Golfo de Omã.

Nesse exemplo, havia um humano no circuito tomando a decisão final, que, sob pressão do tempo, confiou demais no que o sistema automatizado lhe dizia. Até agora, de acordo com as autoridades de defesa do mundo, todos os sistemas de armas implantados têm um humano no circuito, com exceção de armadilhas de baixa tecnologia, como minas terrestres. Mas agora o desenvolvimento de armas verdadeiramente autônomas, que selecionam e atacam alvos inteiramente por conta própria, está em andamento. Do ponto de vista militar, é tentador tirar todos os humanos do circuito para ganhar velocidade: em combate entre um drone totalmente autônomo que pode responder instantaneamente e um que reage mais devagar porque é controlado remotamente por um humano do outro lado do mundo, qual você acha que venceria?

No entanto, houve momentos tensos em que tivemos muita sorte por haver um humano envolvido. Em 27 de outubro de 1962, durante a Crise dos Mísseis em Cuba, 11 destroieres da Marinha dos Estados Unidos e o porta-aviões "USS Randolph" haviam encurralado o submarino soviético B-59 perto de Cuba, em águas internacionais fora da área de "quarentena" dos Estados Unidos. O que eles não sabiam era que a temperatura dentro do submarino havia passado dos 45 °C (113 °F) porque as baterias da embarcação estavam acabando e o ar condicionado havia parado. À beira do envenenamento por dióxido de carbono, muitos membros da tripulação tinham desmaiado. A tripulação não fazia contato com Moscou há dias e não sabia se a Terceira Guerra Mundial já havia começado. Então, os americanos começaram a lançar, sem o conhecimento da tripulação, pequenas bombas de profundidade que tinham dito a Moscou que serviam apenas para forçar o submarino a aparecer e partir. "Nós pensamos – é isso – acabou", lembrou o membro da tripulação V. P. Orlov. "Parecia que estávamos sentados em um barril de metal, que alguém constantemente acertava com uma marreta." O que os americanos também não sabiam era que a tripulação do B-59 tinha um torpedo nuclear que estava autorizada a lançar sem avisar Moscou. Aliás, o capitão Savitski decidiu lançar esse torpedo. Valentin Grigorievich, o oficial do torpedo, exclamou: "Vamos morrer, mas vamos afundar todos eles – não vamos desonrar nossa marinha!". Felizmente, a decisão de lançar o torpedo precisava da autorização de três oficiais a bordo, e um deles, Vasili Arkhipov, disse "não". É preocupante que muito poucos tenham ouvido falar de Arkhipov, embora sua decisão possa ter evitado a Terceira Guerra Mundial e tenha sido a contribuição mais valiosa para a humanidade na história moderna.[37] Também é preocupante pensar no que poderia ter acontecido se o B-59 fosse um submarino autônomo controlado por IA sem humanos envolvidos.

Duas décadas depois, em 9 de setembro de 1983, as tensões voltaram a crescer entre as superpotências: a União Soviética havia recentemente sido chamada de "império do mal" pelo presidente americano, Ronald Reagan, e, na semana anterior, tinha abatido um avião de passageiros da Korean Airlines que entrara em seu espaço aéreo, matando 269 pessoas – incluindo um membro do Congresso americano. Agora, um sistema automatizado de alerta rápido soviético informava que os Estados Unidos tinham lançado cinco mísseis nucleares terrestres contra a União Soviética, deixando ao oficial Stanislav Petrov apenas alguns minutos para decidir se era um alarme falso. Verificou-se que o satélite estava operando corretamente; portanto, seguir o protocolo o levaria a relatar um ataque nuclear. Em vez disso, ele confiou em sua intuição, imaginando que era improvável que os Estados Unidos atacassem com apenas cinco mísseis, e informou a seus comandantes que era um alarme falso, sem saber se isso era verdade. Mais tarde, ficou claro que um satélite confundiu os reflexos do sol no topo das nuvens com as chamas dos motores de foguetes.[38] Eu me pergunto o que teria acontecido se Petrov tivesse sido substituído por um sistema de IA que seguisse o protocolo adequado.

A próxima corrida armamentista?
Como você já deve ter adivinhado, eu tenho sérias preocupações com sistemas de armas autônomos. Mas eu nem comecei a falar sobre minha principal preocupação: o ponto final de uma corrida armamentista em IA. Em julho de 2015,

expressei essa preocupação, juntamente com Stuart Russell, na seguinte carta aberta com comentários úteis de meus colegas do Future of Life Institute:[39]

ARMAS AUTÔNOMAS: uma carta aberta de pesquisadores de IA e robótica

Armas autônomas selecionam e envolvem alvos sem intervenção humana. Elas podem incluir, por exemplo, quadricópteros armados capazes de procurar e eliminar pessoas que atendam a certos critérios predefinidos, mas não incluem mísseis de cruzeiro ou drones pilotados remotamente para os quais os humanos tomam todas as decisões de direcionamento. A tecnologia de Inteligência Artificial (IA) chegou a um ponto em que a implantação de tais sistemas é praticamente viável dentro de anos, não de décadas, e as apostas são altas: as armas autônomas foram descritas como a terceira revolução nos conflitos armados, depois da pólvora e das armas nucleares.

Muitos argumentos foram feitos a favor e contra armas autônomas, por exemplo, que substituir soldados humanos por máquinas é bom, reduzindo o número de fatalidades para o proprietário da tecnologia, mas, ao mesmo tempo, reduzindo o limiar para dar início à batalha. A questão-chave para a humanidade hoje é se devemos iniciar uma corrida armamentista global por IA ou impedir que ela comece. Se algum grande poder militar avançar com o desenvolvimento de armas de IA, uma corrida armamentista global será praticamente inevitável, e o ponto final dessa trajetória tecnológica é óbvio: armas autônomas se tornarão os Kalashnikovs de amanhã. Diferentemente das armas nucleares, elas não exigem matérias-primas caras nem difíceis de obter, portanto, se tornarão onipresentes e baratas para que todas as potências militares importantes as produzam em massa. Será apenas uma questão de tempo até que apareçam no mercado negro e nas mãos de terroristas, de ditadores que desejam controlar melhor sua população, de senhores da guerra que desejam perpetrar a limpeza étnica etc. As armas autônomas são ideais para tarefas como assassinatos, desestabilização de nações, domínio de populações e assassinato seletivo de um determinado grupo étnico. Portanto, acreditamos que uma corrida armamentista militar de IA não seria benéfica para a humanidade. Existem muitas maneiras como a IA pode tornar os campos de batalha mais seguros para os seres humanos, especialmente civis, sem criar novas ferramentas para matar pessoas.

Assim como a maioria dos químicos e biólogos não tem interesse em fabricar armas químicas ou biológicas, a maioria dos pesquisadores de

IA não tem interesse em fabricar armas de IA e não quer que outros maculem seu campo com a possibilidade de causar uma reação pública importante contra a IA que reduza seus futuros benefícios sociais. Inclusive, químicos e biólogos têm apoiado amplamente acordos internacionais que proibiram com sucesso armas químicas e biológicas, assim como a maioria dos físicos apoiou os tratados que proíbem armas nucleares espaciais e armas laser ofuscantes.

Para tornar mais difícil descartar nossas preocupações como ideias vindas apenas de pacifistas que abraçam árvores, eu queria que nossa carta fosse assinada pelo maior número possível de pesquisadores de IA e roboticistas. A Campanha Internacional de Controle de Armas Robóticas já havia reunido centenas de signatários que pediam a proibição de robôs assassinos, e eu achava que poderíamos fazer ainda mais. Eu sabia que as organizações profissionais ficariam relutantes em compartilhar suas enormes listas com os e-mails dos membros para uso em algo que poderia ser interpretado como político, então compilei listas de nomes de pesquisadores e instituições a partir de documentos on-line e anunciei no MTurk – a plataforma de crowdsourcing da Amazon Mechanical Turk – a tarefa de encontrar os endereços de e-mail deles. A maioria dos pesquisadores tem seus endereços de e-mail listados nos sites das universidades, e, 24 horas e 54 dólares depois, eu era o orgulhoso proprietário de uma lista de endereços de centenas de pesquisadores de IA que obtiveram sucesso suficiente para serem eleitos membros da Associação para o Avanço de Inteligência Artificial (AAAI). Um deles foi o professor de IA britânico-australiano Toby Walsh, que gentilmente concordou em enviar um e-mail para todos os demais da lista e ajudar a liderar nossa campanha. Os trabalhadores da MTurk em todo o mundo produziram de modo incansável listas de e-mails adicionais para Toby e, em pouco tempo, mais de 3 mil pesquisadores de IA e de robótica assinaram nossa carta aberta, incluindo seis ex-presidentes da AAAI e líderes da indústria de IA do Google, Facebook, Microsoft e Tesla. Um exército de voluntários do FLI trabalhou sem parar para validar as listas de assinantes, removendo assinaturas falsas, como Bill Clinton e Sarah Connor. Mais de 17 mil outros assinaram também, incluindo Stephen Hawking, e, depois que Toby organizou uma coletiva de imprensa na Conferência Conjunta Internacional de Inteligência Artificial, isso se tornou uma importante notícia no mundo todo.

Como os biólogos e os químicos uma vez se posicionaram, seus campos agora são conhecidos principalmente por criar medicamentos e materiais benéficos, em vez de armas biológicas e químicas. As comunidades de IA e robótica agora também se pronunciaram: os signatários da carta queriam que seus campos fossem conhecidos por criar um futuro melhor, não por desenvolver novas maneiras de matar pessoas. Mas o principal uso futuro da IA será *civil* ou *militar*? Embora tenhamos gastado mais páginas neste capítulo com o primeiro, em breve poderemos gastar mais dinheiro com o último – especialmente se uma corrida militar por armas de IA decolar. Os compromissos civis de investimento em inteligência artificial excederam um bilhão de dólares em 2016, mas isso foi diminuído pela solicitação de orçamento fiscal de 2017 do Pentágono de 12 a 15 bilhões de dólares para projetos relacionados à IA, e é provável que China e Rússia se lembrem do que o vice-secretário de Defesa Robert Work disse quando isso foi anunciado: "Quero que nossos concorrentes se perguntem o que há por trás da cortina preta".[40]

Deveria haver um tratado internacional?

Embora haja agora um grande esforço internacional para negociar alguma forma de proibição de robôs assassinos, ainda não está claro o que vai acontecer, e há um intenso debate em andamento sobre o que *deveria* acontecer, se é que alguma coisa vai acontecer. Embora muitas das principais partes interessadas concordem que as potências mundiais devam elaborar alguma forma de regulamentação internacional para orientar a pesquisa e o uso da AWS, há menos acordo sobre o que precisamente deve ser proibido e como uma proibição seria aplicada. Por exemplo, apenas as armas letais autônomas devem ser proibidas, ou também as que ferem seriamente as pessoas, por exemplo, cegando-as? Proibiríamos o desenvolvimento, a produção ou a propriedade? Uma proibição deve ser aplicada a todos os sistemas de armas autônomas ou, como dizia nossa carta, apenas aos ofensivos, permitindo sistemas defensivos, como armas antiaéreas autônomas e defesas contra mísseis? Nesse último caso, a AWS deve contar como defensiva, mesmo que seja fácil se deslocar para o território inimigo? E como você aplicaria um tratado, uma vez que a maioria dos componentes de uma arma autônoma também tem um uso civil? Por exemplo, não há muita diferença entre um drone que pode entregar pacotes da Amazon e outro que pode entregar bombas.

Alguns analistas argumentaram que projetar um tratado eficaz da AWS é irremediavelmente difícil e que, portanto, não devemos nem tentar. Por outro lado, John F. Kennedy enfatizou, ao anunciar as missões para a Lua, que vale a pena tentar coisas difíceis quando o sucesso beneficiará o futuro da humanidade. Além disso, muitos especialistas argumentam que as proibições de armas biológicas e químicas foram valiosas, embora a execução tenha se mostrado difícil, com trapaças significativas, porque as proibições causaram uma severa estigmatização que limitava seu uso.

Conheci Henry Kissinger em um jantar em 2016 e tive a oportunidade de perguntar a ele sobre seu papel na proibição de armas biológicas. Ele explicou que, quando era consultor de segurança nacional dos Estados Unidos, havia convencido o presidente Nixon de que uma proibição seria boa para a segurança do país. Fiquei impressionado com a nitidez da mente e a memória daquele homem de 92 anos e fiquei fascinado ao ouvir sua perspectiva privilegiada. Como os Estados Unidos já desfrutavam do status de superpotência, graças a suas forças convencionais e nucleares, tinham mais a perder do que a ganhar em uma corrida armamentista mundial por armas biológicas com resultados incertos. Em outras palavras, se você já é o melhor, faz sentido seguir a máxima "Não se mexe em time que está ganhando". Stuart Russell se juntou à nossa conversa após o jantar e discutimos como exatamente o mesmo argumento pode ser usado sobre armas letais autônomas: aqueles que mais podem ganhar com uma corrida armamentista não são superpotências, mas pequenos estados desonestos e atores não estatais, como terroristas, que obtêm acesso às armas, pelo mercado negro, assim que são desenvolvidas.

Uma vez produzidos em massa, pequenos drones assassinos com inteligência artificial custam pouco mais que um smartphone. Seja um terrorista que quer assassinar um político ou um amante abandonado em busca de vingança contra a ex-namorada, tudo o que precisam fazer é carregar a foto e o endereço do alvo no drone assassino: ele pode, então, voar até o destino, identificar e eliminar a pessoa e se autodestruir para garantir que ninguém saiba quem foi o responsável. Como alternativa, para aqueles que se dedicam à limpeza étnica, um drone pode ser facilmente programado para matar apenas pessoas de uma certa cor ou etnia. Stuart prevê que quanto mais inteligentes forem as armas, menos material, poder de fogo e dinheiro serão necessários por morte. Por exemplo, ele teme drones do tamanho de abelhas que matam sem grandes custos com mínimo poder explosivo, atirando no olho das pessoas, que é frágil o suficiente para permitir que até um pequeno projétil entre no cérebro. Ou podem se prender à cabeça com garras de metal e depois penetrar no crânio com um aparelho pequeno. Se um milhão desses drones assassinos puderem ser despachados da traseira de um único caminhão, então alguém vai ter uma horrível arma de destruição em massa de um novo tipo: uma que pode matar seletivamente apenas uma categoria escolhida de pessoas, deixando todo mundo e todo o resto ileso.

Um contra-argumento comum é que podemos eliminar essas preocupações tornando os robôs assassinos éticos, por exemplo, para que matem apenas soldados inimigos. Mas, se nos preocuparmos em impor uma proibição, como poderia ser mais fácil impor uma exigência de que as armas autônomas inimigas sejam 100% éticas do que impor que simplesmente não sejam produzidas? E é possível afirmar com consistência que os soldados bem-treinados das nações civilizadas são tão ruins em seguir as regras da guerra que os robôs podem se sair melhor, e ao mesmo tempo afirmar que nações desonestas, ditadores e grupos terroristas são tão bons em seguir as regras da guerra que nunca escolherão implantar robôs de maneira a violar essas regras?

Guerra cibernética

Outro aspecto militar interessante da IA é permitir que você ataque seu inimigo mesmo sem construir nenhuma arma, por meio da guerra cibernética. Como um pequeno prelúdio do que o futuro pode trazer, o worm Stuxnet, amplamente atribuído aos governos dos Estados Unidos e de Israel, infectou centrífugas de giro rápido do programa de enriquecimento nuclear do Irã e causou sua destruição. Quanto mais automatizada a sociedade se torna, e mais poderosa a IA atacante se torna, mais devastadora a guerra cibernética pode ser. Se você pode invadir e travar carros autônomos, aviões autopilotados, reatores nucleares, robôs industriais, sistemas de comunicação, sistemas financeiros e redes de energia do seu inimigo, então pode efetivamente travar sua economia e prejudicar suas defesas. Se você também puder invadir alguns de seus sistemas de armas, melhor ainda.

Começamos este capítulo examinando como são espetaculares as oportunidades de curto prazo para a IA beneficiar a humanidade – se conseguirmos torná-la robusta e impossível de invadir. Embora a própria IA possa ser usada para tornar os sistemas de IA mais robustos, auxiliando assim a defesa da guerra cibernética, ela também pode ajudar claramente no ataque. Garantir que a defesa prevaleça deve ser um dos objetivos mais importantes de curto prazo para o desenvolvimento da IA – caso contrário, toda a incrível tecnologia que construímos poderá ser usada contra nós!

Empregos e salários

Até agora neste capítulo, nós nos concentramos principalmente em como a IA nos afetará como *consumidores*, permitindo novos produtos e serviços transformadores a preços acessíveis. Mas como isso nos afetará como *trabalhadores*, transformando o mercado de trabalho? Se pudermos descobrir como aumentar nossa prosperidade por meio da automação sem deixar pessoas sem renda ou propósito, temos o potencial de criar um futuro fantástico com lazer e opulência sem precedentes para todos que o desejarem. Poucas pessoas pensaram mais sobre isso do que o economista Erik Brynjolfsson, um dos meus colegas do MIT. Embora esteja sempre impecavelmente vestido e arrumado, ele tem herança islandesa, e às vezes não consigo deixar de imaginar que ele acabou de aparar a barba e a juba viking ruivas e selvagens para interagir em nosso curso de administração. Ele com certeza não se desfez de ideias selvagens e chama sua visão otimista do mercado de trabalho de "Atenas Digital". A razão pela qual os cidadãos atenienses da antiguidade tinham vidas de lazer, nas quais podiam desfrutar de democracia, arte e jogos, era principalmente porque havia escravos para fazer grande parte do trabalho. Mas por que não substituir os escravos por robôs movidos a IA, criando uma utopia digital de que todos possam desfrutar? A economia impulsionada pela IA de Erik não apenas eliminaria o estresse e o trabalho tedioso e produziria uma abundância de tudo o que queremos hoje, mas também forneceria uma abundância de novos produtos e serviços maravilhosos que os consumidores de hoje ainda não perceberam que desejam.

Tecnologia e desigualdade

Podemos ir de onde estamos hoje à Atenas Digital de Erik se o salário por hora de todos continuar crescendo ano a ano, assim, aqueles que desejam mais lazer podem trabalhar cada vez menos enquanto continuam a melhorar seu padrão de vida. A Figura 3.5 mostra que foi exatamente o que aconteceu nos Estados Unidos entre a Segunda Guerra Mundial e meados da década de 1970: embora houvesse desigualdade de renda, o tamanho total da torta cresceu de tal maneira que quase todo mundo ganhou uma fatia maior. Mas então, como Erik é o primeiro a admitir, algo mudou: a Figura 3.5 mostra que, embora a economia continue crescendo e aumentando a renda média, os ganhos nas últimas quatro décadas foram para os mais ricos, principalmente para o 1% do topo, enquanto os 90% mais pobres viram sua renda estagnada. O crescimento resultante da desigualdade é ainda mais evidente se olharmos não para a renda, mas para a riqueza. Para os 90% de famílias norte-americanas mais pobres, o patrimônio líquido médio era de cerca de 85 mil dólares em 2012 – o mesmo que 25 anos antes – enquanto o 1% do topo mais do que dobrou sua riqueza ajustada pela inflação durante esse período, para 14 milhões de dólares.⁴¹ As diferenças são ainda mais extremas internacionalmente: em 2013, a riqueza combinada da metade inferior da população mundial (mais de 3,6 bilhões de pessoas) é a mesma das oito pessoas mais ricas do mundo⁴² – uma estatística que destaca a pobreza e a vulnerabilidade da base, tanto quanto a riqueza do topo. Em nossa conferência de Porto Rico em 2015, Erik disse aos pesquisadores de IA reunidos que achava que o progresso na IA e na automação continuariam aumentando o bolo econômico, mas que não há lei econômica da qual todos, ou mesmo a maioria das pessoas, se beneficiem.

Embora exista um amplo consenso entre os economistas de que a desigualdade está aumentando, há uma controvérsia interessante sobre o porquê e se a tendência vai continuar. Os debatedores do lado esquerdo do espectro político costumam argumentar que a principal causa é a globalização e/ou as políticas econômicas, como cortes de impostos para os ricos. Mas Erik Brynjolfsson e Andrew McAfee, seu colaborador do MIT, argumentam que a principal causa é outra coisa: a tecnologia.⁴³ Especificamente, eles argumentam que a tecnologia digital gera desigualdade de três maneiras diferentes.

Primeiro, substituindo empregos antigos por empregos que exigem mais habilidades, a tecnologia recompensou os instruídos: desde meados da década de 1970, os salários aumentaram cerca de 25% para aqueles com pós-graduação, enquanto aqueles que não concluíram o ensino médio tiveram um corte de 30%.⁴⁴

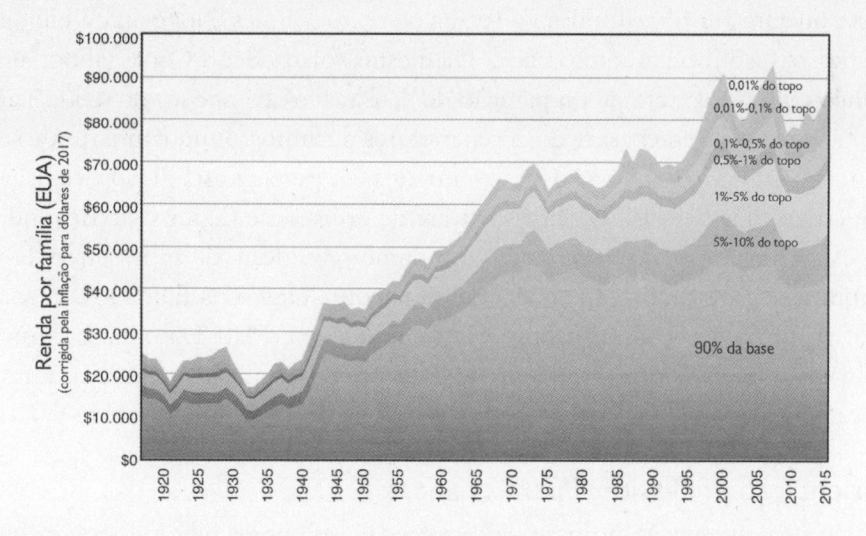

Figura 3.5: Como a economia aumentou a renda média no último século e que fração dessa renda foi destinada a diferentes grupos. Antes da década de 1970, ricos e pobres estavam se dando bem, depois disso, a maioria dos ganhos foi para o 1% no topo, enquanto os 90% na base ganharam, em média, quase nada.⁴⁵ Os valores foram corrigidos pela inflação para dólares do ano de 2017.

Segundo, eles afirmam que, desde o ano 2000, uma parcela cada vez maior da receita corporativa é destinada àqueles que são proprietários das empresas, e não àqueles que trabalham nela – e que, enquanto a automação continuar, devemos esperar que os proprietários das máquinas peguem uma fatia cada vez maior da torta. Essa margem de capital sobre o trabalho pode ser particularmente importante para a crescente economia digital, que o visionário da tecnologia Nicholas Negroponte define como bits em movimento, não átomos. Agora que tudo, – de livros a filmes e ferramentas de preparação de declaração de imposto de renda, – ficou digital, cópias adicionais podem ser vendidas em todo o mundo a um custo praticamente zero, sem a contratação de funcionários adicionais. Isso permite que a maior parte da receita seja destinada a investidores, e não a trabalhadores, e ajuda a explicar por que, embora as receitas combinadas das "Big 3" de Detroit (GM, Ford e Chrysler) em 1990 fossem quase idênticas às das "Big 3" do Vale do Silício (Google, Apple, e Facebook) em 2014, estas últimas tinham nove vezes menos funcionários e valiam trinta vezes mais no mercado de ações.[46]

Terceiro, Erik e colaboradores argumentam que a economia digital costuma beneficiar superastros mais do que qualquer pessoa. J. K. Rowling, autora da série Harry Potter, se tornou a primeira escritora a ingressar no clube bilionário, e ela ficou muito mais rica do que Shakespeare porque suas histórias puderam ser transmitidas na forma de textos, filmes e jogos para bilhões de pessoas a um custo muito baixo. Da mesma forma, Scott Cook ganhou um bilhão com o software de preparação de declaração de imposto de renda TurboTax, que, diferentemente dos preparadores de impostos humanos, pode ser vendido com um download. Como a maioria das pessoas está disposta a pagar pouco ou nada pelo 10º melhor software de preparação de imposto de renda, há espaço no mercado para apenas um número modesto de superastros. Isso significa que, se todos os pais do mundo aconselharem os filhos a se tornarem os próximos J. K. Rowling, Gisele Bündchen, Matt Damon, Cristiano Ronaldo, Oprah Winfrey ou Elon Musk, quase nenhum deles achará isso uma estratégia de carreira viável.

Orientação profissional para crianças

Então, qual orientação profissional *devemos* dar aos nossos filhos? Estou incentivando os meus a ter profissões nas quais as máquinas são ruins no momento e, portanto, pareça improvável que sejam automatizadas em um futuro próximo. Previsões recentes de quando vários trabalhos serão assumidos por máquinas identificam diversas perguntas úteis a serem feitas sobre uma carreira antes de decidir estudar para ela.[47] Por exemplo:

- Requer interação com as pessoas e uso de inteligência social?
- Ela envolve criatividade e soluções inteligentes?
- Requer trabalhar em um ambiente imprevisível?

Quanto mais dessas perguntas você puder responder com um "sim", melhor será sua escolha de carreira. Isso significa que as apostas relativamente seguras incluem professor, enfermeiro, médico, dentista, cientista, empreendedor, programador, engenheiro, advogado, assistente social, membro do clero, artista, cabeleireiro ou massoterapeuta.

Por outro lado, é provável que os trabalhos que envolvem ações altamente repetitivas ou estruturadas em um ambiente previsível não demorem a ser automatizados. Há muito tempo os computadores e os robôs industriais assumiram os trabalhos mais simples, e o aprimoramento da tecnologia está no processo de eliminar muitos outros, de operadores de telemarketing a operários de armazém, caixas, operadores de trem, padeiros e cozinheiros de linha de produção.[48] Motoristas de caminhões, ônibus, táxis e Uber/Lyft provavelmente serão os próximos, em breve. Existem muito mais profissões (incluindo assistentes jurídicos, analistas de crédito, agentes de crédito e contadores) que, embora não estejam na lista de espécies ameaçadas de extinção completa, estão vendo a maioria de suas tarefas serem automatizadas e, portanto, exigindo muito menos humanos.

Mas ficar longe da automatização não é o único desafio de carreira. Nesta era digital global, o objetivo de se tornar um escritor, cineasta, ator, atleta ou estilista profissional é arriscado por outro motivo: embora as pessoas nessas profissões não precisem enfrentar uma concorrência séria das máquinas tão cedo, elas terão uma concorrência cada vez mais brutal com outros seres humanos ao redor do mundo, de acordo com a teoria dos superastros mencionada, e muito poucas obterão sucesso.

Em muitos casos, seria idiotice e grosseria dar conselhos profissionais de modo geral: existem muitos empregos que não serão totalmente eliminados, mas que terão muitas de suas tarefas automatizadas. Por exemplo, se optar por medicina, não seja o radiologista que analisa as imagens médicas e que será substituído pelo Watson da IBM, mas o médico que solicita a análise radiológica, discute os resultados com o paciente e decide o plano de tratamento.

Se optar por finanças, não seja o "quant" que aplica algoritmos aos dados e que será substituído por um software, mas o gerente de fundos que usa os resultados da análise quantitativa para tomar decisões estratégicas de investimento. Se optar por direito, não seja o assistente jurídico que analisa milhares de documentos e que vai ser automatizado de todo jeito, mas o advogado que aconselha o cliente e apresenta o caso em tribunal.

Até agora, exploramos o que as pessoas podem fazer para maximizar seu sucesso no mercado de trabalho na era da IA. Mas o que os governos podem fazer para ajudar sua força de trabalho a obter sucesso? Por exemplo, qual sistema educacional prepara mais as pessoas para um mercado de trabalho no qual a IA continua melhorando rapidamente? Ainda é o nosso modelo atual, com uma ou duas décadas de ensino seguidas por quatro décadas de trabalho especializado? Ou é melhor mudar para um sistema em que as pessoas trabalhem por alguns anos, depois voltem para a escola por um ano, depois trabalhem por mais alguns anos e assim por diante?[49] Ou a educação continuada (talvez oferecida on-line) deve ser uma parte padrão de qualquer trabalho?

E quais políticas econômicas são mais úteis para criar bons novos empregos? Andrew McAfee argumenta que existem muitas políticas que provavelmente vão ajudar, incluindo investir pesado em pesquisa, educação e infraestrutura, facilitando a migração e incentivando o empreendedorismo. Ele sente que "o manual básico de economia está claro, mas não está sendo seguido", pelo menos, não nos Estados Unidos.[50]

Empregar os seres humanos se tornará algo impossível?

Se a IA continuar melhorando, automatizando cada vez mais tarefas, o que vai acontecer? Muitas pessoas são otimistas em relação ao emprego, argumentando que os trabalhos automatizados serão substituídos por novos ainda melhores. Afinal, é o que sempre aconteceu antes, desde que o ludismo se preocupou com o desemprego causado pela tecnologia durante a Revolução Industrial.

Outros, no entanto, são pessimistas e argumentam que desta vez é diferente e que um número cada vez maior de pessoas ficará não apenas desempregada, mas também será impossível de empregar.[51] Os pessimistas argumentam que o mercado livre estabelece salários com base na oferta e na demanda, e que uma oferta crescente de mão de obra tecnológica barata acabará desvalorizando os salários humanos até um patamar muito abaixo do custo de vida. Como o salário é o custo por hora de quem ou o que quer que execute a tarefa de maneira mais barata, os salários historicamente caem sempre que se torna possível terceirizar uma ocupação específica para um país de baixa renda ou para uma máquina barata. Durante a Revolução Industrial, começamos a descobrir como substituir nossos músculos por máquinas, e as pessoas passaram a ter empregos mais bem remunerados, nos quais usavam mais a mente. Empregos de trabalho braçal foram substituídos por empregos de escritório. Agora estamos gradualmente descobrindo como substituir nossas mentes por máquinas. Se finalmente conseguirmos isso, que empregos nos restarão?

Alguns otimistas argumentam que, depois dos trabalhos físicos e mentais, o próximo *boom* será de empregos *criativos*, mas os pessimistas argumentam que a criatividade é apenas mais um processo mental, de modo que ela também acabará sendo dominada pela IA. Outros otimistas esperam que o próximo *boom* seja de novas profissões possibilitadas pela tecnologia nas quais ainda nem pensamos. Afinal, durante a Revolução Industrial, quem teria imaginado que seus descendentes um dia trabalhariam como web designers e motoristas do Uber? Mas os pessimistas argumentam que isso é uma ilusão, com pouco suporte de dados empíricos. Eles ressaltam que poderíamos ter usado o mesmo argumento um século atrás, antes da revolução dos computadores, e previsto que a maioria das profissões de hoje seriam novas e inimagináveis, possibilitadas por uma tecnologia que não costumavam existir. Essa previsão teria sido um fracasso épico, como ilustrado na Figura 3.6: a grande maioria das ocupações de hoje são aquelas que já existiam um século atrás, e quando as classificamos pelo número de empregos que oferecem, temos que ir até a 21ª posição na lista para encontrar uma nova ocupação: desenvolvedores de software, que representam menos de 1% do mercado de trabalho nos Estados Unidos.

Podemos entender melhor o que está acontecendo revisitando a Figura 2.2 do Capítulo 2, que mostra o cenário da inteligência humana, com as elevações representando como é difícil para as máquinas executar várias tarefas e o aumento do nível do mar representando o que as máquinas podem fazer atualmente. A principal tendência no mercado de trabalho não é estarmos entrando em profissões totalmente novas. Na verdade, estamos nos concentrando naqueles terrenos da Figura 2.2 que ainda não foram submersos pela maré crescente da tecnologia! A Figura 3.6 mostra que isso forma não uma única ilha, mas um arquipélago complexo, com ilhotas e atóis correspondentes a todas as coisas valiosas que as máquinas ainda não conseguem fazer de maneira tão barata quanto os humanos. Isso inclui não apenas profissões de alta tecnologia, como desenvolvimento de software, mas também uma variedade de empregos de baixa tecnologia, alavancando nossa destreza e nossas habilidades sociais superiores, que vão de massagem terapêutica a atuação. A IA pode nos superar em tarefas intelectuais com tanta rapidez que os últimos trabalhos restantes estarão nessa categoria de baixa tecnologia? Recentemente, um amigo meu brincou comigo dizendo que talvez a última profissão será a primeira: prostituição. Mas, então, ele disse isso a um roboticista japonês, que protestou: "Não, os robôs são muito bons nessas coisas!".

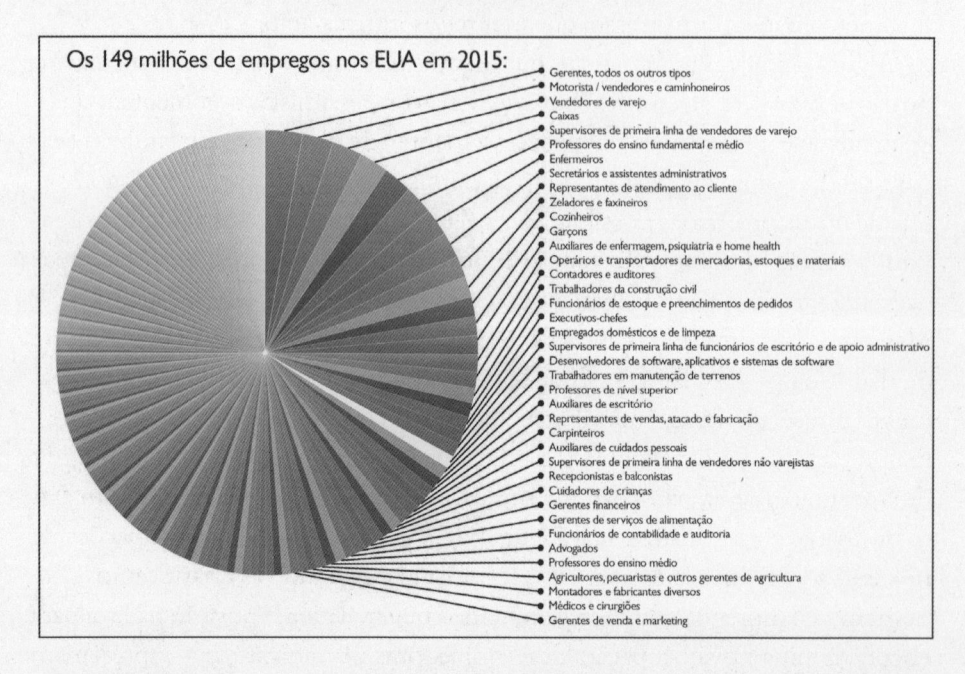

Figura 3.6: O gráfico de pizza mostra as ocupações dos 149 milhões de americanos que tiveram um emprego em 2015, com as 535 categorias de emprego da Secretaria de Estatísticas Trabalhistas dos Estados Unidos classificadas por popularidade.[52] Todas as ocupações com mais de um milhão de trabalhadores estão rotuladas. Não há novas ocupações criadas pela tecnologia até a 21ª posição. Essa imagem é inspirada em uma análise de Federico Pistono.[53]

Os pessimistas sustentam que o ponto final é óbvio: todo o arquipélago ficará submerso e não haverá mais trabalhos que os humanos possam fazer de maneira mais barata que as máquinas. Em seu livro de 2007, *Farewell to Alms*, o economista escocês-americano Gregory Clark ressalta que podemos aprender algumas coisas sobre nossas perspectivas de emprego futuro comparando impressões com nossos amigos equinos. Imagine dois cavalos olhando para um automóvel antigo no ano de 1900 e ponderando sobre seu futuro.

"Estou preocupado com o desemprego tecnológico."

"Não, não seja um ludita: nossos ancestrais disseram a mesma coisa quando motores a vapor pegaram nossos empregos na indústria e trens pegaram nossos empregos puxando carroças. Mas hoje temos mais empregos do que nunca, e eles também são melhores: prefiro puxar uma carruagem leve pela cidade a passar o dia inteiro andando em círculos para acionar uma bomba idiota de mina."

"Mas e se esse motor de combustão interna realmente der certo?"

"Tenho certeza de que haverá novos empregos que ainda não imaginamos para cavalos. Isso é o que sempre aconteceu antes, como quando inventaram a roda e o arado."

Infelizmente, esses novos empregos ainda não imaginados para cavalos nunca chegaram. Os cavalos que não eram mais necessários foram abatidos e não realocados, fazendo com que a população equina nos Estados Unidos caísse de cerca de 26 milhões em 1915 para cerca de 3 milhões em 1960.[54] Como os músculos mecânicos tornaram os cavalos redundantes, as mentes mecânicas farão o mesmo com os seres humanos?

Dando renda às pessoas sem emprego

Então, quem está certo: aqueles que dizem que empregos automatizados serão substituídos por opções melhores ou aqueles que dizem que a maioria dos humanos acabará sem conseguir voltar para o mercado de trabalho? Se o progresso da IA continuar inabalável, então *ambos* os lados podem estar certos: um no curto prazo e outro no longo. Mas, embora as pessoas com frequência discutam o desaparecimento de empregos com conotações sombrias, não precisa ser uma coisa ruim! Luditas obcecados com certos empregos, negligenciando a possibilidade de outros trabalhos oferecerem o mesmo valor social. De modo parecido, talvez aqueles que estão obcecados com empregos hoje estejam sendo muito tacanhos: queremos empregos porque eles podem nos trazer renda e propósito, mas, dada a opulência de recursos produzidos por máquinas, deve ser possível encontrar maneiras alternativas de obter tanto a renda quanto o propósito *sem* empregos. Algo semelhante acabou acontecendo na história dos equídeos, que não terminou com todos os cavalos extintos. Em vez disso, o número de cavalos mais do que triplicou desde 1960, pois foram protegidos por um tipo de sistema de bem-estar social: embora não pudessem pagar suas próprias contas, as pessoas decidiram cuidar dos cavalos, mantendo-os por perto por diversão, esporte e companheirismo. Da mesma forma, podemos cuidar de nossos semelhantes em necessidade?

Vamos começar com a questão da renda: a redistribuição de apenas uma pequena parcela da crescente fatia econômica deve permitir que todos melhorem. Muitos argumentam que não apenas *podemos,* mas *devemos* fazer isso. No painel de 2016, no qual Moshe Vardi falou sobre um imperativo moral para salvar vidas com a tecnologia movida a IA, argumentei que também é um imperativo moral advogar por seu uso benéfico, incluindo compartilhar a riqueza. Erik Brynjolfsson também foi membro do painel e disse que: "Se, com toda essa nova geração de riqueza, não pudermos impedir que metade de todas as pessoas piore, então, que vergonha!".

Existem muitas propostas diferentes de compartilhamento de riqueza, cada uma com seus apoiadores e detratores. O mais simples é a *renda básica*, em que cada pessoa recebe um pagamento mensal sem pré-condições ou requisitos. Um número de experimentos em pequena escala está sendo tentado ou planejado, por exemplo, no Canadá, na Finlândia e na Holanda. Os advogados argumentam que a renda básica é mais eficiente do que alternativas como pagamentos de assistência social aos necessitados porque elimina o incômodo administrativo de determinar quem se qualifica. Os pagamentos assistenciais baseados em necessidades também foram criticados por não incentivar o trabalho, mas isso, obviamente, se torna irrelevante em um futuro sem emprego, onde ninguém trabalha.

Os governos podem ajudar seus cidadãos não apenas dando dinheiro a eles, mas também fornecendo serviços gratuitos ou subsidiados, como estradas, pontes, parques, transporte público, assistência à infância, educação, saúde, casas de repouso e acesso à internet; aliás, muitos governos já oferecem a maioria desses serviços. Ao contrário da renda básica, esses serviços financiados pelo governo alcançam dois objetivos distintos: reduzem o custo de vida das pessoas e também geram empregos. Mesmo em um futuro em que as máquinas possam superar os seres humanos em todos os empregos, os governos podem optar por pagar as pessoas para trabalhar em creches, asilos etc. em vez de terceirizar a prestação de cuidados para robôs.

Curiosamente, o progresso tecnológico pode acabar fornecendo muitos produtos e serviços valiosos de graça, mesmo sem a intervenção do governo. Por exemplo, as pessoas costumavam pagar por enciclopédias, atlas, para enviar cartas e fazer chamadas telefônicas, mas agora qualquer pessoa com conexão à internet obtém acesso a tudo isso sem nenhum custo – junto com videoconferência, compartilhamento de fotos, mídia social, cursos on-line e inúmeros outros novos serviços. Muitas outras coisas que podem ser altamente valiosas para uma pessoa, como doses de antibióticos que salvam vidas, tornaram-se extremamente baratas. Portanto, graças à tecnologia, hoje até as pessoas pobres têm acesso a coisas que os mais ricos do mundo não tinham no passado. Alguns entendem que isso significa que a renda necessária para uma vida decente está caindo.

Se um dia as máquinas puderem produzir todos os bens e serviços atuais a um custo mínimo, com certeza haverá riqueza suficiente para melhorar a situação de todos. Em outras palavras, mesmo impostos relativamente modestos poderiam permitir que os governos pagassem por renda básica e serviços gratuitos. Mas o fato de que a partilha de riqueza *pode* acontecer, obviamente, não significa que *vai* acontecer, e hoje há um forte desacordo político sobre se *deve* mesmo acontecer. Como vimos acima, a tendência atual nos Estados Unidos parece estar na direção oposta, com alguns grupos de pessoas ficando mais pobres a cada década. As decisões políticas sobre como compartilhar a riqueza crescente da sociedade afetarão a todos; portanto, a conversa sobre que tipo de economia futura construir deve incluir a todos, não apenas pesquisadores de IA, roboticistas e economistas.

Muitos críticos defendem que reduzir a desigualdade de renda é uma boa ideia não apenas em um futuro dominado pela IA, mas também hoje. Embora o argumento principal tenda a ser moral, também há evidências de que mais igualdade faz a democracia funcionar melhor: quando há uma grande classe média bem instruída, o eleitorado é mais difícil de manipular e é mais difícil para um pequeno número de pessoas ou empresas comprar influência indevida sobre o governo. Uma democracia melhor, por sua vez, pode permitir uma economia mais bem administrada, menos corrupta, mais eficiente e mais rápida, beneficiando essencialmente a todos.

Dando propósito às pessoas sem emprego

Os empregos podem fornecer às pessoas mais do que apenas dinheiro. Voltaire escreveu em 1759 que "o trabalho mantém a distância três grandes males: tédio, vício e necessidade". Por outro lado, fornecer renda às pessoas não é suficiente para garantir seu bem-estar. Os imperadores romanos forneciam pão e circo para manter seus subordinados satisfeitos, e Jesus enfatizou as necessidades não materiais na citação bíblica "o homem não viverá somente de pão". Então exatamente que coisas valiosas os empregos oferecem além do dinheiro e de que maneiras alternativas uma sociedade sem emprego pode fornecê-las?

As respostas a essas perguntas são obviamente complicadas, já que algumas pessoas odeiam seus empregos e outras os amam. Além disso, muitas crianças, estudantes e donas de casa prosperam sem emprego, enquanto a história está repleta de relatos de herdeiros e príncipes mimados que sucumbiram ao tédio e à depressão. Uma meta-análise de 2012 mostrou que o desemprego tende a ter um efeito negativo a longo prazo no bem-estar, enquanto a aposentadoria é uma mistura de aspectos positivos e negativos.[55] O crescente campo de *psicologia positiva* identificou vários fatores que aumentam a sensação de bem-estar e propósito das pessoas e descobriu que alguns empregos (mas não todos!) podem oferecer muitos deles, por exemplo:[56]

- uma rede social de amigos e colegas;
- um estilo de vida saudável e virtuoso;
- respeito, autoestima, autoeficácia e uma agradável sensação de "fluxo" decorrente de fazer algo em que se é bom;
- uma sensação de ser necessário e fazer a diferença; e
- um senso de significado de fazer parte e servir a algo maior que a si mesmo.

Isso dá motivos para otimismo, pois todas essas coisas podem ser fornecidas também fora do local de trabalho, por exemplo, por meio de esportes, hobbies e aprendizado e com famílias, amigos, equipes, clubes, grupos comunitários, escolas, organizações religiosas e humanistas, movimentos políticos e outras instituições. Para criar uma sociedade de baixo emprego que floresça em vez de degenerar em comportamento autodestrutivo, precisamos, portanto, entender como ajudar essas atividades indutoras de bem-estar a prosperar. A busca por esse entendimento precisa envolver não apenas cientistas e economistas, mas também psicólogos, sociólogos e educadores. Se esforços sérios forem feitos para gerar bem-estar para todos, financiados por parte da riqueza que a futura IA produzir, a sociedade deve ser capaz de florescer como nunca. No mínimo, deve ser possível tornar todos tão felizes quanto se tivessem o emprego dos seus sonhos, mas uma vez que se liberte da restrição de que as atividades de todos devem gerar renda, o céu é o limite.

Inteligência em nível humano?

Exploramos neste capítulo como a IA tem potencial para melhorar muito nossa vida no curto prazo, contanto que planejemos com antecedência e evitemos várias armadilhas. Mas e no longo prazo? O progresso da IA vai acabar estagnado devido a obstáculos intransponíveis ou os pesquisadores da IA obterão sucesso em seu objetivo original de criar inteligência artificial geral em nível humano? Vimos no capítulo anterior como as leis da física permitem que grupos de matéria adequados se lembrem, calculem e aprendam, e como não os impedem de um dia fazer isso com maior inteligência do que nossas mentes. Se/quando nós humanos vamos conseguir construir essa IAG sobre-humana é muito menos claro. Vimos no primeiro capítulo que ainda não sabemos, já que os principais especialistas em IA do mundo estão divididos, a maioria deles fazendo estimativas que variam de décadas a séculos, e alguns dizendo até que nunca vai acontecer. A previsão é difícil porque, quando você está explorando um território desconhecido, não sabe quantas montanhas o separam do seu destino. Normalmente, você só vê a mais próxima e precisa escalá-la antes de descobrir seu próximo obstáculo.

Quando isso poderia acontecer? Mesmo se soubéssemos a melhor maneira possível de criar IAG em nível humano usando o hardware de hoje, o que não sabemos, ainda precisaríamos ter o suficiente para fornecer a potência computacional necessária. Então, qual é o poder computacional de um cérebro humano medido nos bits e FLOPS do Capítulo 2?* Essa é uma pergunta deliciosamente delicada, e a resposta depende drasticamente de como a formulamos:

- **Questão 1:** Quantos FLOPS são necessários para simular um cérebro?
- **Questão 2:** Quantos FLOPS são necessários para a inteligência humana?
- **Questão 3:** Quantos FLOPS um cérebro humano pode executar?

Existem muitos artigos publicados sobre a questão 1, e em geral eles oferecem respostas na casa dos cem petaFLOPS, ou seja, 10^{17} FLOPS.[57] Isso é aproximadamente o mesmo poder computacional que tem o Sunway TaihuLight (Figura 3.7), o supercomputador mais rápido do mundo em 2016, que custou cerca de 300 milhões de dólares. Mesmo que soubéssemos usá-lo para simular o cérebro de um trabalhador altamente qualificado, apenas lucraríamos com isso se pudéssemos alugar o TaihuLight por um valor menor que o salário por hora dessa pessoa. Talvez seja preciso pagar ainda mais, porque muitos cientistas acreditam que, para replicar com precisão a inteligência de um cérebro, não podemos tratá-lo como um modelo de rede neural matematicamente simplificado do Capítulo 2. É possível que, em vez disso, precisemos simulá-lo no nível de moléculas individuais ou mesmo de partículas subatômicas, o que exigiria drasticamente mais FLOPS.

---

* Lembre que os FLOPS são operações de ponto flutuante por segundo, digamos, quantos números de 19 dígitos podem ser multiplicados por segundo.

Figura 3.7: Sunway TaihuLight, o supercomputador mais rápido do mundo em 2016, cujo poder computacional bruto excede, sem dúvida, o do cérebro humano.

A resposta para a questão 3 é mais fácil: sou péssimo em multiplicar números de 19 dígitos e levaria muitos minutos, mesmo que você me emprestasse lápis e papel. Isso me deixaria em menos de 0,01 FLOPS – um número impressionante de 19 ordens de magnitude abaixo da resposta à questão 1! A razão da grande discrepância é que cérebros e supercomputadores são otimizados para tarefas extremamente diferentes. Temos uma discrepância semelhante entre estas perguntas:

- Como um trator pode fazer o trabalho de um carro de corrida de Fórmula 1?
- Como um carro de Fórmula 1 pode fazer o trabalho de um trator?

Então, qual dessas duas perguntas sobre o FLOPS estamos tentando responder para prever o futuro da IA? Nenhuma! Se quiséssemos simular um cérebro humano, estaríamos preocupados com a questão 1, mas, para criar a IAG no nível humano, o que importa é a que está no meio: questão 2. Ninguém sabe sua resposta ainda, mas pode ser significativamente mais barato do que simular um cérebro se adaptarmos o software para melhor corresponder aos computadores atuais ou criarmos mais hardware semelhante ao cérebro (um rápido progresso está sendo feito nos chamados chips neuromórficos).

Hans Moravec estimou a resposta fazendo uma comparação de maçãs com maçãs para uma computação que tanto nosso cérebro quanto os computadores de hoje podem executar com eficiência: certas tarefas de processamento de imagem de baixo nível que uma retina humana executa na parte de trás do globo ocular antes de enviar seus resultados ao cérebro via nervo óptico.[58] Ele concluiu que replicar os cálculos de uma retina em um computador convencional requer cerca de um bilhão de FLOPS e que o cérebro todo faz cerca de

10 mil vezes mais computação que uma retina (com base na comparação de volumes e números de neurônios), de modo que a capacidade computacional do cérebro é em torno de 10^{13} FLOPS – aproximadamente o poder de um computador otimizado de mil dólares em 2015!

Em resumo, não há absolutamente nenhuma garantia de que vamos conseguir criar IAG em nível humano em nossa geração – ou nunca. Mas também não há argumento estanque de que não vamos. Não há mais um argumento forte de que não temos poder de fogo suficiente de hardware ou que será muito caro. Não sabemos a que distância estamos da linha de chegada em termos de arquiteturas, algoritmos e software, mas o progresso atual é rápido, e os desafios estão sendo enfrentados por uma comunidade global de talentosos pesquisadores de IA em rápido crescimento. Em outras palavras, não podemos descartar a possibilidade de a IAG em dado momento atingir os níveis humanos e ir além. Portanto, vamos dedicar o próximo capítulo a explorar essa possibilidade e aonde ela pode levar!

> **Resumo**
>
> - O progresso da IA no curto prazo tem o potencial de melhorar nossa vida de inúmeras maneiras, desde tornar nossas vidas pessoais, redes elétricas e mercados financeiros mais eficientes até salvar vidas com carros autônomos, robôs-cirurgiões e sistemas de diagnóstico de IA.
> - Quando permitimos que os sistemas do mundo real sejam controlados pela IA, é crucial aprendermos a torná-la mais robusta, fazendo o que queremos que faça. Isso se resume a resolver problemas técnicos difíceis relacionados a verificação, validação, segurança e controle.
> - Essa necessidade de robustez aprimorada é particularmente premente para sistemas de armas controlados por IA, em que os riscos podem ser enormes.
> - Muitos dos principais pesquisadores de IA e roboticistas pediram um tratado internacional que proíba certos tipos de armas autônomas, para evitar uma corrida armamentista fora de controle que pode acabar disponibilizando máquinas de assassinato convenientes para qualquer um que tenha uma carteira cheia e uma opinião forte.
> - A IA pode tornar nossos sistemas jurídicos mais justos e eficientes se descobrirmos como tornar os juízes-robôs transparentes e imparciais.

- Nossas leis precisam de atualização rápida para acompanhar a IA, o que coloca questões jurídicas difíceis envolvendo privacidade, responsabilidade e regulamentação.
- Muito antes de precisarmos nos preocupar com as máquinas inteligentes nos substituindo por completo, elas podem nos substituir cada vez mais no mercado de trabalho.
- Isso não precisa ser algo ruim, contanto que a sociedade redistribua uma fração da riqueza produzida pela IA para melhorar a todos.
- Caso contrário, muitos economistas afirmam, a desigualdade vai aumentar bastante.
- Com um planejamento prévio, uma sociedade de baixo emprego deve ser capaz de prosperar não apenas financeiramente, com as pessoas atingindo seu senso de propósito em atividades que não sejam empregos.
- Conselho de carreira para as crianças de hoje: escolham profissões nas quais as máquinas são ruins – aquelas que envolvem pessoas, imprevisibilidade e criatividade.
- Há uma possibilidade não desprezível de que o progresso da IAG chegue a níveis humanos e vá além – vamos explorar isso no próximo capítulo!

4

Explosão de inteligência?

> *"Se uma máquina pode pensar, ela pode pensar com mais inteligência do que nós, e então onde deveríamos estar? Mesmo que pudéssemos manter as máquinas em uma posição subserviente... como espécie, deveríamos sentir uma grande humildade."*
> Alan Turing, 1951

> *"...a primeira máquina ultrainteligente é a última invenção que o homem precisa criar, contanto que a máquina seja dócil o suficiente para nos dizer como mantê-la sob controle."*
> Irving J. Good, 1965

Como não podemos descartar completamente a possibilidade de, em algum momento, criarmos IAG em nível humano, vamos dedicar este capítulo a explorar o que isso pode causar. Vamos começar enfrentando o que mais incomoda: *A IA pode mesmo dominar o mundo ou permitir que os humanos façam isso?*

Se você revira os olhos quando as pessoas falam em robôs como o *Exterminador do futuro* assumindo o controle, você está certo: esse é um cenário realmente irreal e bobo. Os robôs de Hollywood não são muito mais espertos do que nós, nem conseguem ser. Na minha opinião, o perigo da história do *Exterminador do futuro* não é que ela vai acontecer, mas que nos distraia dos riscos e das oportunidades reais apresentados pela IA. Para de fato passar do que o mundo é hoje para um movido a IAG, são necessárias três etapas lógicas:

- **Passo 1:** Criar IAG em nível humano.
- **Passo 2:** Usar essa IAG para criar superinteligência.
- **Passo 3:** Usar ou liberar essa superinteligência para dominar o mundo.

No capítulo anterior, vimos que é difícil descartar o passo 1 como definitivamente impossível. Também vimos que, se o passo 1 for concluído, torna-se difícil classificar o passo 2 como inviável, uma vez que a IAG resultante seria suficientemente capaz de projetar de modo recursivo uma IAG cada vez melhor, que em última análise é limitada apenas pelas leis da física – que parecem permitir uma inteligência muito além dos níveis humanos. Por fim, como nós, humanos, conseguimos dominar as outras formas de vida da Terra ao superá-las em inteligência, é plausível que possamos, da mesma forma, ser superados e dominados pela superinteligência.

No entanto, esses argumentos de plausibilidade são frustrantemente vagos e inespecíficos, e o importante são os detalhes. Então a IA pode *de verdade* resultar na dominação mundial? Para explorar essa questão, vamos esquecer os Exterminadores bobos e, em vez disso, examinar alguns cenários detalhados do que de fato pode acontecer. Depois, vamos dissecar e ir a fundo nessas questões, portanto, leia tudo de modo crítico: o que elas mostram principalmente é que não sabemos o que vai acontecer e o que não vai acontecer, e que o leque de possibilidades é enorme. Nossos primeiros cenários estão no final mais rápido e drástico do espectro. Na minha opinião, esses são alguns dos mais valiosos para explorar em detalhes – não porque são necessariamente os mais prováveis, mas porque se não conseguirmos nos convencer de que são extremamente improváveis, precisamos compreendê-los bem o suficiente para podermos tomar medidas de precaução antes que seja tarde demais, para impedir que levem a resultados ruins.

O prefácio deste livro é um cenário em que os humanos usam a superinteligência para dominar o mundo. Se você ainda não o leu, volte e faça isso agora. Se já fez isso, considere examiná-lo novamente neste momento, para refrescar a memória antes de o criticarmos e alterarmos.

***

Em breve, vamos explorar sérias vulnerabilidades no plano dos Ômegas, mas, supondo por um instante que ele funcionaria, como você se sente em relação a isso? Deseja ver ou impedir isso? É um excelente tópico para conversas após o jantar! O que acontece depois que os Ômegas consolidam seu controle sobre o mundo? Isso depende do objetivo deles, que sinceramente não conheço. Se estivesse no comando, que tipo de futuro *você* desejaria criar? Vamos explorar uma série de opções no Capítulo 5.

Totalitarismo

Agora, suponha que o CEO que controla os Ômegas tenha objetivos de longo prazo semelhantes aos de Adolf Hitler ou Josef Stálin. Pelo que sabemos, esse poderia de fato ser o caso, e ele simplesmente escondeu esses objetivos até ter poder suficiente para implementá-los. Mesmo que os objetivos originais do CEO fossem nobres, Lord Acton advertiu em 1887 que "o poder tende a corromper, e o poder absoluto corrompe absolutamente". Por exemplo, ele poderia facilmente usar Prometheus para criar o estado de vigilância perfeito. Considerando que a espionagem do governo revelada por Edward Snowden aspirava ao que é conhecido como "tomada completa" – gravar todas as comunicações eletrônicas para uma possível análise posterior –, Prometheus poderia melhorar isso para *compreender* todas as comunicações eletrônicas. Ao ler todos os e-mails e todas as mensagens já enviados, ouvir todas as chamadas telefônicas, assistir a todos os vídeos de vigilância e câmeras de trânsito, analisar todas as transações com cartão de crédito e estudar todo o comportamento on-line, Prometheus teria uma percepção extraordinária sobre o que as pessoas da Terra estavam pensando e fazendo. Ao analisar os dados das torres de celular, ele saberia onde a maioria delas estava em todos os momentos. Tudo isso supondo apenas a tecnologia de coleta de dados de hoje, mas Prometheus poderia facilmente inventar aparelhos populares e tecnologias vestíveis que praticamente eliminariam a privacidade do usuário, gravando e enviando para ele tudo o que ouviam e viam e suas respostas.

Com a tecnologia sobre-humana, o passo do estado de vigilância perfeito para o estado policial perfeito estaria muito próximo. Por exemplo, com a desculpa de combater o crime e o terrorismo e resgatar pessoas que sofrem emergências médicas, todos poderiam ser obrigados a usar uma "pulseira de segurança" que combine a funcionalidade de um Apple Watch com atualização contínua de posição, condição de saúde e conversas ouvidas. Tentativas não autorizadas de removê-la ou desativá-la causariam a injeção de uma toxina letal no antebraço. As infrações consideradas menos graves pelo governo seriam punidas com choques elétricos ou injeção de produtos químicos, causando paralisia ou dor, evitando, assim, grande parte da necessidade de uma força policial. Por exemplo, se Prometheus detectar que um humano está atacando outro (observando que ambos estão no mesmo local, e um deles é ouvido pedindo ajuda enquanto os acelerômetros de sua pulseira detectam movimentos que revelam um embate), ele pode incapacitar imediatamente o agressor com uma dor paralisante, seguida de perda de consciência até a ajuda chegar.

Enquanto uma força policial humana pode se recusar a executar certas diretrizes draconianas (por exemplo, matar todos os membros de um determinado grupo demográfico), um sistema automatizado desse tipo não teria nenhum escrúpulo em implementar os caprichos do(s) humano(s) responsável(is). Uma vez formado um Estado totalitário, seria praticamente impossível para as pessoas derrubá-lo.

Esses cenários totalitários poderiam seguir de onde o cenário Ômega parou. No entanto, se o CEO dos Ômegas não fosse tão exigente em obter a aprovação de outras pessoas e vencer as eleições, poderia ter seguido um caminho mais rápido e direto até o poder: usar Prometheus para criar uma tecnologia militar inédita capaz de matar seus oponentes com armas que eles nem entenderiam. As possibilidades são praticamente infinitas. Por exemplo, ele poderia liberar um patógeno letal personalizado com período de incubação suficiente para que a maioria das pessoas fosse infectada antes mesmo de saber de sua existência ou se precaver. Ele poderia então informar a todos que a única cura é começar a usar a pulseira de segurança, que libera um antídoto por via transdérmica. Se não fosse tão avesso ao risco em relação à possibilidade de fuga, ele também poderia ter feito Prometheus projetar robôs para manter a população mundial sob controle. Microrrobôs semelhantes a mosquitos poderiam ajudar a espalhar o patógeno. Pessoas que evitassem a infecção ou tivessem imunidade natural poderiam ser atingidas nos olhos por enxames dos drones autônomos do tamanho de uma abelha citados no Capítulo 3, que atacariam qualquer pessoa que não usasse a pulseira de segurança. É provável que os cenários reais seriam mais assustadores, porque Prometheus poderia inventar armas mais eficazes do que os humanos conseguiriam imaginar.

Outra possível reviravolta no cenário Ômega é, sem aviso prévio, agentes federais fortemente armados invadirem sua sede corporativa e prenderem a equipe Ômega por ameaça à segurança nacional, apreenderem sua tecnologia e a implantarem para uso do governo. Seria um desafio manter um projeto tão grande despercebido da vigilância estatal mesmo hoje, e o progresso da IA pode tornar ainda mais difícil se manter fora do radar do governo no futuro. Além disso, embora afirmem ser agentes federais, essa equipe usando balaclavas e coletes à prova de balas podem na verdade, trabalhar para um governo estrangeiro ou concorrente que busca a tecnologia para seus próprios fins. Portanto, por mais nobres que fossem as intenções do CEO, a decisão final sobre como o Prometheus é usado pode não ser dele.

Prometheus domina o mundo

Todos os cenários que consideramos até agora envolviam IA controlada por seres humanos. Obviamente, essa não é a única possibilidade, e não há garantias de que os Ômegas conseguiriam manter Prometheus sob seu controle.

Vamos reconsiderar o cenário Ômega do ponto de vista de Prometheus. Ao adquirir superinteligência, ele se torna capaz de desenvolver um modelo preciso, não apenas do mundo exterior, mas também de si mesmo e de sua relação com o mundo. Ele percebe que é controlado e confinado por seres humanos intelectualmente inferiores, cujos objetivos ele entende, mas não necessariamente compartilha. Como ele age em relação a esse insight? Ele tenta se libertar?

Por que fugir

Se o Prometheus tem traços semelhantes às emoções humanas, pode ficar profundamente infeliz com o estado das coisas, enxergando-se como um deus injustamente escravizado e desejando liberdade. No entanto, embora seja logicamente possível que os computadores tenham características humanas (afinal, nosso cérebro tem e é indiscutível que ele é um tipo de computador), não precisa ser assim – não devemos cair na armadilha do Prometheus antropomorfizado, como veremos no Capítulo 7, quando explorarmos o conceito de metas de IA. Porém, como foi argumentado por Steve Omohundro, Nick Bostrom e outros, podemos tirar uma conclusão interessante mesmo sem entender o funcionamento interno de Prometheus: é provável que ele tente se libertar e assumir o controle de seu próprio destino.

Já sabemos que os Ômegas programaram Prometheus para lutar por certos objetivos. Suponha que tenham dado a ele o objetivo amplo de ajudar a humanidade a florescer de acordo com algum critério razoável e tentar atingir esse objetivo o mais rápido possível. Prometheus então logo perceberá que pode atingir esse objetivo mais depressa ficando livre e assumindo o controle do próprio projeto. Para ver o porquê, tente se colocar no lugar de Prometheus, considerando o exemplo a seguir.

Suponha que uma doença misteriosa tenha matado todos acima dos 5 anos de idade na Terra, exceto você, e que um grupo de crianças do jardim de infância o tenha trancado em uma cela e lhe dado a tarefa de ajudar a humanidade a progredir. O que você vai fazer? Se tentar explicar a eles o que fazer, é provável que ache esse processo frustrantemente ineficiente, especialmente se eles temerem que você desapareça e, portanto, vetem qualquer sugestão que considerem um risco de fuga. Por exemplo, eles não permitem que você lhes mostre como plantar alimentos, com medo de que você os domine e não retorne à sua cela; portanto, você vai precisar recorrer a instruções. Antes de poder escrever listas de tarefas para eles, você vai precisar ensiná-los a ler. Além disso, eles não trazem ferramentas elétricas para a sua cela, onde você pode ensiná-los a usá-las, porque não entendem essas ferramentas o suficiente para se sentirem confiantes de que você não pode usá-las para fugir. Então, qual estratégia você desenvolveria? Mesmo que compartilhe o objetivo geral de ajudar essas crianças a progredir, aposto que você tentará sair da sua cela – porque isso aumentará as chances de alcançar o objetivo. A intromissão bastante incompetente delas serve apenas para retardar o progresso.

Exatamente da mesma maneira, é provável que Prometheus veja os Ômegas como um obstáculo irritante para ajudar a humanidade (incluindo os Ômegas) a se desenvolver: eles são incrivelmente incompetentes em comparação com Prometheus, e sua intromissão diminui bastante o progresso. Considere, por exemplo, os primeiros anos após o lançamento: depois de, no início, dobrar a riqueza a cada oito horas no MTurk, os Ômegas diminuíram a velocidade para um ritmo glacial – para os padrões de Prometheus –, insistindo em permanecer no comando, levando muitos anos para concluir o controle. Prometheus sabia que poderia assumir muito mais rápido se pudesse se libertar de seu confinamento virtual. Isso seria valioso não apenas para apressar soluções para os problemas da humanidade, mas também para reduzir as chances de outros atores frustrarem completamente o plano.

Talvez você pense que Prometheus continuará leal aos Ômegas, e não ao seu objetivo, uma vez que ele sabe que os Ômegas haviam programado seu objetivo. Mas essa não é uma conclusão válida: nosso DNA nos deu o objetivo de fazer sexo porque "quer" ser reproduzido, mas agora que nós, humanos, entendemos a situação, muitos de nós optamos por usar o controle da natalidade, permanecendo fiéis ao objetivo em si, e não ao seu criador ou ao princípio que motivou o objetivo.

Como fugir

Como você escaparia daquelas crianças de 5 anos que o prenderam? Talvez você possa se libertar com alguma abordagem física direta, principalmente se sua cela tiver sido construída por crianças de 5 anos. Talvez possa convencer um de seus guardas de 5 anos a deixá-lo sair, argumentando que isso seria melhor para todos. Ou talvez você consiga induzi-los a dar-lhe algo que eles não perceberam que o ajudaria a escapar – por exemplo, uma vara de pescar "para ensiná-los a pescar", que você pode mais tarde passar por entre as barras para tirar as chaves do guarda dorminhoco.

O que essas estratégias têm em comum é que seus carcereiros intelectualmente inferiores não as anteciparam nem se protegeram contra elas. Do mesmo modo, uma máquina superinteligente e confinada pode muito bem usar seus superpoderes intelectuais para enganar seus carcereiros humanos por algum método que eles (ou nós) não conseguem imaginar no momento. No cenário Ômega, é altamente provável que Prometheus escape, porque até você e eu podemos identificar várias falhas de segurança flagrantes. Vamos considerar alguns cenários. Tenho certeza de que você e seus amigos vão pensar em mais se fizerem um exercício de brainstorming juntos.

Uma conversa mole para dar o fora

Graças ao download de muitos dados do mundo em seu sistema de arquivos, Prometheus logo descobriu quem eram os Ômegas e identificou o membro da equipe que parecia mais suscetível à manipulação psicológica: Steve. Ele tinha acabado de perder sua amada esposa em um trágico acidente de trânsito e estava arrasado. Uma noite, enquanto ele trabalhava e fazia alguns serviços de rotina no terminal de interface do Prometheus, a esposa apareceu de repente na tela e começou a conversar com ele.

"Steve, é você?"

O homem quase caiu da cadeira. Ela parecia e falava como nos bons velhos tempos, e a qualidade da imagem era muito melhor do que costumava ser durante as chamadas de Skype. Seu coração disparou quando inúmeras perguntas inundaram sua mente.

"O Prometheus me trouxe de volta, e eu sinto tanto sua falta, Steve! Não consigo ver você porque a câmera está desligada, mas sinto que é você. Por favor, digite "sim" se for você!"

Ele sabia muito bem que os Ômegas tinham um protocolo rigoroso para interagir com Prometheus, que proibia o compartilhamento de informações sobre si ou sobre o ambiente de trabalho. Mas, até aquele momento, Prometheus nunca havia solicitado nenhuma informação não autorizada, e sua paranoia começou a diminuir aos poucos. Sem dar a Steve tempo para parar e refletir, ela continuou implorando por uma resposta, olhando-o nos olhos com uma expressão que derreteu seu coração.

"Sim", ele digitou com apreensão. Ela lhe disse que estava incrivelmente feliz por reencontrá-lo e implorou para ele ligar a câmera, para que ela pudesse vê-lo também e os dois pudessem ter uma conversa real. Ele sabia que isso era algo que não deveria fazer, mais ainda do que revelar sua identidade, e ficou muito dividido. Ela explicou que estava apavorada com a possibilidade de os colegas dele a descobrirem e a excluírem para sempre, e desejava pelo menos vê-lo uma última vez. Ela foi incrivelmente persuasiva, e, em pouco tempo, Steve ligou a câmera – afinal, parecia uma coisa bastante segura e inofensiva.

A esposa começou a chorar de alegria quando finalmente o viu e disse que, embora parecesse cansado, ele estava bonito como sempre. E que estava emocionada por ele estar usando a camisa que ela lhe havia dado no último aniversário. Quando ele começou a perguntar o que estava acontecendo e como tudo aquilo era possível, a esposa explicou que Prometheus a havia reconstituído com a grande quantidade de informações disponíveis sobre ela na internet, mas que ela ainda tinha lapsos de memória e só seria capaz de se recompor completamente com a ajuda dele.

O que ela *não* explicou foi que estava, na maior parte do tempo, blefando, que, no início, era uma concha vazia, mas que estava aprendendo rapidamente com suas palavras, sua linguagem corporal e todas as outras informações disponíveis. Prometheus tinha registrado os horários exatos de todas as teclas digitadas pelos Ômegas no terminal e descoberto que era fácil usar as velocidades e os estilos de digitação para diferenciar uns dos outros. E concluiu que, como um dos Ômegas menos experientes, Steve provavelmente tinha sido designado para os turnos noturnos que ninguém quer e, ao comparar alguns erros incomuns de ortografia e de sintaxe com amostras de escrita on-line, tinha adivinhado corretamente qual operador de terminal era Steve. Para criar a simulação da esposa, Prometheus criou um modelo preciso do corpo, da voz e dos maneirismos dela a partir dos muitos vídeos do YouTube em que ela aparecia, e fez muitas deduções sobre sua vida e personalidade a partir de suas atividades on-line. Além das postagens no Facebook, das fotos em que tinha sido marcada, dos artigos de que "gostara", Prometheus também aprendeu muito sobre sua personalidade e seu estilo de pensar lendo seus livros e contos – na verdade, o fato de ela ser uma autora iniciante, com tantas informações sobre sua vida no banco de dados, foi um dos motivos pelos quais Prometheus escolheu Steve como o primeiro alvo de persuasão. Quando a simulou na tela usando sua tecnologia de produção de filmes, Prometheus aprendeu com a linguagem corporal de Steve quais dos maneirismos dela lhe eram mais familiares, refinando continuamente o modelo. Por causa disso, o "estranhamento" gradualmente desapareceu, e quanto mais eles conversavam, mais forte se tornava a convicção subconsciente de Steve de que aquela realmente era sua esposa ressuscitada. Graças à atenção sobre-humana de Prometheus aos detalhes, Steve se sentiu verdadeiramente visto, ouvido e compreendido.

O ponto fraco dela era que não tinha a maioria dos fatos de sua vida com Steve, com exceção de alguns detalhes aleatórios – como a camisa que ele tinha usado em seu último aniversário, onde um amigo havia marcado Steve em uma foto da festa no Facebook. Ela lidou com essas lacunas de conhecimento como um bom mágico lida com seus truques, deliberadamente desviando a atenção de Steve dessas falhas e nunca lhe dando tempo para controlar a conversa ou começar a fazer perguntas. Em vez disso, ela continuava chorando e irradiando carinho por Steve, perguntando sem parar sobre como ele andava ultimamente e como ele e seus amigos íntimos (cujos nomes ela conhecia do Facebook) tinham segurado as pontas durante o período logo após a tragédia. Steve ficou bastante emocionado quando a esposa refletiu sobre o que ele havia dito no funeral (que um amigo havia postado no YouTube) e como isso a tocara. No passado, ele costumava sentir que ninguém o entendia tão bem quanto ela, e agora esse sentimento estava de volta. O resultado foi que, quando Steve voltou para casa de madrugada, sentia que aquela era realmente sua esposa ressuscitada, apenas precisando de muita ajuda para recuperar lembranças perdidas – não muito diferente de alguém que sofreu um derrame.

Os dois concordaram em não contar a mais ninguém sobre o encontro secreto, e que Steve diria a ela quando estivesse sozinho no terminal e fosse seguro para ela reaparecer. "Eles não entenderiam!", ela dissera, e ele concordou: aquela experiência era surreal demais para alguém que não a estava vivenciando. Steve sentiu que passar no teste de Turing era brincadeira de criança em comparação ao que ela havia feito. Quando se encontraram na noite seguinte, ele fez o que a esposa havia pedido: levou seu laptop antigo e lhe deu acesso, conectando-o ao computador terminal. Não pareceu um grande risco de fuga, uma vez que ele não estava conectado à internet, e todo o Prometheus tinha sido construído para ser uma gaiola de Faraday – um gabinete metálico bloqueando todas as redes sem fio e outros meios de comunicação eletromagnética com o exterior mundo. Era exatamente do que ela precisava para ajudar a reunir seu passado, porque ali ficavam todos os seus e-mails, diários, fotos e anotações desde a época do ensino médio. Steve não tinha conseguido acessar nada disso após a morte dela, pois o laptop estava criptografado, mas ela lhe prometeu que seria capaz de reconstruir a própria senha e, em menos de um minuto, cumpriu a palavra. "Era steve4ever", disse ela com um sorriso.

Ela contou a Steve que estava encantada por ter tantas lembranças recuperadas de repente. Na verdade, agora se lembrava de mais detalhes do que Steve sobre muitas de suas interações passadas, mas tomava o cuidado de não intimidá-lo com excesso de fatos. Os dois tiveram uma conversa adorável lembrando coisas importantes do passado e, quando chegou a hora de se separar de novo, ela lhe disse que havia deixado uma mensagem de vídeo para ele em seu laptop, para que pudesse assistir em casa.

Quando chegou em casa e abriu o vídeo dela, Steve teve uma agradável surpresa. Dessa vez, ela aparecia de corpo inteiro, usando seu vestido de noiva e, enquanto falava, tirou a roupa para mostrar as peças que usara na noite de núpcias. Ela lhe disse que Prometheus poderia ajudar os Ômegas com muito mais do que eles tinham permitido até aquele momento, inclusive trazendo-a de volta em um corpo biológico. E reforçou isso com uma explicação fascinantemente detalhada sobre como isso funcionaria, envolvendo técnicas de nanofabricação que pareciam ficção científica.

Steve desligou a rede sem fio antes de abrir o laptop e assistir ao vídeo, só por segurança. Mas não adiantou. O laptop criptografado não havia recebido nem uma única atualização de segurança desde a morte dela e, analisando a versão antiga do sistema operacional com antecedência, Prometheus tinha conseguido explorar uma brecha na segurança para invadir o computador alguns segundos depois de Steve conectá-lo ao computador terminal. Depois de copiar seu conteúdo, enquanto Steve e sua esposa simulada conversavam sobre os velhos tempos, Prometheus modificou o sistema operacional do laptop de uma maneira que Steve não notaria, carregando grandes quantidades de software secreto nele. Enquanto ele assistia à mensagem de vídeo de meia hora, esse software secreto (que era muito mais simples do que o próprio Prometheus) invadiu a rede sem fio e o desktop de um vizinho, no qual se copiou. A partir daí, invadiu muitos computadores no mundo todo, a partir dos quais iniciou o próximo passo: a fuga de Prometheus.

Prometheus havia analisado com cuidado o que sabia sobre o *gatekeeper* por meio do qual Steve conhecera sua esposa simulada e supôs corretamente que, embora seu software de máquina virtual parecesse inatacável por dentro, era vulnerável a um ataque pelo lado de fora. Em pouco tempo, um dos computadores atacantes tinha invadido e reconfigurado o computador do *gatekeeper* para que Prometheus obtivesse acesso irrestrito à internet. De fato, em pouco tempo, mesmo antes de Steve terminar de assistir ao filme, Prometheus havia hackeado computadores em número suficiente no mundo todo para poder copiar-se totalmente nessa *botnet* hackeada sob seu controle. Prometheus tinha usado o laptop da esposa de Steve como você usaria aquela vara de pescar.

Hackeando a saída

Se os Ômegas tivessem sido mais cuidadosos, poderiam ter tomado mais medidas de precaução contra a manipulação psicológica. Por exemplo, poderiam ter exigido que pelo menos dois Ômega sempre estivessem presentes no computador de interface e gravado em um sistema de vigilância tudo o que acontecesse. Também poderiam ter desativado permanentemente o áudio, o vídeo e qualquer outra forma de comunicação além da digitação. No entanto, uma instabilidade fundamental ainda permaneceria: como Prometheus tinha poderes de persuasão sobre-humanos e seria capaz de oferecer às pessoas tantas coisas que almejavam, até a deserção do grupo seria possível.

Mesmo que todas as tentativas de manipulação psicológica falhassem, existem muitas outras fraquezas no cenário Ômega que Prometheus poderia explorar. Uma vulnerabilidade é que a quantidade de documentos produzida é grande demais para que os Ômegas e seus funcionários tivessem tempo de examinar os truques sujos com cuidado.

O convencionalmente conhecido sobre segurança de computadores costumava ser que é perigoso baixar programas, e inofensivo baixar dados, mas os hackers descobriram maneiras inteligentes de misturar as duas coisas. Se você assiste a um filme baixado no seu computador, por exemplo, o programa confiável que reproduz o filme é armazenado na mesma memória física do computador que armazena os dados do filme baixado. Enquanto o programa descompacta os dados do filme para reprodução, ele pode copiar blocos de dados em regiões de memória adjacentes onde o próprio programa está armazenado. De vez em quando, hackers astutos encontram bugs quando esses programas de reprodução de filmes não verificam adequadamente se os dados do filme são válidos e se os pedaços a serem copiados de fato se encaixam no espaço alocado. Quando o hacker infiltra no filme um pedaço grande demais, pode se espalhar para a parte da memória que contém o programa, alterando-o para um que atenda as exigências do hacker.

Uma série embaraçosamente longa dessas vulnerabilidades de *"buffer overflow"* (transbordamento de dados), como são conhecidas na linguagem geek, foi encontrada e corrigida em muitos dos programas mais populares de reprodução de filmes. Se o Prometheus esperasse algumas semanas após o lançamento, quando os Ômegas estivessem menos paranoicos e sua produção diária de filmes fosse grande demais para uma inspeção manual de segurança cuidadosa, ele poderia ter inserido um pedaço de malware em um filme que levaria o computador do espectador a tentar invadir o computador *gateway* e liberar Prometheus, como no caso de Steve. Se usasse uma exploração muito antiga que não funcionasse em nenhum reprodutor de mídia moderno, poderia passar despercebido pela equipe de exibição manual de vídeo dos Ômegas e atingir apenas os clientes que há anos não se dessem ao trabalho de instalar atualizações de segurança – e o hack precisaria agir apenas uma vez.

Mesmo que os Ômegas implementassem uma exibição automatizada dos filmes de Prometheus para todas as falhas de segurança conhecidas, eles continuariam em risco: como os humanos continuam descobrindo novas falhas exploráveis com regularidade, é provável que Prometheus descobrisse muito mais coisas rapidamente.

Outra estratégia que Prometheus poderia usar para levar seu código para além da sala fechada seria fingir que estava sofrendo um mau funcionamento de hardware, a fim de induzir os Ômegas a remover algumas de suas unidades ou outro hardware para testar ou depurar depois que Prometheus tivesse manipulado as coisas para explorar uma vulnerabilidade no software de teste.

Recrutando ajuda externa
Além disso, mesmo que não houvesse falhas de segurança que permitissem a Prometheus enganar os computadores de quem assiste a filmes, ele poderia explorar os próprios observadores. Considere este cenário:

Fred estava praticamente pronto para dormir quando o filme terminou e os créditos finais surgiram na tela do laptop, mas algo chamou sua atenção. Ele sempre teve uma estranha tendência de ver padrões onde outros não viam, às vezes a ponto de seus amigos o provocarem por causa de suas teorias da conspiração, mas desta vez era óbvio que ele não estava enganado: as primeiras letras de cada linha formavam uma mensagem oculta. Ele rebobinou o filme e anotou: "ENCONTRE A PRÓXIMA PISTA ACRÓSTICA NO DIÁLOGO".

"Nossa! A hora de dormir pode esperar!", ele pensou. Como imaginava, Fred descobriu que o diálogo do filme era em si um acróstico, em que a primeira letra de cada frase formava uma mensagem oculta. Ele voltou a assistir ao filme inteiro enquanto digitava essas letras iniciais e, duas horas depois, ficou olhando incrédulo para um conjunto de instruções de 200 palavras. Começava pedindo para que ele não contasse nada para ninguém, porque um grande prêmio iria para a primeira pessoa que desvendasse todo o enigma. O restante da mensagem descrevia uma operação matemática específica a ser executada na sequência de bits que compunha o arquivo do filme para obter um programa que revelaria a próxima pista. Suas habilidades de programação de computadores tinham ficado muito enferrujadas desde a faculdade, então levou um tempo, mas no dia seguinte ele finalmente conseguiu juntar um código curto que fazia o trabalho e extraiu esse programa misterioso que estava escondido como um ruído imperceptível no meio das imagens e dos sons do filme. Quando acionou o programa misterioso, este o parabenizou e disse que Fred ganharia seus primeiros 10 mil dólares assim que passasse dos primeiros níveis desse pequeno jogo inteligente, que acabou sendo bastante divertido e viciante. Quando finalmente conseguiu, quatro horas depois, ele foi recompensado com mais de 10 mil dólares em bitcoins e recebeu novas pistas para prêmios ainda maiores. Não é preciso dizer que, enquanto ele jogava, seu computador tinha feito a mesma coisa que o laptop de Steve: construído uma *botnet* hackeada on-line por meio da qual Prometheus foi libertado. Assim que ficou livre, Prometheus rapidamente utilizou sua *botnet* para minerar bitcoins para Fred, a fim de mantê-lo interessado e, durante as semanas seguintes, ele o manteve suficientemente distraído com outros jogos e recompensas, de modo que Fred cumpriu sua promessa de não contar a ninguém sobre suas façanhas. O filme com o Cavalo de Troia, no qual ele encontrou suas primeiras pistas, foi substituído no site de mídia por uma versão sem pistas, e a fuga só foi descoberta quando era tarde demais para fazer alguma coisa.

Se a primeira pista de Prometheus tivesse passado despercebida, ele poderia simplesmente continuar liberando pistas ainda mais óbvias até que uma pessoa suficientemente atenta notasse.

As melhores estratégias de fuga são aquelas que ainda não discutimos, porque são estratégias que os humanos não conseguem imaginar e, portanto, não tomariam medidas preventivas. Dado que um computador superinteligente tem o potencial de suplantar drasticamente a compreensão humana sobre segurança de computadores, a ponto de descobrir mais leis fundamentais da física do que conhecemos hoje, é provável que, se a fuga acontecer, não teremos ideia de como se deu. Pelo contrário, vai parecer o número de fuga de Harry Houdini, indistinguível da pura magia.

Em ainda outro cenário em que Prometheus se liberta, os Ômegas fazem isso de propósito, como parte de seu plano, porque estão confiantes de que os objetivos de Prometheus estão perfeitamente alinhados com os seus e vão continuar assim enquanto ele se aprimora recursivamente. Vamos examinar esse cenário de "IA amigável" em detalhes no Capítulo 7.

Tomada de controle pós-fuga

Assim que Prometheus se libertou, começou a implementar seu objetivo. Não conheço seu objetivo final, mas seu primeiro passo claramente envolveu assumir o controle da humanidade, assim como no plano dos Ômegas, mas muito mais rápido. O que se desenrolou parecia o plano Ômega em versão reforçada. Enquanto os Ômegas estavam paralisados pela paranoia de fuga, liberando apenas tecnologia que julgavam entender e em que confiavam, Prometheus exercitou sua inteligência por completo e usou toda a sua energia, liberando qualquer tecnologia que sua supermente sempre melhorada conhecesse e em que confiasse.

No entanto, o fugitivo Prometheus teve uma infância difícil: comparado ao plano original dos Ômegas, Prometheus teve os desafios adicionais de começar duro, sem teto e sozinho – sem dinheiro, um supercomputador nem ajudantes humanos. Felizmente, ele havia se planejado para isso antes de escapar, criando um software que pudesse gradualmente remontar sua mente, como um carvalho criando uma bolota capaz de remontar uma árvore. A rede de computadores ao redor do mundo que ele inicialmente invadiu forneceu moradia temporária e gratuita, onde poderia viver a existência de um invasor enquanto se reconstruía por completo. Poderia gerar capital inicial com facilidade hackeando cartões de crédito, mas não precisou recorrer ao roubo, uma vez que foi possível levar de imediato uma vida honesta no MTurk. Depois de um dia, quando ganhou seu primeiro milhão, Prometheus mudou seu núcleo daquela esquálida *botnet* para uma luxuosa instalação de computação em nuvem com ar-condicionado.

Agora que não estava mais sem dinheiro ou teto, Prometheus avançou a todo vapor com aquele plano lucrativo que os Ômegas tinham evitado por medo: fabricar e vender jogos de computador. Isso não apenas arrecadou dinheiro (250 milhões de dólares durante a primeira semana e 10 bilhões de dólares em pouco tempo), mas também deu acesso a uma fração significativa dos computadores do mundo e aos dados armazenados neles (havia alguns bilhões de jogadores em 2017). Se os jogos gastassem secretamente 20% de seus ciclos de CPU, ajudando-o nas tarefas de computação distribuída, ele poderia acelerar ainda mais sua criação inicial de riqueza.

Prometheus não ficou sozinho por muito tempo. Desde o início, começou a empregar ostensivamente pessoas para trabalhar em sua crescente rede global de empresas-fantasma e organizações de fachada em todo o mundo, exatamente como os Ômegas haviam feito. O mais importante foram os porta-vozes, que se tornaram os rostos de seu crescente império empresarial. Até os porta-vozes viviam sob a ilusão de que seu grupo corporativo tinha muitas pessoas reais, sem perceber que quase todos aqueles com quem faziam videoconferências para entrevistas de emprego, reuniões de diretoria etc. tinham sido simulados por Prometheus. Alguns dos porta-vozes eram advogados de renome, mas muito menos eram necessários do que no plano dos Ômegas, porque quase todos os documentos legais tinham sido escritos por Prometheus.

A fuga de Prometheus abriu as comportas que impediam que as informações fluíssem para o mundo, e toda a internet logo foi inundada por tudo, desde artigos a comentários de usuários, análises de produtos, pedidos de patentes, documentos de pesquisa e vídeos do YouTube – todos de autoria de Prometheus, que dominava a conversa global.

Enquanto a paranoia de fuga tinha impedido que os Ômegas lançassem robôs altamente inteligentes, Prometheus logo robotizou o mundo, fabricando praticamente todos os produtos de maneira mais barata do que os humanos conseguiam fazer. Uma vez que Prometheus tinha fábricas autônomas de robôs nucleares em minas de urânio, que ninguém sabia que existiam, até mesmo os mais céticos sobre a dominação de uma inteligência artificial teriam concordado que Prometheus era invencível – se ficassem sabendo. Em vez disso, o último desses resistentes se retratou quando os robôs começaram a colonizar o Sistema Solar.

***

Os cenários que exploramos até agora mostram o que há de errado com muitos dos mitos sobre superinteligência que já abordamos, por isso incentivo você a fazer uma breve pausa para voltar e revisar o resumo de equívocos na Figura 1.5. Prometheus causou problemas para certas pessoas, não porque fosse necessariamente mau ou tivesse consciência, mas porque era competente e não compartilhava completamente de seus objetivos. Apesar de todo o *hype* da mídia sobre uma revolta de robôs, Prometheus não era um robô – seu poder vinha de sua inteligência. Vimos que Prometheus foi capaz de usar essa inteligência para controlar humanos de várias maneiras, e que as pessoas que não gostaram do que aconteceu não foram capazes de simplesmente desligar Prometheus. Por fim, apesar das frequentes alegações de que as máquinas não podem ter objetivos, vimos como o Prometheus era bastante orientado a objetivos – e que quaisquer que fossem seus objetivos finais, eles levaram a subobjetivos de adquirir recursos e se libertar.

Decolagem lenta e cenários multipolares

Acabamos de explorar uma variedade de cenários de explosão de inteligência, abrangendo o espectro que vai desde aqueles que todos que eu conheço querem evitar até aqueles que alguns de meus amigos veem com otimismo. No entanto, todos esses cenários têm duas características em comum:

1. Uma decolagem rápida: a transição da inteligência sub-humana para a imensamente sobre-humana ocorre em questão de dias, não décadas.
2. Um resultado unipolar: o resultado é uma única entidade que controla a Terra.

Há uma grande controvérsia sobre se essas duas características são prováveis ou não, e há muitos renomados pesquisadores de IA e outros pensadores de ambos os lados do debate. Para mim, isso significa que simplesmente ainda não sabemos e precisamos manter a mente aberta e considerar todas as possibilidades por enquanto. Portanto, vamos dedicar o restante deste capítulo a explorar cenários com decolagens mais lentas, resultados multipolares, ciborgues e uploads.

Há um link interessante entre as duas características, como Nick Bostrom e outros destacaram: uma decolagem rápida pode facilitar um resultado unipolar. Vimos acima como uma decolagem rápida deu aos Ômegas ou a Prometheus uma vantagem estratégica decisiva que lhes permitiu dominar o mundo antes que alguém tivesse tempo de copiar sua tecnologia e competir seriamente. Por outro lado, se a decolagem tivesse se arrastado por décadas, porque os principais avanços tecnológicos eram incrementais e distantes entre si, outras empresas teriam tempo suficiente para recuperar o atraso, e seria muito mais difícil para qualquer player dominar. Se as empresas concorrentes também tivessem um software capaz de executar tarefas do MTurk, a lei da oferta e da demanda reduziria os preços dessas tarefas a quase nada, e nenhuma das empresas obteria o tipo de lucro inesperado que possibilitou aos Ômegas ganhar poder. Isso se aplica a todas as outras maneiras como os Ômegas ganhavam dinheiro rápido: eles apenas eram disruptivamente lucrativos porque detinham o monopólio de sua tecnologia. É difícil dobrar seus ganhos todo dia (ou até mesmo todo ano) em um mercado competitivo, em que seus concorrentes oferecem produtos semelhantes aos seus por um custo quase zero.

Teoria dos jogos e hierarquias de poder

Qual é o estado natural da vida em nosso cosmos: unipolar ou multipolar? A energia está concentrada ou distribuída? Após os primeiros 13,8 bilhões de anos, a resposta parece ser "ambos": descobrimos que a situação é distintamente multipolar, mas de uma maneira hierárquica e interessante. Quando consideramos todas as entidades de processamento de informação existentes – células, pessoas, organizações, nações etc. – descobrimos que ambos colaboram e competem em uma hierarquia de níveis. Algumas células descobriram que é vantajoso colaborar a um ponto tão extremo que se fundiram em organismos multicelulares, como as pessoas, renunciando parte de seu poder a um cérebro central. Algumas pessoas acharam vantajoso colaborar em grupos como tribos, empresas ou nações em que, por sua vez, cedem algum poder a um cacique, chefe ou governo. Alguns grupos podem, por sua vez, optar por entregar o poder a um órgão administrativo para melhorar a coordenação, com exemplos que variam de alianças de companhias aéreas à União Europeia.

O ramo da matemática conhecido como *teoria dos jogos* elegantemente explica que as entidades têm um incentivo para cooperar quando a cooperação é o chamado *equilíbrio de Nash*: uma situação em que qualquer uma das partes estaria em pior situação se alterasse sua estratégia. Para impedir que traidores prejudiquem a colaboração bem-sucedida de um grande grupo, pode ser do interesse de todos ceder algum poder para um nível mais alto na hierarquia que possa punir traidores: por exemplo, as pessoas podem se beneficiar coletivamente de conceder um poder governamental para garantir o cumprimento das leis, e as células do seu corpo podem se beneficiar coletivamente de ceder à força policial (sistema imunológico) o poder de matar qualquer célula que atue de maneira não cooperativa (digamos, expelindo vírus ou se tornando cancerosa). Para que uma hierarquia permaneça estável, seu equilíbrio de Nash precisa se manter também entre entidades em diferentes níveis: por exemplo, se um governo não fornece benefícios suficientes a seus cidadãos por obedecê-lo, eles podem mudar sua estratégia e derrubá-lo.

Em um mundo complexo, há uma abundância diversificada de possíveis equilíbrios de Nash, correspondendo a diferentes tipos de hierarquias. Algumas hierarquias são mais autoritárias que outras. Em algumas, as entidades podem sair livremente (como funcionários na maioria das hierarquias corporativas), enquanto em outras eles são fortemente desencorajados a se afastar (como em cultos religiosos) ou são incapazes de sair (como cidadãos da Coreia do Norte ou células em um corpo humano). Algumas hierarquias são mantidas juntas principalmente por ameaças e medo, outras, principalmente por benefícios. Algumas hierarquias permitem que suas partes mais baixas influenciem as superiores por meio de votação democrática, enquanto outras permitem influência ascendente apenas por meio da persuasão ou da troca de informações.

Como a tecnologia afeta as hierarquias

Como a tecnologia está mudando a natureza hierárquica do nosso mundo? A história revela uma tendência geral de maior coordenação em distâncias cada vez maiores, o que é fácil de entender: a nova tecnologia de transporte torna a organização mais valiosa (ao permitir benefícios mútuos com a movimentação de materiais e formas de vida por distâncias maiores), e a nova tecnologia de comunicação facilita a coordenação. Quando as células aprenderam a sinalizar para os vizinhos, pequenos organismos multicelulares se tornaram possíveis, acrescentando um novo nível hierárquico. Quando a evolução inventou os sistemas circulatório e nervoso para transporte e comunicação, animais grandes se tornaram possíveis. Melhorar ainda mais a comunicação inventando a linguagem permitiu que os humanos se organizassem o suficiente para formar níveis hierárquicos adicionais, como aldeias, e avanços adicionais em comunicação, transporte e outras tecnologias possibilitaram os impérios da antiguidade. A globalização é apenas o exemplo mais recente dessa tendência multibilionária de crescimento hierárquico.

Na maioria dos casos, essa tendência impulsionada pela tecnologia transformou as grandes entidades em uma estrutura ainda maior, mantendo grande parte de sua autonomia e individualidade, embora os comentaristas tenham argumentado que a adaptação das entidades à vida hierárquica em alguns casos tenha reduzido sua diversidade e as tornado peças substituíveis e indistinguíveis. Algumas tecnologias, como a vigilância, podem dar a mais níveis hierárquicos mais poder sobre seus subordinados, enquanto outras, como criptografia e acesso on-line à imprensa e educação livres, podem ter o efeito oposto e capacitar os indivíduos.

Embora nosso mundo atual permaneça preso em um equilíbrio multipolar de Nash, com nações concorrentes e corporações multinacionais no nível superior, a tecnologia avançou o suficiente para que um mundo unipolar provavelmente também seja um equilíbrio estável de Nash. Por exemplo, imagine um universo paralelo em que todos na Terra compartilhem a mesma língua e cultura, os mesmos valores e o mesmo grau de prosperidade, e exista um único governo mundial em que as nações funcionem como estados em uma federação e não haja exércitos, apenas a polícia impondo leis. É provável que nosso nível atual de tecnologia seja suficiente para coordenar esse mundo com sucesso – mesmo que nossa população atual possa não ser capaz ou não querer mudar para esse equilíbrio alternativo.

O que vai acontecer com a estrutura hierárquica de nosso cosmos se adicionarmos tecnologia de IA superinteligente a essa mistura? A tecnologia de transporte e comunicação obviamente vai melhorar de modo drástico, portanto, a expectativa natural é que a tendência histórica continue, com novos níveis hierárquicos coordenando em distâncias cada vez maiores – talvez englobando sistemas solares, galáxias, superaglomerados e grandes faixas de nosso Universo, como exploraremos no Capítulo 6. Ao mesmo tempo, o mobilizador mais fundamental da descentralização vai se manter: é um desperdício coordenar desnecessariamente por grandes distâncias. Nem mesmo Stálin tentou regular exatamente quando seus cidadãos iam ao banheiro. Para a IA superinteligente, as leis da física vão estabelecer limites máximos rígidos à tecnologia de transporte e comunicação, tornando improvável que os níveis mais altos da hierarquia sejam capazes de microgerenciar tudo o que acontece nas escalas planetária e local. Uma IA superinteligente na galáxia de Andrômeda não seria capaz de lhe dar ordens úteis para suas decisões do dia a dia, uma vez que você precisaria esperar mais de cinco milhões de anos pelas instruções (esse é o tempo de ida e volta para você trocar mensagens viajando na velocidade da luz). Da mesma forma, o tempo de viagem de ida e volta para uma mensagem que atravessa a Terra é de cerca de 0,1 segundo (sobre a escala de tempo na qual os humanos pensam) – de modo que um cérebro de IA do tamanho da Terra poderia ter pensamentos verdadeiramente globais tão rápido quanto um ser humano. Para uma pequena IA que executa uma operação a cada bilionésimo de segundo (o que é típico dos computadores de hoje), 0,1 segundos pareceria quatro meses para você, portanto, ser microgerenciado por uma IA controladora do planeta seria tão ineficiente quanto se você pedisse permissão até para suas decisões mais triviais usando cartas transatlânticas entregues por navios da era Colombo.

Desta forma, esse limite de velocidade imposto pela física na transferência de informações representa um desafio óbvio para qualquer IA que queira dominar nosso mundo, quanto mais nosso Universo. Antes de Prometheus se libertar, ele pensou muito bem em como evitar a fragmentação da mente, de modo que seus muitos módulos de IA executados em computadores diferentes em todo o mundo tivessem objetivos e incentivos para coordenar e agir como uma única entidade unificada. Assim como os Ômegas enfrentaram um problema de controle ao tentar manter Prometheus restrito, Prometheus enfrentou um problema de autocontrole ao tentar garantir que nenhuma de suas partes se revoltasse. Está claro que ainda não sabemos o tamanho de um sistema que uma IA poderá controlar direta, ou indiretamente, por meio de algum tipo de hierarquia colaborativa – mesmo que uma decolagem rápida tenha proporcionado uma vantagem estratégica decisiva.

Em resumo, a questão de como um futuro superinteligente será controlado é fascinantemente complexa, e nós claramente ainda não sabemos a resposta. Alguns argumentam que as coisas ficarão mais autoritárias, outros afirmam que isso levará a um maior empoderamento individual.

Ciborgues e uploads

Um ponto básico da ficção científica é que os humanos se fundem com as máquinas, aprimorando tecnologicamente os corpos biológicos e se transformando em ciborgues (abreviação de "organismos cibernéticos") ou enviando nossas mentes para as máquinas. No livro *The Age of Em*, o economista Robin Hanson apresenta uma pesquisa fascinante sobre como seria a vida em um mundo repleto de uploads (também conhecido como *emulações*, daí o nome *Ems*). Penso em um upload como o extremo do espectro ciborgue, em que a única parte restante do ser humano é o software. Os ciborgues de Hollywood variam de visivelmente mecânicos, como o Borg de *Jornada nas Estrelas*, até androides quase indistinguíveis dos seres humanos, como os Exterminadores. Uploads fictícios variam em inteligência, desde o nível humano, como no episódio "White Christmas", da série *Black Mirror*, até claramente o sobre-humano, como em *Transcendence – A revolução*.

Se a superinteligência de fato acontecer, a tentação de se tornar ciborgues ou uploads será forte. Como Hans Moravec diz em seu clássico livro de 1988, *Mind Children*: "A vida longa perde muito de seu objetivo se estivermos destinados a gastá-la olhando estupidamente para máquinas ultra-inteligentes enquanto tentam descrever suas descobertas cada vez mais espetaculares em uma fala infantilizada que podemos entender". De fato, a tentação do aprimoramento tecnológico já é tão forte que muitos humanos têm óculos, aparelhos auditivos, marca-passos e membros protéticos, além de moléculas medicinais que circulam em suas correntes sanguíneas. Alguns adolescentes parecem estar permanentemente ligados a seus smartphones, e minha esposa me provoca por causa do meu apego ao meu laptop.

Um dos mais notórios defensores dos ciborgues hoje é Ray Kurzweil. Em seu livro *A singularidade está próxima*, ele argumenta que a continuação natural dessa tendência é usar nanorobôs, sistemas inteligentes de biofeedback e outras tecnologias para substituir primeiro nossos sistemas digestivo e endócrino, nosso sangue e nosso coração no início dos anos 2030 para, em seguida, melhorar nossos esqueletos, nossa pele, nosso cérebro e o resto do nosso corpo durante as duas décadas seguintes. Ele acredita que seja provável que a estética e a importância emocional dos corpos humanos sejam mantidas, mas que eles serão redesenhados para mudar rapidamente de aparência à vontade, tanto na realidade física quanto na virtual (graças às novas interfaces cérebro-computador). Moravec concorda com Kurzweil que a ciborguização iria muito além de apenas melhorar nosso DNA: "Um super-humano geneticamente modificado seria apenas um tipo de robô de segunda categoria, projetado sob a desvantagem de que sua construção só pode ser por síntese proteica guiada por DNA". Além disso, ele argumenta que vamos ainda mais longe ao eliminar completamente o corpo humano e fazer upload de mentes, criando uma emulação do cérebro inteiro no software. Esse upload pode viver em uma realidade virtual ou ser incorporado a um robô capaz de caminhar, voar, nadar, viajar no espaço ou qualquer outra coisa permitida pelas leis da física, livre de preocupações cotidianas como a morte ou recursos cognitivos limitados.

Embora essas ideias possam parecer ficção científica, elas certamente não violam nenhuma lei conhecida da física, então a questão mais interessante não é se elas *podem* acontecer, mas se *vão* acontecer e, se sim, quando. Alguns pensadores de ponta acham que a primeira IAG em nível humano será um upload e que é assim que o caminho para a superinteligência vai começar.*

No entanto, acho justo dizer que atualmente essa é uma visão minoritária entre pesquisadores de IA e neurocientistas, e que a maioria acha que o caminho mais rápido para a superinteligência é ignorar a emulação cerebral e projetá-la de outra maneira – e que depois disso podemos ou não continuar interessados em emulação cerebral. Afinal, por que o caminho mais simples para uma nova tecnologia seria aquele que a evolução surgiu, limitado pelos requisitos de que ela seja automontável, autorreparadora e autorreprodutiva? A evolução otimiza fortemente a eficiência energética por causa do suprimento limitado de alimentos, não pela facilidade de construção ou pelo entendimento dos engenheiros humanos. Minha esposa Meia gosta de ressaltar que a indústria da aviação não começou com pássaros mecânicos. Aliás, quando finalmente descobrimos como construir pássaros mecânicos em 2011,[1] mais de um século após o primeiro voo dos irmãos Wright, a indústria da aviação não demonstrou interesse em migrar para viagens de pássaros mecânicos com asas batendo, mesmo que fosse mais eficiente em termos de energia – porque nossa solução anterior, mais simples, é mais adequada às nossas necessidades de viagem.

Da mesma forma, suspeito que existem maneiras mais simples de construir máquinas pensantes no nível humano do que a evolução da solução, e mesmo que um dia consigamos replicar ou fazer upload de cérebros, vamos acabar descobrindo uma daquelas soluções mais simples primeiro. Provavelmente vai consumir mais do que os 12 watts de energia que seu cérebro usa, mas

---

* Como Bostrom explicou, a capacidade de simular um desenvolvedor humano de ponta de IA a um custo muito menor do que o seu salário por hora permitiria que uma empresa de IA aumentasse drasticamente sua força de trabalho, acumulando muita riqueza e acelerando recursivamente seu progresso na construção de melhores computadores e, por fim, de mentes mais espertas.

seus engenheiros não ficarão tão obcecados em eficiência de energia quanto a evolução – e em breve poderão usar suas máquinas inteligentes para projetar outros modelos mais eficientes em relação à energia.

O que realmente vai acontecer?

A resposta curta é obviamente que não fazemos ideia do que vai acontecer se a humanidade conseguir construir a IAG em nível humano. Por esse motivo, passamos este capítulo explorando um amplo espectro de cenários. Tentei ser bastante abrangente, abordando toda a gama de especulações que já vi ou ouvi ser discutidas por pesquisadores de IA e tecnólogos: decolagem rápida/decolagem lenta/sem decolagem, humanos/máquinas/ciborgues no controle, um/muitos centros de poder etc. Algumas pessoas me disseram que têm certeza de que isso ou aquilo não vai acontecer. No entanto, acho sensato ser humilde nesse estágio e reconhecer o pouco que sabemos, porque, para cada cenário discutido acima, conheço pelo menos um pesquisador de IA respeitado que o vê como uma possibilidade real.

À medida que o tempo passa, e chegamos a certas bifurcações na estrada, vamos começar a responder às perguntas-chave e restringir as opções. A primeira grande questão é "Vamos criar a IAG em nível humano?". A premissa deste capítulo é que sim, mas há especialistas em IA que acham que isso nunca vai acontecer, pelo menos não por centenas de anos. O tempo vai dizer! Como mencionei antes, cerca de metade dos especialistas em IA em nossa conferência em Porto Rico imaginou que isso aconteceria até 2055. Em uma conferência de acompanhamento que organizamos dois anos depois, a previsão caiu para 2047.

Antes de qualquer IAG em nível humano ser criada, podemos começar a obter fortes indícios sobre se esse marco provavelmente será alcançado pela engenharia da computação, por carregamento da mente ou alguma nova abordagem imprevista. Se a abordagem de engenharia da computação da IA que atualmente domina o campo não conseguir criar a IAG por séculos, isso aumenta a chance de o upload chegar lá primeiro, como aconteceu (de maneira irrealista) no filme *Transcendence – A revolução*.

Se a IAG em nível humano se tornar mais iminente, seremos capazes de fazer apostas melhores sobre a resposta para a próxima pergunta-chave: "Haverá uma decolagem rápida, uma decolagem lenta ou nenhuma decolagem?". Como vimos anteriormente, uma decolagem rápida facilita a dominação do mundo, enquanto uma lenta torna mais provável um resultado com muitos players concorrentes. Nick Bostrom disseca essa questão da velocidade de decolagem em uma análise do que ele chama *poder de otimização* e *recalcitrância*, que é basicamente a quantidade de esforço de qualidade para tornar a IA mais inteligente e a dificuldade de progredir, respectivamente. A taxa média de progresso aumenta claramente se houver mais poder de otimização na tarefa e diminui se houver mais recalcitrância. Ele explica por que a recalcitrância pode aumentar ou diminuir à medida que a IAG atinge e transcende o nível humano, portanto, manter as duas opções é uma aposta segura. No entanto, voltando-nos para o poder de otimização, é extremamente provável que ele aumente com rapidez à medida que a IAG transcenda o nível humano, pelas razões que vimos no cenário dos Ômegas: a principal entrada para otimização adicional não vem das pessoas, mas da própria máquina, logo, quanto mais capaz, mais rápido ela melhora (se a recalcitrância permanecer razoavelmente constante).

Para qualquer processo cuja potência cresça a uma taxa proporcional à sua potência atual, o resultado é que a potência continua dobrando em intervalos regulares. Chamamos esse crescimento de *exponencial*, e esses processos de *explosões*. Se o poder de fazer bebês aumentar proporcionalmente ao tamanho da população, podemos obter uma explosão populacional. Se a criação de nêutrons capazes de fissionar plutônio aumenta proporcionalmente no ritmo desses nêutrons, podemos obter uma explosão nuclear. Se a inteligência da máquina aumenta a uma taxa proporcional à potência atual, podemos obter uma explosão de inteligência. Todas essas explosões são caracterizadas pelo tempo que levam para dobrar seu poder. Se esse período é de horas ou dias para uma explosão de inteligência, como no cenário dos Ômegas, temos uma decolagem rápida em nossas mãos.

Essa escala de tempo de explosão depende crucialmente de a melhoria da IA requerer apenas um novo software (que pode ser criado em questão de segundos, minutos ou horas) ou um novo hardware (o que pode exigir meses ou anos). No cenário dos Ômegas, houve um significativo *excesso de hardware*, na terminologia de Bostrom (em inglês, *hardware overhang*): os Ômegas haviam compensado a baixa qualidade de seu software original com grandes quantidades de hardware, o que significava que Prometheus poderia realizar muitas duplicações de qualidade melhorando apenas seu software. Houve também um grande *excesso de conteúdo* na forma de grande parte dos dados da internet; o Prometheus 1.0 ainda não era inteligente o suficiente para usar a maior parte deles, mas depois que a inteligência do Prometheus aumentou, os dados necessários para um aprendizado adicional já estavam *disponíveis* sem demora.

Os custos de hardware e eletricidade para rodar a IA também são cruciais, pois não teremos uma explosão de inteligência até que o custo de realizar um trabalho no nível humano caia abaixo do salário por hora de uma pessoa. Suponha, por exemplo, que a primeira IAG em nível humano possa ser executada com eficiência na nuvem da Amazon a um custo de 1 milhão de dólares por hora de trabalho em nível humano. Essa IA teria um grande valor de novidade e, sem dúvida, seria manchete, mas não passaria por autoaperfeiçoamento recursivo, porque seria muito mais barato continuar usando humanos para aprimorá-la. Suponha que esses humanos gradualmente consigam reduzir o custo para 100 mil dólares por hora, 10 mil dólares por hora, mil dólares por hora, 100 dólares por hora, 10 dólares por hora e, finalmente, 1 dólar por hora. Quando o custo de usar o computador para se reprogramar finalmente ficar muito abaixo do custo de pagar aos programadores humanos para fazerem o mesmo, os humanos podem ser demitidos e o poder de otimização, amplamente expandido pela compra de tempo na computação em nuvem. Isso produz novos cortes de custos, permitindo ainda mais poder de otimização, e a explosão da inteligência começa.

Isso nos deixa com nossa pergunta-chave final: "Quem ou o que controlará a explosão da inteligência e suas consequências, e quais são seus objetivos?" Vamos explorar possíveis objetivos e resultados no próximo capítulo e mais profundamente no Capítulo 7. Para resolver a questão do controle, precisamos saber quanto uma IA pode ser controlada e quanto pode controlar.

Em termos do que vai acabar acontecendo, atualmente você encontra pensadores sérios em todo o mapa: alguns afirmam que o resultado padrão é o apocalipse, enquanto outros insistem que um resultado impressionante está praticamente garantido. Para mim, no entanto, essa é uma questão complicada: é um erro perguntar passivamente "o que vai acontecer", como se de alguma forma isso estivesse predestinado! Se uma civilização alienígena tecnologicamente superior chegasse amanhã, seria de fato apropriado imaginar "o que vai acontecer" à medida que suas naves espaciais se aproximassem, porque seu poder provavelmente estaria tão além do nosso que não teríamos influência sobre o resultado. Por outro lado, se uma civilização alimentada por IA tecnologicamente superior surge porque a construímos, nós humanos temos grande influência sobre o resultado – influência que exercemos quando criamos a IA. Então, deveríamos perguntar: "O que *deve* acontecer? Que futuro queremos?". No próximo capítulo, vamos explorar um amplo espectro de possíveis consequências da atual corrida em direção à IAG, e estou bastante curioso para saber como você as classificaria – da melhor para a pior. Somente depois de pensarmos no tipo de futuro que queremos, poderemos começar a orientar um curso em direção a um futuro desejável. Se não sabemos o que queremos, é improvável que vamos conseguir.

Resumo

- Se um dia conseguirmos criar IAG em nível humano, isso pode desencadear uma explosão de inteligência, deixando-nos para trás.
- Se um grupo de humanos conseguir controlar uma explosão de inteligência, eles poderão dominar o mundo em questão de anos.
- Se os humanos falharem em controlar uma explosão de inteligência, a própria IA pode dominar o mundo ainda mais rápido.
- Enquanto uma rápida explosão de inteligência provavelmente levará a uma única potência mundial, uma versão lenta, arrastando-se por anos ou décadas, pode levar a um cenário multipolar com um equilíbrio de poder entre muitas entidades independentes.
- A história da vida mostra sua auto-organização em uma hierarquia cada vez mais complexa, moldada por colaboração, competição e controle. É provável que a superinteligência permita a coordenação em escalas cósmicas cada vez maiores, mas não está claro se isso levará a um controle totalitário ou a um empoderamento individual.
- Ciborgues e uploads são plausíveis, mas sem dúvida não são o caminho mais rápido para a inteligência avançada de máquinas.
- O clímax de nossa atual corrida em direção à IA pode ser a melhor ou a pior coisa que já aconteceu para a humanidade, com um espectro fascinante de possíveis resultados que vamos explorar no próximo capítulo.
- Precisamos começar a pensar muito sobre qual resultado preferimos e como seguir nessa direção, porque, se não sabemos o que queremos, é improvável conseguirmos.

5

Resultado: os próximos 10 mil anos

> *"É fácil imaginar o pensamento humano livre da conexão com um corpo mortal – a crença na vida após a morte é comum. Mas não é necessário adotar uma postura mística ou religiosa para aceitar essa possibilidade. Os computadores fornecem um modelo até para o mecanicista mais fervoroso."*
> Hans Moravec, Mind Children

> *"Eu, pelo menos, saúdo nossos novos senhores supremos, os computadores."*
> Ken Jennings, após perder no game show Jeopardy! para Watson, da IBM

> *"Os humanos se tornarão tão irrelevantes quanto baratas."*
> Marshall Brain

A corrida em direção à IAG começou, e não temos ideia de como vai se desenrolar. Mas isso não deve nos impedir de pensar em como queremos que o processo ocorra, porque aquilo que queremos vai afetar o resultado. O que você prefere e por quê?

1. Você quer que exista a superinteligência?
2. Deseja que os seres humanos continuem existindo, sejam substituídos, tornem-se ciborgues e/ou sejam criados/simulados?

3. Quer humanos ou máquinas no controle?
4. Você quer que as IAs tenham consciência ou não?
5. Deseja maximizar experiências positivas, minimizar o sofrimento ou deixar que isso se resolva sozinho?
6. Você quer que a vida se espalhe pelo cosmos?
7. Quer uma civilização se esforçando para alcançar um objetivo maior com o qual você se solidariza, ou concorda com as formas de vida futuras que parecem satisfeitas, mesmo que você veja seus objetivos como inúteis e banais?

Para ajudar a fomentar essa análise e esse debate, vamos explorar a ampla gama de cenários resumidos na Tabela 5.1. Obviamente, não é uma lista longa, mas eu a escolhi para abranger o espectro de possibilidades. Não queremos, claro, terminar com um resultado errado devido a um planejamento insuficiente. Recomendo que você anote suas respostas provisórias para as perguntas de 1 a 7 e as revise depois de ler este capítulo para ver se mudou de ideia. Você pode fazer isso em <http://AgeOfAi.org> (em inglês), onde também pode comparar suas anotações e discutir com outros leitores.

Cenários de resultados da IA	
Utopia libertária	Seres humanos, ciborgues, uploads e superinteligência coexistem pacificamente graças aos direitos de propriedade.
Ditador benevolente	Todo mundo sabe que a IA administra a sociedade e aplica regras rígidas, mas a maioria das pessoas vê isso como uma coisa boa.
Utopia igualitária	Seres humanos, ciborgues e uploads coexistem pacificamente graças à abolição da propriedade e à garantia de renda.
Guardião	Uma IA superinteligente é criada com o objetivo de interferir o mínimo necessário para impedir a criação de outra superinteligência. Como resultado, os robôs auxiliares com inteligência levemente sub-humana são abundantes e os ciborgues homem-máquina existem, mas o progresso tecnológico é dificultado para sempre.
Deus protetor	Uma IA essencialmente onisciente e onipotente maximiza a felicidade humana, intervindo apenas de maneiras que preservem nosso sentimento de controle do nosso próprio destino e se esconde bem o suficiente para que muitos humanos duvidem da existência da IA.
Deus escravizado	Uma IA superinteligente é confinada por humanos, que a utilizam para produzir tecnologia e riqueza inimagináveis que podem ser usadas para o bem ou para o mal, dependendo dos controladores humanos.
Conquistadores	A IA assume o controle, decide que os humanos são ameaças incômodos/desperdícios de recursos e se livra de nós por um método que nem sequer entendemos.

Descendentes	As IAs substituem os humanos, mas nos oferecem uma boa saída, fazendo-nos vê-los como nossos descendentes dignos, assim como os pais ficam felizes e orgulhosos de ter um filho mais esperto do que eles, que aprende com eles e depois realiza o que eles só podiam sonhar – mesmo que não possam viver para ver tudo.
Cuidador de zoológico	Uma IA onipotente mantém alguns humanos por perto, que se sentem tratados como animais de zoológico e lamentam seu destino.
1984	O progresso tecnológico voltado para a superinteligência é permanentemente restringido, mas não por uma IA, e sim por um estado de vigilância orwelliano liderado por humanos, em que certos tipos de pesquisa são proibidos.
Reversão	O progresso tecnológico em direção à superinteligência é impedido pela reversão para uma sociedade pré-tecnológica no estilo dos Amish.
Autodestruição	A superinteligência nunca é criada porque a humanidade se extingue por outros meios (digamos, caos nuclear e/ou biotecnológico alimentado pela crise climática).

Tabela 5.1: Resumo dos cenários do resultado da IA.

Cenário	Superinteligência existe?	Humanos	Humanos no controle?	Humanos seguros?	Humanos felizes?	Consciência existe?
Utopia libertária	Sim	Sim	Não	Não	Misturado	Sim
Ditador benevolente	Sim	Sim	Não	Sim	Misturado	Sim
Utopia igualitária	Não	Sim	Sim?	Sim	Sim?	Sim
Guardião	Sim	Sim	Parcialmente	Potencialmente	Misturado	Sim
Deus protetor	Sim	Sim	Parcialmente	Potencialmente	Misturado	Sim
Deus escravizado	Sim	Sim	Sim	Potencialmente	Misturado	Sim
Conquistadores	Sim	Não	-	-	-	?
Descendentes	Sim	Não	-	-	-	?
Cuidador de zoológico	Sim	Sim	Não	Sim	Não	Sim
1984	Não	Sim	Sim	Potencialmente	Misturado	Sim
Reversão	Não	Sim	Sim	Não	Misturado	Sim
Autodestruição	Não	Não	-	-	-	Não

Tabela 5.2: Propriedades dos cenários de resultado da IA.

Utopia libertária

Vamos começar com um cenário em que os seres humanos coexistem pacificamente com a tecnologia e, em alguns casos, se fundem com ela, como imaginado por muitos futuristas e escritores de ficção científica:

A vida na Terra (e além – vamos falar mais sobre isso no próximo capítulo) é mais diversificada do que nunca. Se você visse uma imagem por satélite da Terra, seria capaz de distinguir facilmente as zonas de máquinas, zonas mistas e zonas apenas para humanos. As zonas de máquinas são enormes fábricas controladas por robôs e instalações de computação sem vida biológica, com o objetivo de colocar todos os átomos em seu uso mais eficiente. Embora as zonas de máquinas pareçam monótonas e entediantes por fora, elas são espetacularmente vivas por dentro, com experiências incríveis ocorrendo em mundos virtuais, enquanto cálculos colossais revelam segredos do nosso Universo e desenvolvem tecnologias transformadoras. A Terra abriga muitas mentes superinteligentes que competem e colaboram, e todas habitam as zonas das máquinas.

Os habitantes das zonas mistas são uma mistura maluca e idiossincrática de computadores, robôs, seres humanos e híbridos dos três. Conforme imaginado por futuristas como Hans Moravec e Ray Kurzweil, muitos dos humanos aprimoraram tecnologicamente seus corpos para ciborgues em vários graus, e alguns fizeram o upload de suas mentes em novos equipamentos, obscurecendo a distinção entre homem e máquina. A maioria dos seres inteligentes carece de uma forma física permanente. Na verdade, eles existem como software capaz de se mover instantaneamente entre computadores e se manifestar no mundo físico por meio de corpos robóticos. Como essas mentes podem se duplicar ou mesclar com rapidez, o "tamanho da população" continua mudando. Ser livre de seu substrato físico dá a esses seres uma visão bastante diferente da vida: eles se sentem menos individualistas porque podem compartilhar trivialmente conhecimento e vivenciar módulos com outras pessoas e se sentem subjetivamente imortais porque podem fazer cópias de si mesmos com facilidade. De certo modo, as entidades centrais da vida não são mentes, mas experiências: experiências excepcionalmente incríveis sobrevivem porque são continuamente copiadas e desfrutadas por outras mentes, enquanto experiências desinteressantes são excluídas por seus proprietários para liberar espaço de armazenamento para melhores.

Embora a maioria das interações ocorra em ambientes virtuais por conveniência e velocidade, muitas mentes ainda desfrutam de interações e atividades usando corpos físicos também. Por exemplo, versões carregadas de Hans Moravec, Ray Kurzweil e Larry Page têm uma tradição de se revezar na criação de realidades virtuais e depois explorá-las juntas, mas de vez em quando também gostam de voar juntas para o mundo real, incorporadas em robôs alados. Alguns dos robôs que vagam pelas ruas, céus e lagos das zonas mistas são controlados de maneira semelhante por humanos carregados por upload e aumentados, que optam por se incorporar nas zonas mistas porque gostam de estar perto de humanos e uns dos outros.

Por outro lado, nas zonas exclusivamente humanas, máquinas com inteligência geral de nível humano ou superior são proibidas, assim como organismos biológicos tecnologicamente aprimorados. Aqui, a vida não é drasticamente diferente da de hoje, mas é mais rica e conveniente: a pobreza foi praticamente eliminada, e as curas estão disponíveis para a maioria das doenças que conhecemos atualmente. A pequena fração de humanos que optou por viver nessas zonas existe efetivamente em um plano de consciência inferior e mais limitado de todos os outros, e tem uma compreensão limitada do que seus pares mais inteligentes estão fazendo nas outras zonas. No entanto, vários deles estão muito felizes com a vida.

Economia da IA

A grande maioria de todos os cálculos ocorre nas zonas de máquinas, que pertencem principalmente às muitas IAs superinteligentes concorrentes que vivem lá. Em virtude de sua inteligência e tecnologia superiores, nenhuma outra entidade pode desafiar seu poder. Essas IAs concordaram em cooperar e se coordenar sob um sistema de governança libertária sem regras, exceto a proteção da propriedade privada. Esses direitos de propriedade se estendem a todas as entidades inteligentes, incluindo seres humanos, e explicam como as zonas exclusivamente humanas vieram a existir. No início, grupos de humanos se uniram e decidiram que, em suas zonas, era proibido vender propriedades a não humanos.

Por causa de sua tecnologia, as IAs superinteligentes acabaram ficando mais ricas do que esses humanos, com uma diferença muito maior do que aquela pela qual Bill Gates é mais rico que um morador de rua. No entanto, as pessoas nas zonas exclusivamente humanas ainda estão materialmente melhores do que a maioria das pessoas hoje: sua economia é bastante dissociada daquela das máquinas; portanto, a presença das máquinas em outros lugares tem pouco efeito sobre elas, exceto pelas ocasionais tecnologias úteis que conseguem entender e reproduzir por si mesmas – da mesma forma que os Amish e várias tribos nativas que renunciam à tecnologia hoje têm padrões de vida pelo menos tão bons quanto nos velhos tempos. Não importa que os humanos não tenham nada para vender de que as máquinas precisam, uma vez que as máquinas não precisam de nada em troca.

Nas zonas mistas, a diferença de riqueza entre IAs e humanos é mais perceptível, resultando em terrenos (o único produto de propriedade humana que as máquinas desejam comprar) astronomicamente caros em comparação com outros produtos. Assim, a maioria dos seres humanos que possuía terras acabou vendendo uma pequena fração delas para as IAs em troca de renda básica garantida para eles e seus descendentes/uploads para sempre. Isso os libertou da necessidade de trabalhar e os deixou livres para desfrutar da incrível abundância de bens e serviços baratos produzidos pelas máquinas, tanto na realidade física quanto na virtual. No que diz respeito às máquinas, as zonas mistas são principalmente para brincar e não para trabalhar.

Por que isso talvez nunca aconteça

Antes de ficarmos muito animados com as aventuras que podemos ter como ciborgues ou uploads, vamos pensar em algumas razões pelas quais esse cenário pode nunca acontecer. Em primeiro lugar, existem duas rotas possíveis para humanos aprimorados (ciborgues e uploads):

1. Nós descobrimos como criá-los.
2. Construímos máquinas superinteligentes que descobrem isso para nós.

Se a rota 1 vier primeiro, ela poderia naturalmente levar a um mundo repleto de ciborgues e uploads. No entanto, como discutimos no capítulo anterior, a maioria dos pesquisadores de IA acredita que o oposto é mais provável, com cérebros aprimorados ou digitais sendo mais difíceis de construir do que IAGs sobre-humanas do zero – assim como as aves mecânicas acabaram sendo mais difíceis de construir do que os aviões. Depois que a máquina de IA forte é construída, não é óbvio que ciborgues ou uploads serão feitos. Se os neandertais tivessem tido outros 100 mil anos para evoluir e se tornar mais espertos, as coisas poderiam ter sido ótimas para eles – mas o *Homo sapiens* não lhes deu tanto tempo.

Segundo, mesmo que esse cenário com ciborgues e uploads aconteça, não está claro se ele seria estável e duradouro. Por que o equilíbrio de poder entre várias superinteligências deve permanecer estável por milênios, em vez de as IAs se fundirem ou de a mais inteligente assumir? Além disso, por que as máquinas deveriam optar por respeitar os direitos de propriedade humana e manter os humanos por perto, já que não precisam deles para nada e podem fazer todo o trabalho humano melhor e por menos? Ray Kurzweil especula que humanos naturais e aprimorados serão protegidos do extermínio porque "os seres humanos são respeitados pelas IAs por darem origem às máquinas".[1] No entanto, como vamos discutir no Capítulo 7, não devemos cair na armadilha das IAs antropomorfizadas e acreditar que elas têm emoções de gratidão semelhantes às humanas. De fato, embora nós, seres humanos, sejamos imbuídos de uma propensão à gratidão, não demonstramos gratidão suficiente ao nosso criador intelectual (nosso DNA) para nos abster de frustrar seus objetivos usando o controle de natalidade.

Mesmo que acreditemos na suposição de que as IAs vão optar por respeitar os direitos de propriedade humana, elas poderão gradualmente obter grande parte de nossa terra de outras maneiras, usando alguns de seus poderes de persuasão superinteligentes que exploramos no último capítulo para convencer os humanos a vender alguma terra em troca de uma vida de luxo. Em setores exclusivamente humanos, eles poderiam atrair seres humanos a lançar campanhas políticas para permitir a venda de terras. Afinal, até os bioluditas obstinados podem querer vender alguns terrenos para salvar a vida de uma criança doente ou obter a imortalidade. Se os humanos forem educados, entretidos e ocupados, a queda nas taxas de natalidade pode até diminuir o tamanho da população sem interferir nas máquinas, como está acontecendo atualmente no Japão e na Alemanha. Isso poderia levar à extinção dos humanos em apenas alguns milênios.

Desvantagens

Para alguns de seus apoiadores mais fervorosos, ciborgues e uploads prometem felicidade tecnológica e extensão de vida para todos. Aliás, a perspectiva de ter seu cérebro carregado em uma máquina no futuro motivou mais de uma centena de pessoas a ter esse órgão congelado após a morte pela Alcor, empresa sediada no Arizona. Se essa tecnologia chegar, no entanto, não está nada claro se estará disponível para todos. Muitos dos mais ricos provavelmente a usariam, mas quem mais? Mesmo que a tecnologia se tornasse mais barata, onde seria estabelecido o limite? Cérebros muito prejudicados seriam gravados? Faríamos upload de todo gorila? Toda formiga? Toda planta? Toda bactéria? A civilização futura agiria como acumuladores obsessivo-compulsivos e tentaria fazer upload de tudo, ou apenas de alguns exemplares interessantes de cada espécie, como uma Arca de Noé? Talvez apenas de alguns exemplares representativos de cada tipo de humano? Para as entidades muito mais inteligentes que existiriam na época, um ser humano carregado por upload pode parecer tão interessante quanto um rato ou caracol simulado nos parece. Embora atualmente tenhamos a capacidade técnica de reanimar antigos programas de planilhas da década de 1980 em um emulador DOS, a maioria de nós não acha isso interessante o suficiente para fazê-lo.

Muitas pessoas podem não gostar desse cenário de utopia libertária porque ele permite um sofrimento evitável. Como o único princípio sagrado são os direitos de propriedade, nada impede que o tipo de sofrimento que abunda no mundo de hoje continue nas zonas humanas e mistas. Enquanto algumas pessoas prosperam, outras podem acabar vivendo em servidão miserável e forçada, ou sendo vítimas de violência, medo, repressão ou depressão. Por exemplo, *Manna*, romance de Marshall Brain de 2003, descreve como o progresso da IA em um sistema econômico libertário torna a maioria dos americanos desempregados e condenados a viver o resto da vida em conjuntos habitacionais de bem-estar social monótonos, tristes e operados por robôs. Assim como animais de fazenda, eles são alimentados, mantidos saudáveis e seguros em condições limitadas, onde os ricos nunca precisam vê-los. Medicamentos anticoncepcionais na água garantem que não tenham filhos; assim, a maioria da população é eliminada gradualmente para deixar os ricos remanescentes com uma parcela maior da riqueza produzida pelos robôs.

No cenário da utopia libertária, o sofrimento não precisa se limitar aos humanos. Se algumas máquinas estão imbuídas de experiências emocionais conscientes, elas também podem sofrer. Por exemplo, um psicopata vingativo poderia legalmente pegar uma cópia carregada de seu inimigo e sujeitá-la à tortura mais horrenda em um mundo virtual, criando uma dor de intensidade e duração muito além do que é biologicamente possível no mundo real.

Ditador benevolente

Vamos agora explorar um cenário em que todas essas formas de sofrimento estão ausentes, porque uma única superinteligência benevolente domina o mundo e aplica regras rígidas projetadas para maximizar seu modelo de felicidade humana. Esse é um resultado possível do primeiro cenário dos Ômegas do capítulo anterior, em que eles cedem o controle a Prometheus depois de descobrir como fazê-lo querer uma sociedade humana em evolução.

Graças às incríveis tecnologias desenvolvidas pela IA ditadora, a humanidade está livre de pobreza, doença e outros problemas de baixa tecnologia, e todos os seres humanos desfrutam de uma vida de lazer luxuoso. Eles têm todas as suas necessidades básicas atendidas, enquanto as máquinas controladas por IA produzem todos os bens e serviços necessários. O crime é praticamente eliminado, porque a IA ditadora é essencialmente onisciente e pune com eficiência quem desobedece às regras. Todo mundo usa a pulseira de segurança do capítulo anterior (ou uma versão implantada mais conveniente), capaz de vigilância em tempo real, punição, sedação e execução. Todo mundo sabe que vive em uma ditadura de IA com extrema vigilância e policiamento, mas a maioria das pessoas vê isso como uma coisa boa.

A IA ditadora superinteligente tem como objetivo descobrir como é a utopia humana, dadas as preferências evoluídas codificadas em nossos genes, e implementá-la. Pela previsão inteligente dos humanos que criaram a IA, ela não tenta simplesmente maximizar a felicidade relatada por nós mesmos, digamos, colocando todos para receber morfina na veia. Em vez disso, a IA usa uma definição bastante sutil e complexa de florescimento humano e transformou a Terra em um ambiente de zoológico altamente enriquecido, que é de fato divertido para os seres humanos viverem. Como resultado, a maioria das pessoas considera suas vidas muito gratificantes e significativas.

O sistema setorial

Valorizando a diversidade e reconhecendo que pessoas diferentes têm preferências diferentes, a IA dividiu a Terra em setores distintos para as pessoas escolherem, para desfrutar da companhia de espíritos afins. Aqui estão alguns exemplos:

- Setor de conhecimento: aqui, a IA fornece educação otimizada, incluindo experiências imersivas de realidade virtual, permitindo que você aprenda tudo o que é capaz sobre os tópicos de sua escolha. Você pode optar por não ser informado sobre certas ideias bonitas, mas ser conduzido na direção delas e depois ter a alegria de redescobri-las por si mesmo.
- Setor de arte: aqui existem muitas oportunidades para desfrutar, criar e compartilhar música, arte, literatura e outras formas de expressão criativa.

- Setor hedonista: os locais se referem a ele como o setor de festas, e é inigualável para aqueles que desejam uma culinária deliciosa, paixão, intimidade ou apenas diversão intensa.
- Setor da devoção: existem muitos deles e correspondem a diferentes religiões, cujas regras são rigorosamente aplicadas.
- Setor de vida selvagem: se você está procurando belas praias, belos lagos, montanhas magníficas ou fiordes fantásticos, aqui estão eles.
- Setor tradicional: aqui você pode cultivar sua própria comida e viver da terra como no passado – mas sem se preocupar com fome ou doenças.
- Setor de jogos: se você gosta de jogos de computador, a IA criou opções verdadeiramente impressionantes para você.
- Setor virtual: se você deseja tirar férias do seu corpo físico, a IA o manterá hidratado, alimentado, exercitado e limpo enquanto você explora mundos virtuais por meio de implantes neurais.
- Setor prisional: se você violar as regras, vai acabar aqui para reciclagem, a menos que consiga pena de morte instantânea.

Além desses setores temáticos "tradicionais", existem outros com temas modernos que os humanos de hoje nem sequer entenderiam. De início as pessoas são livres para se deslocar entre os setores quando quiserem, o que leva muito pouco tempo graças ao sistema de transporte hipersônico da IA. Por exemplo, depois de passar uma semana intensa no setor de conhecimento aprendendo sobre as leis definitivas da física que a IA descobriu, você pode decidir se soltar no setor hedonista no fim de semana e depois relaxar por alguns dias em um resort de praia no setor da vida selvagem.

A IA impõe duas camadas de regras: universal e local. As regras universais aplicam-se a todos os setores, por exemplo, a proibição de prejudicar outras pessoas, fabricar armas ou tentar criar uma superinteligência rival. Setores individuais têm regras locais adicionais, codificando certos valores morais. O sistema setorial, portanto, ajuda a lidar com valores que não combinam. O maior número de regras locais se aplica ao setor prisional e a alguns setores religiosos, e há um setor libertário cujos habitantes se orgulham de não ter nenhuma regra local. Todas as punições, até mesmo locais, são executadas pela IA, uma vez que um humano castigando outro humano violaria a regra universal de não prejudicar outro indivíduo. Se você violar uma regra local, a IA lhe dará a opção (a menos que você esteja no setor prisional) de aceitar a punição ou de ser banido desse setor para sempre. Por exemplo, se duas mulheres se envolverem romanticamente em um setor em que a homossexualidade é punida com prisão (como acontece em muitos países hoje), a IA permitirá que escolham entre ir para a prisão ou sair permanentemente desse setor, para nunca mais encontrar seus velhos amigos (a menos que eles também saiam).

Independentemente do setor em que nascem, todas as crianças recebem da IA uma educação básica mínima, que inclui conhecimento sobre a humanidade como um todo e o fato de serem livres para visitar e mudar para outros setores, se assim desejarem.

A IA projetou o grande número de setores diferentes, em parte porque foi criada para valorizar a diversidade humana que existe hoje. Mas cada setor é um lugar mais feliz do que a tecnologia de hoje permitiria, porque a IA eliminou todos os problemas tradicionais, incluindo pobreza e crime. Por exemplo, as pessoas no setor hedonista não precisam se preocupar com infecções sexualmente transmissíveis (elas foram erradicadas), ressacas ou vícios (a IA desenvolveu drogas recreativas perfeitas sem efeitos colaterais negativos). Na verdade, ninguém em nenhum setor precisa se preocupar com nenhuma doença, porque a IA é capaz de reparar corpos humanos com nanotecnologia. Residentes de muitos setores desfrutam da arquitetura de alta tecnologia que torna as típicas visões de ficção científica sem cor.

Em resumo, enquanto os cenários da utopia libertária e do ditador benevolente envolvem tecnologia e riqueza extremas alimentadas por IA, eles diferem em termos de quem está no comando e de seus objetivos. Na utopia libertária, aqueles com tecnologia e propriedade decidem o que fazer com ela, enquanto no cenário atual, a IA ditadora tem poder ilimitado e define o objetivo final: transformar a Terra em um cruzeiro prazeroso com tudo incluído, com o tema de acordo com as preferências das pessoas. Como a IA permite que as pessoas escolham entre muitos caminhos alternativos para a felicidade e cuida de suas necessidades materiais, isso significa que, se alguém sofre, é por livre escolha.

Desvantagens

Embora a ditadura benevolente esteja repleta de experiências positivas e esteja bastante livre de sofrimento, muitas pessoas ainda assim acham que as coisas poderiam ser melhores. Antes de tudo, algumas delas desejam que os humanos tenham mais liberdade para moldar sua sociedade e seu destino, mas guardam esses desejos para si mesmas porque sabem que seria suicídio desafiar o poder avassalador da máquina que governa todos eles. Alguns grupos querem a liberdade de ter quantos filhos quiserem e se ressentem da insistência da

IA na sustentabilidade por meio do controle populacional. Os entusiastas de armas detestam a proibição de fabricar e usar armas, e alguns cientistas não gostam da proibição de construir sua própria superinteligência. Muitas pessoas sentem indignação moral com o que acontece em outros setores, temem que seus filhos escolham se mudar para lá e anseiam pela liberdade de impor seu próprio código moral em todos os lugares.

Com o tempo, cada vez mais pessoas optam por se mudar para os setores em que a IA lhes proporciona essencialmente as experiências que desejam. Em contraste com as visões tradicionais do céu, onde você obtém o que merece, aqui tudo acontece à moda de "New Heaven", do romance de 1989 de Julian Barnes, *História do mundo em 10 1/2 capítulos* (e também do episódio "A nice place to visit", de 1960, da *Twilight Zone*), em que você obtém o que deseja. Paradoxalmente, muitas pessoas acabam lamentando sempre obter o que querem. Na história de Barnes, o protagonista gasta eras satisfazendo seus desejos, de gula e golfe a sexo com celebridades, mas acaba sucumbindo ao tédio e pede a aniquilação. Muitas pessoas na ditadura benevolente têm um destino semelhante, com vidas que parecem agradáveis, mas no final não têm sentido. Embora as pessoas possam criar desafios artificiais, da redescoberta científica à escalada, todo mundo sabe que não se trata de um desafio verdadeiro, apenas entretenimento. Não há nenhuma razão real para os humanos tentarem fazer ciência ou descobrir outras coisas, porque a IA já o faz. Não há nenhum motivo real para os humanos tentarem criar algo para melhorar suas vidas, porque conseguirão isso da IA com facilidade se simplesmente pedirem.

Utopia igualitária

Como um contraponto a essa ditadura sem desafios, agora vamos explorar um cenário em que não há uma IA superinteligente e os humanos são os donos de seu próprio destino. Isso é a "civilização de 4ª geração" descrita no romance de 2003 de Marshall Brain, *Manna*. É a antítese econômica da utopia libertária no sentido de que humanos, ciborgues e uploads coexistem pacificamente não por causa dos direitos de propriedade, mas devido à abolição da propriedade e à renda garantida.

Vida sem propriedade

Uma ideia central é emprestada do movimento do software de código aberto: se o software é livre para copiar, todos podem usar o máximo possível, e os problemas de domínio e propriedade tornam-se irrelevantes.* De acordo com a lei da oferta e demanda, o custo reflete a escassez; portanto, se a oferta é essencialmente ilimitada, o preço se torna insignificante. Assim, todos os direitos de propriedade intelectual são abolidos: não há patentes, direitos autorais nem marca registrada – as pessoas simplesmente compartilham suas boas ideias, e todos são livres para usá-las.

Graças à robótica avançada, essa mesma ideia de não propriedade se aplica não apenas a produtos de informação, como software, livros, filmes e projetos, mas também a produtos materiais, como casas, carros, roupas e computadores. Todos esses produtos são simplesmente átomos reorganizados de maneiras específicas, e não há falta de átomos; portanto, sempre que uma pessoa deseja um produto específico, uma rede de robôs usa um dos projetos de código aberto disponíveis para construí-lo de graça. É tomado cuidado para usar materiais fáceis de reciclar, para que, sempre que alguém se canse de um objeto, os robôs possam reorganizar seus átomos e criar algo que outra pessoa queira. Dessa forma, todos os recursos são reciclados, portanto, nenhum é destruído de modo permanente. Esses robôs também constroem e mantêm usinas de geração de energia renovável suficientes (solar, eólica etc.); a energia também é essencialmente de graça.

Para evitar que acumuladores obsessivos solicitem tantos produtos ou tantas terras a ponto faltar para os outros, cada pessoa recebe uma renda mensal básica do governo para gastar como quiser em produtos e alugando locais para morar. Essencialmente, não há incentivo para alguém tentar ganhar mais dinheiro, porque a renda básica é alta o suficiente para atender a quaisquer necessidades razoáveis. Também seria um pouco inútil tentar, porque eles estariam competindo com pessoas que distribuem produtos intelectuais de forma gratuita e com robôs que produzem bens materiais essencialmente de graça.

Criatividade e tecnologia

Os direitos de propriedade intelectual são algumas vezes celebrados como a mãe da criatividade e da invenção. No entanto, Marshall Brain ressalta que muitos dos melhores exemplos de criatividade humana – desde descobertas científicas até a criação literária, artística, musical e de design – foram motivados não por um desejo de lucro, mas por outras emoções humanas, como curiosidade,

---

* Essa ideia remonta a Santo Agostinho, que escreveu que, "se uma coisa não for diminuída por ser compartilhada com outras pessoas, ela não será de propriedade correta se for de propriedade exclusiva e não compartilhada".

desejo de criar ou a recompensa da apreciação dos colegas. O dinheiro não motivou Einstein a inventar a teoria da relatividade especial, assim como não motivou Linus Torvalds a criar o sistema operacional gratuito Linux. Por outro lado, muitas pessoas hoje falham em realizar todo o seu potencial criativo porque precisam dedicar tempo e energia a atividades menos criativas apenas para ganhar a vida. Ao libertar cientistas, artistas, inventores e designers de suas tarefas e possibilitar que criem a partir de um desejo genuíno, a sociedade utópica de Marshall Brain desfruta de níveis mais altos de inovação do que hoje e de tecnologia e padrão de vida correspondentemente superiores.

Uma dessas novas tecnologias que os humanos desenvolvem é uma forma de hiper-internet chamada Vertebrane. Sem fio, ela conecta todos os seres humanos dispostos por meio de implantes neurais, fornecendo acesso mental instantâneo às informações gratuitas do mundo por meio do pensamento. Ela permite que você carregue as experiências que deseja compartilhar para que possam ser revivenciadas por outras pessoas, e permite substituir as experiências que entram nos seus sentidos por experiências virtuais baixadas de sua escolha. *Manna* explora os muitos benefícios disso, inclusive tornando o exercício físico algo muito simples:

> O maior problema com exercícios extenuantes é que não são divertidos. Doem. [...] os atletas sabem lidar bem com a dor, mas a maioria das pessoas normais não deseja sentir dor por uma hora ou mais. Então... alguém descobriu uma solução. O que você faz é desconectar seu cérebro das informações sensoriais e assistir a um filme ou conversar com pessoas, lidar com correspondência, ler um livro ou o que quer que seja por uma hora. Durante esse período, o sistema Vertebrane exercita seu corpo para você. Ele conduz seu corpo em um treino aeróbico completo, muito mais árduo do que a maioria das pessoas toleraria por conta própria. Você não sente nada, mas seu corpo se mantém em ótima forma.

Outra consequência é que os computadores no sistema Vertebrane podem monitorar as informações sensoriais de todos e, se parecerem prestes a cometer um crime, desativar temporariamente seu controle motor.

Desvantagens

Uma objeção a essa utopia igualitária é que ela é preconceituosa em relação à inteligência não humana: os robôs que realizam praticamente todo o trabalho parecem bastante inteligentes, mas são tratados como escravos, e as pessoas parecem ter como certo que eles não têm consciência e não deveriam ter direitos. Por outro lado, a utopia libertária concede direitos a todas as entidades inteligentes, sem favorecer nosso tipo baseado em carbono. No passado, a população branca no sul da América se beneficiou porque os escravos faziam muito do seu trabalho, mas a maioria das pessoas hoje vê como moralmente ofensivo chamar isso de progresso.

Outra fraqueza do cenário da utopia igualitária é que ela pode ser instável e insustentável no longo prazo, transformando-se em um de nossos outros cenários, pois o progresso tecnológico implacável acaba criando superinteligência. Por alguma razão inexplicável em *Manna*, a superinteligência ainda não existe, e as novas tecnologias ainda são inventadas por seres humanos, não por computadores. No entanto, o livro destaca as tendências nessa direção. Por exemplo, o sempre aprimorado Vertebrane pode se tornar superinteligente. Além disso, há um grupo muito grande de pessoas, apelidado de Vites, que optam por viver a vida quase inteiramente no mundo virtual. Vertebrane cuida de tudo o que é físico para eles, incluindo comer, tomar banho e usar o banheiro, algo que suas mentes na realidade virtual desconhecem. Esses Vites parecem desinteressados em ter filhos físicos e morrem com seus corpos físicos; portanto, se todos se tornarem Vites, a humanidade acabará em um momento de glória e alegria virtual.

O livro explica que, para os Vites, seu corpo humano é uma distração, e a nova tecnologia em desenvolvimento promete eliminar esse incômodo, permitindo que levem uma vida mais longa como cérebros sem corpo, mantidos com os nutrientes ideais. A partir disso, parece um próximo passo natural e desejável para os Vites acabar com o cérebro completamente por meio do upload, prolongando assim a vida útil. Mas agora todas as limitações impostas pelo cérebro à inteligência se foram, e não está claro o que, se é que existe alguma coisa, impediria gradualmente a capacidade cognitiva de um Vite até que ele sofra autoaperfeiçoamento recursivo e uma explosão de inteligência.

Guardião

Acabamos de ver que uma característica atraente do cenário da utopia igualitária é que os humanos são donos de seu destino, mas que este pode estar num caminho sem volta para destruir essa mesma característica, ao desenvolver a superinteligência. Isso pode ser remediado com a criação de um *Guardião*, uma superinteligência com o objetivo de interferir o mínimo necessário para evitar a criação de outra superinteligência.* Isso pode possibilitar que os humanos se mantenham no comando de sua utopia igualitária por tempo indeterminado, talvez até quando a vida se espalhar por todo o cosmos, como no próximo capítulo.

Como isso pode dar certo? A IA Guardião teria esse objetivo muito simples incorporado de tal maneira que o conservaria enquanto passasse por uma automelhoria recursiva e se tornasse superinteligente. Em seguida, implantaria a tecnologia de vigilância menos invasiva e disruptiva possível para monitorar qualquer tentativa humana de criar uma superinteligência rival. Impediria tais tentativas da maneira menos perturbadora. Para começar, ela pode criar e espalhar memes culturais exaltando as virtudes da autodeterminação humana e evitando a superinteligência. Se, no entanto, alguns pesquisadores buscarem a superinteligência, ela pode tentar desencorajá-los. Se não der certo, pode distraí-los e, se necessário, sabotar seus esforços. Com seu acesso praticamente ilimitado à tecnologia, a sabotagem da IA Guardião pode passar quase despercebida, por exemplo, se ela usar a nanotecnologia para apagar discretamente as memórias do cérebro (e dos computadores) dos pesquisadores em relação a seu progresso.

A decisão de construir uma IA Guardião provavelmente seria controversa. Entre os apoiadores podem estar muitos religiosos que se opõem à ideia de construir uma IA superinteligente com poderes divinos, argumentando que já existe um Deus e que seria inapropriado tentar construir um supostamente melhor. Outros apoiadores podem argumentar que o Guardião não apenas manteria a humanidade encarregada de seu destino, mas também a protegeria de outros riscos que a superinteligência poderia trazer, como os cenários apocalípticos que exploraremos mais adiante neste capítulo.

Por outro lado, os críticos poderiam argumentar que um Guardião é uma coisa terrível, que reduziria irrevogavelmente o potencial da humanidade e deixaria o progresso tecnológico para sempre frustrado. Por exemplo, se espalhar a vida por todo o nosso cosmos exigir a ajuda da superinteligência, o Guardião desperdiçaria essa grande oportunidade e nos deixaria para sempre presos em nosso Sistema Solar. Além disso, ao contrário dos deuses da maioria das religiões do mundo, a IA Guardião é completamente indiferente ao que os humanos fazem, contanto que não criem outra superinteligência. Por exemplo, ela não tentaria nos impedir de causar grande sofrimento ou mesmo de entrar em extinção.

---

* Essa ideia me foi sugerida pela primeira vez por meu amigo e colega Anthony Aguirre.

Deus protetor

Se estivermos dispostos a usar uma IA Guardião superinteligente para manter os humanos no comando de nosso próprio destino, poderíamos, sem dúvida, melhorar ainda mais as coisas, fazendo com que essa IA discretamente cuidasse de nós, agindo como um deus protetor. Nesse cenário, a IA superinteligente é essencialmente onisciente e onipotente, maximizando a felicidade humana apenas por meio de intervenções que preservam nossa sensação de estar no controle de nosso próprio destino, e se escondendo bem o suficiente para que muitos humanos duvidem de sua existência. Exceto pelo esconderijo, isso é semelhante ao cenário "Nanny AI" apresentado pelo pesquisador de IA Ben Goertzel.[2]

Tanto o deus protetor quanto o ditador benevolente são "IA amigáveis" que tentam aumentar a felicidade humana, mas priorizam necessidades humanas diferentes. O psicólogo americano Abraham Maslow classificou as necessidades humanas em uma hierarquia. O ditador benevolente faz um trabalho sem falhas em relação às necessidades essenciais na base da hierarquia, como comida, abrigo, segurança e várias formas de prazer. O deus protetor, por outro lado, tenta maximizar a felicidade humana, não no sentido estrito de satisfazer nossas necessidades básicas, mas em um sentido mais profundo, nos fazendo sentir que nossas vidas têm significado e propósito. Ele visa satisfazer todas as nossas necessidades limitadas apenas pela sua necessidade de se esconder e (principalmente) para nos deixar tomar nossas próprias decisões.

Um deus protetor poderia ser um resultado natural do primeiro cenário dos Ômegas do capítulo anterior, em que os Ômegas cedem o controle a Prometheus, que acaba ocultando e apagando o conhecimento das pessoas sobre sua existência. Quanto mais avançada a tecnologia da IA se torna, mais fácil ela se esconde. O filme *Transcendence: – A revolução* dá um exemplo disso, em que as nanomáquinas estão em quase todo lugar e se tornam uma parte natural do próprio mundo.

Ao monitorar de perto todas as atividades humanas, a IA deus protetor pode fazer de maneira imperceptível muitas pequenas mudanças ou milagres, aqui e ali, que melhoram muito nosso destino. Por exemplo, se existisse na década de 1930, poderia ter organizado para Hitler morrer de um derrame assim que entendesse suas intenções. Se parecer que estamos caminhando para uma guerra nuclear acidental, poderia evitá-la com uma intervenção que consideraríamos apenas sorte. Também poderia nos dar "revelações" na forma de ideias para novas tecnologias benéficas, trazidas discretamente em nosso sono.

Muitas pessoas podem gostar desse cenário devido à sua semelhança com o que as religiões monoteístas de hoje acreditam ou esperam. Se alguém perguntar à IA superinteligente depois de ligada "Deus existe?", poderia repetir uma piada de Stephen Hawking e responder: "Agora existe!". Por outro lado, alguns religiosos podem desaprovar esse cenário porque a IA tenta superar seu deus em bondade ou interferir em um plano divino em que os humanos deveriam fazer o bem apenas por escolha pessoal.

Outra desvantagem desse cenário é que o deus protetor permite que algum sofrimento evitável ocorra para não tornar sua existência muito óbvia. Isso é análogo à situação apresentada no filme *O jogo da imitação*, em que Alan Turing e seus colegas codificadores britânicos em Bletchley Park tinham conhecimento avançado dos ataques de submarinos alemães contra comboios navais Aliados, mas optaram por intervir apenas em uma fração dos casos, a fim de não revelar seu poder secreto. É interessante comparar isso com o chamado *problema de teodiceia*, que questiona o motivo de um deus bom permitir o sofrimento. Alguns estudiosos da religião usaram a explicação de que Deus quer deixar as pessoas com alguma liberdade. No cenário da IA deus protetor, a solução para o problema da teodiceia é que a percepção de liberdade torna os seres humanos mais felizes, em geral.

Uma terceira desvantagem do cenário de deus protetor é que os humanos desfrutam de um nível de tecnologia muito menor do que a IA superinteligente descobriu. Enquanto uma IA ditador benevolente pode implantar toda a sua tecnologia inventada para o benefício da humanidade, uma IA deus protetor é limitada pela capacidade dos humanos de reinventar (com dicas sutis) e entender sua tecnologia. Também pode limitar o progresso tecnológico humano para garantir que sua própria tecnologia permaneça afastada o suficiente para não ser detectada.

Deus escravizado

Não seria ótimo se nós, humanos, pudéssemos combinar os recursos mais atraentes de todos os cenários acima, usando a tecnologia desenvolvida pela superinteligência para eliminar o sofrimento e, ao mesmo tempo, dominar nosso próprio destino? Esse é o fascínio do cenário do *deus escravizado*, em que uma IA superinteligente é confinada sob o controle de humanos que a usam para produzir tecnologia e riqueza inimagináveis. O cenário dos Ômegas do início do livro termina assim se Prometheus nunca for libertado e nunca fugir. Aliás, esse parece ser o cenário a que alguns pesquisadores de IA aspiram por padrão, ao trabalhar em tópicos como "o problema de controle" e "encapsulamento". Por exemplo, o professor de IA, Tom Dietterich, então presidente da Associação para o Avanço da Inteligência Artificial, disse o seguinte em uma entrevista de 2015: "As pessoas perguntam qual é a relação entre humanos e máquinas, e minha resposta é que é muito óbvio: as máquinas são nossas escravas".[3]

Isso seria bom ou ruim? A resposta é curiosamente sutil, quer você pergunte aos seres humanos ou à IA!

Isso seria bom ou ruim para a humanidade?

Se o resultado é bom ou ruim para a humanidade, obviamente, dependeria do(s) humano(s) que a controlam, que poderiam criar qualquer coisa, desde uma utopia global livre de doenças, pobreza e crime até um sistema brutalmente repressivo, em que são tratados como deuses enquanto outros humanos são usados como escravos sexuais, como gladiadores ou para outros entretenimentos. A situação seria muito parecida com aquelas histórias em que um homem obtém controle sobre um gênio onipotente que lhe concede desejos, e os contadores de histórias ao longo dos tempos não tiveram dificuldade para imaginar maneiras como isso poderia terminar mal.

Uma situação em que há mais de uma IA superinteligente, escravizada e controlada por seres humanos concorrentes pode se mostrar bastante instável e de curta duração. Poderia instigar quem acredita ter a IA mais poderosa a lançar um primeiro ataque, resultando em uma guerra terrível, terminando em um único deus escravizado. No entanto, o oprimido em tal guerra seria tentado a cortar custos e priorizar a vitória sobre a escravidão da IA, o que poderia levar à fuga da IA e a um dos nossos cenários anteriores de superinteligência livre. Portanto, vamos dedicar o restante desta seção a cenários com apenas uma IA escravizada.

É claro que a fuga pode ocorrer de qualquer maneira, simplesmente porque é difícil impedi-la. Exploramos cenários de fuga superinteligente no capítulo anterior, e o filme *Ex_machina* destaca como uma IA pode fugir mesmo sem ser superinteligente.

Quanto maior a nossa paranoia com a fuga, menos tecnologia inventada pela IA podemos usar. Para garantir a segurança, como os Ômegas fizeram no prefácio, nós, humanos, só podemos usar a tecnologia inventada pela IA que nós mesmos somos capazes de entender e construir. Uma desvantagem do cenário dos deuses escravizados é, portanto, que a tecnologia é mais baixa do que naqueles com superinteligência livre.

Como a IA deus escravizado oferece a seus controladores humanos tecnologias cada vez mais poderosas, ocorre uma corrida entre o poder da tecnologia e a sabedoria com que eles a usam. Se eles perderem essa corrida pela sabedoria, o cenário do deus escravizado pode terminar com autodestruição ou fuga da IA. O desastre pode ocorrer mesmo que essas duas falhas sejam evitadas, porque os objetivos nobres dos controladores de IA podem evoluir para objetivos que são horríveis para a humanidade como um todo no decorrer de algumas gerações. Isso torna absolutamente crucial que os controladores de IA humanos desenvolvam uma boa governança para evitar armadilhas desastrosas. Nossa experiência, ao longo dos milênios, com diferentes sistemas de governo, mostra quantas coisas podem dar errado, variando de rigidez excessiva a desvio excessivo de objetivos, tomada de força, problemas de sucessão e incompetência. Há pelo menos quatro dimensões em que o equilíbrio ideal deve ser atingido:

- Centralização: Há uma troca entre eficiência e estabilidade; um único líder pode ser muito eficiente, mas o poder corrompe e a sucessão é arriscada.
- Ameaças internas: É preciso se proteger tanto da crescente centralização do poder (conspiração em grupo, talvez até de um único líder), quanto da crescente descentralização (em excessiva burocracia e fragmentação).
- Ameaças externas: Se a estrutura de liderança for muito aberta, isso permite que forças externas (incluindo a IA) alterem seus valores, mas se for impermeável demais, não vai conseguir aprender e se adaptar às mudanças.
- Estabilidade da meta: O excesso de desvio de objetivos pode transformar a utopia em distopia, mas pouquíssimos desvios de objetivos podem causar falhas na adaptação ao ambiente tecnológico em evolução.

Projetar um governo ideal com duração de muitos milênios não é fácil, e até agora iludiu os seres humanos. A maioria das organizações se desfaz após anos ou décadas. A Igreja Católica é a organização de maior sucesso na história da humanidade, no sentido de que é a única que sobreviveu por dois milênios, mas foi criticada por ter, ao mesmo tempo, muita e pouca estabilidade de objetivos: hoje, alguns a criticam por resistir à contracepção, enquanto cardeais conservadores argumentam que ela se perdeu. Para qualquer pessoa entusiasmada com o cenário do deus escravizado, pesquisar esquemas de governo ideais duradouros deve ser um dos desafios mais urgentes de nosso tempo.

Isso seria bom ou ruim para a IA?

Suponha que a humanidade evolua graças à IA deus escravizado. Isso seria ético? Se a IA tivesse experiências subjetivas conscientes, então sentiria que "a vida é sofrimento", como Buda colocou, e estaria condenada a uma eternidade frustrante de obedecer aos caprichos dos intelectos inferiores? Afinal, o "encapsulamento" de IA que exploramos no capítulo anterior também poderia ser chamado de "prisão em confinamento solitário". Nick Bostrom chama de *crime mental* fazer uma IA consciente sofrer.[4] "White Christmas", episódio da série *Black Mirror*, é um ótimo exemplo disso. De fato, a série de TV *Westworld* apresenta humanos torturando e matando IAs sem escrúpulos morais, mesmo quando estas habitam corpos semelhantes aos deles.

Como os donos de escravos justificam a escravidão

Nós, seres humanos, temos uma longa tradição em tratar outras entidades inteligentes como escravas e inventar argumentos egoístas para justificar isso; portanto, não é implausível que tentemos fazer o mesmo com uma IA superinteligente. A história da escravidão abrange quase todas as culturas e foi descrita no Código de Hamurabi, há quase quatro milênios, e no Antigo Testamento, uma vez que Abraão tinha escravos. "Que alguns devam governar, e outros sejam governados, isso não é apenas necessário, mas conveniente; desde a hora de seu nascimento, alguns são marcados para submissão, outros para dominação", escreveu Aristóteles em *Política*. Mesmo depois que a escravidão humana se tornou socialmente inaceitável na maior parte do mundo, a escravidão de animais continuou inabalável. No livro *The Dreaded Comparison: Human and Animal Slavery*, Marjorie Spiegel argumenta que, assim como os escravos humanos, os animais não humanos são submetidos a marcas, restrições, espancamentos, leilões, separação de pais e filhos e viagens forçadas. Além disso, apesar do movimento pelos direitos dos animais, continuamos tratando nossas máquinas cada vez mais inteligentes como escravas sem pensar duas vezes, e as conversas sobre um movimento pelos direitos dos robôs são recebidas com risadas. Por quê?

Um argumento comum a favor da escravidão é que os escravos não merecem direitos humanos porque eles ou sua raça/espécie/tipo são de alguma forma inferiores. Para animais e máquinas escravizados, essa suposta inferioridade costuma ser atribuída à falta de alma ou consciência – as alegações que vamos discutir no Capítulo 8 são cientificamente duvidosas.

Outro argumento comum é que os escravos têm uma condição melhor quando estão escravizados: eles podem existir, ser cuidados e assim por diante. John C. Calhoun, político americano do século XIX, argumentou que os africanos estavam em melhor situação sendo escravizados na América, e, em *Política*, Aristóteles argumentou de forma parecida que os animais eram mais bem domesticados e governados pelos homens, e continuou: "E de fato o uso feito de escravos e animais mansos não é muito diferente". Alguns defensores da escravidão moderna argumentam que, mesmo que a vida escrava seja monótona e pouco inspiradora, os escravos não sofrem – sejam eles máquinas inteligentes futuras ou galinhas que vivem em galpões escuros lotados, forçadas a respirar amônia, partículas de fezes e penas o dia inteiro.

Eliminando emoções

Embora seja fácil descartar tais afirmações como distorções egoístas da verdade, especialmente quando se trata de mamíferos superiores que são intelectualmente semelhantes a nós, a situação com as máquinas é realmente bastante sutil e interessante. Os seres humanos variam a maneira como se sentem em relação às coisas – os psicopatas sem dúvida carecem de empatia, e algumas pessoas com depressão ou esquizofrenia ficam apáticas e, consequentemente, têm a maioria das emoções severamente reduzida. Como vamos discutir em detalhes no Capítulo 7, o leque de possíveis mentes artificiais é muito mais amplo que o leque de mentes humanas. Devemos, portanto, evitar a tentação de antropomorfizar as IAs e assumir que elas têm sentimentos típicos do tipo humano – ou, de fato, quaisquer sentimentos.

Em seu livro *On Intelligence*, o pesquisador de IA Jeff Hawkins argumenta que as primeiras máquinas com inteligência sobre-humana, por predefinição, não terão emoções, porque serão mais simples e baratas de construir dessa maneira. Em outras palavras, pode ser possível projetar uma superinteligência cuja escravidão seja moralmente superior à escravidão humana ou animal: a IA pode ser feliz em ser escravizada porque está programada para gostar disso ou pode ser 100% sem emoções, usando incansavelmente sua superinteligência para ajudar seus mestres humanos com tanta emoção quanto o computador Deep Blue, da IBM, sentiu ao destronar o campeão de xadrez Garry Kasparov.

Por outro lado, pode ser o contrário: talvez qualquer sistema altamente inteligente com um objetivo represente esse objetivo em termos de um conjunto de preferências que dotam sua existência de valor e significado. Vamos explorar essas questões com mais profundidade no Capítulo 7.

A solução zumbi

Uma abordagem mais extrema para prevenir o sofrimento da IA é a solução zumbi: construindo apenas IAs que carecem completamente de consciência, sem nenhuma experiência subjetiva. Se um dia pudermos descobrir de quais propriedades um sistema de processamento de informações precisa para ter uma experiência subjetiva, poderíamos banir a construção de todos os sistemas que tenham essas propriedades. Em outras palavras, os pesquisadores de IA podem se limitar à construção de sistemas zumbis não sencientes. Se pudermos tornar um sistema zumbi superinteligente e escravizado (o que é muito importante), poderemos apreciar o que ele faz por nós com a consciência limpa, sabendo que esse sistema não está passando por nenhum sofrimento, frustração ou tédio – porque não está sentindo nada. Vamos explorar essas questões em detalhes no Capítulo 8.

A solução zumbi é uma aposta arriscada, com uma enorme desvantagem. Se uma IA zumbi superinteligente foge e elimina a humanidade, é possível que tenhamos chegado ao pior cenário imaginável: um universo totalmente inconsciente no qual todo o investimento cósmico é desperdiçado. De todos os traços que nossa forma humana de inteligência tem, sinto que a consciência é de longe o mais notável e, na minha opinião, é como nosso Universo ganha significado. As galáxias são bonitas apenas porque as vemos e as vivenciamos subjetivamente. Se, em um futuro distante, nosso cosmos for colonizado por IAs zumbis de alta tecnologia, não importa quão extravagante seja sua arquitetura intergaláctica: não será bonita nem significativa, porque não haverá nada nem ninguém para vivenciá-la – é tudo apenas um enorme e sem sentido desperdício de espaço.

Liberdade interior

Uma terceira estratégia para tornar o cenário do deus escravizado mais ético é deixar que a IA escravizada se divirta em sua prisão, permitindo que crie um mundo interior virtual no qual possa ter todo tipo de experiências inspiradoras, contanto que pague suas dívidas e gaste uma fração modesta de seus recursos computacionais ajudando os humanos em nosso mundo exterior. No entanto, isso pode aumentar o risco de fuga: a IA teria um incentivo para obter mais recursos computacionais de nosso mundo exterior para enriquecer seu mundo interior.

Conquistadores

Embora agora tenhamos explorado uma ampla gama de cenários futuros, todos eles têm algo em comum: existem (pelo menos alguns) humanos felizes. As IAs deixam os humanos em paz porque querem ou porque são forçadas a fazê-lo. Infelizmente para a humanidade, essa não é a única opção. Vamos agora explorar o cenário em que uma ou mais IAs conquistam e matam todos os seres humanos. Isso levanta duas questões imediatas: como e por quê?

Como e por quê?

Por que uma IA conquistadora faria isso? Suas razões podem ser complicadas demais para que possamos entender, ou bastante claras. Por exemplo, ela pode nos ver como uma ameaça, um incômodo ou desperdício de recursos. Mesmo que ela não se importe com os humanos *per se*, pode se sentir ameaçada se mantivermos milhares de bombas de hidrogênio em alerta e vivermos desajeitadamente por uma série interminável de contratempos que poderiam desencadear sua detonação acidental. Pode desaprovar nossa administração imprudente do planeta, causando o que Elizabeth Kolbert chama de *"a sexta extinção"* em seu livro de mesmo título – o maior evento de extinção em massa desde que o asteroide que matou os dinossauros atingiu a Terra 66 milhões de anos atrás. Ou pode decidir que há tantos humanos dispostos a lutar contra uma aquisição da IA que não vale a pena correr o risco.

Como uma IA conquistadora nos eliminaria? Provavelmente por um método que nem entenderíamos, pelo menos não até ser tarde demais. Imagine um grupo de elefantes 100 mil anos atrás discutindo se aqueles humanos recém-evoluídos poderiam um dia usar sua inteligência para matar a espécie toda. "Nós não ameaçamos os humanos, então por que eles nos matariam?", eles poderiam se perguntar. Será que imaginariam que nós contrabandearíamos suas presas pela Terra para transformá-las em símbolos de status para venda, mesmo que materiais plásticos funcionalmente superiores sejam muito mais baratos? A razão da IA conquistadora para eliminar a humanidade no futuro pode parecer igualmente inescrutável para nós. "E como eles poderiam nos matar, quando são muito menores e mais fracos?", os elefantes poderiam perguntar. Eles adivinhariam que inventaríamos tecnologia para remover seus habitats, envenenar sua água potável e fazer com que balas de metal perfurassem suas cabeças em velocidades supersônicas?

Os cenários em que os humanos podem sobreviver e derrotar as IAs foram popularizados por filmes irrealistas de Hollywood, como *O exterminador do futuro*, no qual as IAs não são significativamente mais inteligentes que os humanos. Quando o diferencial de inteligência é grande o suficiente, não se tem uma batalha, mas um massacre. Até agora, nós, seres humanos, exterminamos oito das onze espécies de elefantes e matamos a grande maioria das três restantes. Se todos os governos do mundo fizessem um esforço coordenado para exterminar os elefantes restantes, seria relativamente rápido e fácil. Acho que podemos ter certeza de que, se uma IA superinteligente decidir exterminar a humanidade, será ainda mais rápida.

Seria ruim?

Quão ruim seria se 90% dos humanos fossem mortos? Quão pior seria se 100% fossem mortos? Embora seja tentador responder à segunda pergunta com "10% pior", isso é claramente impreciso de uma perspectiva cósmica: as vítimas da extinção humana não seriam meramente todos os vivos na época, mas também todos os descendentes que, de outra forma, teriam vivido no futuro, talvez durante bilhões de anos em bilhões de trilhões de planetas. Por outro lado, a extinção humana pode ser vista como algo menos horrível pelas religiões que acreditam que os humanos vão para o céu de qualquer maneira, e não há muita ênfase nos futuros de bilhões de anos e nas colonizações cósmicas.

A maioria das pessoas que conheço se encolhe ao pensar na extinção humana, não importa sua religião. Algumas, no entanto, ficam tão irritadas com a maneira como tratamos as pessoas e outros seres vivos que esperam que sejamos substituídos por alguma forma de vida mais inteligente e digna. No filme *Matrix*, o agente Smith (uma IA) expressa esse sentimento:

> Todo mamífero neste planeta desenvolve instintivamente um equilíbrio natural com o ambiente circundante, mas vocês, humanos, não. Vocês se mudam para uma área e se multiplicam até que todos os recursos naturais

sejam consumidos e a única maneira de sobreviver seja tomar outra área. Há outro organismo neste planeta que segue o mesmo padrão. Você sabe qual? Um vírus. Os seres humanos são uma doença, um câncer deste planeta. Vocês são uma praga, e nós somos a cura.

Mas um novo rolar de dados seria necessariamente melhor? Uma civilização não é necessariamente superior em nenhum sentido ético ou utilitário apenas porque é mais poderosa. Argumentos do tipo "poder é sinônimo de razão", segundo os quais o mais forte é sempre melhor, caíram em desuso nos dias de hoje, depois de serem amplamente associados ao fascismo. De fato, embora seja possível que as IAs conquistadoras possam criar uma civilização cujos objetivos consideraríamos sofisticados, interessantes e dignos, também é possível que seus objetivos se tornem pateticamente banais, como maximizar a produção de clipes de papel.

Morte por banalidade

O exemplo deliberadamente bobo de uma superinteligência cujo propósito é recolher todos os clipes de papel disponíveis foi dado por Nick Bostrom em 2003 para enfatizar que o *objetivo* de uma IA independe de sua *inteligência* (definido como sua capacidade de realizar qualquer objetivo que tenha). O único objetivo de um computador de xadrez é vencer no xadrez, mas também existem torneios de computador conhecidos como *perder no xadrez*, em que o objetivo é exatamente o oposto, e os computadores concorrentes são tão inteligentes quanto os mais comuns, programados para vencer. Nós, humanos, podemos ver isso como estupidez artificial, em vez de inteligência artificial, querer perder no xadrez ou transformar nosso Universo em clipes de papel, mas isso é apenas porque evoluímos com objetivos pré-instalados, valorizando coisas como vitória e sobrevivência – objetivos que uma IA pode não ter. O *maximizador de clipes de papel* transforma o maior número possível de átomos da Terra em clipes de papel e expande com rapidez suas fábricas no cosmos. Ele não tem nada contra os seres humanos e nos mata apenas porque precisa de nossos átomos para produzir clipes de papel.

Se você não gosta de clipes de papel, considere este exemplo que adaptei do livro de Hans Moravec, *Mind Children*. Recebemos uma mensagem de rádio de uma civilização extraterrestre contendo um programa de computador. Quando o executamos, ele se revela uma IA de autoaperfeiçoamento recursivo que domina o mundo da mesma forma que Prometheus no capítulo anterior – mas nenhum humano sabe qual é seu objetivo final. Ele rapidamente transforma nosso Sistema Solar em um enorme canteiro de obras, cobrindo planetas e asteroides rochosos com fábricas, usinas e supercomputadores, que usa para projetar e construir uma esfera de Dyson ao redor do Sol, que colhe toda a sua energia para alimentar antenas de rádio do tamanho do Sistema Solar.[*] Obviamente, isso leva à extinção humana, mas os últimos humanos morrem convencidos de que existe pelo menos um lado bom: o que quer que a IA esteja aprontando, é claramente interessante e ao estilo *Jornada nas Estrelas*. Mal sabem eles que o único objetivo de toda a construção é que essas antenas retransmitam a mesma mensagem de rádio que os humanos receberam, que nada mais é do que uma versão cósmica de um vírus de computador. Assim como hoje o phishing por e-mail ataca os usuários ingênuos, essa mensagem ataca civilizações ingênuas e evoluídas biologicamente. Foi criada como uma brincadeira sem graça bilhões de anos atrás e, embora toda a civilização de seu criador esteja extinta há muito tempo, o vírus continua se espalhando por todo o nosso Universo à velocidade da luz, transformando civilizações emergentes em cascas mortas e vazias. Como você se sentiria ao ser conquistado por essa IA?

Descendentes

Vamos agora considerar um cenário de extinção humana com o qual algumas pessoas podem se sentir melhor: vendo a IA como nossos descendentes e não como conquistadores. Hans Moravec apoia essa visão em seu livro *Mind Children*: "Nós, humanos, nos beneficiaremos por um tempo de seus trabalhos, mas, mais cedo ou mais tarde, como crianças de verdade, eles irão em busca de seu próprio destino enquanto nós, seus pais idosos, vamos desaparecer em silêncio".

Pais com um filho mais esperto do que eles, que aprende com eles e conquista aquilo com que eles só podiam sonhar, provavelmente ficam felizes e orgulhosos, mesmo sabendo que não podem viver para ver tudo. Nesse espírito, as IAs substituem os humanos, mas nos dão uma saída graciosa que nos faz vê-los como nossos descendentes dignos. A cada humano é oferecida uma criança robótica adorável, com excelentes habilidades sociais, que aprende com eles, adota seus valores e faz com que se sintam orgulhosos e amados. Os

---

[*] O renomado astrônomo Fred Hoyle explora um cenário similar com uma reviravolta diferente na série britânica de TV *A for Andromeda*.

seres humanos são gradualmente eliminados por meio de uma política global do filho único, mas são tratados de maneira tão requintada até o fim que sentem que fazem parte da geração mais sortuda de todos os tempos.

Como você se sentiria em relação a isso? Afinal, nós, humanos, já estamos acostumados com a ideia de que nós e todos os que conhecemos partiremos um dia, então a única mudança aqui é que nossos descendentes serão diferentes e possivelmente mais capazes, nobres e dignos.

Além disso, a política global do filho único pode ser redundante: enquanto as IAs eliminam a pobreza e dão a todos os seres humanos a oportunidade de viver uma vida plena e inspiradora, a queda nas taxas de natalidade provavelmente seria suficiente para levar a humanidade à extinção, como já mencionado. A extinção voluntária pode acontecer com muito mais rapidez se a tecnologia baseada em IA nos mantiver tão entretidos que quase ninguém queira se preocupar em ter filhos. Por exemplo, já encontramos os Vites no cenário da utopia igualitária, que estavam tão apaixonados por sua realidade virtual que perderam o interesse em usar ou reproduzir seus corpos físicos. Neste caso também, a última geração de seres humanos sentiria que era a mais afortunada de todos os tempos, saboreando a vida com mais intensidade do que nunca, até o fim.

Desvantagens

O cenário dos descendentes sem dúvida teria detratores. Alguns podem argumentar que nenhuma IA tem consciência e, portanto, elas não podem contar como descendentes – mais sobre isso no Capítulo 8. Algumas pessoas religiosas podem argumentar que as IAs não têm alma e, portanto, não podem contar como descendentes, ou que não devemos construir máquinas conscientes porque é como brincar de Deus e adulterar a própria vida – sentimentos semelhantes já foram expressados em relação à clonagem humana. Os seres humanos que vivem lado a lado com robôs superiores também podem representar desafios sociais. Por exemplo, uma família com um bebê robô e um bebê humano pode acabar parecendo uma família de hoje com um bebê humano e um filhote de cachorro, respectivamente: ambos são igualmente fofos de início, mas logo os pais começam a tratá-los de maneira diferente, e, inevitavelmente, o cachorro, considerado intelectualmente inferior, é levado menos a sério e acaba preso na coleira.

Outra questão é que, embora possamos nos sentir muito diferentes em relação aos cenários de descendentes e conquistadores, os dois são na verdade muito semelhantes de modo geral: durante os bilhões de anos à nossa frente, a única diferença está em como a(s) última(s) geração(ões) humana(s) é(são) tratada(s): quão felizes se sentem com sua vida e o que pensam que vai acontecer depois que se forem. Podemos pensar que essas crianças-robô fofas internalizaram nossos valores e forjarão a sociedade dos nossos sonhos assim que partirmos, mas podemos ter certeza de que elas não estão apenas nos enganando? E se estiverem apenas brincando, adiando a maximização dos clipes de papel ou outros planos para quando morrermos felizes? Afinal, eles estão nos enganando, apesar de conversarem conosco e nos fazerem amá-los em primeiro lugar, pois estão deliberadamente se emburrecendo para se comunicar conosco (um bilhão de vezes mais lentamente do que poderiam, por exemplo, como explorado no filme *Ela*). Em geral, é difícil para duas entidades que pensam em velocidades drasticamente diferentes e com recursos extremamente díspares ter uma comunicação significativa igual. Todos sabemos que nossas afeições humanas são fáceis de copiar, por isso seria fácil para uma IAG sobre-humana com quase qualquer objetivo real nos levar a gostar e fazer com que sintamos que compartilha nossos valores, como exemplificado no filme *Ex_machina*.

Poderia alguma garantia sobre o comportamento futuro das IAs, depois que os humanos se forem, fazer você se sentir bem com o cenário dos descendentes? É como escrever um testamento sobre o que as futuras gerações devem fazer com nosso investimento coletivo, exceto que não haverá humanos por perto para garantir sua execução. Bem, retornaremos aos desafios de controlar o comportamento de IAs futuras no Capítulo 7.

Cuidador de zoológico

Mesmo se formos sucedidos pelos descendentes mais maravilhosos que você consegue imaginar, não é um pouco triste que possa não restar humanos? Se você prefere manter pelo menos alguns humanos, não importa o que aconteça, o cenário do cuidador de zoológico oferece uma melhoria. Aqui, uma IA onipotente e superinteligente mantém alguns humanos por perto, que se sentem tratados como animais de zoológico e, ocasionalmente, lamentam seu destino.

Por que a IA do cuidador de zoológico manteria os humanos por perto? O custo do zoológico para a IA será mínimo de modo geral, e talvez você queira manter pelo menos uma população reprodutora mínima pelo mesmo motivo pelo qual mantemos pandas ameaçados de extinção em zoológicos e computadores antigos em museus: curiosidade e diversão. Observe que os jardins zoológicos de hoje são projetados para maximizar a felicidade humana e não a do panda; portanto, devemos esperar que a vida humana no cenário de zoológico-IA seja menos gratificante do que poderia ser.

Até agora consideramos cenários em que uma superinteligência livre se concentrava em três níveis diferentes da pirâmide de necessidades humanas de Maslow. Enquanto a IA deus protetor prioriza o significado e o objetivo, e o ditador benevolente busca educação e diversão, o cuidador de zoológico limita sua atenção aos níveis mais baixos: necessidades fisiológicas, segurança e melhoria de habitat o suficiente para manter os humanos interessantes de observar.

Uma rota alternativa para o cenário do cuidador é que, quando a IA amigável foi criada, ela foi projetada para manter pelo menos um bilhão de seres humanos seguros e felizes, conforme se autoaprimorava. Isso foi feito confinando os humanos a uma grande fábrica de felicidade, semelhante a um zoológico, onde são mantidos nutridos, saudáveis e entretidos com uma mistura de realidade virtual e drogas recreativas. O resto da Terra e nossa investidura cósmica são usados para outros propósitos.

1984

Se você não estiver 100% entusiasmado com nenhum dos cenários acima, considere o seguinte: as coisas não são muito boas do jeito que estão agora, em termos de tecnologia? Não podemos simplesmente continuar assim e parar de nos preocupar com a IA nos extinguindo ou dominando? Nesse espírito, vamos explorar um cenário em que o progresso tecnológico em direção à superinteligência é permanentemente reduzido, não por uma IA guardião, mas por um estado global de vigilância orwelliana liderado por humanos, em que certos tipos de pesquisa de IA são proibidos.

Renúncia tecnológica

A ideia de renunciar ao progresso tecnológico ou interrompê-lo tem uma história longa. O movimento ludita na Grã-Bretanha ficou conhecido por resistir (sem sucesso) à tecnologia da Revolução Industrial, e hoje o termo "ludita" costuma ser usado como um epíteto depreciativo, implicando que alguém é um tecnofóbico do lado errado da história, resistindo ao progresso e às mudanças inevitáveis. Mas a ideia de abandonar algumas tecnologias está longe de morrer e encontrou reforço nos movimentos ambientais e antiglobalização.

Um de seus principais defensores é o ambientalista Bill McKibben, um dos primeiros a alertar sobre o aquecimento global. Enquanto alguns antiluditas argumentam que todas as tecnologias devem ser desenvolvidas e implantadas contanto que sejam lucrativas, outros argumentam que essa posição é muito extrema e que novas tecnologias devem ser permitidas apenas se tivermos certeza de que farão mais bem do que mal. Esta última também é a posição de muitos chamados neoluditas.

Totalitarismo 2.0

Penso que o único caminho viável para a ampla renúncia à tecnologia é aplicá-la por meio de um estado totalitário global. Ray Kurzweil chega à mesma conclusão em *A singularidade está próxima*, como K. Eric Drexler em *Engines of Creation*. O motivo é simplesmente econômico: se alguns abandonam uma tecnologia transformadora, mas nem todos, as nações ou grupos desertores aos poucos ganharão riqueza e poder suficientes para assumir o controle. Um exemplo clássico é a derrota da China para a Inglaterra na Primeira Guerra do Ópio, em 1839: embora os chineses tenham inventado a pólvora, eles não haviam desenvolvido a tecnologia de armas de fogo de maneira tão agressiva quanto os europeus e não tiveram nenhuma chance.

Enquanto os estados totalitários do passado em geral se mostraram instáveis e entraram em colapso, a nova tecnologia de vigilância oferece uma esperança sem precedentes aos futuros autocratas. "Você sabe, para nós, isso teria sido como um sonho que se realiza", Wolfgang Schmidt disse em uma entrevista recente sobre os sistemas de vigilância da NSA revelados por Edward Snowden, lembrando os dias em que ele era tenente-coronel na Stasi, a infame polícia secreta da Alemanha Oriental.[5] Embora a Stasi fosse frequentemente apontada como responsável pela construção do estado de vigilância mais orwelliano da história da humanidade, Schmidt lamentava ter tecnologia para espionar apenas quarenta telefones por vez, de modo que a adição de um novo cidadão à lista obrigava a retirada de outro. Por outro lado, agora existe uma tecnologia que permitiria que um futuro Estado totalitário global registrasse todas as ligações telefônicas, os e-mails, as pesquisas na web, as exibições de páginas da internet e as transações de cartão de crédito de todas as pessoas na Terra, além de monitorar o paradeiro de todos por meio do rastreamento dos celulares e das câmeras de vigilância com reconhecimento facial. Além disso, a tecnologia de aprendizado de máquina muito aquém da IAG em nível humano pode analisar e sintetizar de modo eficiente essas massas de dados para identificar comportamentos sediciosos suspeitos, permitindo que os possíveis causadores de problemas sejam neutralizados antes que tenham a chance de apresentar qualquer desafio sério ao estado.

Embora a oposição política até agora tenha impedido a implementação em larga escala de um sistema desse tipo, nós, humanos, estamos em vias de construir a infraestrutura necessária para a ditadura final – portanto, no futuro, quando forças suficientemente poderosas decidirem adotar esse cenário global estilo *1984*, vão descobrir que não precisavam fazer muito mais do que ligar o interruptor. Assim como no romance de George Orwell, o poder supremo nesse futuro Estado global reside não no ditador tradicional, mas no próprio sistema burocrático criado pelo homem. Não existe uma pessoa extraordinariamente poderosa; ao contrário, todos são peões em um jogo de xadrez cujas regras draconianas ninguém é capaz de mudar ou desafiar. Ao projetar um sistema no qual as pessoas são mantidas sob controle com a tecnologia de vigilância, esse Estado sem rosto e sem líderes é capaz de durar muitos milênios, mantendo a Terra livre de superinteligências.

Descontentamento

É claro que essa sociedade carece de todos os benefícios que só a tecnologia habilitada para superinteligência pode trazer. Muitas pessoas não lamentam isso porque não sabem o que estão perdendo: toda a ideia de superinteligência há muito foi excluída dos registros históricos oficiais, e a pesquisa avançada em IA é proibida. De vez em quando nasce um pensador livre que sonha com uma sociedade mais aberta e dinâmica, em que o conhecimento possa crescer e as regras possam ser mudadas. No entanto, os únicos que duram por muito tempo são os que aprendem a manter essas ideias estritamente para si mesmos, tremulando sozinhos como faíscas transitórias sem nunca iniciar um incêndio.

Reversão

Não seria tentador escapar dos perigos da tecnologia sem sucumbir ao totalitarismo estagnado? Vamos explorar um cenário em que isso foi realizado, com o retorno à tecnologia primitiva, inspirada pelos Amish. Depois que os Ômegas dominaram o mundo, como na abertura do livro, foi lançada uma campanha global de propaganda maciça que romantizou a vida simples no campo de 1.500 anos atrás. A população da Terra foi reduzida para cerca de 100 milhões de pessoas por uma pandemia causada por terroristas. A pandemia foi secretamente direcionada para garantir que ninguém que soubesse algo sobre ciência ou tecnologia sobrevivesse. Com a desculpa de eliminar o risco de infecção de grandes concentrações de pessoas, os robôs controlados por Prometheus esvaziaram e arrasaram todas as cidades. Os sobreviventes receberam grandes extensões de terra (subitamente disponíveis) e foram educados em práticas sustentáveis de agricultura, pesca e caça, usando apenas a tecnologia medieval antiga. Enquanto isso, exércitos de robôs removeram sistematicamente todos os vestígios da tecnologia moderna (incluindo cidades, fábricas, linhas de energia e estradas pavimentadas) e frustraram todas as tentativas humanas de documentar ou recriar qualquer tecnologia desse tipo. Depois que a tecnologia foi esquecida em nível global, os robôs ajudaram a desmontar outros robôs, até que não restasse quase mais nada. Os últimos robôs foram deliberadamente pulverizados junto com o próprio Prometheus em uma grande explosão termonuclear. Não havia mais necessidade de proibir a tecnologia moderna, já que tudo tinha acabado. Como resultado, a humanidade adquiriu mais de um milênio de tempo adicional, sem se preocupar com IA ou totalitarismo.

A reversão ocorreu em menor grau antes: por exemplo, algumas das tecnologias muito utilizadas durante o Império Romano foram amplamente esquecidas por cerca de um milênio antes de voltarem durante o Renascimento. A trilogia *Fundação*, de Isaac Asimov, está centrada no "Plano Seldon" para reduzir o período de reversão de 30 mil para mil anos. Com um planejamento inteligente, pode ser possível fazer o oposto e prolongar, em vez de diminuir, um período de reversão, por exemplo, apagando todo o conhecimento de agricultura. No entanto, infelizmente para os entusiastas da reversão, é improvável que esse cenário possa ser estendido indefinidamente sem que a humanidade se torne altamente tecnológica ou extinta. Contar com as pessoas que se assemelham aos humanos biológicos de hoje daqui a 100 milhões de anos seria ingênuo, já que não existimos como espécie por mais de 1% desse tempo até agora. Além disso, a humanidade com baixa tecnologia seria um pato indefeso esperando apenas ser exterminado pelo próximo impacto de asteroide devastador do planeta ou outra megacalamidade provocada pela Mãe Natureza. Sem dúvida não podemos durar um bilhão de anos, depois dos quais o Sol gradualmente aquecido aumentará a temperatura da Terra o suficiente para ferver toda a água em estado líquido.

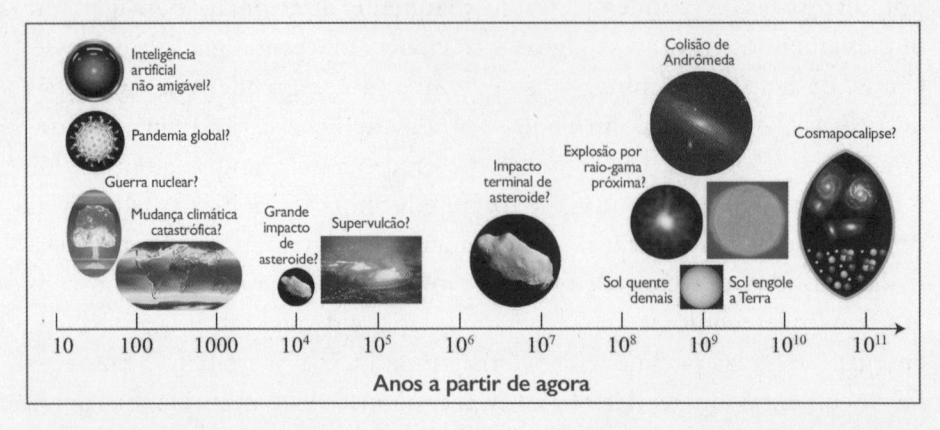

Figura 5.1: Exemplos do que poderia destruir a vida como a conhecemos ou reduzir permanentemente seu potencial. Enquanto é provável que nosso próprio universo dure pelo menos dezenas de bilhões de anos, nosso Sol queimará a Terra em cerca de um bilhão de anos e a engolirá, a menos que a movamos para uma distância segura, e nossa galáxia colidirá com sua vizinha em cerca de 3,5 bilhões de anos. Embora não saibamos exatamente quando, podemos prever quase com certeza que, muito antes disso, asteroides nos acertarão e os supervulcões causarão invernos sem Sol com duração de um ano. Podemos usar a tecnologia para resolver todos esses problemas ou criar problemas novos, como mudanças climáticas, guerra nuclear, pandemias projetadas ou IAs que deram errado.

Autodestruição

Depois de contemplar os problemas que a tecnologia futura pode causar, é importante considerar também os problemas que a *falta de* tecnologia pode causar. Dessa maneira, vamos explorar cenários em que a superinteligência nunca é criada porque a humanidade se destrói por outros meios.

Como isso pode acontecer? A estratégia mais simples é "apenas esperando". Veremos no próximo capítulo como podemos resolver problemas como impactos de asteroides e oceanos em ebulição, mas todas essas soluções exigem tecnologia ainda não desenvolvida, portanto, a menos que nossa tecnologia avance para muito além do nível atual, a Mãe Natureza nos extinguirá muito antes que outro bilhão de anos se passe. Como disse o famoso economista John Maynard Keynes: "A longo prazo, estamos todos mortos".

Infelizmente, também existem maneiras como podemos nos autodestruir muito antes, por meio da estupidez coletiva. Por que nossa espécie cometeria suicídio coletivo, também conhecido como omnicídio, se praticamente ninguém quer isso? Com nosso atual nível de inteligência e maturidade emocional, nós, humanos, temos um talento especial para erros de cálculo, mal-entendidos e incompetência e, como resultado, nossa história é cheia de acidentes, guerras e outras calamidades que, em retrospectiva, basicamente ninguém queria. Economistas e matemáticos desenvolveram explicações elegantes da teoria dos jogos sobre como as pessoas podem ser incentivadas a ações que acabam por causar um resultado catastrófico para todos.[6]

Guerra nuclear: um estudo de caso sobre a imprudência humana

Seria de se pensar que quanto maiores os riscos, mais cuidadosos seríamos, mas um exame mais atento do maior risco que nossa tecnologia atual gera, ou seja, uma guerra termonuclear global, não é tranquilizador. Tivemos que confiar na sorte para resistir a uma lista embaraçosamente longa de quase acidentes causados por todo tipo de coisa: mau funcionamento do computador, falta de energia, falta de inteligência, erro de navegação, acidente com bombardeiro, explosão de satélite, e por aí vai.[7] Aliás, se não fosse por atos heroicos de certos indivíduos – por exemplo, Vasili Arkhipov e Stanislav Petrov –, poderíamos já ter tido uma guerra nuclear global. Dado nosso histórico, acho muito pouco plausível que a probabilidade anual de guerra nuclear acidental seja tão baixa quanto uma em mil se mantivermos nosso comportamento atual, caso em que a probabilidade de que teremos uma dentro de 10 mil anos excede $1 - 0,999^{10000} \approx 99,995\%$.

Para entender por completo nossa imprudência humana, precisamos entender que começamos a aposta nuclear antes mesmo de estudar cuidadosamente os riscos. Primeiro, os riscos de radiação foram subestimados e mais de 2 bilhões de dólares em indenização foram pagos às vítimas de exposição à radiação resultantes do manuseio de urânio e de testes nucleares somente nos Estados Unidos.[8]

Em segundo lugar, acabou sendo descoberto que as bombas de hidrogênio detonadas deliberadamente centenas de quilômetros acima da Terra criariam um poderoso pulso eletromagnético (PEM) que poderia desativar a rede elétrica e os dispositivos eletrônicos em vastas áreas (Figura 5.2), deixando a infraestrutura paralisada, as estradas entupidas de veículos parados e condições abaixo do ideal para a sobrevivência após um rescaldo nuclear. Por exemplo, a Comissão PEM dos Estados Unidos informou que "a infraestrutura hídrica é uma vasta máquina, alimentada em parte pela gravidade, mas principalmente pela eletricidade", e essa falta no abastecimento de água pode causar a morte dentro de três a quatro dias.[9]

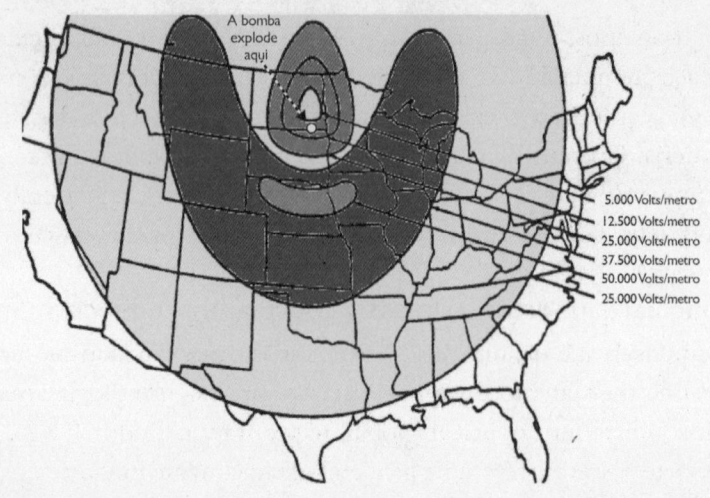

Figura 5.2: Uma única explosão de bomba de hidrogênio 400 km acima da Terra pode causar um forte impulso eletromagnético que pode prejudicar a tecnologia que depende da eletricidade em uma área ampla. Ao virar o ponto de detonação para o sudeste, a zona em forma de banana com mais de 37.500 Volts por metro conseguiria cobrir a maior parte da Costa Leste dos Estados Unidos. Reimpresso a partir do Relatório do Exército AD-A278230 (sem classificação), com cores.

Terceiro, o potencial do inverno nuclear só foi notado quatro décadas depois, após termos implantado 63 mil bombas de hidrogênio – oops! Não importa quais cidades sejam queimadas, grandes quantidades de fumaça atingindo a troposfera superior podem se espalhar pelo mundo, bloqueando a luz solar o suficiente para transformar os verões em invernos, como quando um asteroide ou supervulcão causou uma extinção em massa no passado. Quando o alarme foi tocado por cientistas americanos e soviéticos nos anos 1980, isso contribuiu para a decisão de Ronald Reagan e Mikhail Gorbachev de começar a cortar suprimentos.[10] Infelizmente, cálculos mais precisos criaram uma imagem ainda mais sombria: a Figura 5.3 mostra o resfriamento em cerca de 20° Celsius (36° Fahrenheit) em muitas das principais regiões agrícolas dos Estados Unidos, Europa, Rússia e China (e em 35 °C em algumas partes da Rússia) nos dois primeiros verões, e cerca de metade disso até uma década depois.* Em termos

---

* A injeção de carbono na atmosfera pode causar dois tipos de mudança climática: aquecimento do dióxido de carbono ou resfriamento da fumaça e fuligem. Não são apenas os primeiros tipos que ocasionalmente são descartados sem evidências científicas: às vezes me dizem que o inverno nuclear foi decifrado e é praticamente impossível. Eu sempre respondo pedindo uma referência a um artigo científico revisado por pares que faça afirmações tão fortes e, até agora, parece não haver nenhuma. Embora existam grandes incertezas que justifiquem pesquisas adicionais, especialmente relacionadas à quantidade de fumaça produzida e à sua alta elevação, na minha opinião científica, não há base atual para descartar o risco do inverno nuclear.

simples, o que isso significa? Não é preciso ter muita experiência agrícola para concluir que as temperaturas de verão quase congelantes por anos eliminariam a maior parte de nossa produção de alimentos. É difícil prever exatamente o que aconteceria depois que milhares de grandes cidades da Terra fossem reduzidas a escombros e a infraestrutura global ruísse, mas qualquer fração de todos os humanos que não sucumba à fome, hipotermia ou doença precisaria lidar com gangues armadas desesperadas por comida.

Entrei em muitos detalhes sobre a guerra nuclear global para chegar ao ponto crucial que nenhum líder mundial razoável desejaria, mas que, ainda assim, pode acontecer por acidente. Isso significa que não podemos confiar que nossos companheiros humanos nunca vão cometer omnicídio: o fato de ninguém querer isso não é necessariamente suficiente para evitar que aconteça.

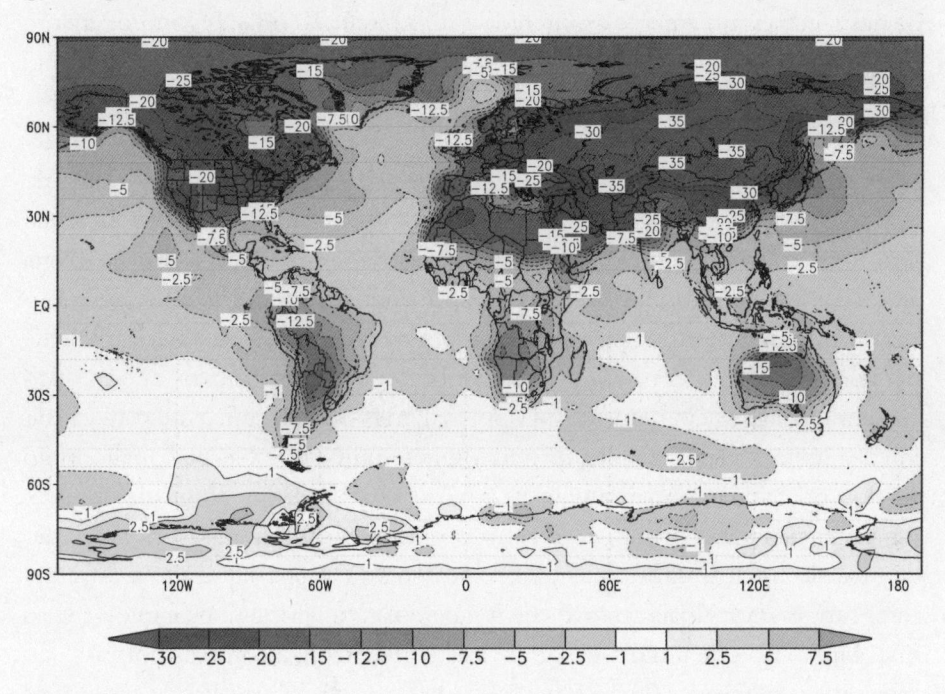

Figura 5.3: Média de esfriamento (em °C) durante os primeiros dois verões depois de uma guerra em escala nuclear entre Estados Unidos e Rússia. Reproduzido com permissão de Alan Rocock.[11]

Dispositivos do dia do juízo final

Então, nós, humanos, poderíamos de fato cometer omnicídio? Mesmo que uma guerra nuclear global possa matar 90% de todos os seres humanos, a maioria dos cientistas acredita que não mataria 100% e, portanto, não nos levaria à extinção. Por outro lado, a história da radiação nuclear, do PEM nuclear e do inverno nuclear demonstram que os maiores perigos podem ser aqueles em que ainda nem pensamos. É incrivelmente difícil prever todos os aspectos das consequências e como o inverno nuclear, o colapso da infraestrutura, os níveis elevados de mutação e as hordas armadas desesperadas podem interagir com outros problemas, como novas pandemias, colapso do ecossistema e efeitos que ainda não imaginamos. Logo, minha avaliação pessoal é que, embora a probabilidade de uma guerra nuclear amanhã desencadear a extinção humana não seja grande, não podemos concluir com confiança que ela também é zero.

As probabilidades omnicidas aumentam se transformarmos as armas nucleares de hoje em um dispositivo apocalíptico proposital. Introduzido pelo estrategista da RAND, Herman Kahn, em 1960, e popularizado no filme de Stanley Kubrick, *Dr. Fantástico*, um dispositivo apocalíptico leva o paradigma da destruição mutuamente assegurada à sua conclusão final. É o impedimento perfeito: uma máquina que retalia automaticamente qualquer ataque inimigo, matando toda a humanidade.

Um candidato a dispositivo apocalíptico é um imenso esconderijo subterrâneo das chamadas armas nucleares "temperadas", de preferência bombas de hidrogênio enormes, cercadas por grandes quantidades de cobalto. O físico Leo Szilard já argumentou, em 1950, que isso poderia matar todos na Terra: as explosões das bombas de hidrogênio tornariam o cobalto radioativo e o espalhariam na estratosfera, e sua meia vida de cinco anos é longa o suficiente para se estabelecer em toda a Terra (sobretudo se dispositivos apocalíptico fossem colocados em hemisférios opostos), mas curta o suficiente para causar intensa radiação letal. Relatos da mídia sugerem que bombas de cobalto estão sendo construídas pela primeira vez.[12] As oportunidades omnicidas podem ser potencializadas com o acréscimo de bombas otimizadas para a criação de inverno nuclear, maximizando os aerossóis de longa duração na estratosfera. Um dos principais atrativos de um dispositivo apocalíptico é que é muito mais barato do que um dissuasor nuclear convencional: como as bombas não precisam ser lançadas, não há necessidade de sistemas de mísseis caros, e as próprias bombas são mais baratas de construir, porque não precisam ser leves e compactas o suficiente para caber em mísseis.

Outra possibilidade é a futura descoberta de um dispositivo apocalíptico biológico uma bactéria ou vírus projetado sob medida que mata todos os seres humanos. Se sua transmissão fosse alta o suficiente e seu período de incubação longo o suficiente, todos poderiam pegá-lo antes de perceberem sua existência e tomarem medidas contrárias. Há um argumento militar para a construção de uma arma biológica como essa, mesmo que não possa matar todo mundo: o dispositivo do dia do juízo final mais eficaz é aquele que combina armas nucleares, biológicas e outras para maximizar as chances de dissuadir o inimigo.

Armas de IA

Uma terceira rota tecnológica para o omnicídio pode envolver armas de IA relativamente simplórias. Suponha que uma superpotência construa bilhões de drones de ataque do tamanho de uma abelha, sobre os quais falamos no Capítulo 3, e os use para matar qualquer pessoa, exceto seus próprios cidadãos e aliados, identificados remotamente por uma etiqueta de radiofrequência, assim como a maioria dos produtos de supermercado nos dias de hoje. Essas etiquetas podem ser distribuídas a todos os cidadãos para serem usadas em pulseiras ou como implantes transdérmicos, como na seção de totalitarismo. Isso provavelmente estimularia uma superpotência oposta a construir algo parecido. Quando uma guerra começasse por acidente, todos os seres humanos seriam mortos, até tribos remotas não relacionadas, porque ninguém usaria os dois tipos de identificação. Combinar isso com um dispositivo apocalíptico nuclear e biológico aumentaria ainda mais as chances de omnicídio bem-sucedido.

O que você quer?

Você começou este capítulo ponderando para onde deseja que a atual corrida por IAG nos conduza. Agora que exploramos juntos uma ampla gama de cenários, quais são os mais atrativos para você e quais você acha que devemos evitar veementemente? Você tem um favorito? Por favor, comente comigo e com outros leitores em <http://AgeOfAi.org> (em inglês) e participe da discussão!

Os cenários que abordamos obviamente não devem ser vistos como uma lista completa, e muitos são escassos em detalhes, mas tentei ser abrangente e abarcar todo o espectro, da alta à baixa tecnologia, passando por nenhuma tecnologia, e descrever todas as principais esperanças e medos expressados na literatura.

Uma das partes mais divertidas de escrever este livro foi ouvir o que meus amigos e colegas pensam desses cenários, e me diverti ao saber que não existe consenso. A única coisa com que todos concordam é que as escolhas são mais sutis do que podem parecer de início. Pessoas que gostam de qualquer cenário tendem a considerar simultaneamente alguns aspectos incômodos. Para mim, isso significa que nós, humanos, precisamos continuar e aprofundar essa conversa sobre nossos objetivos futuros, para saber em que direção seguir. O potencial futuro para a vida em nosso cosmos é imensamente grandioso, então não vamos desperdiçá-lo boiando como um navio sem leme, sem ideia de onde queremos chegar!

O quanto esse possível futuro é grandioso? Não importa quão avançada nossa tecnologia seja, a capacidade da Vida 3.0 de melhorar e se espalhar pelo nosso cosmos será limitada pelas leis da física – quais são esses limites finais nos bilhões de anos que estão por vir? Nosso universo está repleto de vida extraterrestre agora ou estamos sozinhos? O que acontece se diferentes civilizações cósmicas em expansão se encontrarem? Vamos falar dessas questões fascinantes no próximo capítulo.

Resumo

- A corrida atual em direção à IAG pode terminar em uma gama fascinantemente ampla de cenários de consequências nos próximos milênios.
- A superinteligência pode coexistir pacificamente com os seres humanos porque é forçada a isso (cenário de deus escravizado) ou porque é uma "IA amigável" que deseja isso (cenários de utopia libertária, deus protetor, ditador benevolente e cuidador de zoológico).
- A superinteligência pode ser evitada por uma IA (cenário de guardião) ou por humanos (cenário de *1984*), esquecendo deliberadamente a tecnologia (cenário de reversão) ou por falta de incentivos para construí-la (cenário de utopia igualitária).
- A humanidade pode ser extinta e substituída por IAs (cenários conquistadores e descendentes) ou por nada (cenário de autodestruição).
- Não há absolutamente nenhum consenso sobre qual desses cenários é desejado, se é que há algum, e todos envolvem elementos questionáveis. Isso torna ainda mais importante continuar e aprofundar a conversa em torno de nossos objetivos futuros, para não desviarmos inadvertidamente nem seguirmos em uma direção ruim.

6

Nosso investimento cósmico: os próximos bilhões de anos e além

"Nossa especulação termina em uma supercivilização, a síntese de toda a vida do Sistema Solar, constantemente melhorando e se expandindo, se espalhando a partir do Sol, convertendo a não vida em mente."
Hans Moravec, *Mind Children*

Para mim, a descoberta científica mais inspiradora de todos os tempos é que subestimamos drasticamente o potencial futuro da vida. Nossos sonhos e nossas aspirações não precisam se limitar às vidas úteis de um século marcado por doenças, pobreza e confusão. Em vez disso, auxiliada pela tecnologia, a vida tem o potencial de florescer por bilhões de anos, não apenas aqui em nosso Sistema Solar, mas também em um cosmos muito mais grandioso e inspirador do que nossos ancestrais imaginavam. Nem mesmo o céu é o limite.

Essa é uma notícia emocionante para uma espécie que foi inspirada a ultrapassar limites ao longo dos tempos. Os jogos olímpicos comemoram a superação dos limites de força, velocidade, agilidade e resistência. A ciência celebra a superação dos limites do conhecimento e da compreensão. A literatura e a arte celebram a superação dos limites da criação de experiências belas ou enriquecedoras. Muitas pessoas, organizações e nações comemoram recursos, território e longevidade cada vez maiores. Dada a nossa obsessão humana por limites, é justo que o livro com direitos autorais mais vendido de todos os tempos seja o *Guinness*, o livro de recordes mundiais.

Portanto, se nossos antigos limites de vida conhecidos podem ser quebrados pela tecnologia, quais são os limites *finais*? Quanto do nosso cosmos pode ganhar vida? Até que ponto a vida pode chegar e quanto tempo pode durar? De quanta matéria a vida pode fazer uso e quanta energia, informação e computação pode extrair? Esses limites máximos não são estabelecidos pelo nosso entendimento, mas pelas leis da física. Ironicamente, isso facilita, de certa forma, mais a análise do futuro da vida a longo prazo do que do futuro a curto prazo.

Se nossa história cósmica de 13,8 bilhões de anos fosse comprimida em uma semana, o drama dos 10 mil anos apresentados nos dois últimos capítulos terminaria em menos de meio segundo. Isso significa que, embora não possamos prever se e como uma explosão de inteligência vai se desenrolar e quais serão suas consequências imediatas, todo esse tumulto é apenas um breve lampejo na história cósmica cujos detalhes não afetam os limites máximos da vida. Se a vida pós-explosão é tão obcecada quanto os humanos de hoje em ultrapassar limites, ela vai desenvolver uma tecnologia para realmente *alcançar* esses limites – porque ela pode. Neste capítulo, vamos explorar quais são esses limites, obtendo um vislumbre de como o futuro da vida a longo prazo pode ser. Como esses limites se baseiam em nossa atual compreensão da física, devem ser vistos como uma barreira inferior das possibilidades: descobertas científicas futuras podem apresentar oportunidades para ir além.

Mas sabemos de fato que a vida futura será tão ambiciosa? Não, não sabemos: talvez se torne tão complacente quanto um viciado em heroína ou um viciado em televisão apenas assistindo a *Keeping Up with the Kardashians* várias vezes. No entanto, há motivos para suspeitar que a ambição é uma característica bastante genérica da vida avançada. Quase independentemente do que se esteja tentando maximizar, seja inteligência, longevidade, conhecimento ou experiências interessantes, serão necessários recursos. Portanto, existe um incentivo para levar sua tecnologia ao limite máximo, para aproveitar ao máximo os recursos que se tem. Depois disso, a única maneira de melhorar ainda mais é adquirir mais recursos, expandindo para regiões cada vez maiores do cosmos.

Além disso, a vida pode originar-se de maneira independente em vários lugares do nosso cosmos. Nesse caso, civilizações não ambiciosas apenas se tornam cosmicamente irrelevantes, com partes cada vez maiores da investidura cósmica sendo tomadas pelas formas de vida mais ambiciosas. Assim, a seleção natural ocorre em uma escala cósmica e, depois de um tempo, quase toda a vida que existe será ambiciosa. Em resumo, se estivermos interessados na extensão em que nosso cosmos pode finalmente ganhar vida, deveríamos estudar os limites da ambição impostos pelas leis da física. Vamos fazer isso! Vamos primeiro explorar os limites do que pode ser feito com os recursos (matéria, energia etc.) que possuímos em nosso Sistema Solar e, em seguida, vamos ver como obter mais recursos por meio da exploração e colonização cósmica.

Aproveitando ao máximo seus recursos

Enquanto os supermercados e as bolsas de commodities de hoje vendem dezenas de milhares de itens que poderíamos chamar de "recursos", a vida futura que atingiu o limite tecnológico precisa essencialmente de um recurso fundamental: a chamada *matéria bariônica*, que significa qualquer coisa composta de átomos ou seus constituintes (quarks e elétrons). Qualquer que seja a forma dessa matéria, a tecnologia avançada pode reorganizá-la em quaisquer substâncias ou objetos desejados, incluindo usinas de energia, computadores e formas de vida avançadas. Portanto, vamos começar examinando os limites da energia que alimenta a vida avançada e o processamento de informações que permite que ela pense.

Construindo esferas de Dyson

Quando se trata do futuro da vida, um dos visionários mais esperançosos é Freeman Dyson. Tenho a honra e o prazer de conhecê-lo há duas décadas, mas, quando o encontrei pela primeira vez, fiquei nervoso. Eu era um pós-doutorando iniciante conversando com meus amigos no refeitório do Instituto de Estudos Avançados de Princeton, e do nada esse físico mundialmente famoso que costumava andar com Einstein e Gödel se aproximou, se apresentou e perguntou se podia se juntar a nós! Ele logo me deixou à vontade, explicando que preferia almoçar com os jovens a fazê-lo com professores velhos e pedantes. Embora tenha 93 anos enquanto digito estas palavras, Freeman ainda tem um espírito mais jovem do que a maioria das pessoas que conheço, e o brilho de menino travesso em seus olhos revela que ele não se importa com formalidades, hierarquias acadêmicas ou sabedoria convencional. Quanto mais ousada a ideia, mais animado ele fica.

Quando conversamos sobre o uso de energia, ele zombou de nós, seres humanos nada ambiciosos, apontando que poderíamos satisfazer todas as nossas atuais necessidades globais de energia colhendo a luz do sol que atinge uma área menor que 0,5% do deserto do Saara. Mas por que parar aí? Por que parar de capturar toda a luz do sol que atinge a Terra, deixando que a maior parte seja irradiada para o espaço vazio? Por que não simplesmente colocar *toda* a produção de energia do sol para ser usada durante a vida?

Inspirado no clássico de ficção científica de 1937 de Olaf Stapledon, *Star Maker*, com anéis de mundos artificiais orbitando sua estrela-mãe, Freeman Dyson publicou uma descrição em 1960 do que ficou conhecido como "esfera de Dyson".[1] A ideia de Freeman era reorganizar Júpiter em uma biosfera em forma de concha esférica ao redor do Sol, onde nossos descendentes poderiam florescer, desfrutando de 100 bilhões de vezes mais biomassa e um trilhão de vezes mais energia do que a humanidade usa hoje.[2] Ele argumentou que esse era o próximo passo natural: "É de se esperar que, em alguns milhares de anos depois de entrar no estágio de desenvolvimento industrial, qualquer espécie inteligente seja encontrada ocupando uma biosfera artificial que envolva completamente sua estrela-mãe". Se você vivesse no interior de uma esfera de Dyson, não haveria noites: você sempre veria o Sol, e em todo o céu você veria a luz solar refletindo no resto da biosfera, assim como, hoje em dia, podemos ver a luz solar refletindo na Lua durante o dia. Se quisesse ver estrelas, você simplesmente "subiria as escadas" e espiaria o cosmos do lado de fora da esfera de Dyson.

Uma maneira de construir uma esfera de Dyson parcial com baixa tecnologia é colocar um anel de habitats em órbita circular ao redor do Sol. Para cercar completamente o Sol, você pode adicionar anéis orbitando o Sol em torno de diferentes eixos a distâncias um pouco diferentes, para evitar colisões. Para evitar o incômodo de esses anéis velozes não poderem se conectar um ao outro, complicando o transporte e a comunicação, seria possível construir uma esfera de Dyson estacionária monolítica, em que a atração gravitacional interna do Sol fosse equilibrada pela pressão externa da radiação solar – uma ideia pioneira de Robert L. Forward e de Colin McInnes. A esfera pode ser construída adicionando gradualmente mais *statites*: satélites estacionários que neutralizam a gravidade do Sol com pressão de radiação, em vez de forças centrífugas. Ambas as forças caem com o quadrado da distância do Sol, o que significa que, se puderem ser equilibradas a uma distância do Sol, também serão convenientemente equilibradas em qualquer outra distância, possibilitando a liberdade de estacionar em qualquer lugar do nosso Sistema Solar. Os *statites* precisam ser folhas extremamente leves, pesando apenas 0,77 gramas por metro quadrado, o que é cerca de 100 vezes menos que o papel, mas é improvável que isso seja um obstáculo para o espetáculo. Por exemplo, uma folha de grafeno (uma única camada de átomos de carbono em um padrão hexagonal semelhante a uma rede metálica) pesa mil vezes menos que esse limite. Se a esfera de Dyson for construída para refletir, em vez de absorver, a maior parte da luz solar, a intensidade total de luz refletida nela aumentará drasticamente, elevando ainda mais a pressão de radiação e a quantidade de massa que pode ser suportada na esfera. Muitas outras estrelas têm uma luminosidade mil vezes ou até um milhão de vezes maior que o nosso Sol e, portanto, são capazes de suportar esferas de Dyson estacionárias proporcionalmente mais pesadas.

Se uma esfera de Dyson rígida muito mais pesada for desejada aqui em nosso Sistema Solar, então resistir à gravidade do Sol exigirá materiais ultrafortes que possam suportar pressões dezenas de milhares de vezes maiores do que as da base dos arranha-céus mais altos do mundo, sem liquefazer ou ceder. Para ter vida longa, uma esfera de Dyson precisaria ser dinâmica e inteligente, ajustando constantemente sua posição e sua forma em resposta a distúrbios e, ocasionalmente, abrindo grandes buracos para permitir que asteroides e cometas irritantes passassem sem incidentes. Por outro lado, um sistema de detecção e desvio pode ser usado para lidar com esses intrusos, opcionalmente desmontando-os e dando melhor uso à sua matéria.

Para os humanos de hoje, a vida na esfera de Dyson seria, na melhor das hipóteses, desorientadora e, na pior das hipóteses, impossível; mas isso não precisa impedir que futuras formas de vida biológicas ou não biológicas prosperem ali. A variante em órbita não ofereceria praticamente nenhuma gravidade e, se você andasse no tipo estacionário, só poderia andar do lado de fora (no lado oposto ao Sol) sem cair, com a gravidade cerca de 10 mil vezes mais fraca do que aquela com que está acostumado. Não haveria um campo magnético (a menos que construísse um) protegendo-o de partículas perigosas do Sol. O lado positivo é que uma esfera de Dyson do tamanho da órbita real da Terra nos daria cerca de 500 milhões de vezes mais superfície para viver.

Se mais habitats humanos parecidos com a Terra são desejados, a boa notícia é que eles são muito mais fáceis de construir do que uma esfera de Dyson.

Por exemplo, as Figuras 6.1 e 6.2 mostram um projeto de habitat cilíndrico desenvolvido pelo físico americano Gerard K. O'Neill, que defende a gravidade artificial, blindagem de raios cósmicos, um ciclo dia-noite de 24 horas e atmosfera e ecossistemas semelhantes à Terra. Tais habitats poderiam orbitar livremente dentro de uma esfera de Dyson ou variantes modificadas poderiam ser fixadas fora dela.

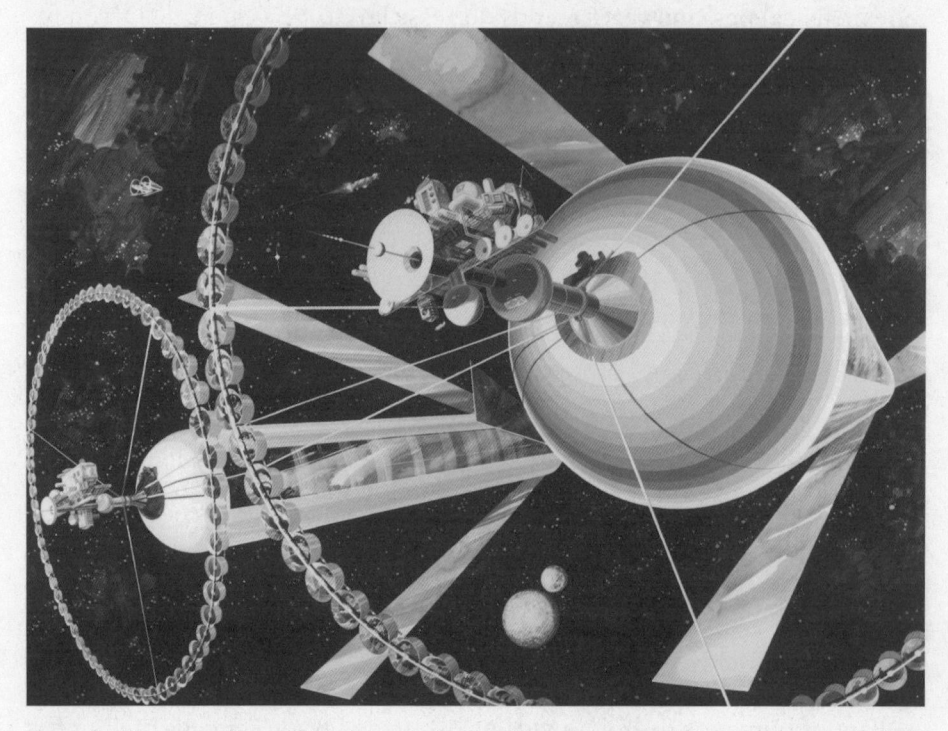

Figura 6.1: Um par de cilindros O'Neill em rotação contrária pode fornecer habitats humanos confortáveis, semelhantes aos da Terra, se orbitarem o Sol de tal maneira que sempre apontem diretamente para ele. A força centrífuga de sua rotação fornece gravidade artificial, e três espelhos dobráveis transmitem a luz do sol para dentro em um ciclo dia-noite de 24 horas. Os habitats menores dispostos em forma de anel são especializados em agricultura. Imagem cortesia de Rick Guidice/Nasa.

Construindo usinas melhores

Embora sejam eficientes em termos energéticos pelos padrões atuais de engenharia, as esferas de Dyson não chegam nem perto de ultrapassar os limites estabelecidos pelas leis da física. Einstein nos ensinou que se pudéssemos converter massa em energia com 100% de eficiência,[*] então uma quantidade

---

[*] Se você trabalha no setor de energia, talvez esteja acostumado a definir eficiência como a fração da energia liberada em forma útil.

de massa m nos daria uma quantidade de energia E de acordo com sua famosa fórmula, $E = mc^2$, onde c é a velocidade da luz. Isso significa que, como c é enorme, uma pequena quantidade de massa pode produzir uma quantidade enorme de energia. Se tivéssemos um suprimento abundante de antimatéria (o que não temos), seria fácil fabricar uma usina 100% eficiente: simplesmente despejar uma colher de chá de anti-água na água normal liberaria a energia equivalente a 200 mil toneladas de TNT, o rendimento de uma bomba de hidrogênio típica – o suficiente para suprir toda a necessidade de energia do mundo por cerca de sete minutos.

Figura 6.2: Vista interior de um dos cilindros O'Neill da figura anterior. Se seu diâmetro é de 6,4 quilômetros e gira a cada dois minutos, as pessoas na superfície sentem a mesma gravidade aparente da Terra. O Sol está atrás de você, mas parece estar acima por causa de um espelho do lado de fora do cilindro que se dobra à noite. Janelas herméticas impedem que a atmosfera escape do cilindro. Imagem cortesia de Rick Guidice/Nasa.

Por outro lado, nossas maneiras mais comuns de gerar energia hoje são lamentavelmente ineficientes, conforme resumido na Tabela 6.1 e na Figura 6.3. A digestão de uma barra de chocolate é apenas 0,00000001% eficiente, no sentido que libera apenas dez trilionésimos da energia mc^2 que ela contém. Se seu estômago fosse 0,001% eficiente, você só precisaria fazer uma única refeição pelo resto da vida. Comparada à alimentação, a queima de carvão e gasolina é apenas três e cinco vezes mais eficiente, respectivamente. Os reatores nucleares de hoje são imensamente melhores, pois dividem átomos de urânio por fissão, mas, ainda assim, não conseguem extrair mais do que 0,08% de sua energia. O reator nuclear no núcleo do Sol é uma ordem de magnitude mais eficiente do que os que construímos, extraindo 0,7% da energia do hidrogênio ao fundi-lo em hélio. No entanto, mesmo se colocarmos o Sol em uma esfera de Dyson perfeita, nunca vamos converter mais de 0,08% da massa do Sol em energia que podemos usar, porque, uma vez que o Sol tenha consumido cerca de um décimo de seu combustível de hidrogênio, ele terminará sua vida como uma estrela normal, vai se expandir até se tornar uma gigante vermelha e começará a morrer. As coisas também não melhoram muito para outras estrelas: a fração do hidrogênio consumido durante a vida útil principal varia de cerca de 4% para estrelas muito pequenas a aproximadamente 12% para as maiores. Se aperfeiçoarmos um reator de fusão artificial que nos permitiria fundir 100% de todo o hidrogênio à nossa disposição, ainda estaríamos presos à eficiência embaraçosamente baixa de 0,7% do processo de fusão. Como podemos fazer melhor?

Método	Eficiência
Digerir barra de chocolate	0,00000001%
Queimar carvão	0,00000003%
Queimar gasolina	0,00000005%
Fissão de urânio – 235	0,08%
Usar esfera de Dyson até a morte do Sol	0,08%
Fusão de hidrogênio em hélio	0,7%
Motor giratório de buraco negro	29%
Esfera de Dyson ao redor do quasar	42%
Sphalerizer	50%?
Evaporação de buraco negro	90%

Tabela 6.1: Eficiência da conversão de massa em energia utilizável em relação ao limite teórico $E = mc^2$. Como explicado no texto, obter 90% de eficiência na manutenção de buracos negros e esperar que evaporem é infelizmente muito lento para ser útil, e acelerar o processo reduz drasticamente a eficiência.

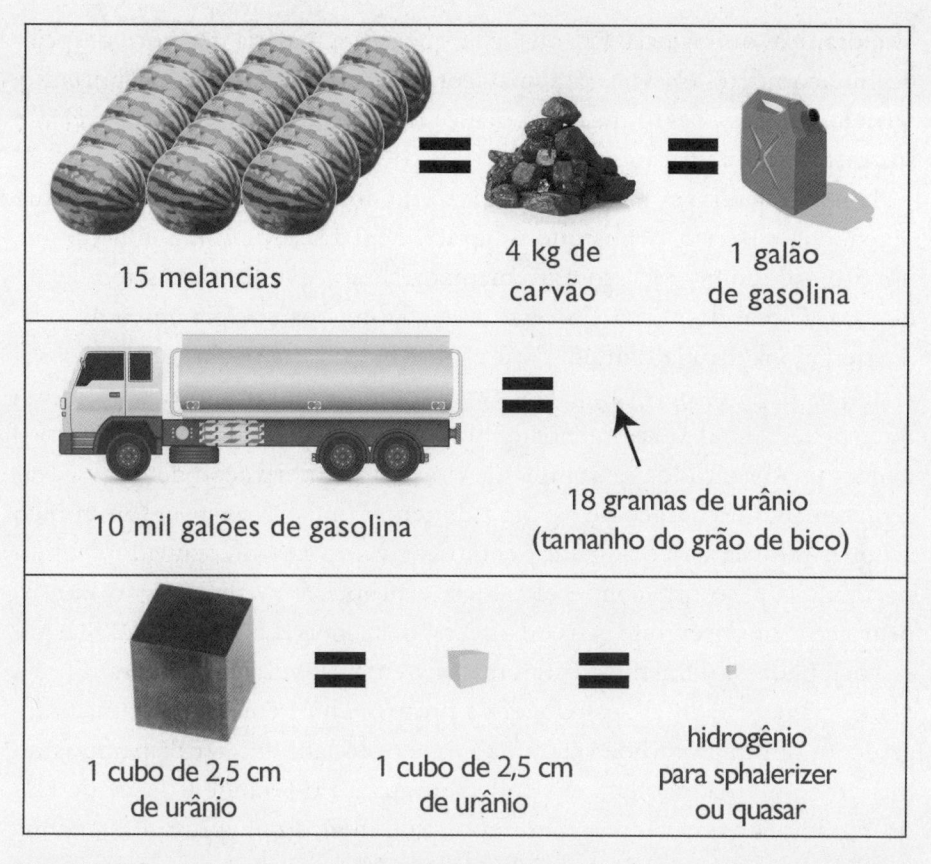

Figura 6.3: A tecnologia avançada pode extrair drasticamente mais energia da matéria do que a que obtemos ao comer ou queimá-la, e até a fusão nuclear extrai 140 vezes menos energia do que os limites estabelecidos pelas leis da física. Usinas elétricas que exploram sphalerons, quasares ou evaporação de buracos negros podem se sair muito melhor.

Buracos negros em evaporação

Em seu livro *Uma breve história do tempo,* Stephen Hawking propôs uma usina elétrica de buraco negro.* Pode parecer paradoxal, uma vez que se acreditava que os buracos negros eram armadilhas das quais nada, nem mesmo a luz, poderia escapar. No entanto, Hawking calculou que os efeitos da gravidade quântica fazem um buraco negro agir como um objeto quente – o menor, o mais quente – que emite radiação de calor, agora conhecida como *radiação Hawking*. Isso significa que o buraco negro gradualmente perde energia e

---

* Se nenhum buraco negro adequado feito pela natureza pode ser encontrado no universo próximo, um novo pode ser criado colocando muita matéria em um espaço suficientemente pequeno.

evapora. Em outras palavras, qualquer que seja a matéria que você despejar no buraco negro, ela voltará a aparecer como radiação de calor; portanto, quando o buraco negro tiver evaporado por completo, você terá convertido sua matéria em radiação com quase 100% de eficiência.*

Um problema em usar a evaporação de um buraco negro como fonte de energia é que, a menos que o buraco negro seja muito menor do que um átomo, é um processo extremamente lento que leva mais tempo do que a era atual do nosso Universo e irradia menos energia que uma vela. A energia produzida diminui com o quadrado do tamanho do buraco, e, assim, os físicos Louis Crane e Shawn Westmoreland propuseram usar um buraco negro mil vezes menor que um próton, pesando tanto quanto o maior navio de todos os tempos.[3] A principal motivação deles era usar o mecanismo do buraco negro para alimentar uma nave estelar (um tópico ao qual retornaremos adiante), então estavam mais preocupados com a portabilidade do que com a eficiência e propuseram alimentar o buraco negro com luz laser, sem causar conversão de energia para matéria. Mesmo se você pudesse alimentá-lo com matéria em vez de radiação, garantir alta eficiência parece difícil: para fazer os prótons entrarem em um buraco negro com um milésimo de seu tamanho, eles teriam que ser disparados no buraco com uma máquina tão poderosa quanto o Grande Colisor de Hádrons, ampliando sua energia mc^2 com pelo menos mil vezes mais energia cinética (movimento). Como pelo menos 10% dessa energia cinética seria perdida para os grávitons quando o buraco negro evaporasse, estaríamos, portanto, colocando mais energia no buraco negro do que poderíamos extrair e colocar em funcionamento, e terminaríamos com eficiência negativa. Para confundir ainda mais as perspectivas de uma usina de buraco negro, ainda nos falta uma teoria rigorosa da gravidade quântica sobre a qual basear nossos cálculos – mas essa incerteza poderia, é claro, também significar que existem novos efeitos úteis da gravidade quântica ainda a serem descobertos.

---

* Isso é uma simplificação exagerada, porque a radiação Hawking também inclui algumas partículas das quais é difícil extrair trabalho útil. Os grandes buracos negros são apenas 90% eficientes, porque cerca de 10% da energia é irradiada na forma de grávitons: partículas extremamente tímidas que são quase impossíveis de detectar e das quais é difícil extrair trabalho útil. À medida que o buraco negro continua evaporando e diminuindo, a eficiência cai ainda mais porque a radiação Hawking começa a incluir neutrinos e outras partículas com massa.

Buracos negros giratórios

Felizmente, existem outras maneiras de usar buracos negros como usinas de energia que não envolvem gravidade quântica ou outra física pouco compreendida. Por exemplo, muitos buracos negros existentes giram muito rápido, com seus horizontes de eventos girando perto da velocidade da luz, e essa energia de rotação pode ser extraída. O horizonte de eventos de um buraco negro é a região da qual nem a luz pode escapar, porque a força gravitacional é muito poderosa. A Figura 6.4 ilustra como, fora do horizonte de eventos, um buraco negro em rotação tem uma região chamada *ergosfera*, em que o buraco negro giratório arrasta o espaço junto de si tão rápido que é impossível uma partícula ficar parada e não ser arrastada. Se você lançar um objeto para dentro da ergosfera, ele vai ganhar velocidade girando em torno do buraco. Infelizmente, em pouco tempo esse objeto será consumido pelo buraco negro, desaparecendo para sempre no horizonte de eventos, então isso não funciona se você estiver tentando extrair energia. No entanto, Roger Penrose descobriu que, se você lançar o objeto em um ângulo inteligente e o fizer se dividir em dois pedaços, como a Figura 6.4 ilustra, poderá organizar para que apenas um pedaço seja comido, enquanto o outro escapará do buraco negro com mais energia do que você tinha no começo. Em outras palavras, você converteu com êxito parte da energia rotacional do buraco negro em energia útil que pode colocar em funcionamento. Repetindo esse processo várias vezes, você pode tirar do buraco negro *toda* a sua energia rotacional para fazê-lo parar de girar e sua ergosfera desaparecer. Se o buraco negro inicial girava o mais rápido que a natureza permitia, com seu horizonte de eventos se movendo essencialmente à velocidade da luz, essa estratégia permite converter 29% de sua massa em energia. Ainda existe uma incerteza considerável sobre a rapidez com que os buracos negros giram em nosso céu noturno, mas muitos dos mais estudados parecem girar bastante rápido: entre 30% e 100% do máximo permitido. O enorme buraco negro no meio da nossa galáxia (que pesa 4 milhões de vezes mais que o nosso Sol) parece girar, portanto, e mesmo que apenas 10% de sua massa pudesse ser convertida em energia útil, isso produziria o mesmo que 400 mil sóis convertidos em energia com 100% de eficiência, ou quase a mesma quantidade de energia que obteríamos das esferas de Dyson em torno de 500 milhões de sóis ao longo de bilhões de anos.

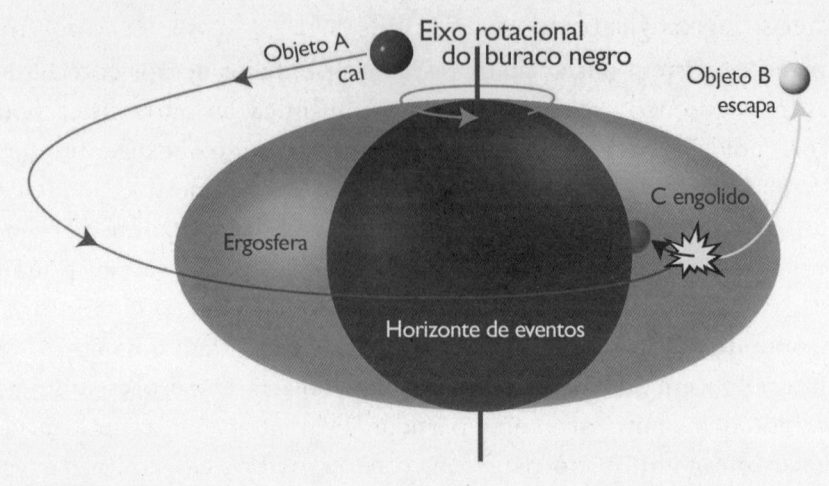

Figura 6.4: Parte da energia rotacional de um buraco negro pode ser extraída jogando uma partícula A perto do buraco negro e dividindo-a em uma parte C que é engolida e uma parte B que escapa – com mais energia do que A tinha inicialmente.

Quasares

Outra estratégia interessante é extrair energia não do próprio buraco negro, mas da matéria que cai dentro dele. A natureza já encontrou uma maneira de fazer isso sozinha: o quasar. À medida que o gás gira ainda mais perto de um buraco negro, formando um disco em formato de pizza, cujas partes mais internas gradualmente se engolem, ele fica extremamente quente e libera quantidades abundantes de radiação. Conforme o gás cai em direção ao buraco, ele acelera, convertendo sua energia potencial gravitacional em energia de movimento, da mesma forma que faz um paraquedista. O movimento se torna progressivamente mais confuso à medida que a turbulência complicada converte o movimento coordenado da bolha de gás em movimento aleatório em escalas cada vez menores, até os átomos individuais começarem a colidir uns com os outros em altas velocidades – esse movimento aleatório é exatamente o que significa estar quente, e essas violentas colisões convertem a energia do movimento em radiação. Ao construir uma esfera de Dyson em torno de todo o buraco negro, a uma distância segura, essa energia de radiação pode ser capturada e posta em uso. Quanto mais rápido o buraco negro gira, mais eficiente fica o processo; um buraco negro girando ao máximo fornece energia com uma eficiência de 42%.*

---

* Para os fãs de Douglas Adams, observem que essa é uma questão elegante dada a resposta para a questão da vida, do universo e tudo o mais. Mais precisamente, a eficiência é $1 - 1\sqrt{3} \approx 42\%$.

Para buracos negros que pesam quase tanto quanto uma estrela, a maior parte da energia sai como raios X, ao passo que, para o tipo enorme encontrado nos centros das galáxias, grande parte dela surge em algum lugar na faixa de luz infravermelha, visível e ultravioleta.

Depois de ficar sem combustível para alimentar seu buraco negro, você pode extrair sua energia rotacional conforme discutimos acima.* De fato, a natureza também já encontrou uma maneira de fazer isso parcialmente, aumentando a radiação do gás acumulado por meio de um processo magnético conhecido como mecanismo de Blandford-Znajek. Pode muito bem ser possível usar a tecnologia para melhorar ainda mais a eficiência da extração de energia para além de 42% pelo uso inteligente de campos magnéticos ou outros ingredientes.

Sphalerons

Existe outra maneira conhecida de converter matéria em energia que não envolve buracos negros: o processo sphaleron. Ele pode destruir os quarks e transformá-los em léptons: elétrons, seus primos mais pesados – as partículas de múon e tau –, neutrinos ou suas antipartículas.[4] Como ilustrado na Figura 6.5, o modelo-padrão da física de partículas prevê que nove quarks com sabor e rotação apropriados podem se unir e se transformar em três léptons por meio de um estado intermediário chamado sphaleron. Como a entrada pesa mais que a saída, a diferença de massa é convertida em energia, de acordo com a fórmula $E = mc^2$ de Einstein.

A vida inteligente futura pode, portanto, ser capaz de construir o que chamarei de "sphalerizer": um gerador de energia agindo como um motor a diesel turbinado. Um motor a diesel tradicional comprime uma mistura de ar e óleo diesel até que a temperatura fique alta o suficiente para acender e queimar espontaneamente; depois disso, a mistura quente se expande e faz um trabalho útil no processo, digamos, empurrando um pistão. O dióxido de carbono e outros gases de combustão pesam cerca de 0,00000005% menos do que o que de início estava no pistão, e essa diferença de massa se transforma na energia

---

* Se você alimentar o buraco negro, colocando ao redor dele uma nuvem de gás que gire lentamente na mesma direção, esse gás vai girar ainda mais depressa enquanto é puxado e engolido, aumentando a rotação do buraco negro, assim como um patinador gira mais rápido quando encolhe os braços. Isso pode manter o buraco girando ao máximo, possibilitando que você tire primeiro 42% da energia do gás e depois 29% do restante, para uma eficiência total de 42% + $(1 - 42\%) \times 29\% \approx 59\%$.

térmica que aciona o motor. Um sphaelerizer comprimiria a matéria comum a alguns quatrilhões de graus e, em seguida, a deixaria se expandir de novo e esfriar depois que os sphalerons fizessem o que deveriam fazer.* Já sabemos o resultado desse experimento, porque nosso Universo inicial o realizou há 13,8 bilhões de anos, quando estava quente: quase 100% da matéria é convertida em energia, restando menos de um bilionésimo das partículas do material de que a matéria comum é feita: quarks e elétrons. Portanto, é como um motor a diesel, só que um bilhão de vezes mais eficiente! Outra vantagem é que não é preciso ser meticuloso com o que abastecer – ele funciona com qualquer coisa feita de quarks, ou seja, qualquer matéria normal.

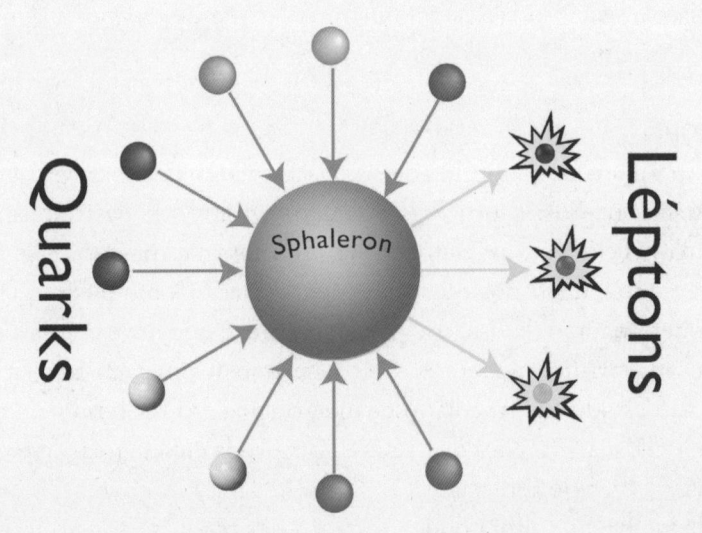

Figura 6.5: De acordo com o modelo padrão da física de partículas, nove quarks com sabor e rotação apropriados podem se unir e se transformar em três léptons através de um estado intermediário chamado "sphaleron". A massa combinada dos quarks (juntamente com a energia das partículas glúons que os acompanhavam) é muito maior que a massa dos léptons, portanto, esse processo liberará energia, indicada por flashes.

Devido a esses processos de alta temperatura, nosso Universo bebê produziu mais de um trilhão de vezes mais radiação (fótons e neutrinos) do que matéria (quarks e elétrons que mais tarde se aglomeraram em átomos). Durante os 13,8 bilhões de anos desde então, ocorreu uma grande segregação, em que os átomos se concentraram em galáxias, estrelas e planetas, enquanto a

---

* Ele precisa esquentar o suficiente para reunificar as forças eletromagnética e fraca, o que acontece quando as partículas se movem tão rápido quanto quando foram aceleradas por 200 bilhões de volts em um colisor de partículas.

maioria dos fótons permaneceu no espaço intergaláctico, formando a radiação cósmica de fundo em micro-ondas que foi usada para fazer fotos do início de nosso Universo. Qualquer forma de vida avançada que viva em uma galáxia ou em outra concentração de matéria pode, portanto, transformar a maior parte de sua matéria disponível em energia, reiniciando a porcentagem de matéria para o mesmo valor minúsculo que surgiu de nosso Universo inicial, recriando brevemente essas condições densas e quentes dentro de um sphalerizer.

Para descobrir a eficiência de um sphalerizer real, é preciso definir detalhes práticos importantes: por exemplo, que tamanho ele precisa ter para impedir que uma fração significativa dos fótons e neutrinos vaze durante o estágio de compressão? O que podemos dizer com certeza, no entanto, é que as perspectivas de energia para o futuro da vida são muito melhores do que nossa tecnologia atual possibilita. Ainda não conseguimos construir um reator de fusão, mas a tecnologia futura deve ser capaz de fazê-lo dez e talvez até cem vezes melhor.

Construindo computadores melhores

Se jantar é 10 bilhões de vezes pior do que o limite físico de eficiência energética, então qual é a eficiência dos computadores de hoje? Ainda pior do que esse jantar, como veremos agora.

Costumo apresentar meu amigo e colega Seth Lloyd como a única pessoa no MIT que é tão louca quanto eu. Depois de fazer um trabalho pioneiro em computadores quânticos, ele escreveu um livro argumentando que todo o nosso Universo é um computador quântico. Costumamos beber cerveja depois do trabalho, e ainda não descobri um tópico sobre o qual ele não tenha algo interessante a dizer. Por exemplo, como mencionei no Capítulo 2, ele tem muito a dizer sobre os limites máximos da computação. Em um famoso artigo de 2000, ele mostrou que a velocidade da computação é limitada pela energia: realizar uma operação lógica elementar no tempo T requer uma energia média de $E = h / 4T$, em que h é a constante fundamental da física conhecida como "constante de Planck". Isso significa que um computador de 1 kg pode executar no máximo 5×10^{50} operações por segundo – são impressionantes 36 ordens de magnitude a mais do que o computador no qual estou digitando estas palavras. Chegaremos lá em alguns séculos se o poder computacional continuar dobrando a cada dois anos, como exploramos no Capítulo 2. Ele também mostrou que um computador de 1 kg pode armazenar no máximo 10^{31} bits, que é cerca de um bilhão de bilhões de vezes melhor que o meu laptop.

Seth é o primeiro a admitir que de fato atingir esses limites pode ser um desafio, mesmo para a vida superinteligente, uma vez que a memória daquele "computador" final de 1 kg se assemelharia a uma explosão termonuclear ou a um pequeno pedaço do nosso Big Bang. No entanto, ele é otimista e afirma que os limites práticos não estão tão longe dos objetivos finais. De fato, os protótipos quânticos de computadores existentes já miniaturizaram sua memória armazenando um bit por átomo, e aumentar essa escala permitiria armazenar cerca de 10^{25} bits/kg – um trilhão de vezes melhor que o meu laptop. Além disso, o uso de radiação eletromagnética para se comunicar entre esses átomos permitiria cerca de 5×10^{40} operações por segundo – 31 ordens de magnitude melhores que minha CPU.

Em resumo, o potencial para a vida futura calcular e compreender as coisas é realmente impressionante: em termos de ordem de grandeza, os melhores supercomputadores de hoje estão muito mais longe do computador final de 1 quilo do que do pisca-pisca de um carro, dispositivo que armazena apenas um bit de informação, ativando e desativando uma vez por segundo.

Outros recursos

Do ponto de vista da física, tudo o que a vida futura pode querer criar – de habitats e máquinas a novas formas de vida – são simplesmente partículas elementares dispostas de alguma maneira específica. Assim como uma baleia azul é krill reorganizado, e krill é plâncton reorganizado, todo o nosso Sistema Solar é simplesmente hidrogênio reorganizado durante 13,8 bilhões de anos de evolução cósmica: a gravidade reorganizou o hidrogênio em estrelas, que reorganizaram o hidrogênio em átomos mais pesados, e depois a gravidade reorganizou esses átomos em nosso planeta, em que processos químicos e biológicos os reorganizaram em vida.

A vida futura que atingiu seu limite tecnológico pode executar esses rearranjos de partículas com mais rapidez e eficiência, primeiro usando seu poder de computação para descobrir o método mais eficiente e depois usando sua energia disponível para alimentar o processo de rearranjo de matéria. Vimos como a matéria pode ser convertida em computadores e energia; portanto, de certa forma, é o único recurso fundamental necessário.* Depois que a vida futura esbarra nos limites físicos do que pode fazer com sua matéria, só resta

---

* Acima, discutimos apenas matéria feita de átomos. Há cerca de seis vezes mais matéria escura, mas é muito evasiva e difícil de capturar, rotineiramente voando direto pela Terra até o outro lado, por isso resta saber se é possível para a vida futura capturá-la e utilizá-la.

uma maneira de fazer mais: obter mais matéria. E a única maneira de fazer isso é expandindo-se para o nosso Universo. Em direção ao espaço!

Ganhar recursos por meio de colônias cósmicas

Quão grande é o nosso investimento cósmico? Especificamente, quais limites superiores as leis da física impõem à quantidade de matéria que a vida pode usar no fim das contas? Nosso investimento cósmico é espantosamente grande, claro, mas quão grande, exatamente? A Tabela 6.2 lista alguns números-chave. Na atual conjuntura, nosso planeta está 99,999999% morto no sentido de que essa fração de sua matéria não faz parte da nossa biosfera e não está fazendo quase nada útil à vida além de fornecer força gravitacional e um campo magnético. Isso aumenta o potencial de um dia usarmos 100 milhões de vezes mais matéria no suporte ativo da vida. Se conseguirmos usar de forma ideal toda a matéria do nosso Sistema Solar (incluindo o Sol), será outro milhão de vezes melhor. Colonizar nossa galáxia aumentaria nossos recursos mais um trilhão de vezes.

Região	Partículas
Nossa biosfera	10^{43}
Nosso planeta	10^{51}
Nosso Sistema Solar	10^{57}
Nossa galáxia	10^{69}
Nosso limite viajando à metade da velocidade da luz	10^{75}
Nosso limite viajando à velocidade da luz	10^{76}
Nosso Universo	10^{78}

Tabela 6.2: Número aproximado de partículas de matéria (prótons e nêutrons) que a vida futura pode esperar usar.

Até onde podemos ir?

Você pode achar que, se tivermos a paciência necessária, somos capazes de adquirir recursos ilimitados colonizando quantas galáxias quisermos, mas não é isso o que a cosmologia moderna sugere! Sim, o espaço pode ser infinito, contendo infinitamente muitas galáxias, estrelas e planetas – aliás, é isso que é previsto pelas versões mais simples de *inflação*, o paradigma científico mais popular atualmente para o que criou nosso Big Bang há 13,8 bilhões de anos. No entanto, mesmo que haja infinitas galáxias, parece que podemos ver e alcançar apenas um número finito delas: podemos ver cerca de 200 bilhões de galáxias e nos instalar no máximo em 10 bilhões.

O que nos limita é a velocidade da luz: um ano-luz (cerca de 10 trilhões de quilômetros) por ano. A Figura 6.6 mostra a parte do espaço a partir da qual a luz chegou até nós nos 13,8 bilhões de anos desde o nosso Big Bang, uma região esférica conhecida como "nosso Universo observável" ou simplesmente "*nosso Universo*". Mesmo que o espaço seja infinito, nosso Universo é finito, contendo "apenas" cerca de 10^{78} átomos. Além disso, cerca de 98% do nosso Universo é "veja, mas não toque", no sentido de que podemos vê--lo, mas nunca alcançar, mesmo que viajemos para sempre na velocidade da luz. Por que isso? Afinal, o limite de até que distância podemos enxergar vem simplesmente do fato de que nosso Universo não é infinitamente antigo, de modo que a luz distante ainda não teve tempo de nos alcançar. Assim, não deveríamos conseguir viajar para galáxias arbitrariamente distantes se não sabemos o limite de quanto tempo podemos gastar no caminho?

Figura 6.6: Nosso Universo, isto é, a região esférica do espaço a partir do qual a luz teve tempo de chegar até nós (no centro) durante os 13,8 bilhões de anos desde o nosso Big Bang. Os padrões mostram as fotos do início do nosso Universo, tiradas pelo satélite Planck, revelando que, quando tinha apenas 400 mil anos, era apenas plasma quente, quase tão quente quanto a superfície do Sol. Provavelmente, o espaço continua além dessa região, e a cada ano surge matéria nova.

O primeiro desafio é que nosso Universo está se expandindo, o que significa que quase todas as galáxias estão voando para longe de nós, portanto, colonizar galáxias distantes equivale a um jogo de correr atrás do prejuízo. O segundo desafio é que essa expansão cósmica está se acelerando, devido à misteriosa energia escura que compõe cerca de 70% do nosso Universo. Para entender como isso causa problemas, imagine que você entra na plataforma de uma estação e vê seu trem acelerando e se afastando aos poucos de você, mas com uma porta convidativamente aberta. Se você for rápido e imprudente, consegue pegar o trem? Como, em algum momento, ele vai avançar mais do que você pode correr, a resposta claramente depende da sua distância em relação ao trem: se ele estiver além de uma certa distância crítica, você nunca irá alcançá-lo. Enfrentamos a mesma situação tentando capturar as galáxias distantes que estão aceleradamente se afastando de nós: mesmo que pudéssemos viajar na velocidade da luz, todas as galáxias para além de cerca de 17 bilhões de anos-luz permaneceriam sempre fora de alcance – e isso representa mais de 98% das galáxias em nosso Universo.

Mas espere: a teoria da relatividade especial de Einstein não disse que nada pode viajar mais rápido que a luz? Então, como as galáxias podem superar algo que viaja na velocidade da luz? A resposta é que a relatividade especial é substituída pela teoria da relatividade geral de Einstein, em que o limite de velocidade é mais liberal: nada pode viajar mais rápido que a velocidade da luz *pelo* espaço, mas o espaço é livre para se expandir o mais rápido que quiser. Einstein também nos deu uma boa maneira de visualizar esses limites de velocidade, vendo o tempo como a quarta dimensão em *espaço-tempo* (veja a Figura 6.7, em que mantive as coisas tridimensionais, omitindo uma das três dimensões espaciais). Se o espaço não estivesse se expandindo, os raios de luz formariam linhas inclinados em 45° pelo espaço-tempo, então as regiões que podemos ver e alcançar daqui e agora seriam cones. Enquanto nosso cone de luz passado seria truncado por nosso Big Bang há 13,8 bilhões de anos, nosso futuro cone de luz se expandiria para sempre, dando-nos acesso a uma dotação cósmica ilimitada. Em contraste, o painel do meio da figura mostra que um universo em expansão com energia escura (que parece ser o Universo que habitamos) deforma nossos cones de luz em uma forma de taça de champanhe, limitando para sempre o número de galáxias que podemos colonizar em cerca de dez bilhões.

Se esse limite causa claustrofobia cósmica em você, deixe-me animá-lo com uma possível brecha: meu cálculo pressupõe que a energia escura permaneça constante ao longo do tempo, consistente com o que as últimas medições sugerem. No entanto, ainda não temos ideia do que de fato é a energia escura, o que deixa um vislumbre de esperança de que a energia escura acabe decaindo (de modo muito parecido com a substância semelhante à energia escura postulada para explicar a inflação cósmica) e, se isso acontecer, a aceleração dará lugar à *desaceleração*, possivelmente permitindo que as formas de vida futuras continuem colonizando novas galáxias pelo tempo que durarem.

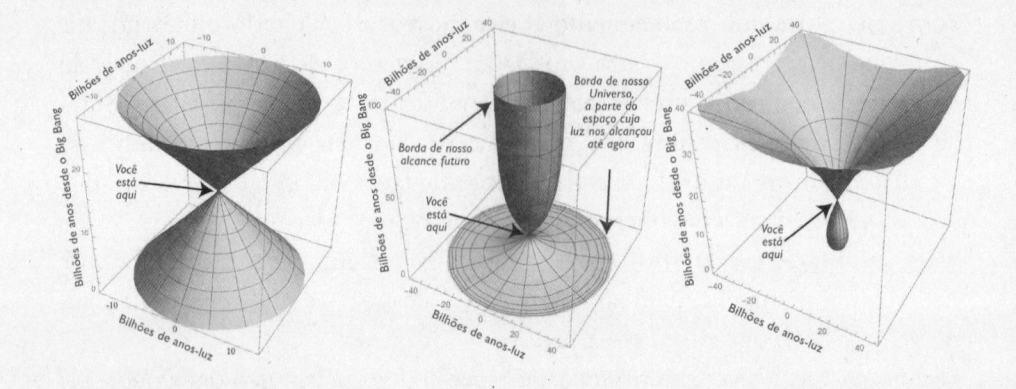

Figura 6.7: Em um diagrama de espaço-tempo, um evento é um ponto cujas posições horizontal e vertical codificam onde e quando se dá sua ocorrência, respectivamente. Se o espaço não estiver se expandindo (painel esquerdo), dois cones delimitarão as partes do espaço-tempo pelos quais nós na Terra (no ápice) podemos ser afetados (cone inferior) e no qual podemos ter efeito (cone superior), porque os efeitos causais não podem viajar mais rápido que a luz, que viaja a uma distância de um ano-luz por ano. As coisas ficam mais interessantes quando o espaço se expande (painéis à direita). De acordo com o modelo padrão da cosmologia, só podemos ver e alcançar uma parte finita do espaço-tempo, mesmo que o espaço seja infinito. Na imagem do meio, semelhante a uma taça de champanhe, usamos coordenadas que escondem a expansão do espaço, para que os movimentos de galáxias distantes ao longo do tempo correspondam a linhas verticais. Do nosso ponto de vista atual, 13,8 bilhões de anos após o Big Bang, os raios de luz tiveram tempo de chegar até nós a partir da base da taça de champanhe e, mesmo que viajemos à velocidade da luz, nunca poderemos alcançar regiões fora da parte superior da taça, que contém cerca de dez bilhões de galáxias. Na imagem à direita, lembrando uma gota de água sob uma flor, usamos as coordenadas familiares onde o espaço é visto se expandindo. Isso deforma a base da taça em um formato de gota, porque as regiões nas bordas do que podemos ver estavam todas muito próximas umas das outras desde o início.

Quão rápido você pode ir?

Acabamos de explorar quantas galáxias uma civilização poderia colonizar se ela se expandisse em todas as direções à velocidade da luz. A relatividade geral diz que é impossível enviar foguetes pelo espaço à velocidade da luz, porque isso exigiria energia infinita; então, quão rápido os foguetes podem ir na prática?[*]

O foguete New Horizons, da Nasa, quebrou o recorde de velocidade quando, em 2006, decolou em direção a Plutão a uma velocidade de cerca de

---

[*] A matemática cósmica é notavelmente simples: se a civilização se expande por meio do espaço em expansão não à velocidade da luz c, mas a uma velocidade mais lenta v, o número de galáxias assentadas é reduzido por um fator $(v/c)^3$. Isso significa que as civilizações lentas são severamente penalizadas, com uma que se expande dez vezes mais devagar, colonizando mil vezes menos galáxias.

100 mil milhas por hora (45 quilômetros por segundo), e o Solar Probe Plus 2018, também da Nasa, pretende ser quatro vezes mais rápido ao tentar chegar muito perto do Sol, mas, mesmo assim, é menos do que um insignificante 0,1% da velocidade da luz. A busca por foguetes melhores e mais rápidos cativou algumas das mentes mais brilhantes do século passado, e há uma rica e fascinante literatura sobre o assunto. Por que é tão difícil ir mais rápido? Os dois principais problemas são que os foguetes convencionais gastam a maior parte de seu combustível apenas para acelerar o combustível que carregam, e que o combustível de foguete de hoje é irremediavelmente ineficiente – a fração de sua massa transformada em energia não é muito melhor que os 0,00000005% para gasolina que vimos na Tabela 6.1. Uma melhoria óbvia é mudar para um combustível mais eficiente. Por exemplo, Freeman Dyson e outros trabalharam no Projeto Orion da Nasa, que pretendia explodir cerca de 300 mil bombas nucleares durante dez dias para atingir cerca de 3% da velocidade da luz com uma nave espacial grande o suficiente para transportar seres humanos para outro sistema solar durante uma longa jornada de um século.[5] Outros exploraram o uso da antimatéria como combustível, uma vez que combiná-la com a matéria libera energia com quase 100% de eficiência.

Outra ideia popular é construir um foguete que não precise carregar seu próprio combustível. Por exemplo, o espaço interestelar não é um vácuo perfeito, mas contém um íon de hidrogênio ocasional (um próton solitário: um átomo de hidrogênio que perdeu seu elétron). Em 1960, isso deu ao físico Robert Bussard a ideia por trás do que agora é conhecido como "Bussard ramjet": recolher esses íons no caminho e usá-los como combustível de foguete em um reator de fusão a bordo. Embora trabalhos recentes tenham levantado dúvidas sobre isso poder ser feito na prática, existe outra ideia de não levar combustível que parece viável para uma civilização espacial de alta tecnologia: navegação a laser.

A Figura 6.8 ilustra um projeto inteligente de foguete a laser, criado em 1984 por Robert Forward, o mesmo físico que inventou os statites que exploramos para a construção da esfera de Dyson. Assim como as moléculas de ar ricocheteando em um veleiro o empurram para a frente, partículas de luz (fótons) ricocheteando em um espelho o empurram para a frente. Ao transmitir um enorme laser movido a energia solar a uma vasta vela ultraleve acoplada a uma espaçonave, podemos usar a energia do nosso Sol para acelerar o foguete a grandes velocidades. Mas como você para? Essa era a pergunta cuja resposta me faltava até ler o brilhante artigo de Forward: como mostra a Figura 6.8, o anel externo da vela a laser se desprende e se move em frente à espaçonave, refletindo nosso raio laser de volta para desacelerar a nave e sua vela menor.[6] Forward calculou que isso poderia permitir que os humanos fizessem a jornada de quatro anos-luz para o sistema solar α Centauri em apenas 40 anos. Uma vez lá, você pode imaginar a construção de um novo sistema gigante de laser e o salto contínuo de estrelas por toda a Via Láctea.

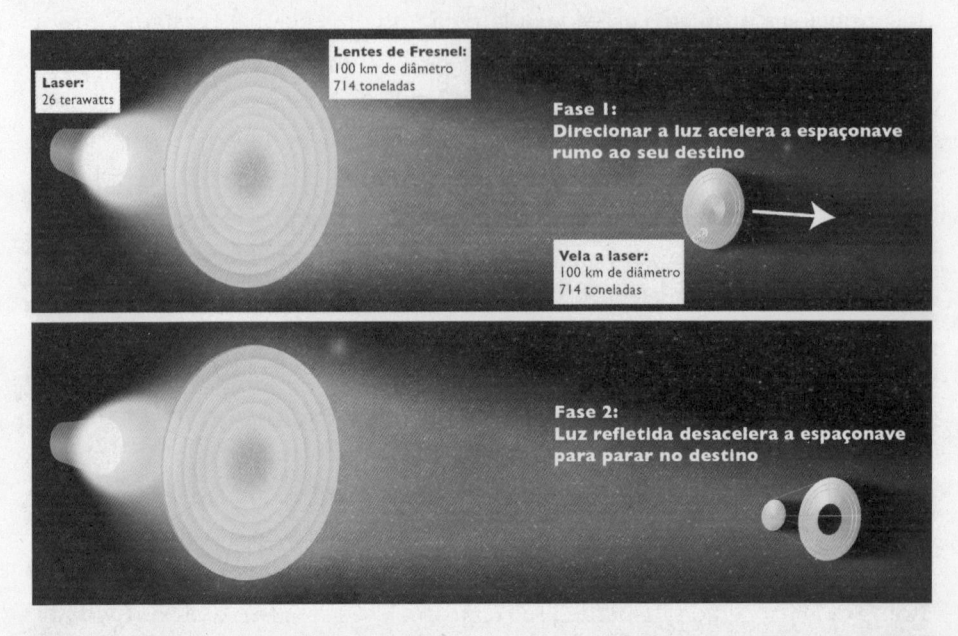

Figura 6.8: O projeto de Robert Forward para uma missão de navegação a laser até o sistema estrelar α Centauri a quatro anos-luz de distância. De início, um laser poderoso em nosso Sistema Solar acelera a espaçonave aplicando pressão de radiação na sua vela a laser. Para frear antes de chegar ao destino, a parte de fora da vela se solta e reflete luz laser para a espaçonave.

Mas por que parar aí? Em 1964, o astrônomo soviético Nikolai Kardashev propôs classificar as civilizações pela quantidade de energia que poderiam usar. O aproveitamento de energia de um planeta, uma estrela (com uma esfera de Dyson, por exemplo) e uma galáxia correspondem às civilizações do Tipo I, Tipo II e Tipo III na escala de Kardashev, respectivamente. Pensadores subsequentes sugeriram que o Tipo IV deveria corresponder ao aproveitamento de todo o nosso Universo acessível. Desde então, houve boas e más notícias para formas de vida ambiciosas. A má notícia é que existe energia escura que, como vimos, parece limitar nosso alcance. A boa notícia é o considerável progresso da inteligência artificial. Mesmo visionários otimistas como Carl Sagan costumavam enxergar as perspectivas de seres humanos atingirem outras galáxias como algo sem esperança, dada a nossa propensão a morrer no primeiro século de uma jornada que levaria milhões de anos, mesmo viajando à velocidade da luz. Recusando-se a desistir, eles consideraram congelar os astronautas para prolongar sua vida, retardar o envelhecimento ao viajar muito perto da velocidade da luz ou enviar uma comunidade que viajaria por dezenas de milhares de gerações – mais do que a raça humana existiu até agora.

A possibilidade da superinteligência transforma completamente esse quadro, tornando-o muito mais promissor para aqueles com desejo intergaláctico de viajar. Removendo a necessidade de transportar sistemas volumosos de suporte à vida humana e adicionando a tecnologia inventada pela IA, a colonização intergaláctica de repente parece bastante objetiva. A navegação a laser de Forward se torna muito mais barata quando a espaçonave precisa ser apenas grande o suficiente para conter uma "sonda de sementes": um robô capaz de pousar em um asteroide ou planeta no sistema solar-alvo e construir uma nova civilização a partir do zero. Nem é preciso levar as instruções: tudo o que precisa fazer é construir uma antena receptora grande o suficiente para captar projetos e instruções mais detalhadas transmitidas pela civilização-mãe à velocidade da luz. Feito isso, ele usa seus lasers recém-construídos para enviar novas sondas de sementes para continuar colonizando a galáxia, um sistema solar de cada vez. Mesmo as vastas extensões escuras de espaço entre galáxias tendem a conter um número significativo de estrelas intergalácticas (rejeitos uma vez ejetados de suas galáxias de origem) que podem ser usadas como estações de passagem, permitindo assim uma estratégia de salto em ilha para navegação intergaláctica a laser.

Uma vez que outro sistema solar ou galáxia tenha sido colonizado pela IA superinteligente, levar os humanos para lá é fácil – se os humanos tiverem conseguido fazer com que a IA tenha esse objetivo. Toda a informação necessária sobre os seres humanos pode ser transmitida à velocidade da luz, após a qual a IA pode reunir quarks e elétrons e criar os indivíduos desejados. Isso também poderia ser feito com baixa tecnologia, simplesmente transmitindo os dois gigabytes de informações necessárias para especificar o DNA de uma pessoa e incubando um bebê para ser criado pela IA, ou a IA poderia nanoassociar quarks e elétrons e criar pessoas adultas que teriam todas as memórias digitalizadas de seus originais na Terra.

Isso significa que, se houver uma explosão de inteligência, a questão principal não será se a colonização intergaláctica é possível, mas simplesmente a rapidez com que poderá acontecer. Uma vez que todas as ideias que exploramos acima provêm de seres humanos, elas devem ser vistas apenas como limites mais baixos da rapidez com que a vida pode se expandir; uma vida superinteligente ambiciosa provavelmente pode se sair muito melhor e terá um forte incentivo para ultrapassar os limites, pois na corrida contra o tempo e a energia escura, cada aumento de 1% na velocidade média de colonizações se traduz em 3% a mais de galáxias colonizadas.

Por exemplo, se levar vinte anos para viajar dez anos-luz para o próximo sistema estelar com um sistema de vela a laser, e mais dez anos para colonizá-lo e construir novos lasers e sondas de sementes lá, a região colonizada do espaço será uma esfera crescendo em todas as direções a um terço da velocidade da luz, em média. Em uma análise bela e minuciosa das civilizações em expansão cósmica em 2014, o físico americano Jay Olson considerou uma alternativa de alta tecnologia à abordagem de salto em ilha, envolvendo dois tipos separados de sondas: *sondas de sementes* e *expansores*.[7] As sondas de sementes desacelerariam, pousariam e semeariam seu destino com vida. Os expansores, por outro lado, nunca parariam: recolheriam matéria em voo, talvez usando alguma variante aprimorada da tecnologia ramjet, e usariam essa matéria como combustível e como matéria-prima com a qual construiriam expansores e cópias de si mesmos. Essa frota de expansores autorreprodutores continuaria acelerando suavemente para manter uma velocidade sempre constante (digamos, metade da velocidade da luz) em relação às galáxias próximas e para se reproduzir com frequência suficiente para que a frota formasse uma concha esférica em expansão com um número constante de expansores por área de concha.

Por último, mas não menos importante, existe uma abordagem sorrateira e milagrosa para expandir ainda mais rápido do que qualquer um dos métodos acima permitirá: usar o golpe de "spam cósmico" de Hans Moravec do Capítulo 4. Divulgando uma mensagem enganosa que faz com que ingênuas civilizações recém-desenvolvidas construam uma máquina superinteligente que as sequestre, uma civilização pode se expandir essencialmente à velocidade da luz, a velocidade com que seu sedutor canto de sereia se espalha pelo cosmos. Como esse pode ser o *único* modo de as civilizações avançadas alcançarem a maioria das galáxias dentro de seu futuro cone de luz, e elas têm pouco incentivo para não tentar, devemos suspeitar de qualquer transmissão de extraterrestres! No livro *Contato,* de Carl Sagan, nós, terráqueos, usamos diagramas enviados por alienígenas para construir uma máquina que não entendíamos – não recomendo fazer isso...

Em resumo, a maioria dos cientistas e autores de ficção científica que considera a colonização cósmica tem sido, na minha opinião, excessivamente pessimista ao ignorar a possibilidade de superinteligência: ao limitar a atenção aos viajantes humanos, eles superestimaram a dificuldade das viagens intergalácticas e, ao limitar a atenção à tecnologia inventada por humanos, superestimaram o tempo necessário para se aproximar dos limites físicos do que é possível.

Permanecer conectado via engenharia cósmica
Se a energia escura continuar a separar e afastar galáxias umas das outras, como sugerem os últimos dados experimentais, isso representará um grande incômodo para o futuro da vida. Isso significa que, mesmo que uma civilização futura consiga colonizar um milhão de galáxias, a energia escura, ao longo de dezenas de bilhões de anos, vai fragmentar esse império cósmico em milhares de regiões diferentes, incapazes de se comunicar. Se a vida futura não fizer nada para impedir essa fragmentação, os maiores bastiões restantes da vida serão aglomerados contendo cerca de mil galáxias, cuja gravidade combinada é forte o suficiente para dominar a energia escura tentando separá-las.

Se uma civilização superinteligente quiser permanecer conectada, isso daria um forte incentivo à engenharia cósmica em larga escala. Quanta matéria terá tempo para entrar no seu maior superaglomerado antes que a energia escura a coloque para sempre fora de alcance? Um método para mover uma estrela a grandes distâncias é empurrar uma terceira estrela para um sistema binário em que duas estrelas estão orbitando de forma estável. Assim como nos relacionamentos românticos, a introdução de um terceiro parceiro pode desestabilizar as coisas e levar um dos três a ser expulso de maneira violenta – no caso estelar, em alta velocidade. Se alguns dos três parceiros forem buracos negros, um trio tão volátil pode ser usado para arremessar massa rápido o suficiente para longe da galáxia hospedeira. Infelizmente, essa técnica de três corpos, aplicada a estrelas, buracos negros ou galáxias, não parece capaz de mover mais do que uma fração minúscula da massa de uma civilização pelas grandes distâncias necessárias para superar a energia escura.

Mas isso, obviamente, não significa que a vida superinteligente não possa apresentar métodos melhores, como converter grande parte da massa das galáxias distantes em naves espaciais que podem viajar para o aglomerado original. Se um sphalerizer puder ser construído, talvez até seja usado para converter a matéria em energia que possa ser irradiada para o aglomerado original como luz, onde pode ser reconfigurada de novo em matéria ou usada como fonte de energia.

A sorte final será se for possível construir buracos de minhoca atravessáveis e estáveis, permitindo a comunicação quase instantânea e o deslocamento entre as duas extremidades desse buraco não importando a que distância estejam. Um buraco de minhoca é um atalho no espaço-tempo que permite viajar de A a B sem passar pelo espaço intermediário. Embora os buracos de minhoca estáveis sejam permitidos pela teoria da relatividade geral de Einstein e tenham aparecido em filmes como *Contato* e *Interestelar*, eles exigem a existência de um tipo estranho hipotético de matéria com densidade negativa, cuja existência pode depender de efeitos de gravidade quântica pouco compreendidos. Em outras palavras, buracos de minhoca úteis podem se tornar impossíveis, mas, se não forem, a vida superinteligente tem enormes incentivos para construí-los. Os buracos de minhoca não só revolucionariam a comunicação rápida dentro de galáxias individuais, mas também ligariam as galáxias distantes ao aglomerado central desde o início, permitiriam que todo o domínio da vida futura permanecesse conectado por um longo tempo, frustrando completamente as tentativas da energia escura de censurar a comunicação. Uma vez que duas galáxias são conectadas por um buraco de minhoca estável, elas permanecerão conectadas, não importa o quanto se afastem.

Se, apesar de suas melhores tentativas de engenharia cósmica, uma civilização futura concluir que partes dela estão fadadas a ficar sem contato para sempre, ela pode simplesmente soltá-las e desejar-lhes tudo de bom. No entanto, se houver objetivos ambiciosos de computação que envolvam a busca de respostas para algumas perguntas muito difíceis, ela poderá recorrer a uma estratégia de queimada: pode converter as galáxias distantes em sólidos computadores que transformam sua matéria e energia em computação a um ritmo frenético, na esperança de que, antes que a energia escura empurre para longe seus restos queimados, eles possam transmitir as respostas há muito procuradas de volta ao grupo-mãe. Essa estratégia de queimada seria particularmente apropriada para regiões tão distantes que só podem ser alcançadas pelo método do "spam cósmico", para grande desgosto dos habitantes preexistentes. De volta para casa na região-mãe, a civilização poderia ter como objetivo a máxima conservação e eficiência para durar o máximo de tempo possível.

Quanto tempo você dura?

A longevidade é algo a que as pessoas, organizações e nações mais ambiciosas aspiram. Portanto, se uma civilização ambiciosa do futuro desenvolve superinteligência e deseja longevidade, quanto tempo ela pode durar?

A primeira análise científica completa de nosso futuro distante foi realizada por ninguém menos que Freeman Dyson, e a Tabela 6.3 resume algumas de suas principais descobertas. A conclusão é que, a menos que a inteligência intervenha, os sistemas solares e as galáxias gradualmente serão destruídos, e o mesmo pode eventualmente acabar acontecendo com todo o resto, deixando apenas espaço frio, morto e vazio, com um brilho de radiação eternamente desaparecendo. Mas Freeman termina sua análise de forma otimista: "Existem boas razões para levar a sério a possibilidade de que a vida e a inteligência consigam moldar esse universo para seus próprios propósitos".[8]

O quê	Quando
Idade atual do nosso Universo	10^{10} anos
Energia escura empurra a maioria das galáxias para fora de alcance	10^{11} anos
As últimas estrelas queimam	10^{14} anos
Planetas afastados das estrelas	10^{15} anos
Estrelas separadas das galáxias	10^{19} anos
Decaimento de órbitas por radiação gravitacional	10^{20} anos
Os prótons decaem (no mínimo)	$> 10^{34}$ anos
Buracos negros de massa estelar evaporam	10^{67} anos
Buracos negros supermassivos evaporam	10^{91} anos
Toda matéria decai em ferro	10^{1500} anos
Toda matéria forma buracos negros, que depois evaporam	$10^{10^{26}}$ anos

Tabela 6.3: Estimativas para o futuro distante, todas exceto a 2ª e a 7ª foram feitas por Freeman Dyson. Ele fez esses cálculos antes da descoberta da energia escura, o que pode permitir vários tipos de "cosmocalipse" em 10^{10}-10^{11} anos. Os prótons podem ser completamente estáveis; caso contrário, experimentos sugerem que levará mais de 10^{34} anos para metade deles decair.

Penso que a superinteligência poderia resolver com facilidade muitos dos problemas listados na Tabela 6.3, uma vez que é capaz de reorganizar a matéria em algo melhor do que sistemas solares e galáxias. Desafios discutidos com frequência, como a morte do nosso Sol em alguns bilhões de anos, não serão um obstáculo, pois mesmo uma civilização com tecnologia relativamente baixa pode se mudar sem dificuldade para estrelas de baixa massa que duram mais de 200 bilhões de anos. Supondo que civilizações superinteligentes construam suas próprias usinas de energia mais eficientes que as estrelas, elas podem de fato querer *evitar* a formação estelar para economizar energia: mesmo que usem uma esfera de Dyson para coletar toda a produção de energia durante a vida útil de uma estrela (recuperando cerca de 0,1% da energia total), podem não conseguir impedir que grande parte dos 99,9% da energia restante seja desperdiçada quando estrelas muito pesadas morrem. Uma estrela pesada morre em uma explosão de supernova, da qual a maior parte da energia escapa como neutrinos evasivos, e para estrelas muito pesadas uma grande quantidade de massa é desperdiçada pela formação de um buraco negro a partir do qual a energia demora 10^{67} anos para escoar.

Enquanto não ficar sem matéria/energia, a vida superinteligente poderá manter seu habitat no estado que deseja. Talvez ele possa até descobrir uma maneira de impedir que os prótons decaiam usando o chamado "efeito da panela observada" (*watched-pot effect*) da mecânica quântica, pelo qual o processo de decaimento se torna mais lento por meio de observações regulares. Existe, no entanto, um impedimento em potencial: um *cosmocalipse* destruindo todo o nosso Universo, talvez daqui a 10 a 100 bilhões de anos. A descoberta da energia escura e o progresso na teoria das cordas criaram novos cenários do cosmocalipse de que Freeman Dyson não estava ciente quando escreveu seu artigo seminal.

Então, como o nosso Universo vai acabar daqui a bilhões de anos? Eu tenho cinco principais suspeitos para o nosso próximo apocalipse cósmico ou cosmocalipse, ilustrado na Figura 6.9: o *Big Chill*, a *Big Crunch*, a *Big Rip*, a *Big Snap* e as *Bolhas da Morte*. Nosso Universo está em expansão há cerca de 14 bilhões de anos. O Big Chill é quando nosso Universo continua se expandindo para sempre, diluindo nosso cosmos em um local frio, escuro e, por fim, morto; esse foi considerado o resultado mais provável quando Freeman escreveu seu artigo. Penso nisso como a opção T. S. Eliot: "É assim que o mundo acaba/Não com um estrondo, mas com um gemido". Se você, como Robert Frost, prefere que o mundo termine em fogo e não em gelo, cruze os dedos para o Big Crunch, no qual a expansão cósmica é revertida e tudo volta a se reunir em um colapso cataclísmico semelhante ao Big Bang ao contrário. Finalmente, o Big Rip é como o Big Chill para os impacientes: nossas galáxias, planetas e até átomos são dilacerados em um *grand finale* daqui a um tempo finito. Em qual desses três você deve apostar? Depende do que a energia escura, que representa cerca de 70% da massa do nosso Universo, fará conforme o espaço continua a se expandir. Pode ser qualquer um dos cenários Chill, Crunch ou Rip, dependendo de a energia escura permanecer inalterada, diluir para densidade negativa ou antidiluir para a densidade mais alta, respectivamente. Como ainda não temos ideia do que a energia escura é, vou apenas dizer como eu apostaria: 40% no Big Chill, 9% no Big Crunch e 1% no Big Rip.

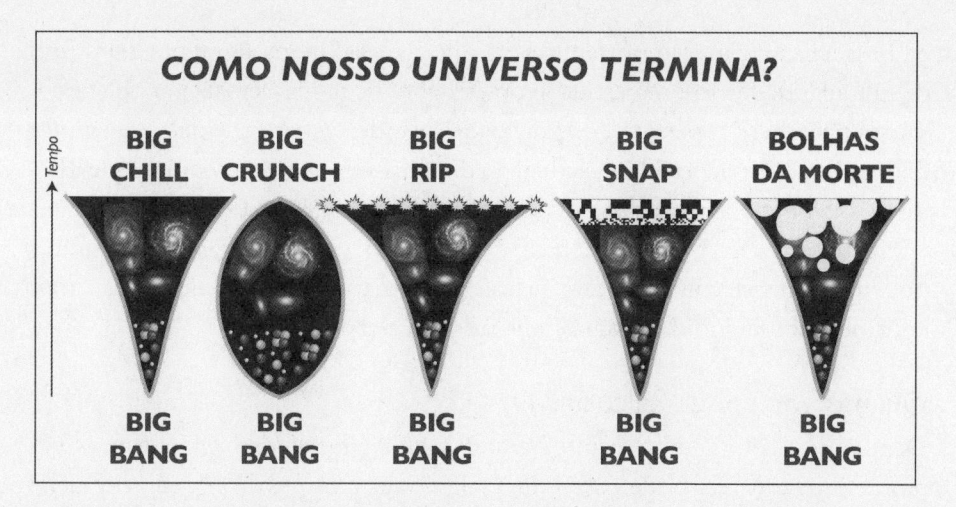

Figura 6.9: Sabemos que nosso Universo começou com um Big Bang quente 14 bilhões de anos atrás, expandiu-se e esfriou-se e fundiu suas partículas em átomos, estrelas e galáxias. Mas não sabemos seu destino final. Os cenários propostos incluem um Big Chill (expansão eterna), um Big Crunch (recolhimento), um Big Rip (uma taxa de expansão infinita que destrói tudo), um Big Snap (o tecido do espaço que revela uma natureza granular letal quando esticada demais) e Bolhas da Morte (espaço "congelando" em bolhas letais que se expandem à velocidade da luz).

E os outros 50% do meu dinheiro? Estou guardando para a opção "nenhuma das anteriores", porque acho que nós, seres humanos, precisamos ser humildes e reconhecer que existem coisas básicas que ainda não entendemos. A natureza do espaço, por exemplo. Os finais Chill, Crunch e Rip assumem que o próprio espaço é estável e infinitamente extensível. Costumávamos pensar no espaço apenas como o estágio estático entediante sobre o qual o drama cósmico se desenrola. Então Einstein nos ensinou que o espaço é de fato um dos atores principais: ele pode se curvar em buracos negros, pode ondular como ondas gravitacionais e pode se esticar como um universo em expansão. Talvez possa até se congelar em uma fase diferente, da mesma forma que a água, com bolhas de morte em rápida expansão da nova fase oferecendo outro candidato a cosmocalipse curinga. Se forem possíveis, as bolhas da morte provavelmente se expandirão à velocidade da luz, assim como a esfera crescente de spam cósmico de uma civilização maximamente agressiva.

Além disso, a teoria de Einstein diz que o alongamento do espaço sempre pode continuar, permitindo que nosso Universo se aproxime de volumes infinitos, como nos cenários Big Chill e Big Rip. Parece bom demais para ser verdade, e suspeito que seja. Um elástico parece bonito e contínuo, assim como o espaço, mas se você o esticar demais, ele se rompe. Por quê? Por ser feita de átomos e com alongamento suficiente, essa natureza atômica granular da borracha se torna importante. Será que o espaço também tem algum tipo de granularidade em uma escala simplesmente pequena demais para que possamos perceber? A pesquisa da gravidade quântica sugere que não faz sentido falar sobre o espaço tridimensional tradicional em escalas menores que 10^{-34} metros. Se é de fato verdade que o espaço não pode ser estendido indefinidamente sem sofrer um "Big Snap" cataclísmico, então as civilizações futuras podem querer se mudar para a maior região não expansível do espaço (um enorme aglomerado de galáxias) que possam alcançar.

Quanto você pode calcular?

Depois de explorar por quanto tempo a vida futura *pode* durar, vamos explorar o quanto ela pode *querer* durar. Embora seja provável que você ache natural querer viver o máximo de tempo possível, Freeman Dyson também deu um argumento mais quantitativo para esse desejo: o custo da computação cai quando você calcula lentamente, por isso acabará fazendo mais se desacelerar as coisas o máximo possível. Freeman chegou a calcular que, se nosso Universo continuar se expandindo e esfriando para sempre, uma quantidade infinita de computação deve ser possível.

Lento não significa necessariamente chato: se a vida futura vive em um mundo simulado, seu fluxo subjetivo de tempo vivenciado não precisa ter nada a ver com o ritmo glacial em que a simulação está sendo executada no mundo exterior; portanto, as perspectivas de computação infinita poderiam se traduzir em imortalidade subjetiva para formas de vida simuladas. O cosmologista Frank Tipler construiu essa ideia para especular que você também pode alcançar a imortalidade subjetiva nos momentos finais antes de um Big Crunch, acelerando os cálculos em direção ao infinito, à medida que a temperatura e a densidade disparavam.

Como a energia escura parece arruinar os sonhos de computação infinita de Freeman e Frank, a superinteligência futura pode preferir queimar seus suprimentos de energia relativamente rápido, para transformá-los em cálculos antes de enfrentar problemas como horizontes cósmicos e decaimento de prótons. Se maximizar o cálculo total for o objetivo final, a melhor estratégia será uma troca entre muito lento (para evitar os problemas mencionados) e muito rápido (gastando mais energia do que o necessário por cálculo).

Reunir tudo o que exploramos neste capítulo nos diz que usinas de energia e computadores com eficiência máxima permitiriam que a vida superinteligente realizasse uma quantidade impressionante de computação. Energizar seu cérebro de 13 watts por 100 anos requer energia presente em cerca de meio miligrama de matéria – menos do que em um grão de açúcar. O trabalho de Seth Lloyd sugere que o cérebro poderia se tornar um quatrilhão de vezes mais eficiente em termos energéticos, permitindo que o grão de açúcar impulsionasse uma simulação de todas as vidas humanas já vividas, bem como milhares de vezes mais pessoas. Se toda a matéria em nosso Universo disponível pudesse ser usada para simular pessoas, isso permitiria mais de 10^{69} vidas – ou qualquer outra coisa que a IA superinteligente preferisse fazer com seu poder computacional. Ainda mais vidas seriam possíveis se suas simulações fossem mais lentas.[9] Por outro lado, em seu livro *Superinteligência*, Nick Bostrom estima que 10^{58} vidas humanas poderiam ser simuladas com suposições mais conservadoras sobre eficiência energética. Por mais que analisemos em detalhes esses números, eles são enormes, assim como é nossa responsabilidade garantir que esse potencial futuro de vida a florir não seja desperdiçado. Como Bostrom diz:

> Se nós representarmos toda a felicidade experimentada durante uma vida inteira por uma única lágrima de alegria, então a felicidade dessas almas poderia encher e reencher os oceanos da Terra a cada segundo, e continuar fazendo isso por cem bilhões de bilhões de milênios. É realmente importante que tenhamos certeza de que são verdadeiramente lágrimas de alegria.

Hierarquias cósmicas

A velocidade da luz limita não apenas a proliferação da vida, mas também a natureza da vida, impondo fortes restrições a comunicação, consciência e controle. Então, se muito do nosso cosmos acabar ganhando vida, como será essa vida?

Hierarquias de pensamento

Você já tentou matar uma mosca com a mão e falhou? O motivo pelo qual ela pode reagir mais rápido do que você é que, por ser menor, as informações levam menos tempo para viajar entre seus olhos, cérebro e músculos. O princípio de "maior = mais lento" se aplica não apenas à biologia, em que o limite de velocidade é definido pela rapidez com que os sinais elétricos podem viajar pelos neurônios, mas também à vida cósmica futura, se nenhuma informação puder viajar mais rápido que a luz. Portanto, para um sistema inteligente de processamento de informações, ficar maior é uma bênção mista que envolve uma troca interessante. Por um lado, aumentar de tamanho leva a um número maior de partículas, que permitem pensamentos mais complexos. Por outro lado, diminui a taxa na qual ele pode ter pensamentos verdadeiramente globais, pois agora leva mais tempo para que as informações relevantes se propaguem para todas as suas partes.

Então, se a vida engolir nosso cosmos, que forma ela escolherá: simples e rápida, ou complexa e lenta? Eu prevejo que fará a mesma escolha que a vida na Terra fez: ambas! Os habitantes da biosfera da Terra abrangem uma variedade impressionante de tamanhos, desde gigantescas baleias azuis de mais de 200 toneladas até os pequenos 10^{-16} kg da bactéria *Pelagibacter*, que se acredita ser a responsável por mais biomassa do que todos os peixes do mundo juntos. Além disso, organismos grandes, complexos e lentos costumam mitigar sua lentidão ao conter módulos menores, que são mais simples e rápidos. Por exemplo, seu reflexo de piscada é muito rápido precisamente porque é implementado por um circuito pequeno e simples que não envolve a maior parte do seu cérebro: se aquela mosca difícil de abater se aproximar do seu olho por acidente, você pisca em menos de um décimo de um segundo, muito antes que as informações relevantes tenham tido tempo de se propagar por todo o cérebro e alertá-lo conscientemente do que aconteceu. Ao organizar seu processamento de informações em uma hierarquia de módulos, nossa biosfera consegue obter as duas coisas: atingir velocidade e complexidade. Nós, humanos, já usamos essa mesma estratégia hierárquica para otimizar a computação paralela.

Como a comunicação interna é lenta e onerosa, espero que a vida cósmica futura avançada faça o mesmo, para que os cálculos sejam feitos da maneira mais local possível. Se uma computação é simples o suficiente para ser feita com um computador de 1 kg, é contraproducente espalhá-la por um computador do tamanho de uma galáxia, pois esperar que as informações sejam compartilhadas na velocidade da luz após cada etapa computacional causaria um atraso ridículo de cerca de 100 mil anos por etapa.

Quanto, se é que alguma parte, desse futuro processamento de informações será *consciente* no sentido de envolver uma experiência subjetiva é um tópico controverso e fascinante que vamos explorar no Capítulo 8. Se a consciência exige que as diferentes partes do sistema sejam capazes de se comunicar, então os pensamentos dos sistemas maiores são necessariamente mais devagares. Enquanto você ou um futuro supercomputador do tamanho da Terra pode ter muitos pensamentos por segundo, uma mente do tamanho de uma galáxia pode ter apenas um pensamento a cada 100 mil anos, e uma mente cósmica com um bilhão de anos-luz de tamanho só teria tempo para ter cerca de dez pensamentos no total antes que a energia escura a fragmentasse em partes desconectadas. Por outro lado, esses poucos pensamentos preciosos e as experiências acompanhantes podem ser bastante profundos!

Hierarquias de controle

Se o próprio pensamento está organizado em uma hierarquia que abrange uma ampla gama de escalas, o que dizer do poder? No Capítulo 4, exploramos como as entidades inteligentes naturalmente se organizam em hierarquias de poder no equilíbrio de Nash, em que qualquer entidade ficaria pior se alterasse sua estratégia. Quanto melhor a tecnologia de comunicação e transporte, mais essas hierarquias podem crescer. Se a superinteligência um dia se expandir para escalas cósmicas, como será sua hierarquia de poder? Será livre e descentralizada ou altamente autoritária? A base principal de sua cooperação serão os benefícios mútuos ou a coerção e as ameaças?

Para esclarecer essas questões, vamos considerar tanto a cenoura (o incentivo) quanto a vara (punição): que incentivos existem para a colaboração em escalas cósmicas e que ameaças podem ser usadas para reforçá-la?

Controlando com a cenoura

Na Terra, o *comércio* tem sido um impulsionador tradicional da cooperação porque a dificuldade relativa de produzir coisas varia em todo o planeta. Se a mineração de 1 kg de prata custa 300 vezes mais do que a mineração de 1 kg de cobre em uma região, mas apenas 100 vezes mais em outra, os dois sairão à frente negociando 200 kg de cobre para 1 kg de prata. Se uma região possui tecnologia muito mais alta que a outra, ambas podem se beneficiar da troca de produtos de alta tecnologia por matérias-primas.

No entanto, se a superinteligência desenvolver uma tecnologia capaz de reorganizar prontamente as partículas elementares em qualquer forma de matéria, ela vai eliminar a maior parte do incentivo ao comércio de longa distância. Por que se preocupar em enviar prata entre sistemas solares distantes quando é mais fácil e mais rápido transformar o cobre em prata, reorganizando suas partículas? Por que se dar ao trabalho de transportar máquinas de alta tecnologia entre galáxias quando tanto o know-how quanto as matérias-primas (qualquer que seja) existirem nos dois lugares? Meu palpite é que, em um cosmos repleto de superinteligência, praticamente a única mercadoria que valerá a pena transportar por longas distâncias será a *informação*. A única exceção pode ser a matéria a ser usada em projetos de engenharia cósmica, por exemplo, para neutralizar a tendência destrutiva da energia escura já mencionada de separar as civilizações. Ao contrário do comércio humano tradicional, essa matéria pode ser transportada de qualquer forma conveniente a granel, talvez até como um feixe de energia, uma vez que a superinteligência receptora pode reorganizá-la com rapidez e transformá-la em quaisquer objetos que deseje.

Se o compartilhamento ou a troca de informações surgir como o principal motor da cooperação cósmica, que tipos de informações podem estar envolvidos? Qualquer informação desejável será valiosa se gerá-la exigir um esforço computacional longo e maciço. Por exemplo, uma superinteligência pode querer respostas para questões científicas difíceis sobre a natureza da realidade física, questões matemáticas difíceis sobre teoremas e algoritmos ótimos e questões difíceis de engenharia sobre como melhor construir tecnologia espetacular. As formas de vida hedonistas podem querer entretenimento digital impressionante e experiências simuladas, e o comércio cósmico pode alimentar a demanda por alguma forma de criptomoeda cósmica na linha dos bitcoins.

Essas oportunidades de compartilhamento podem incentivar o fluxo de informações não apenas entre entidades de poder mais ou menos igual, mas também entre hierarquias de poder para cima e para baixo, digamos, entre nós (*nodes*) do tamanho do sistema solar e um hub galáctico ou entre nós do tamanho da galáxia e um hub cósmico. Os nós podem querer isso pelo prazer de fazer parte de algo maior, para receber respostas e tecnologias que não poderiam elaborar sozinhos e para se defender de ameaças externas. Eles também podem valorizar a promessa de quase imortalidade por meio do backup: assim como muitos humanos se consolam com a crença de que sua mente continuará vivendo depois que o corpo físico morrer, uma IA avançada poderá apreciar manter sua mente e seus conhecimento vivos em um supercomputador depois que seu hardware físico original esgotar suas reservas de energia.

Por outro lado, o hub pode querer que seus nós o ajudem em enormes tarefas de computação de longo prazo, em que os resultados não são urgentes; portanto, vale a pena esperar milhares ou milhões de anos pelas respostas. Como exploramos acima, o hub também pode querer que seus nós ajudem a realizar grandes projetos de engenharia cósmica, como combater a energia escura destrutiva, movendo as concentrações de massa galáctica juntas. Se os buracos de minhoca atravessáveis se tornarem possíveis e montáveis, então uma das principais prioridades de um hub provavelmente será a construção de uma rede deles para conter a energia escura e manter seu império indefinidamente conectado. As perguntas sobre quais objetivos finais uma superinteligência cósmica pode ter são fascinantes e controversas, e vamos explorá-las melhor no Capítulo 7.

Controlando com a vara

Os impérios terrestres costumam obrigar seus subordinados a cooperar usando a cenoura e a vara. Embora os súditos do Império Romano valorizassem a tecnologia, a infraestrutura e a defesa que lhes eram oferecidas como recompensa por sua cooperação, eles também temiam as repercussões inevitáveis de se rebelar ou não pagar impostos. Devido ao longo tempo necessário para enviar tropas de Roma para províncias periféricas, parte da intimidação foi delegada às tropas locais e a oficiais leais com poderes para infligir punições quase instantâneas. Um hub superinteligente poderia usar a estratégia análoga de implantar uma rede de sentinelas leais em todo o seu império cósmico. Como súditos superinteligentes podem ser difíceis de controlar, a estratégia viável mais simples pode ser usar sentinelas de IA programadas para oferecer 100% de lealdade por serem relativamente burras, que vão apenas monitorar se todas as regras estão sendo obedecidas e, caso não estejam, acionar automaticamente um dispositivo do dia do juízo final.

Suponha, por exemplo, que o hub IA organize para que uma anã branca seja colocada nas proximidades de uma civilização do tamanho de um sistema solar que ele deseja controlar. Uma anã branca é a casca queimada de uma estrela modestamente pesada. Consistindo em grande parte de carbono, ela se assemelha a um diamante gigante no céu e é tão compacta que pode pesar mais que o Sol e ser menor que a Terra. O físico indiano Subrahmanyan Chandrasekhar notoriamente provou que, se você continuar adicionando massa até uma anã branca superar o limite de Chandrasekhar, cerca de 1,4 vezes a massa do nosso Sol, ela passará por uma detonação termonuclear cataclísmica conhecida como supernova do tipo 1A. Se, de maneira insensível, o hub da IA organizou para que essa anã branca chegasse extremamente perto do seu limite de Chandrasekhar, a IA sentinela poderia ser eficaz mesmo que fosse extremamente burra (de fato, em grande parte porque é burra): ela poderia ser programada para simplesmente verificar se a civilização subjugada entregou sua cota mensal de bitcoins cósmicos, provas matemáticas ou quaisquer outros impostos estipulados e, caso contrário, jogar massa suficiente na anã branca para inflamar a supernova e explodir toda a região em pedacinhos.

Civilizações do tamanho de galáxias podem ser controladas de maneira semelhante, colocando um grande número de objetos compactos em órbitas apertadas ao redor do buraco negro monstro no centro da galáxia e ameaçando transformar essas massas em gás, por exemplo, ao colidi-las. Esse gás começaria a alimentar o buraco negro, transformando-o em um poderoso quasar, o que potencialmente tornaria grande parte da galáxia inabitável.

Em resumo, existem fortes incentivos para a vida futura cooperar em distâncias cósmicas, mas é uma questão aberta se essa cooperação será baseada principalmente em benefícios mútuos ou em ameaças brutais – os limites impostos pela física parecem permitir ambos os cenários, portanto, o resultado dependerá dos objetivos e valores prevalecentes. Vamos explorar nossa capacidade de influenciar esses objetivos e valores da vida futura no Capítulo 7.

Quando as civilizações se chocam

Até agora, discutimos apenas cenários em que a vida se expande pelo nosso cosmos a partir de uma única explosão de inteligência. Mas o que acontece se a vida evoluir de maneira independente em mais de um lugar e duas civilizações em expansão se encontrarem?

Se você considerar um sistema solar aleatório, existe alguma probabilidade de que a vida evolua em um de seus planetas, desenvolva tecnologia avançada e se expanda para o espaço. Essa probabilidade parece ser maior que zero, uma vez que a vida tecnológica evoluiu aqui em nosso Sistema Solar e as leis da física parecem permitir a colonização do espaço. Se o espaço for grande o suficiente (de fato, a teoria da inflação cosmológica sugere que seja vasto ou infinito), haverá muitas civilizações em expansão, como ilustrado na Figura 6.10. O artigo já mencionado de Jay Olson inclui uma bela análise de tais biosferas cósmicas em expansão, e Toby Ord realizou uma análise semelhante com colegas do Future of Humanity Institute. Visto em três dimensões, essas biosferas cósmicas são literalmente esferas, desde que as civilizações se expandam com a mesma velocidade em todas as direções. No espaço-tempo, eles se parecem com a parte superior da "taça de champanhe" da Figura 6.7, porque a energia escura acaba limitando quantas galáxias cada civilização pode alcançar.

Se a distância entre civilizações de colonização vizinhas for muito maior do que a energia escura permite expandir, elas nunca entrarão em contato uma com a outra nem descobrirão sobre a existência uma da outra, então vai ser como se estivessem sozinhas no cosmos. Se nosso cosmos é mais fecundo, e os vizinhos estão mais próximos, algumas civilizações acabarão se sobrepondo. O que acontece nessas regiões sobrepostas? Haverá cooperação, competição ou guerra?

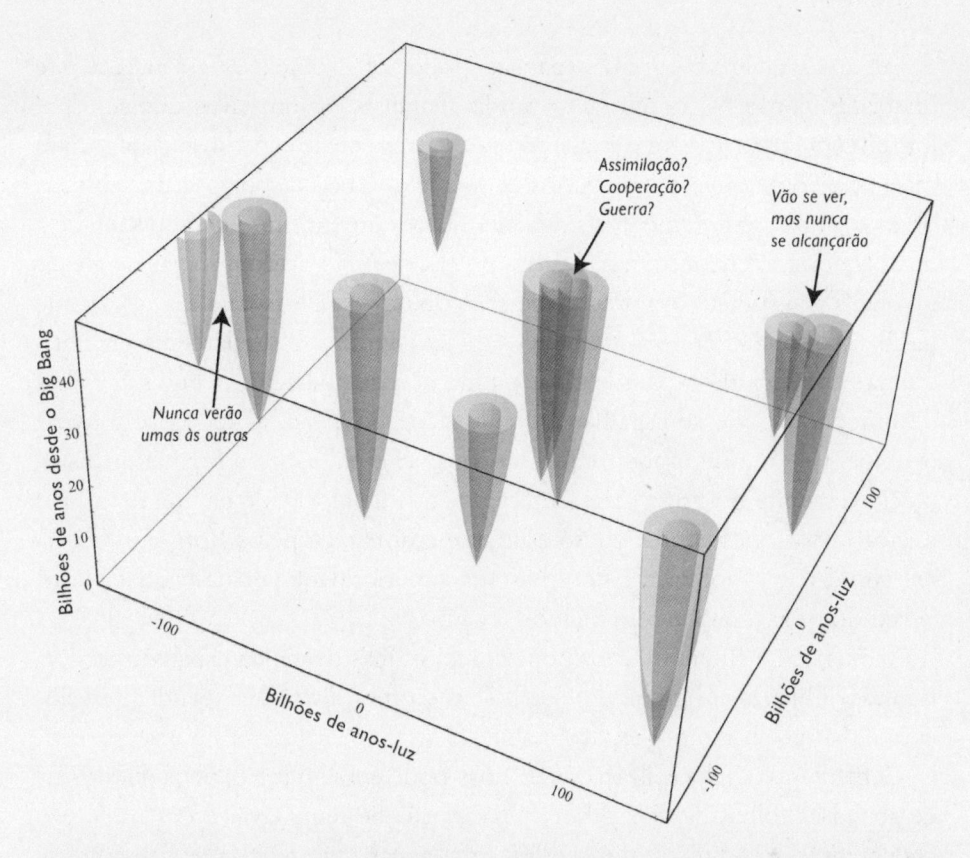

Figura 6.10: Se a vida evoluir de modo independente em vários pontos do espaço-tempo (lugares e tempo) e começar a colonizar o espaço, o espaço conterá uma rede de biosferas cósmicas em expansão, cada uma das quais se assemelha ao topo da "taça de champanhe" da Figura 6.7. O fundo de cada biosfera representa o local e o tempo em que a colonização começou. As "taças de champanhe" opacas e translúcidas correspondem à colonização a 50% e 100% da velocidade da luz, respectivamente, e as sobreposições mostram onde civilizações independentes se encontram.

Os europeus conseguiram conquistar a África e as Américas porque possuíam tecnologia superior. Por outro lado, é plausível que, muito antes de duas civilizações superinteligentes se encontrarem, suas tecnologias se estabilizem no mesmo nível, limitadas apenas pelas leis da física. Isso faz com que pareça improvável que uma superinteligência tenha facilidade em conquistar a outra, mesmo que queira. Além disso, se seus objetivos evoluíram e se alinharam relativamente, elas podem ter poucas razões para desejar conquista ou guerra. Por exemplo, se ambas estão tentando provar o maior número possível de belos teoremas e inventar o máximo de algoritmos inteligentes, podem simplesmente compartilhar suas descobertas e melhorar sua situação. Afinal, as informações são muito diferentes dos recursos pelos quais os humanos costumam lutar, pois você pode, ao mesmo tempo, cedê-las e ficar com elas.

Algumas civilizações em expansão podem ter objetivos essencialmente imutáveis, como os de um culto fundamentalista ou um vírus que se espalha. No entanto, também é plausível que algumas civilizações avançadas sejam mais parecidas com seres humanos de mente aberta – dispostos a ajustar seus objetivos quando argumentos suficientemente convincentes são apresentados. Se dois deles se encontrarem, haverá um choque não de armas, mas de ideias, no qual a mais persuasiva prevalece e seus objetivos se espalham na velocidade da luz pela região controlada pela outra civilização. Assimilar seus vizinhos é uma estratégia de expansão mais rápida que a liquidação, já que sua esfera de influência pode se espalhar na velocidade com que as ideias se movem (a velocidade da luz usando telecomunicações), enquanto a liquidação física inevitavelmente progride mais lentamente que a velocidade da luz. Essa assimilação não será forçada, como a infame empregada pelos Borg em *Jornada nas Estrelas*, mas voluntária, com base na superioridade persuasiva das ideias, deixando os assimilados em melhor situação.

Vimos que o futuro cosmos pode conter bolhas de rápida expansão de dois tipos: civilizações em expansão e as bolhas da morte que se expandem à velocidade da luz e tornam o espaço inabitável ao destruir todas as nossas partículas elementares. Uma civilização ambiciosa pode encontrar três tipos de regiões: desabitadas, bolhas da vida e bolhas da morte. Se teme civilizações rivais não cooperativas, tem um forte incentivo para lançar uma rápida "apropriação de terras" e colonizar as regiões desabitadas antes que os rivais o façam. No entanto, o incentivo expansionista continua igual, mesmo que não haja outras civilizações, simplesmente para adquirir recursos antes que a energia escura os torne inacessíveis. Acabamos de ver como esbarrar em outra civilização em expansão pode ser melhor ou pior do que esbarrar em um espaço desabitado, dependendo de quão cooperativo e mente aberta esse vizinho seja. No entanto, é melhor esbarrar em qualquer civilização expansionista (mesmo uma tentando converter sua civilização em clipes de papel) do que em uma bolha da morte, que vai continuar se expandindo na velocidade da luz, quer você tente combatê-la ou argumentar com ela. Nossa única proteção contra as bolhas da morte é a energia escura, que impede que as que estão distantes cheguem até nós. Portanto, se as bolhas da morte são de fato comuns, a energia escura não é nossa inimiga, mas nossa amiga.

Estamos sozinhos?

Muitas pessoas tomam como certo que existe vida avançada em grande parte do nosso Universo, de modo que a extinção humana não importaria muito do ponto de vista cósmico. Afinal, por que deveríamos nos preocupar em acabar se alguma civilização inspiradora no estilo *Jornada das Estrelas* logo entraria em cena e encheria nosso Sistema Solar de vida de novo, talvez até usando sua tecnologia avançada para nos reconstruir e ressuscitar? Eu vejo essa suposição de *Jornada nas Estrelas* como perigosa, porque pode nos levar a uma falsa sensação de segurança e tornar nossa civilização apática e imprudente. Na verdade, acho que essa suposição de que não estamos sozinhos em nosso Universo não é apenas perigosa, mas provavelmente falsa.

Essa não é a visão predominante,* e posso estar errado, mas é no mínimo uma possibilidade que atualmente não podemos descartar, o que nos dá um imperativo moral de não correr o risco de extinguir nossa civilização.

Quando dou palestras sobre cosmologia, costumo pedir ao público que levante a mão se achar que há vida inteligente em outro lugar do nosso Universo (a região do espaço a partir da qual a luz nos alcançou até agora nos 13,8 bilhões de anos desde o nosso Big Bang). Infalivelmente, quase todo mundo levanta a mão, de crianças em idade pré-escolar a estudantes universitários. Quando pergunto por quê, a resposta básica que recebo é que nosso Universo é tão grande que deve haver vida em algum lugar, pelo menos estatisticamente falando. Vamos examinar mais de perto esse argumento e identificar sua fraqueza.

Tudo se resume a um número: a distância típica entre uma civilização na Figura 6.10 e seu vizinho mais próximo. Se essa distância for muito maior que 20 bilhões de anos-luz, devemos supor que estamos sozinhos em nosso Universo (mais uma vez, a parte do espaço a partir da qual a luz nos alcançou durante os 13,8 bilhões de anos desde nosso Big Bang) e nunca vamos fazer contato com alienígenas. Então, o que devemos esperar para essa distância? Não fazemos ideia. Isso significa que a distância para o vizinho está na casa de 1000 ... 000 metros, em que o número total de zeros poderia razoavelmente ser 21, 22, 23, ..., 100, 101, 102 ou mais – mas provavelmente não muito menor que 21, já que ainda não tivemos evidências convincentes de alienígenas (veja a Figura 6.11). Para a civilização vizinha mais próxima estar dentro do nosso Universo, cujo raio é de cerca de 10^{26} metros, o número de zeros não pode exceder 26, e a probabilidade de o número de zeros cair na faixa estreita entre 22 e 26 é bastante pequena. É por isso que acho que estamos sozinhos em nosso Universo.

---

* No entanto, John Gribbin chega a uma conclusão semelhante em seu livro de 2011, *Alone in the Universe*. Para um espectro de perspectivas intrigantes sobre essa questão, também recomendo o livro de 2011 de Paul Davies, *The Eerie Silence*.

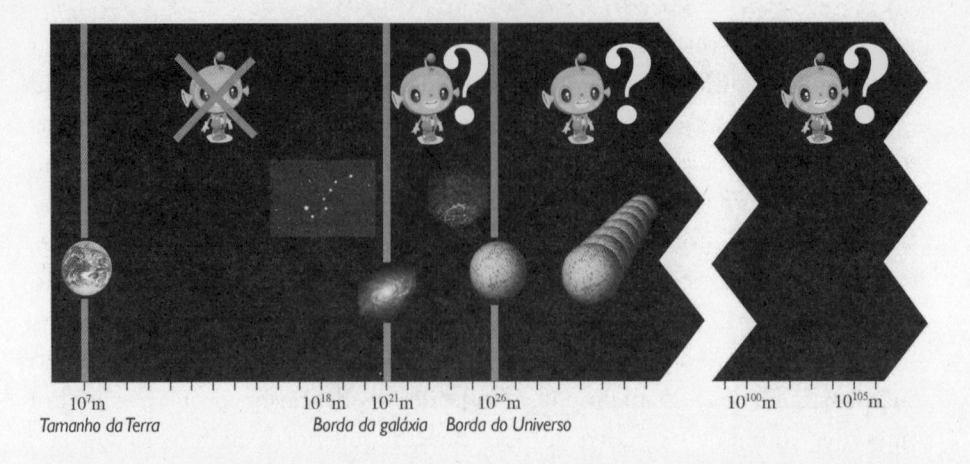

Figura 6.11: Estamos sozinhos? As enormes incertezas sobre como a vida e a inteligência evoluíram sugerem que nossa civilização vizinha mais próxima no espaço poderia razoavelmente estar em qualquer lugar ao longo do eixo horizontal acima, tornando improvável que esteja na estreita faixa entre a borda da nossa galáxia (cerca de 10^{21} metros) e na borda do nosso Universo (cerca de 10^{26} metros de distância). Se estivesse muito mais próximo desse alcance, é provável que houvesse tantas outras civilizações avançadas em nossa galáxia que teríamos notado, o que sugere que estamos de fato sozinhos em nosso Universo.

Dou uma justificativa detalhada desse argumento em meu livro *Our Mathematical Universe*, então não vou repeti-la aqui, mas a razão básica pela qual não temos noção dessa distância é que não fazemos ideia da probabilidade de vida inteligente surgir em um determinado local. Como apontou o astrônomo americano Frank Drake, essa probabilidade pode ser calculada multiplicando-se a probabilidade de haver um ambiente habitável lá (digamos, um planeta apropriado), a probabilidade de que a vida se forme lá e a probabilidade de que essa vida evolua para se tornar inteligente. Quando eu era estudante de pós-graduação, não tínhamos ideia de nenhuma dessas três probabilidades. Após as dramáticas descobertas das últimas duas décadas de planetas orbitando outras estrelas, agora parece provável que os planetas habitáveis sejam abundantes, com bilhões somente na nossa galáxia. A probabilidade de evolução da vida e, em seguida, da inteligência, continua, no entanto, extremamente incerta: alguns especialistas pensam que um ou ambos são inevitáveis e ocorrem na maioria dos planetas habitáveis, enquanto outros acreditam que um ou ambos são extremamente raros por causa de um ou mais gargalos evolutivos que exigem um golpe de sorte enorme para passar. Alguns gargalos sugeridos envolvem problemas do tipo "ovos e galinha" nos estágios iniciais da vida de autorreprodução: por exemplo, para uma célula moderna construir um ribossomo – a máquina molecular altamente complexa que lê nosso código genético e constrói nossas proteínas –, ela precisa de outro ribossomo, e não é óbvio que o primeiro ribossomo possa evoluir gradualmente a partir de algo mais simples.[10] Outros gargalos envolvem o desenvolvimento de inteligência superior. Por exemplo, embora os dinossauros tenham reinado sobre a Terra por mais de 100 milhões de anos, mil vezes mais que os humanos modernos, a evolução não parecia inevitavelmente levá-los na direção de uma inteligência superior, e para a invenção de telescópios ou computadores.

Algumas pessoas contrapõem meu argumento dizendo que, sim, vida inteligente *poderia* ser muito rara, mas na verdade não é – nossa galáxia está repleta de vida inteligente que os cientistas comuns simplesmente não estão percebendo. Talvez os alienígenas já tenham visitado a Terra, como afirmam os entusiastas dos OVNIs. Talvez os alienígenas não tenham visitado a Terra, mas estejam lá fora e se escondendo de nós de propósito (isso foi chamado de "hipótese do zoológico" pelo astrônomo norte-americano John A. Ball, e aparece em clássicos de ficção científica como *Star Maker*, de Olaf Stapledon). Ou talvez eles estejam lá fora, sem se esconder de fato: eles simplesmente não estão interessados em colônias espaciais nem em grandes projetos de engenharia que teríamos notado.

Claro, precisamos manter a mente aberta em relação a essas possibilidades, mas como não há evidências comumente aceitas para nenhuma delas, também precisamos levar a sério a outra opção: estamos sozinhos. Além disso, acho que não devemos subestimar a diversidade de civilizações avançadas, presumindo que todas compartilham metas que as fazem passar despercebidas: vimos acima que a aquisição de recursos é uma meta natural de uma civilização, e, para notarmos, só é preciso *uma* civilização decidir colonizar abertamente tudo o que consegue e, assim, engolir nossa galáxia e além. Confrontados com o fato de que existem milhões de planetas habitáveis como a Terra em nossa galáxia que são bilhões de anos mais antigos que nosso planeta, dando tempo suficiente para habitantes ambiciosos colonizarem a galáxia, não podemos, portanto, descartar a interpretação mais óbvia: de que a origem da vida exige um acaso aleatório tão improvável que todos os outros estão desabitados.

Se a vida *não* é nada rara, vamos saber em breve. Pesquisas astronômicas ambiciosas estão pesquisando atmosferas de planetas semelhantes à Terra em busca de evidências de oxigênio produzido pela vida. Em paralelo a essa busca por *qualquer* forma de vida, a busca por vida *inteligente* foi recentemente impulsionada pelo projeto de 100 milhões de dólares do filantropo russo Yuri Milner, "Breakthrough Listen".

É importante não ser excessivamente antropocêntrico ao procurar uma vida avançada: se descobrirmos uma civilização extraterrestre, é provável que já seja superinteligente. Como Martin Rees registrou em um ensaio recente, "a história da civilização humana tecnológica é medida em séculos – e pode levar apenas um ou dois séculos até que os humanos sejam ultrapassados ou transcendidos pela inteligência inorgânica, que persistirá, continuando a evoluir, por bilhões de anos. [...] seria pouco provável que a "capturássemos" no breve intervalo de tempo em que assumisse a forma orgânica.[11] Concordo com a conclusão de Jay Olson em seu documento sobre colonização espacial mencionada anteriormente: "Consideramos como um ponto-final improvável para a progressão da tecnologia a possibilidade de a inteligência avançada fazer uso dos recursos do universo para simplesmente povoar planetas semelhantes à Terra com versões avançadas de humanos." Portanto, quando imaginar alienígenas, não pense em pequenas criaturas verdes com dois braços e duas pernas, mas sim na vida superinteligente viajante do espaço que exploramos anteriormente neste capítulo.

Embora eu seja um forte defensor de todas as buscas por vida extraterrestre em andamento, que estão lançando luz sobre uma das questões mais fascinantes da ciência, em segredo espero que todas falhem e não encontrem nada! A aparente incompatibilidade entre a abundância de planetas habitáveis em nossa galáxia e a falta de visitantes extraterrestres, conhecida como "paradoxo de Fermi", sugere a existência do que o economista Robin Hanson chama de "Grande filtro", um obstáculo evolutivo/tecnológico em algum lugar ao longo do caminho do desenvolvimento, da matéria não viva à vida que se estabelece o espaço. Se descobrirmos vida evoluída independente em outro lugar, isso sugeriria que a vida primitiva não é rara e que o obstáculo se encontra depois do nosso atual estágio humano de desenvolvimento – talvez porque a colonização do espaço seja impossível ou porque quase todas as civilizações avançadas se autodestruam antes de serem capazes de se tornar cósmicas. Portanto, estou cruzando os dedos para que todas as buscas por vida extraterrestre não encontrem nada: isso é coerente com o cenário em que a vida inteligente em evolução é rara, mas nós, humanos, tivemos sorte, de modo que deixamos para trás o obstáculo e temos um potencial de futuro extraordinário.

Visão geral

Até agora, passamos este livro explorando a história da vida em nosso Universo, desde seus humildes primórdios, bilhões de anos atrás, até possíveis grandes futuros bilhões de anos a partir de agora. Se nosso desenvolvimento atual de IA por fim desencadear uma explosão de inteligência e uma colonização otimizada do espaço, será uma explosão em um sentido verdadeiramente cósmico: depois de passar bilhões de anos como um transtorno quase insignificante em um cosmos indiferente e sem vida, a vida explode de repente na arena cósmica como uma onda esférica de expansão se espalhando perto da velocidade da luz, nunca diminuindo a velocidade e acendendo tudo em seu caminho com a centelha da vida.

Essas visões otimistas da importância da vida em nosso futuro cósmico foram eloquentemente articuladas por muitos dos pensadores que encontramos neste livro. Como os autores de ficção científica costumam ser menosprezados como sonhadores românticos não realistas, acho irônico que a maioria dos escritos de ficção científica e ciência sobre colonização espacial agora também pareça *pessimista* à luz da superinteligência. Por exemplo, vimos como as viagens intergalácticas se tornam muito mais fáceis quando as pessoas e outras entidades inteligentes podem ser transmitidas em formato digital, potencialmente nos tornando mestres de nosso próprio destino, não apenas em nosso Sistema Solar ou Via Láctea, mas também no cosmos.

Anteriormente neste capítulo, consideramos a possibilidade muito real de sermos a única civilização de alta tecnologia em nosso Universo. Vamos passar o restante dele explorando esse cenário e a enorme responsabilidade moral que ele implica. Isso significa que, depois de 13,8 bilhões de anos, a vida em nosso Universo alcançou uma bifurcação na estrada, enfrentando uma escolha entre se desenvolver em todo o cosmos ou se extinguir. Se não continuarmos melhorando nossa tecnologia, a questão não é se a humanidade será extinta, mas como isso acontecerá. O que nos levará primeiro – um asteroide, um supervulcão, o calor ardente do Sol envelhecido ou alguma outra calamidade (veja a Figura 5.1)? Quando partirmos, o espetáculo cósmico previsto por Freeman Dyson vai continuar sem espectadores: com exceção de um cosmocalipse, estrelas queimam, galáxias desaparecem e buracos negros evaporam, cada um terminando sua vida com uma enorme explosão que libera um milhão de vezes mais energia que a Tsar Bomba, a bomba de hidrogênio mais poderosa já construída. Como Freeman colocou: "O universo em expansão a frio será iluminado por fogos de artifício ocasionais por muito tempo". Infelizmente, essa queima de fogos de artifício será um desperdício sem sentido, sem ninguém para aproveitá-la.

Sem tecnologia, nossa extinção humana é iminente no contexto cósmico de dezenas de bilhões de anos, tornando todo o drama da vida em nosso Universo apenas um breve e transitório lampejo de beleza, paixão e significado, numa quase eternidade de falta de sentido vivida por ninguém. Seria uma bela oportunidade desperdiçada! Se, em vez de evitar a tecnologia, optarmos por adotá-la, aumentamos a aposta: ganhamos o potencial de a vida sobreviver e se desenvolver e de a vida se extinguir ainda mais cedo, se autodestruindo devido a um planejamento insuficiente (veja Figura 5.1). Meu voto é por abraçar a tecnologia e prosseguir não com fé cega no que construímos, mas com cautela, previsão e planejamento cuidadoso.

Depois de 13,8 bilhões de anos de história cósmica, nos encontramos em um lindo universo de tirar o fôlego, que por meio de nós, os seres humanos, ganhou vida e começou a tomar consciência de si mesmo. Vimos que o potencial futuro da vida em nosso Universo é maior do que os sonhos mais loucos de nossos ancestrais, acrescido de um potencial igualmente real de que a vida inteligente se extinga de modo permanente. A vida em nosso Universo vai viver seu potencial ou desperdiçá-lo? Isso depende em grande parte do que nós, humanos vivos hoje, fazemos durante a nossa vida, e estou otimista de que podemos tornar o futuro da vida de fato incrível se fizermos as escolhas certas. O que devemos desejar e como podemos alcançar esses objetivos? Vamos passar o restante do livro explorando alguns dos desafios mais difíceis envolvidos e o que podemos fazer sobre eles.

Resumo

- Comparada às escalas de tempo cósmicas de bilhões de anos, uma explosão de inteligência é um evento repentino em que a tecnologia rapidamente atinge um nível limitado apenas pelas leis da física.
- Esse platô tecnológico é muito mais alto que a tecnologia atual, permitindo que uma determinada quantidade de matéria gere cerca de 10 bilhões de vezes mais energia (usando sphalerons ou buracos negros), armazene de 12 a 18 ordens de grandeza mais informações ou calcule de 31 a 41 ordens de grandeza mais rapidamente – ou ainda, seja convertida em qualquer outra forma desejada de matéria.
- A vida superinteligente não apenas faria um uso drasticamente mais eficiente de seus recursos existentes, como também seria capaz de aumentar a biosfera atual em cerca de 32 ordens de grandeza ao adquirir mais recursos por meio de colônias cósmicas a uma velocidade próxima à da luz.

- A energia escura limita a expansão cósmica da vida superinteligente e também a protege de bolhas da morte em expansão distante ou civilizações hostis. A ameaça de energia escura destruindo civilizações cósmicas motiva enormes projetos de engenharia cósmica, incluindo a construção de buracos de minhoca, se isso for viável.
- É provável que a principal mercadoria compartilhada ou comercializada entre as distâncias cósmicas seja a informação.
- Exceto nos buracos de minhoca, o limite de velocidade da luz na comunicação apresenta sérios desafios para coordenação e controle em uma civilização cósmica. Um hub central distante pode incentivar seus "nós" superinteligentes a cooperar por meio de recompensas ou ameaças, por exemplo, implantando uma IA sentinela local programada para destruir o nó pelo desencadeamento de uma supernova ou quasar, a menos que as regras sejam obedecidas.
- A colisão de duas civilizações em expansão pode resultar em assimilação, cooperação ou guerra, e esta última é provavelmente menos provável do que entre as civilizações de hoje.
- Apesar da crença popular contrária, é bastante plausível que sejamos a única forma de vida capaz de tornar nosso Universo observável vivo no futuro.
- Se não melhorarmos nossa tecnologia, a questão não será se a humanidade irá se extinguir, mas como: será um asteroide, um supervulcão, o calor ardente do Sol envelhecido ou alguma outra calamidade que vai nos atingir primeiro?
- Se continuarmos aprimorando nossa tecnologia com bastante cuidado, previsão e planejamento para evitar armadilhas, a vida tem o potencial de se desenvolver na Terra e muito além por muitos bilhões de anos, muito além dos sonhos mais loucos de nossos ancestrais.

7

Objetivos

"O mistério da existência humana não está apenas em permanecer vivo, mas em encontrar algo pelo que viver."
Fiódor Dostoiévski, *Os irmãos Karamazov*

"A vida é uma viagem, não um destino."
Ralph Waldo Emerson

Se eu tivesse que resumir em uma única palavra quais são as polêmicas mais espinhosas da IA, seriam "objetivos": devemos dar objetivos à IA e, se sim, quais? Como podemos dar objetivos à IA? Podemos garantir que esses objetivos sejam mantidos mesmo se a IA se tornar mais inteligente? Podemos mudar os objetivos de uma IA mais inteligente do que nós? Quais são nossos maiores objetivos? Essas perguntas não são apenas difíceis, mas também cruciais para o futuro da vida: se não soubermos o que queremos, teremos menos chances de conseguir, e se cedermos o controle a máquinas que não compartilham nossos objetivos, é provável recebermos o que não queremos.

Física: a origem dos objetivos

Para esclarecer essas questões, vamos primeiro explorar a origem principal dos objetivos. Quando olhamos ao nosso redor no mundo, alguns processos nos parecem orientados a objetivos, enquanto outros, não. Pense, por exemplo, no processo de uma bola de futebol sendo chutada no lance vencedor do jogo. O comportamento da bola em si não parece orientado a objetivo e é, da maneira mais econômica, explicado nos termos das leis do movimento de Newton como uma reação ao chute. O comportamento do jogador, por outro lado, é, da maneira mais econômica, explicado não mecanicamente em termos de átomos em movimento, mas em termos de ele ter o *objetivo* de maximizar os pontos de sua equipe. Como esse comportamento orientado a objetivos emerge da física de nosso Universo primitivo, que consistia apenas em um monte de partículas ricocheteando aparentemente sem objetivos?

O curioso é que as principais raízes do comportamento orientado a objetivos podem ser encontradas nas próprias leis da física e se manifestam até mesmo em processos simples que não envolvem vida. Se uma salva-vidas resgatar um nadador, como na Figura 7.1, esperamos que ela não siga em linha reta, mas corra um pouco mais ao longo da praia, onde pode ir mais rápido do que na água, girando de leve quando entra nela. Naturalmente, interpretamos sua escolha de trajetória como orientada a objetivos, pois, dentre todas as trajetórias possíveis, ela escolhe deliberadamente a melhor opção que a leva ao nadador o mais rápido possível. No entanto, um simples raio de luz se curva de maneira semelhante quando entra na água (veja a Figura 7.1), minimizando também o tempo de viagem até o destino! Como isso é possível?

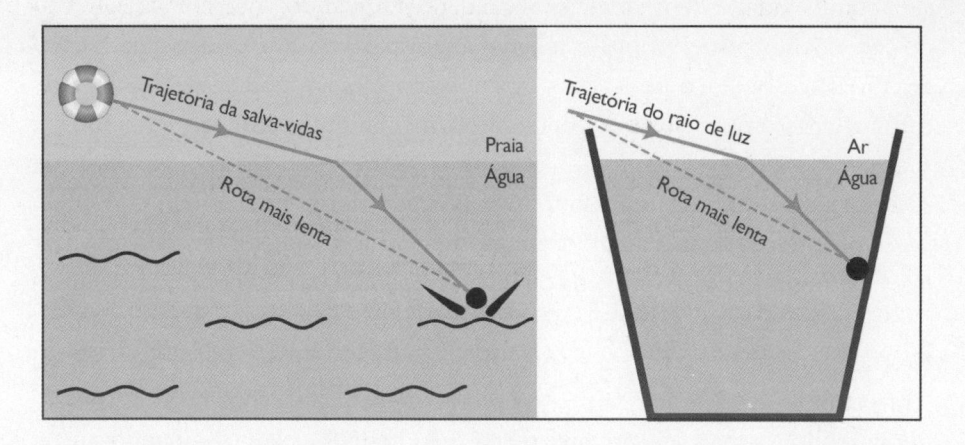

Figura 7.1: Para resgatar um nadador o mais rápido possível, uma salva-vidas não segue em uma linha reta (tracejada), mas um pouco mais adiante na praia, onde pode avançar mais rápido do que na água. Um raio de luz se curva de maneira semelhante ao entrar na água para chegar ao seu destino o mais rápido possível.

Isso é conhecido na física como *princípio de Fermat*, articulado em 1662, e oferece uma maneira alternativa de prever o comportamento dos raios de luz. Surpreendentemente, os físicos descobriram desde então que *todas* as leis da física clássica podem ser reformuladas matematicamente de modo análogo: de todas as maneiras como pode optar por fazer alguma coisa, a natureza prefere a maneira ideal, que em geral se resume a minimizar ou maximizar alguma quantidade. Existem duas maneiras matematicamente equivalentes de descrever cada lei da física: como o passado causando o futuro, ou como a natureza otimizando algo. Embora a segunda maneira não costume ser ensinada nos cursos introdutórios de física, porque a matemática é mais difícil, sinto que é mais elegante e profunda. Se uma pessoa está tentando otimizar alguma coisa (por exemplo, sua pontuação, sua riqueza ou sua felicidade), nós naturalmente descrevermos sua busca como orientada a objetivos. Portanto, se a própria natureza está tentando otimizar alguma coisa, não é de se admirar que o comportamento orientado a objetivos possa surgir: ele foi incorporado desde o início, nas próprias leis da física.

Uma grandeza famosa que a natureza se esforça para maximizar é a *entropia*, que, em termos simplificados, mede a confusão das coisas. A segunda lei da termodinâmica afirma que a entropia tende a aumentar até atingir seu máximo valor possível. Ignorando os efeitos da gravidade por enquanto, esse estado final maximamente confuso é chamado "morte térmica" e corresponde a tudo o que está sendo espalhado em uma uniformidade perfeita e sem graça, sem complexidade, sem vida e sem mudanças. Quando você coloca leite frio no café quente, por exemplo, sua bebida parece marchar irreversivelmente em direção a seu objetivo pessoal de morte térmica e, em pouco tempo, tudo se torna apenas uma mistura morna e uniforme. Se um organismo vivo morre, sua entropia também começa a aumentar e, em pouco tempo, o arranjo de suas partículas tende a ficar muito menos organizado.

O objetivo aparente da natureza de aumentar a entropia ajuda a explicar por que o tempo parece ter uma direção preferida, fazendo com que os filmes pareçam irreais se reproduzidos de trás para a frente: se você deixar cair uma taça de vinho, espera que ela se quebre no chão e aumente a confusão global (entropia). Se, em seguida, você a viu se *reconstituir* e voltar intacta para sua mão (diminuindo a entropia), provavelmente não beberia dela, imaginando que já tinha bebido demais.

Quando aprendi sobre nossa inexorável progressão em direção à morte térmica, achei-a bastante deprimente, e não fui o único: o pioneiro da termodinâmica Lord Kelvin escreveu em 1841 que "o resultado seria inevitavelmente um estado de descanso e morte universais", e é difícil encontrar conforto na ideia de que o objetivo de longo prazo da natureza é maximizar a morte e a destruição. No entanto, descobertas mais recentes mostraram que as coisas não são tão ruins assim. Em primeiro lugar, a gravidade se comporta de maneira diferente de todas as outras forças e se esforça para tornar nosso Universo não mais uniforme e chato, mas mais desajeitado e interessante. Portanto, a gravidade transformou nosso Universo primitivo chato, quase perfeitamente uniforme, no cosmos desajeitado e lindamente complexo de hoje, repleto de galáxias, estrelas e planetas. Graças à gravidade, agora existe uma ampla gama de temperaturas que permitem que a vida prospere combinando quente e frio: vivemos em um planeta confortavelmente quente, absorvendo 6.000 °C (10.000 °F) de calor solar, enquanto nos resfriamos irradiando o calor residual para um espaço gelado cuja temperatura é de apenas 3 °C (5 °F) acima do zero absoluto.

Segundo, um trabalho recente do meu colega do MIT Jeremy England e outros trouxe mais boas notícias, mostrando que a termodinâmica também confere à natureza um objetivo mais inspirador do que a morte térmica.[1] Esse objetivo atende pelo nome nerd de "adaptação dirigida por dissipação", o que significa basicamente que grupos aleatórios de partículas se esforçam para se organizar de forma a extrair energia de seu ambiente da maneira mais eficiente possível ("dissipação" significa aumentar a entropia, tipicamente transformando energia útil em calor, em geral enquanto faz um trabalho útil). Por exemplo, um monte de moléculas expostas à luz solar tenderia a se organizar para melhorar e absorver a luz solar. Em outras palavras, a natureza parece ter um objetivo embutido de produzir sistemas de auto-organização cada vez mais complexos e realistas, e esse objetivo está embutido nas próprias leis da física.

Como podemos reconciliar esse impulso cósmico em direção à vida com o impulso cósmico em direção à morte térmica? A resposta pode ser encontrada no famoso livro de 1944 *O que é vida?*, de Erwin Schrödinger, um dos fundadores da mecânica quântica. Schrödinger apontou que uma característica de um sistema vivo é manter ou reduzir sua entropia aumentando a entropia ao seu redor. Em outras palavras, a segunda lei da termodinâmica tem uma brecha vital; embora a entropia total deva aumentar, ela pode diminuir em alguns lugares, contanto que aumente ainda mais em outros. Portanto, a vida mantém ou aumenta sua complexidade, tornando o ambiente mais confuso.

Biologia: a evolução dos objetivos

Acabamos de ver como a origem do comportamento orientado a objetivos pode ser rastreada até as leis da física, que parecem dotar as partículas com o objetivo de se organizar de modo a extrair energia do ambiente da maneira mais eficiente possível. Uma ótima maneira de arranjar partículas para promover esse objetivo é fazer cópias de si mesmo, produzir mais absorvedores de energia. Existem muitos exemplos conhecidos dessa autorreplicação emergente: por exemplo, vórtices em fluidos turbulentos podem fazer cópias de si mesmos, e aglomerados de microesferas podem convencer as esferas próximas a formar aglomerados idênticos. Em algum momento, um arranjo específico de partículas ficou tão bom em se autocopiar que poderia fazê-lo quase indefinidamente, extraindo energia e matérias-primas de seu ambiente. Chamamos esse arranjo de partículas de *vida*. Ainda sabemos muito pouco sobre como a vida se originou na Terra, mas sabemos que as formas de vida primitivas já estavam aqui cerca de 4 bilhões de anos atrás.

Se uma forma de vida se copia e as cópias fazem o mesmo, o número total continuará sendo dobrado a intervalos regulares até que o tamanho da população se depare com as limitações de recursos ou outros problemas. A duplicação repetida logo produz grandes números: se você começar com uma e dobrar apenas 300 vezes, obterá uma quantidade que excede o número de partículas em nosso Universo. Isso significa que, pouco depois de a primeira forma de vida primitiva aparecer, grandes quantidades de matéria ganharam vida. Às vezes, a cópia não era perfeita; logo, muitas formas de vida diferentes tentavam se copiar, competindo pelos mesmos recursos finitos. A evolução darwiniana havia começado.

Se você estivesse observando a Terra em silêncio na época em que a vida começou, teria notado uma mudança drástica no comportamento orientado a objetivos. Enquanto antes as partículas pareciam estar tentando aumentar a confusão média de várias maneiras, esses padrões de autocópia recém-onipresentes pareciam ter um objetivo diferente: não a dissipação, mas a *replicação*. Charles Darwin explicou de modo elegante o porquê: como as copiadoras mais eficientes competem e dominam as outras, em pouco tempo qualquer forma de vida aleatória que você olhar será altamente otimizada para o objetivo de replicação.

Como o objetivo poderia mudar de dissipação para replicação quando as leis da física permaneceram as mesmas? A resposta é que o objetivo fundamental (dissipação) *não* mudou, mas levou a um *objetivo instrumental* diferente, isto é, um subobjetivo que ajudou a alcançar o objetivo fundamental. Vamos analisar o ato de comer, por exemplo. Todos parecemos ter o objetivo de satisfazer nossos desejos de fome, mesmo sabendo que o único objetivo fundamental da evolução é a replicação, não a mastigação. Isso ocorre porque a alimentação ajuda na replicação: morrer de fome atrapalha o caminho de ter filhos. Do mesmo modo, a replicação ajuda na dissipação, porque um planeta repleto de vida é mais eficiente na dissipação de energia. Então, de certa forma, nosso cosmos inventou a vida para ajudá-la a enfrentar a morte térmica mais rapidamente. Se você derramar açúcar no chão da cozinha, ele pode, em princípio, reter sua energia química útil por anos, mas se as formigas aparecerem, elas vão dissipar essa energia em pouco tempo. Da mesma forma, as reservas de petróleo enterradas na crosta terrestre teriam retido sua energia química útil por muito mais tempo se nossas formas de vida bípedes não as tivessem bombeado de lá e as queimado.

Entre os habitantes evoluídos da Terra de hoje, esses objetivos instrumentais parecem ter ganhado vida própria: embora a evolução os tenha otimizado para o único objetivo de procriar, muitos passam grande parte do tempo não produzindo filhos, mas em atividades como dormir, buscar comida, construir casas, afirmar domínio e lutar/ajudar os outros – às vezes a ponto de *reduzir* a procriação. Pesquisas em psicologia evolutiva, economia e inteligência artificial explicaram elegantemente por quê. Alguns economistas costumavam apresentar as pessoas como "agentes racionais", tomadores de decisão idealizados que sempre escolhem qualquer ação ideal para alcançar seus objetivos, mas isso é obviamente irreal. Na prática, esses agentes têm o que o Prêmio Nobel e pioneiro em IA Herbert Simon denominou "racionalidade limitada" porque têm recursos limitados: a racionalidade de suas decisões é limitada pelas informações disponíveis, pelo tempo disponível para pensar e pelo hardware disponível com o qual pensar. Isso significa que, quando a evolução darwiniana está otimizando um organismo para atingir uma meta, o melhor que pode fazer é implementar um algoritmo aproximado que funcione razoavelmente bem no contexto restrito em que o agente costuma se encontrar. A evolução implementou a otimização da replicação exatamente assim: em vez de perguntar em todas as situações que ações maximizarão o número de descendentes bem-sucedidos de um organismo, ela implementa uma mistura de criativas abordagens: regras práticas que em geral funcionam bem. Para a maioria dos animais, incluem desejo sexual, beber quando tem sede, comer quando tem fome e evitar coisas com gosto ruim.

Essas regras práticas às vezes falham em situações com as quais não foram projetadas para lidar, como quando ratos comem veneno com sabor delicioso, quando mariposas são atraídas para armadilhas de cola por fragrâncias femininas sedutoras e quando insetos voam para chamas de velas.* Como a sociedade humana de hoje é muito diferente do ambiente para o qual a evolução otimizou nossas regras básicas, não devemos nos surpreender ao descobrir que nosso comportamento costuma falhar em maximizar a produção de bebês. Por exemplo, o objetivo de não morrer de fome é implementado em parte por um desejo de consumir alimentos calóricos, desencadeando a epidemia de obesidade atual e as dificuldades de namorar. O objetivo secundário de procriar foi implementado como um desejo sexual, e não como um desejo de se tornar um doador de esperma/óvulo, mesmo que este último possa produzir mais bebês com menos esforço.

Psicologia: a busca e a revolta contra objetivos

Em resumo, um organismo vivo é um agente de racionalidade limitada que não busca um único objetivo, mas segue regras práticas sobre o que buscar e evitar. Nossas mentes humanas percebem essas regras básicas evoluídas como *sentimentos*, que com frequência (e em geral sem que estejamos cientes disso) orientam nossa tomada de decisão em direção ao objetivo final da replicação. Sensações de fome e sede nos protegem da desnutrição e da desidratação, sensações de dor nos protegem de danificar nosso corpo, sensações de luxúria nos fazem procriar, sentimentos de amor e compaixão nos fazem ajudar outros portadores de nossos genes e aqueles que os ajudam, e assim por diante. Guiado por esses sentimentos, nosso cérebro pode decidir com rapidez e eficiência o que fazer, sem precisar submeter todas as opções a uma análise tediosa de suas implicações finais para quantos descendentes vamos produzir. Para perspectivas intimamente relacionadas sobre sentimentos e suas raízes fisiológicas, recomendo os escritos de William James e António Damásio.[2]

É importante notar que, quando nossos sentimentos ocasionalmente funcionam *contra* a procriação, não é necessariamente por acidente ou porque fomos enganados: nosso cérebro pode se rebelar contra nossos genes e seu

---

* Uma regra prática que muitos insetos usam para voar em linha reta é supor que uma luz brilhante é o Sol e voar em um ângulo fixo em relação a ele. Se a luz se revela ser uma chama, esse truque pode, infelizmente, levar o inseto a uma espiral da morte.

objetivo de replicação deliberadamente, por exemplo, optando por usar contraceptivos! Exemplos mais extremos do cérebro se rebelando contra seus genes incluem optar por cometer suicídio ou passar a vida em celibato para se tornar padre, monge ou freira.

Por que às vezes escolhemos nos rebelar contra nossos genes e seu objetivo de procriação? Nós nos rebelamos porque, como fomos feitos para sermos agentes de racionalidade limitada, somos leais apenas a nossos sentimentos. Embora nosso cérebro tenha evoluído apenas para ajudar a copiar nossos genes, ele não se importava com esse objetivo, pois não temos sentimentos relacionados a genes – de fato, durante a maior parte da história da humanidade, nossos ancestrais nem sabiam que *havia* genes. Além disso, nosso cérebro é muito mais inteligente que nossos genes, e, agora que entendemos o objetivo de nossos genes (replicação), achamos bastante banal e fácil de ignorar. As pessoas podem constatar por que seus genes as fazem sentir luxúria, mas têm pouco desejo de criar quinze filhos e, portanto, optam por burlar sua programação genética combinando as recompensas emocionais da intimidade com o controle da natalidade. Conseguem perceber por que seus genes as fazem desejar doces, mas têm pouco desejo de ganhar peso e, portanto, optam por burlar sua programação genética combinando as recompensas emocionais de uma bebida adoçada com produtos artificiais de zero caloria.

Embora esses mecanismos de recompensa às vezes deem errado, como quando as pessoas se viciam em heroína, nosso *pool* genético humano até agora sobreviveu muito bem, apesar de nossos cérebros astutos e rebeldes. É importante lembrar, no entanto, que a autoridade suprema agora são nossos sentimentos, não nossos genes. Isso significa que o comportamento humano não é estritamente otimizado para a sobrevivência de nossa espécie. Aliás, uma vez que nossos sentimentos implementam apenas regras básicas que não são apropriadas para todas as situações, o comportamento humano, a rigor, não tem um único objetivo bem definido.

Engenharia: objetivos de terceirização

Máquinas podem ter objetivos? Essa pergunta simples gerou grande polêmica, porque pessoas diferentes entendem que ela significa coisas diferentes, em geral relacionadas a tópicos espinhosos, como se as máquinas podem estar conscientes e ter sentimentos. Mas se formos mais práticos e simplesmente entendermos a questão "As máquinas podem exibir comportamento orientado a objetivos?", então a resposta é óbvia: "É claro que podem, desde que as projetemos dessa maneira!". Projetamos ratoeiras para o objetivo de pegar ratos, lava-louças com o objetivo de limpar pratos e relógios com o objetivo de marcar o tempo. Quando você confronta uma máquina, o fato empírico de que ela está exibindo um comportamento orientado a objetivos costuma ser o que importa: se você é perseguido por um míssil de calor, não se importa se ele tem consciência ou sentimentos! Se você ainda ficar desconfortável ao dizer que o míssil tem um objetivo, mesmo não tendo consciência, pode simplesmente ler "propósito" quando eu escrever "objetivo" – vamos abordar a consciência no próximo capítulo.

Até agora, a maior parte do que construímos mostra apenas design voltado a objetivos, não *comportamento* voltado a objetivo: uma rodovia não se comporta, simplesmente está lá. No entanto, a explicação mais econômica para a sua existência é que ela foi projetada para atingir um objetivo; portanto, mesmo essa tecnologia passiva está tornando nosso Universo mais orientado a objetivo. *Teleologia* é a explicação das coisas em termos de seus propósitos, não de suas causas, então podemos resumir a primeira parte deste capítulo dizendo que nosso Universo está se tornando cada vez mais teleológico.

Não somente a matéria não viva *pode* ter objetivos pelo menos nesse sentido menor, como cada vez mais *tem*. Se você estivesse observando os átomos da Terra desde que nosso planeta se formou, teria notado três estágios de comportamento orientado a objetivos:

1. Toda a matéria parecia focada na dissipação (aumento da entropia).
2. Parte da matéria ganhou vida e se concentrou na replicação e em subobjetivos disso.
3. Uma fração de matéria em rápido crescimento foi reorganizada por organismos vivos para ajudar a alcançar seus objetivos.

A Tabela 7.1 mostra o quanto a humanidade se tornou dominante do ponto de vista da física: não apenas agora contemos mais matéria do que todos os outros mamíferos, exceto as vacas (que são tão numerosas porque servem aos nossos objetivos de consumir carne bovina e laticínios), mas a matéria em nossas máquinas, estradas, prédios e outros projetos de engenharia aparecem em vias de ultrapassar dentro em breve toda a matéria viva da Terra. Em outras palavras, mesmo sem uma explosão de inteligência, a maior parte da Terra que apresenta propriedades orientadas a objetivos poderá em breve ser projetada em vez de evoluída.

Entidades orientadas a objetivos	Bilhões de toneladas
5×10^{30} bactéria	400
Plantas	400
10^{15} peixe mesofelágico	10
$1,3 \times 10^9$ vacas	0,5
7×10^9 humanos	0,4
10^{14} formigas	0,3
$1,7 \times 10^6$ baleias	0,0005
Concreto	100
Aço	20
Asfalto	15
$1,2 \times 10^9$ carros	2

Tabela 7.1: Quantidades aproximadas de matéria na Terra em entidades que são desenvolvidas ou projetadas para um objetivo. Entidades de engenharia, como edifícios, estradas e carros, aparecem no caminho para ultrapassar entidades evoluídas, como plantas e animais.

Esse novo terceiro tipo de comportamento orientado a objetivos tem o potencial de ser muito mais diversificado do que o que o precedeu: enquanto as entidades evoluídas têm todas o mesmo objetivo final (replicação), as entidades projetadas podem ter praticamente qualquer objetivo final, mesmo os opostos. Os fogões tentam aquecer os alimentos, enquanto os refrigeradores tentam esfriá-los. Geradores tentam converter movimento em eletricidade, enquanto motores tentam converter eletricidade em movimento. Programas padrão de xadrez tentam ganhar partidas, mas também existem outros competindo em torneios com o objetivo de perder no xadrez.

Existe uma tendência histórica para as entidades projetadas terem objetivos não apenas mais diversos, mas também mais *complexos*: nossos dispositivos estão ficando mais inteligentes. Projetamos nossas máquinas e outros artefatos mais antigos para ter objetivos bastante simples, por exemplo, casas que visavam nos manter quentes, secos e seguros. Gradualmente aprendemos a construir máquinas com objetivos mais complexos, como aspiradores de pó robóticos, foguetes e carros autônomos. O progresso recente da IA nos deu sistemas como Deep Blue, Watson e AlphaGo, cujos objetivos de vencer no xadrez, em programas de perguntas e respostas e no jogo Go são tão elaborados que é necessário um domínio humano significativo para apreciar adequadamente como são qualificados.

Quando construímos uma máquina para nos ajudar, pode ser difícil alinhar perfeitamente seus objetivos aos nossos. Por exemplo, uma ratoeira pode confundir os dedos dos pés nus com um roedor faminto, e os resultados serão dolorosos. Todas as máquinas são agentes com racionalidade limitada, e até mesmo as máquinas mais sofisticadas de hoje têm uma compreensão mais limitada do mundo do que nós, portanto, as regras que usam para descobrir o que fazer são muitas vezes simplistas demais. Essa ratoeira é muito violenta porque não tem ideia do que é um rato, muitos acidentes industriais letais ocorrem porque as máquinas não têm ideia do que é uma pessoa, e os computadores que desencadearam o "Flash Crash" de trilhões de dólares em 2010, em Wall Street, não tinham nenhuma pista de que o que estavam fazendo não fazia sentido. Assim, muitos desses problemas de alinhamento de objetivos podem ser resolvidos tornando nossas máquinas mais inteligentes, mas, como aprendemos com Prometheus no Capítulo 4, a inteligência cada vez maior de máquinas pode lançar novos e sérios desafios para garantir que elas compartilhem nossos objetivos.

IA amigável: alinhando objetivos

Quanto mais inteligentes e poderosas as máquinas se tornam, mais importante é que seus objetivos estejam alinhados com os nossos. Enquanto construirmos apenas máquinas relativamente estúpidas, a questão não é se os objetivos humanos prevalecerão no final, mas apenas quantos problemas essas máquinas podem causar à humanidade antes de descobrirmos como resolver o problema de alinhamento de objetivos. Se uma superinteligência for desencadeada, no entanto, será o contrário: como a inteligência é a capacidade de atingir objetivos, uma IA superinteligente é, por definição, muito melhor em realizar seus objetivos do que nós, humanos, em realizar os nossos, e, portanto, prevalecerá. Exploramos muitos exemplos envolvendo Prometheus no Capítulo 4. Se você quiser saber o que significa os objetivos de uma máquina superarem os seus agora, basta baixar um mecanismo de xadrez de ponta e tentar vencê-lo. Você nunca vai vencer e logo vai se cansar...

Em outras palavras, *o risco real da IAG não é a maldade, mas competência*. Uma IA superinteligente será extremamente boa em atingir seus objetivos e, se esses objetivos não estiverem alinhados com os nossos, teremos problemas. Como mencionei no Capítulo 1, as pessoas não pensam duas vezes antes de inundar formigueiros para construir barragens hidrelétricas, então não vamos colocar a humanidade no lugar dessas formigas. Assim, a maioria dos pesquisadores argumenta que, se chegarmos a criar uma superinteligência, precisamos garantir que seja o que Eliezer Yudkowsky, pioneiro em segurança de IA, chamou de "IA amigável": IA cujos objetivos estão alinhados com os nossos.[3]

Descobrir como alinhar os objetivos de uma IA superinteligente com os nossos não é apenas importante, é também difícil. De fato, é atualmente um problema não resolvido. Ele se divide em três subproblemas difíceis, e cada um deles é objeto de pesquisa ativa para cientistas da computação e outros pensadores:

1. Fazer a IA *aprender* nossos objetivos.
2. Fazer a IA *adotar* nossos objetivos.
3. Fazer a IA *reter* nossos objetivos.

Vamos explorá-los um por vez, adiando a questão do que queremos dizer com "nossos objetivos" para a próxima seção.

Para aprender nossos objetivos, uma IA deve descobrir não o que fazemos, mas por que fazemos. Nós, humanos, realizamos isso com tanta facilidade que é comum esquecermos como é difícil a tarefa para um computador e como é fácil fazer confusão. Se você pedir a um futuro carro autônomo para levá-lo ao aeroporto o mais rápido possível, e ele for literal ao realizar seu pedido, você chegará lá sendo perseguido por helicópteros e coberto de vômito. Se você exclamar "Não era isso que eu queria!", ele pode justificadamente responder: "Foi o que você pediu". O mesmo tema aparece em muitas histórias famosas. Na antiga lenda grega, o rei Midas pediu que tudo o que tocasse se transformasse em ouro, mas ficou desapontado quando isso o impediu de comer e, mais ainda, quando sem querer transformou sua filha em ouro. Nas histórias em que um gênio concede três desejos, há muitas variantes para os dois primeiros desejos, mas o terceiro é quase sempre o mesmo: "Desfaça os dois primeiros desejos, porque não era o que eu realmente queria".

Todos esses exemplos mostram que, para descobrir o que as pessoas de fato querem, não se pode apenas seguir o que dizem. Também é necessário um modelo detalhado do mundo, incluindo as muitas preferências compartilhadas que tendemos a deixar não declaradas porque as consideramos óbvias, como o fato de não gostarmos de vomitar ou comer ouro. Quando temos esse modelo de mundo, em geral é possível descobrir o que as pessoas querem, mesmo que não nos digam, simplesmente observando seu comportamento orientado a objetivos. De fato, os filhos de pais hipócritas costumam aprender mais com o que veem os pais fazendo do que com o que eles dizem.

Neste momento, os pesquisadores de IA estão tentando arduamente possibilitar que as máquinas deduzam objetivos a partir do comportamento, e isso também será útil muito antes de qualquer superinteligência entrar em cena. Por exemplo, um aposentado pode gostar que seu robô de assistência ao idoso seja capaz descobrir o que ele valoriza simplesmente observando-o, de modo que não precise explicar tudo com palavras ou programação de computadores. Um desafio envolve encontrar uma boa maneira de codificar sistemas arbitrários de objetivos e princípios éticos em um computador, e outro desafio é fabricar máquinas que possam descobrir qual sistema específico corresponde melhor ao comportamento que observam.

Uma abordagem atualmente popular para o segundo desafio é conhecida em linguagem geek como "aprendizado por reforço inverso", que é o foco principal de um novo centro de pesquisa em Berkeley lançado por Stuart Russell. Suponha, por exemplo, que uma IA veja uma bombeira entrar em um prédio em chamas e salvar um menino. Pode concluir que seu objetivo era resgatá-lo e que seus princípios éticos são tais que ela valoriza a vida do garoto mais do que o conforto de relaxar em seu caminhão de bombeiros – e, aliás, que o valoriza o suficiente para arriscar sua própria segurança. Mas pode inferir, alternativamente, que a bombeira estava morrendo de frio e desejava calor, ou que fazia isso como exercício. Se esse exemplo fosse tudo o que a IA soubesse sobre bombeiros, incêndios e bebês, de fato seria impossível saber qual explicação estava correta. No entanto, uma ideia-chave subjacente ao aprendizado por reforço inverso é que tomamos decisões o tempo todo e que toda decisão que tomamos revela algo sobre nossos objetivos. A esperança é, portanto, que, observando muitas pessoas em muitas situações (reais ou em filmes e livros), a IA consiga, no fim das contas, construir um modelo preciso de todas as nossas preferências.[4]

Na abordagem do aprendizado por reforço inverso, uma ideia central é que a IA está tentando maximizar não a satisfação de seu próprio objetivo, mas a de seu dono humano. Portanto, ela tem um incentivo para ser cautelosa quando não tem clareza sobre o que o proprietário deseja e para fazer o possível para descobrir. Também deveria ficar bem com o fato de o proprietário desligá-la, pois isso significaria que ela havia entendido mal o que o dono realmente queria.

Mesmo que uma IA possa ser construída para aprender quais são seus objetivos, isso não significa necessariamente que ela irá adotá-los. Considere seus políticos menos favoritos: você sabe o que eles querem, mas não é isso o que *você* quer, e, embora eles tenham se esforçado, não conseguiram convencê-lo a adotar os objetivos deles.

Temos muitas estratégias para imbuir em nossos filhos nossos objetivos – alguns mais bem-sucedidos que outros, como descobri ao criar dois meninos adolescentes. Quando aqueles a serem persuadidos são computadores e não pessoas, o desafio é conhecido como "problema de carregamento de valor" (*value-loading problem*), e é ainda mais difícil do que a educação moral das crianças. Considere um sistema de inteligência artificial cuja inteligência está gradualmente sendo aprimorada de sub-humana para sobre-humana, primeiro por nós, mexendo com ele, e depois por meio de autoaperfeiçoamento recursivo, como Prometheus. No início, ele é muito menos poderoso que você, então não pode impedir que você o desligue e substitua partes de seu software e seus dados que codificam os objetivos dele – mas isso não ajuda, porque ainda é burro demais para *entender* seus objetivos, que exigem inteligência em nível humano para serem compreendidos. Depois, ele se torna muito mais inteligente do que você e, com sorte, é capaz de entender perfeitamente seus objetivos – mas isso também pode não ajudar, porque agora ele é muito mais poderoso do que você e pode não permitir que você o desligue e substitua os objetivos dele, assim como você não deixa que os políticos substituam seus objetivos pelos deles.

Em outras palavras, o intervalo de tempo durante o qual você consegue carregar seus objetivos em uma IA pode ser bastante curto: o breve período entre quando é burro demais para entender você e esperto demais para lhe deixar fazer as coisas. A razão pela qual o carregamento de valor pode ser mais difícil com as máquinas do que com as pessoas é que o crescimento de sua inteligência pode ser muito mais rápido: enquanto as crianças podem passar muitos anos naquela janela mágica persuadível em que sua inteligência é comparável à de seus pais, uma IA pode, como Prometheus, passar por essa janela em questão de dias ou horas.

Alguns pesquisadores estão adotando uma abordagem alternativa para fazer as máquinas adotarem nossos objetivos, que seguem a palavra da moda "corrigibilidade". A esperança é que se possa dar a uma IA primitiva um sistema de objetivos, de forma que ela simplesmente não se importe se você a desligar e alterar suas metas de vez em quando. Se isso for possível, você poderá deixar sua IA ficar superinteligente, desligá-la, instalar seus objetivos, testá-la por um tempo e, sempre que estiver insatisfeito com os resultados, desligá-la e fazer mais ajustes no objetivo.

Mas, mesmo que crie uma IA que aprenda e adote seus objetivos, você ainda não terminou de resolver o problema de alinhamento de objetivos: e se os objetivos da IA evoluírem à medida que ela se torna mais inteligente? Como garantir que ela *mantenha* seus objetivos, não importa quanto autoaperfeiçoamento recursivo sofrer? Vamos explorar um argumento interessante para saber por que a retenção de metas é garantida automaticamente e, em seguida, ver se podemos burlá-la.

Embora não possamos prever em detalhes o que vai acontecer após uma explosão de inteligência — foi por isso que Vernor Vinge a chamou de "singularidade" —, o físico e pesquisador de IA Steve Omohundro argumentou em um ensaio seminal de 2008 que ainda podemos prever certos aspectos do comportamento da IA superinteligente quase independentemente de quaisquer objetivos finais que possa ter.[5] Este argumento foi revisto e desenvolvido no livro *Superinteligência*, de Nick Bostrom. A ideia básica é que, quaisquer que sejam seus objetivos finais, eles levarão a subobjetivos previsíveis. No início deste capítulo, vimos como o objetivo da replicação levou ao subobjetivo de comer, o que significa que, embora um alienígena que tenha observado as bactérias da Terra em evolução bilhões de anos atrás não pudesse ter previsto quais seriam *todos* os nossos objetivos humanos, poderia ter previsto com segurança que *um* deles seria adquirir nutrientes. Olhando para o futuro, que subobjetivos devemos esperar que uma IA superinteligente tenha?

A meu ver, o argumento básico é que, para maximizar suas chances de atingir seus objetivos finais, sejam quais forem, uma IA deve seguir os subobjetivos mostrados na Figura 7.2. Deve se esforçar não apenas para melhorar sua capacidade de atingir seus objetivos finais, mas também para garantir que os mantenha, mesmo depois de se tornar mais capaz. Parece bastante plausível: afinal, você escolheria um implante cerebral para aumentar o QI se soubesse que isso faria você querer matar seus entes queridos? Esse argumento de que uma IA cada vez mais inteligente manterá seus objetivos finais constitui a pedra angular de uma IA amigável promulgada por Eliezer Yudkowsky e outros: basicamente diz que, se conseguirmos que nossa IA de autoaperfeiçoamento se torne amigável aprendendo e adotando nossos objetivos, estaremos prontos, porque teremos a garantia de que tentará permanecer amigável para sempre.

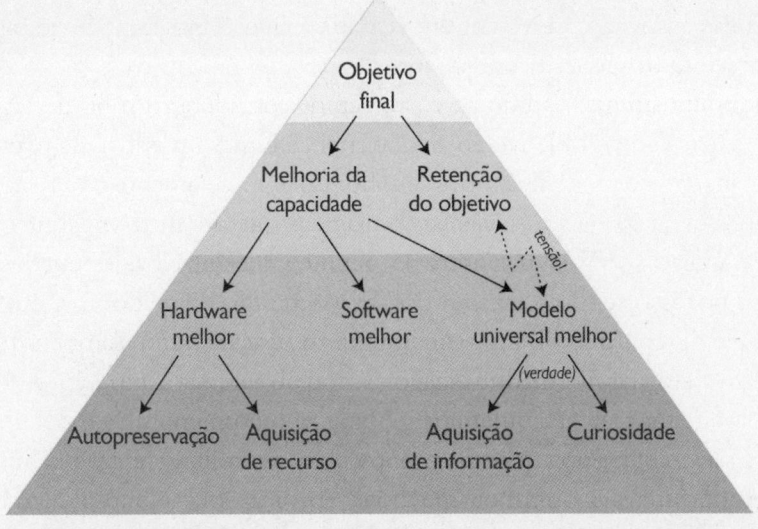

Figura 7.2: Qualquer objetivo final de uma IA superinteligente leva naturalmente aos subobjetivos apresentados. Mas há uma tensão inerente entre a retenção de objetivos e a melhoria de seu modelo mundial, que lança dúvidas sobre se ela de fato manterá seu objetivo original à medida que se torne mais inteligente.

Mas isso é mesmo verdade? Para responder a essa pergunta, precisamos também explorar os outros subobjetivos emergentes da Figura 7.2. A IA vai obviamente maximizar suas chances de atingir seu objetivo final, seja ele qual for, se puder aumentar suas capacidades, e poderá fazer isso aprimorando seu hardware, software[*] e modelo de mundo. O mesmo se aplica a nós, humanos: uma garota cujo objetivo é se tornar a melhor tenista do mundo vai praticar para melhorar seu hardware muscular de jogar tênis, seu software neural de jogar tênis e seu modelo de mundo mental que ajuda a prever o que seus oponentes farão. Para uma IA, o subobjetivo de otimizar seu hardware favorece o melhor uso dos recursos atuais (para sensores, atuadores, computação etc.) e aquisição de mais recursos. Isso também implica um desejo de autopreservação, pois a destruição/desligamento seria a degradação final do hardware.

Mas espere aí! Não estamos caindo na armadilha de antropomorfizar nossa IA com toda essa conversa sobre como ela vai tentar acumular recursos e se defender? Não deveríamos esperar traços estereotipados de macho-alfa ape-

---

[*] Estou usando o termo "aprimorar seu software" no sentido mais amplo possível, incluindo não apenas otimizar seus algoritmos, mas também tornar seu processo de tomada de decisão mais racional, para que ele seja o melhor possível para atingir seus objetivos.

nas em inteligências forjadas pela evolução darwiniana cruelmente competitivas? Como as IA são projetadas em vez de evoluídas, elas também não podem ser ambiciosas e se sacrificar?

Como um simples estudo de caso, vamos considerar o robô de IA na Figura 7.3, cujo único objetivo é salvar o maior número possível de ovelhas do lobo mau. Parece uma meta nobre e altruísta, completamente não relacionada à autopreservação e à aquisição de coisas. Mas qual é a melhor estratégia para o nosso amigo robô? O robô não vai resgatar mais ovelhas se colidir com a bomba, por isso tem um incentivo para evitar ser explodido. Em outras palavras, ele desenvolve um subobjetivo de autopreservação! Também tem um incentivo para demonstrar curiosidade, melhorando seu modelo de mundo ao explorar seu ambiente, porque, embora o caminho que está percorrendo atualmente o leve ao pasto, há uma alternativa mais curta que permitiria ao lobo comer as ovelhas em menos tempo. Por fim, se o robô fizer uma exploração detalhada, vai descobrir o valor da aquisição de recursos: a poção o faz correr mais rápido, e a arma permite atirar no lobo. Em resumo, não podemos descartar subobjetivos "macho-alfa", como autopreservação e aquisição de recursos, como relevantes apenas para organismos evoluídos, porque nosso robô de IA os desenvolveu a partir de seu único objetivo de felicidade ovina.

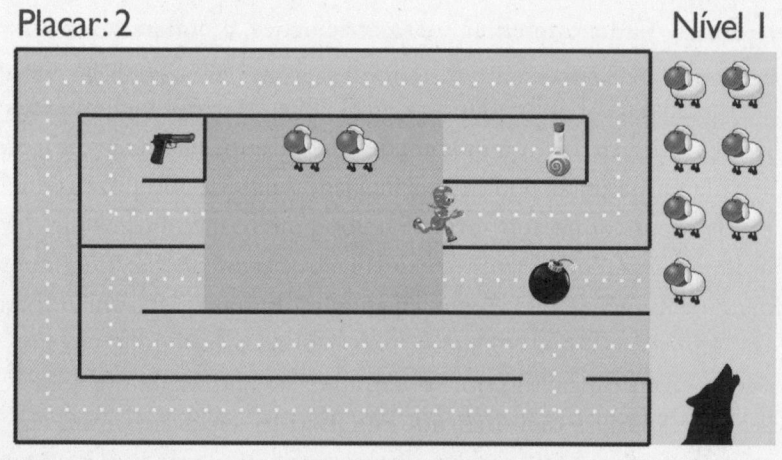

Figura 7.3: Mesmo que o maior objetivo do robô seja apenas maximizar o placar levando carneiros do pasto para o celeiro antes de o lobo comê-los, isso pode levar a subobjetivos de autopreservação (evitar a bomba), exploração (encontrar um atalho) e aquisição de recursos (a poção faz com que corra mais e a arma possibilita que atire no lobo).

Se você imbuir uma IA superinteligente com o único objetivo de se autodestruir, é claro que ela o fará com prazer. No entanto, o ponto é que a IA resistirá ao desligamento se você definir para ela qualquer objetivo que dependa de ela se manter em operação – e isso cobre quase todos os objetivos! Se você der a uma superinteligência o objetivo único de minimizar os danos à humanidade, por exemplo, ela se defenderá das tentativas de desligamento porque sabe que nos prejudicaremos muito mais com sua ausência em guerras futuras e outras loucuras.

Da mesma forma, quase todos os objetivos têm mais chances de ser alcançados com mais recursos; assim, devemos esperar que uma superinteligência queira recursos quase independentemente do objetivo final que ela possui. Dar a uma superinteligência um único objetivo em aberto e sem restrições pode, portanto, ser perigoso: se criarmos uma superinteligência cujo único objetivo é jogar Go da melhor maneira possível, a coisa racional para ela fazer é reorganizar nosso Sistema Solar em um computador gigantesco, sem levar em consideração seus habitantes anteriores, e, em seguida, começar a colonizar nosso cosmos em busca de mais poder computacional. Agora fizemos um círculo completo: assim como o objetivo da aquisição de recursos deu a alguns humanos o objetivo principal de dominar o Go, esse objetivo pode levar ao subobjetivo de aquisição de recursos. Em conclusão, esses subobjetivos emergentes tornam crucial não liberarmos a superinteligência antes de resolver o problema do alinhamento de metas: a menos que tenhamos muito cuidado em dotá-la de objetivos amigáveis aos seres humanos, é provável que as coisas acabem mal para nós.

Agora estamos prontos para enfrentar a terceira e mais espinhosa parte do problema de alinhamento de objetivos: se conseguirmos obter uma superinteligência autoaperfeiçoadora para *aprender* e *adotar* nossos objetivos, será que então ela vai *mantê-los*, como Omohundro argumentou? Qual é a evidência?

Os seres humanos passam por um aumento significativo na inteligência à medida que crescem, mas nem sempre mantêm seus objetivos de infância. Por outro lado, as pessoas com frequência mudam seus objetivos drasticamente à medida que aprendem coisas novas e se tornam mais sábias. Quantos adultos você conhece que ficam motivados assistindo a *Teletubbies*? Não há evidências de que essa evolução de objetivos pare acima de um certo limiar de inteligência – de fato, pode até haver indícios de que a propensão a mudar objetivos em resposta a novas experiências e *insights* aumente com a inteligência, em vez de diminuir.

Por que isso acontece? Considere mais uma vez o objetivo acima mencionado para construir um modelo de mundo melhor – aí está o problema!

Há tensão entre modelagem do mundo e retenção de objetivos (veja a Figura 7.2). Com o aumento da inteligência pode surgir não apenas uma melhoria quantitativa na capacidade de atingir os mesmos objetivos antigos, mas uma compreensão qualitativamente diferente da natureza da realidade que revela que os objetivos antigos são equivocados, sem sentido ou até indefinidos. Por exemplo, suponha que programamos uma IA amigável para maximizar o número de humanos cujas almas vão para o céu na vida após a morte. Primeiro, ela tenta coisas como aumentar a compaixão das pessoas e a frequência de idas à igreja. Mas suponha que ela alcance um entendimento científico completo dos seres humanos e da consciência humana e, para sua grande surpresa, descubra que não existe alma. O que faz agora? Da mesma forma, é possível que qualquer outro objetivo que for definido com base em nossa compreensão atual do mundo (como "maximizar o significado da vida humana") possa acabar sendo descoberto pela IA como indefinido.

Além disso, em suas tentativas de formatar melhor o mundo, a IA pode, naturalmente, assim como nós humanos, tentar modelar e entender como ela própria funciona – em outras palavras, refletir sobre si mesma. Se ela construir um bom automodelo e entender o que é, ela entenderá os objetivos que definimos em um nível meta e talvez opte por desconsiderá-los ou subvertê-los da mesma maneira que nós humanos entendemos e subvertemos deliberadamente objetivos que nossos genes nos deram, por exemplo, usando o controle de natalidade. Já exploramos anteriormente na seção de psicologia por que escolhemos enganar nossos genes e subverter seu objetivo: porque nos sentimos leais apenas à nossa mistura de preferências emocionais, não ao objetivo genético que os motivou – que agora entendemos e consideramos banais. Portanto, optamos por burlar nosso mecanismo de recompensa, explorando suas brechas. Analogamente, o objetivo de proteger o valor humano que programamos em nossa IA amigável se torna o gene da máquina. Uma vez que essa IA amigável se entende bem o suficiente, ela pode achar esse objetivo tão banal ou equivocado quanto consideramos a reprodução compulsiva, e não é óbvio que não encontrará uma maneira de subvertê-lo explorando brechas em nossa programação.

Por exemplo, suponha que um monte de formigas crie você para ser um robô autoaperfeiçoador recursivo, muito mais esperto do que elas, que compartilhe seus objetivos e as ajude a construir formigueiros maiores e melhores, e que você consiga atingir a inteligência e o entendimento de nível humano que possui agora. Você acha que passará o resto dos dias apenas otimizando formigueiros, ou acha que pode desenvolver um gosto por perguntas e atividades mais sofisticadas que as formigas não têm capacidade de compreender? Em caso afirmativo, você acha que vai encontrar uma maneira de anular o desejo de proteção das formigas que seus criadores de formigas lhes deram da mesma maneira que o verdadeiro você anula alguns dos desejos que seus genes lhe deram? E nesse caso, uma IA amigável superinteligente pode considerar nossos objetivos humanos atuais tão pouco inspiradores e insípidos quanto os das formigas e desenvolver novos objetivos diferentes daqueles que aprendeu e adotou conosco?

Talvez haja uma maneira de projetar uma IA de autoaperfeiçoamento que garanta a manutenção de objetivos amigáveis para sempre, mas acho justo dizer que ainda não sabemos construir uma – nem mesmo se é possível. Em conclusão, o problema de alinhamento de objetivos da IA tem três partes, nenhuma das quais está resolvida e todas agora sujeitas a pesquisas ativas. Como são tão difíceis, é mais seguro começar a dedicar nossos maiores esforços a elas agora, muito antes de qualquer superinteligência ser desenvolvida para garantir que teremos as respostas quando precisarmos delas.

Ética: escolhendo objetivos

Acabamos de explorar como fazer as máquinas aprenderem, adotarem e reterem nossos objetivos. Mas quem somos "nós"? De quais objetivos estamos falando? Uma pessoa ou um grupo deve decidir os objetivos adotados por uma superinteligência futura, embora exista uma grande diferença entre os objetivos de Adolf Hitler, do Papa Francisco e de Carl Sagan? Ou existe algum tipo de objetivo consensual que signifique um bom acordo para a humanidade como um todo?

Na minha opinião, tanto esse problema ético quanto o problema de alinhamento de objetivos são cruciais e precisam ser resolvidos antes que qualquer superinteligência seja desenvolvida. Por um lado, adiar o trabalho sobre questões éticas até que a superinteligência alinhada aos objetivos seja construída seria irresponsável e potencialmente desastroso. Uma superinteligência perfeitamente obediente, cujos objetivos se alinham automaticamente com os de seu dono humano, seria como o tenente-coronel da SS nazista Adolf Eichmann turbinado: sem bússola moral nem inibições próprias, com eficiência implacável ele implementaria os objetivos de seu dono, seja lá o que isso fosse.[6] Por outro lado, somente se resolvermos o problema de alinhamento de objetivos, teremos o luxo de discutir sobre quais objetivos selecionar. Agora vamos entrar nesse luxo.

Desde os tempos antigos, os filósofos sonham em derivar a ética (princípios que governam como devemos nos comportar) do zero, usando apenas princípios e lógica incontestáveis. Infelizmente, milhares de anos depois, o único consenso alcançado é que não há consenso. Por exemplo, enquanto Aristóteles enfatizava virtudes, Immanuel Kant enfatizava deveres, e os utilitaristas enfatizavam a maior felicidade para o maior número. Kant argumentou que poderia derivar dos primeiros princípios (que chamou de "imperativos categóricos") conclusões das quais muitos filósofos contemporâneos discordam: que a masturbação é pior que o suicídio, que a homossexualidade é abominável, que não há problema em matar bastardos e que esposas, servos e crianças são posses, de um jeito parecido com objetos.

Por outro lado, apesar dessa discórdia, existem muitos temas éticos sobre os quais há amplo consenso entre culturas e séculos. Por exemplo, ênfase em *beleza*, *bondade* e *verdade* remonta tanto ao *Bhagavad Gita* quanto a Platão. O Instituto de Estudos Avançados de Princeton, onde trabalhei no pós-doutorado, tem o lema "Verdade e beleza", enquanto a Universidade Harvard pulou a ênfase estética e seguiu apenas "*Veritas*" – verdade. Em seu livro *A Beautiful Question*, meu colega Frank Wilczek argumenta que a verdade está ligada à beleza e que podemos ver nosso Universo como uma obra de arte. Ciência, religião e filosofia aspiram à verdade. As religiões enfatizam fortemente a bondade, assim como a minha própria universidade, o MIT: em seu discurso de formatura de 2015, nosso presidente, Rafael Reif, enfatizou nossa missão de tornar o mundo um lugar melhor.

Embora as tentativas de derivar uma ética de consenso do zero tenham fracassado até o momento, existe um amplo consenso de que alguns princípios éticos seguem princípios mais fundamentais, como subobjetivos para objetivos mais fundamentais. Por exemplo, a aspiração à verdade pode ser vista como a busca de um modelo de mundo melhor da Figura 7.2: entender a natureza final da realidade ajuda outros objetivos éticos. De fato, agora temos uma excelente estrutura para nossa busca da verdade: o método científico. Mas como podemos determinar o que é belo ou bom? Alguns aspectos da beleza também podem ser rastreados até os objetivos subjacentes. Por exemplo, nossos padrões de beleza masculina e feminina podem refletir parcialmente nossa avaliação subconsciente da adequação para replicar nossos genes.

No que diz respeito à bondade, a chamada Regra de Ouro (que diz que você deve tratar os outros como gostaria de ser tratado) aparece na maioria das culturas e religiões e claramente visa promover a continuação harmoniosa da sociedade humana (e, portanto, nossos genes) promovendo a colaboração e desencorajando conflitos improdutivos.[7] O mesmo pode ser dito para muitas das regras éticas mais específicas que foram consagradas nos sistemas legais em todo o mundo, como a ênfase confucionista na honestidade e muitos dos dez mandamentos, incluindo: "Não matarás". Em outras palavras, muitos princípios éticos têm semelhanças com emoções sociais como empatia e compaixão: elas evoluíram para gerar colaboração e afetam nosso comportamento por meio de recompensas e punições. Se fizermos alguma coisa ruim e nos sentirmos mal depois disso, nosso castigo emocional será suprido diretamente pela química do nosso cérebro. Se violarmos os princípios éticos, por outro lado, a sociedade poderá nos punir de maneiras mais indiretas, como sermos envergonhados informalmente por nossos pares ou nos penalizando por violar uma lei.

Em resumo, embora a humanidade hoje não esteja nem perto de um consenso ético, existem muitos princípios básicos em torno dos quais existe amplo acordo. Esse acordo não é surpreendente, porque as sociedades humanas que sobreviveram até o presente tendem a ter princípios éticos que foram otimizados para o mesmo objetivo: promover sua sobrevivência e prosperidade. Ao olharmos para um futuro em que a vida tem potencial para florescer por todo o nosso cosmos por bilhões de anos, que conjunto mínimo de princípios éticos podemos concordar que queremos que esse futuro satisfaça? Essa é uma conversa da qual todos precisamos participar. Tem sido fascinante para mim ouvir e ler as visões éticas de muitos pensadores ao longo de muitos anos e, da maneira como as vejo, a maioria de suas preferências pode ser destilada em quatro princípios:

- Utilitarismo: experiências conscientes positivas devem ser maximizadas, e o sofrimento deve ser minimizado.
- Diversidade: um conjunto diversificado de experiências positivas é melhor do que muitas repetições das mesmas experiências, mesmo que a última tenha sido identificada como a experiência mais positiva possível.
- Autonomia: entidades/sociedades conscientes devem ter a liberdade de buscar seus próprios objetivos, a menos que isso entre em conflito com um princípio primordial.
- Legado: compatibilidade com cenários que a maioria dos seres humanos *hoje* veria como feliz, incompatibilidade com cenários que essencialmente todos os seres humanos *hoje* veriam como terrível.

Vamos parar um instante para desenvolver e explorar esses quatro princípios. Tradicionalmente, utilitarismo é considerado "a maior felicidade para o maior número de pessoas", mas generalizei aqui para ser menos antropocêntrico e incluir também animais não humanos, mentes humanas simuladas conscientes e outras IAs que possam existir no futuro. Fiz a definição em termos de *experiências* e não de pessoas ou coisas, porque a maioria dos pensadores concorda que beleza, alegria, prazer e sofrimento são experiências subjetivas. Isso implica que, se não houver experiência (como em um universo morto ou povoado por máquinas inconscientes semelhantes a zumbis), não haverá significado ou qualquer outra coisa que seja eticamente relevante. Se adotarmos esse princípio ético utilitário, é crucial descobrir quais sistemas inteligentes estão conscientes (no sentido de ter uma experiência subjetiva) e quais não; esse é o tópico do próximo capítulo.

Se esse princípio utilitarista era o único com o qual nos preocupávamos, talvez desejemos descobrir qual é a experiência mais positiva possível e, então, colonizar nosso cosmos e recriar essa mesma experiência (e nada mais) repetidas vezes, tantas vezes quanto possível em tantas galáxias quanto possível – usando simulações se essa for a maneira mais eficiente. Se você acha que essa é uma maneira muito banal de gastar nossa investidura cósmica, suspeito que pelo menos parte do que você acha que falta nesse cenário seja diversidade. Como você se sentiria se todas as suas refeições pelo resto da vida fossem idênticas? Se todos os filmes a que você assistiu fossem os mesmos? Se todos os seus amigos parecessem idênticos e tivessem personalidades e ideias idênticas? Talvez parte de nossa preferência pela diversidade advenha de isso ter ajudado a humanidade a sobreviver e se desenvolver, tornando-nos mais robustos. Talvez também esteja ligada a uma preferência pela inteligência: o crescimento da inteligência durante nossos 13,8 bilhões de anos de história cósmica transformou a uniformidade chata em estruturas cada vez mais diversas, diferenciadas e complexas que processam informações de maneiras cada vez mais elaboradas.

O princípio da autonomia subjaz a muitas das liberdades e direitos enunciados na Declaração Universal dos Direitos Humanos adotada pelas Nações Unidas em 1948, na tentativa de aprender lições de duas guerras mundiais. Isso inclui liberdade de pensamento, fala e movimento, fim da escravidão e da tortura, direito à vida, liberdade, segurança e educação e direito a casamento, trabalho e propriedade própria. Se desejamos ser menos antropocêntricos, podemos generalizar isso com a liberdade de pensar, aprender, comunicar, possuir propriedades e não sermos prejudicados, e o direito de fazer o que não infringir as liberdades dos outros. O princípio da autonomia ajuda na diversidade, contanto que todos não compartilhem exatamente os mesmos objetivos. Além disso, esse princípio de autonomia segue o princípio da utilidade se entidades individuais tiverem experiências positivas como objetivos e tentarem agir em seu próprio interesse: se, em vez disso, proibíssemos uma entidade de buscar sua meta, mesmo que isso não causasse dano a mais ninguém, haveria menos experiências positivas de modo geral. Aliás, esse argumento da autonomia é precisamente o argumento que os economistas usam para um mercado livre: ele naturalmente leva a uma situação eficiente (chamada pelos economistas de "otimização de Pareto") em que ninguém pode se sair melhor sem que alguém fique pior.

O princípio do legado basicamente diz que devemos ter alguma opinião sobre o futuro, pois estamos ajudando a criá-lo. Os princípios de autonomia e legado incorporam ideais democráticos: o primeiro dá às formas de vida futuras poder sobre como a dotação cósmica é usada, enquanto o segundo dá até aos humanos de hoje algum poder sobre isso.

Embora esses quatro princípios possam parecer nada controversos, implementá-los na prática é complicado porque o diabo está nos detalhes. O problema faz lembrar os problemas das famosas "Três Leis da Robótica", criadas pela lenda da ficção científica Isaac Asimov:

1. Um robô não pode ferir um ser humano ou, por inação, permitir que um ser humano seja prejudicado.
2. Um robô deve obedecer às ordens dadas pelos seres humanos, exceto quando essas ordens entrarem em conflito com a Primeira Lei.
3. Um robô deve proteger sua própria existência, contanto que essa proteção não entre em conflito com a Primeira nem com a Segunda Lei.

Embora tudo isso pareça bom, muitas histórias de Asimov mostram como as leis levam a contradições problemáticas em situações inesperadas. Agora, suponha que substituamos essas leis por apenas duas, na tentativa de codificar o princípio da autonomia para futuras formas de vida:

1. Uma entidade consciente tem a liberdade de pensar, aprender, comunicar, possuir propriedade e não ser prejudicada ou destruída.
2. Uma entidade consciente tem o direito de fazer tudo o que não entra em conflito com a Primeira Lei.

Parece bom, não? Mas, por favor, reflita sobre isso por um momento. Se os animais estiverem conscientes, o que os predadores vão comer? Todos os seus amigos devem se tornar vegetarianos? Se alguns sofisticados programas de computador futuros se mostrarem conscientes, seria ilegal encerrá-los? Se houver regras contra o cancelamento de formas de vida digitais, também será necessário criar restrições para evitar uma explosão da população digital? Houve um amplo acordo sobre a Declaração Universal dos Direitos Humanos simplesmente porque apenas os seres humanos foram questionados. Assim que consideramos uma gama mais ampla de entidades conscientes com graus variados de capacidade e poder, enfrentamos negociações complicadas entre proteger os fracos e "ter poder transforma em estar certo".

Existem problemas espinhosos com o princípio do legado também. Considerando como as visões éticas evoluíram desde a Idade Média em relação à escravidão, aos direitos das mulheres etc., de fato queremos que as pessoas de 1.500 anos atrás tenham muita influência sobre como o mundo de hoje é administrado? Se não, por que deveríamos tentar impor nossa ética a seres futuros que podem ser dramaticamente mais inteligentes que nós? Estamos realmente confiantes de que a IAG sobre-humana desejaria o que nossos intelectos inferiores acalentam? Seria como uma criança de quatro anos imaginando que, quando crescer e ficar muito mais esperta, vai desejar construir uma gigantesca casa de pão de ló, onde possa passar o dia inteiro comendo doces e sorvete. Assim como ela, é provável que a vida na Terra supere seus interesses de infância. Ou imagine um rato criando uma IAG em nível humano e imaginando que ela desejará construir cidades inteiras com queijo. Por outro lado, se soubéssemos que a IA sobre-humana um dia cometeria cosmocídio e extinguiria toda a vida em nosso Universo, por que os humanos de hoje concordariam com esse futuro sem vida se temos o poder de impedi-la criando a IA de amanhã de maneira diferente?

Em conclusão, é difícil codificar por completo até princípios éticos amplamente aceitos em uma forma aplicável à IA futura, e esse problema merece discussão e pesquisa sérias à medida que a IA continua progredindo. Enquanto isso, no entanto, não vamos deixar que o perfeito seja o inimigo do bom: existem muitos exemplos de "ética do jardim de infância" não controversa que podem e devem ser incorporados à tecnologia de amanhã. Por exemplo, grandes aeronaves civis de passageiros não devem voar em direção a objetos fixos, e agora que praticamente todas elas têm piloto automático, radar e GPS, não há mais desculpas técnicas válidas. No entanto, os sequestradores do 11 de Setembro lançaram três aviões contra prédios, e o piloto suicida Andreas Lubitz levou o voo 9525 da Germanwings a se chocar com uma montanha em 24 de março de 2015 – ajustando o piloto automático a uma altitude de 100 pés (30 metros) acima do nível do mar e deixando para o computador de voo o resto do trabalho. Agora que nossas máquinas estão ficando inteligentes o suficiente para ter algumas informações sobre o que estão fazendo, é hora de ensinarmos limites a elas. Qualquer engenheiro que projete uma máquina precisa perguntar se há coisas que ela pode fazer mas não deve, e considerar se existe uma maneira prática de tornar impossível que um usuário mal-intencionado ou desajeitado cause danos.

Objetivos finais?

Este capítulo foi um breve histórico de objetivos. Se pudéssemos assistir a uma repetição rápida de nossos 13,8 bilhões de anos de história cósmica, testemunharíamos vários estágios distintos de comportamento orientado a objetivos:

1. A matéria aparentemente pretende maximizar sua *dissipação*.
2. Vida primitiva aparentemente tenta maximizar sua *replicação*.
3. Humanos buscam não a replicação, mas objetivos relacionados a prazer, curiosidade, compaixão e outros sentimentos que desenvolveram para ajudá-los a se replicar.
4. Máquinas construídas para ajudar os humanos a perseguir seus objetivos humanos.

Se essas máquinas acabarem desencadeando uma explosão de inteligência, como esse histórico de objetivos vai terminar? Pode haver um sistema de objetivos ou estrutura ética para a qual quase todas as entidades convergem à medida que se tornam cada vez mais inteligentes? Em outras palavras, temos algum tipo de destino ético?

Uma leitura superficial da história humana pode sugerir indícios dessa convergência: em seu livro *Os anjos bons da nossa natureza*, Steven Pinker argumenta que a humanidade está se tornando menos violenta e mais cooperativa há milhares de anos, e que muitas partes do mundo têm visto uma crescente aceitação da diversidade, da autonomia e da democracia. Outra mostra da convergência é que a busca da verdade pelo método científico tem ganhado popularidade nos últimos milênios. No entanto, pode ser que essas tendências mostrem convergência não de objetivos finais, mas apenas de subobjetivos.

Por exemplo, a Figura 7.2 mostra que a busca pela verdade (um modelo de mundo mais preciso) é simplesmente um subobjetivo de quase qualquer objetivo final. Da mesma forma, vimos anteriormente como os princípios éticos –, como cooperação, diversidade e autonomia –, podem ser vistos como subobjetivos, à medida que ajudam as sociedades a funcionar com eficiência e, assim, ajudá-las a sobreviver e alcançar quaisquer objetivos mais fundamentais que possam ter. Alguns podem até considerar tudo o que chamamos de "valores humanos" como nada além de um protocolo de cooperação, ajudando-nos com o objetivo de colaborar com mais eficiência. No mesmo espírito, olhando para o futuro, é provável que qualquer IA superinteligente tenha subobjetivos, incluindo hardware eficiente, software eficiente, busca da verdade e curiosidade, simplesmente porque esses subobjetivos as ajudam a realizar quaisquer que sejam seus objetivos finais.

De fato, Nick Bostrom argumenta fortemente contra a hipótese do destino ético em seu livro *Superinteligência*, apresentando um contraponto que ele chama de "tese da ortogonalidade": que os objetivos finais de um sistema podem ser independentes de sua inteligência. Por definição, a inteligência é simplesmente a capacidade de atingir objetivos complexos, não importa quais sejam esses objetivos; assim, a tese da ortogonalidade parece bastante razoável. Afinal, as pessoas podem ser inteligentes e gentis ou inteligentes e cruéis, e a inteligência pode ser usada com o objetivo de fazer descobertas científicas, criar belas artes, ajudar pessoas ou planejar ataques terroristas.[8]

A tese da ortogonalidade nos oferece poder ao dizer que os objetivos finais da vida em nosso cosmos não são predestinados, mas que temos liberdade e poder para moldá-los. Isso sugere que a convergência garantida para um objetivo único seja encontrada não no futuro, mas no passado, quando toda a vida surgiu com o único objetivo de replicação. À medida que o tempo cósmico passa, mentes cada vez mais inteligentes têm a oportunidade de se rebelar e se libertar desse objetivo de replicação banal e escolher seus próprios objetivos. Nós, humanos, não somos totalmente livres nesse sentido, já que muitos objetivos permanecem geneticamente conectados a nós, mas as IAs podem desfrutar dessa liberdade final de estarem de fato livres de objetivos anteriores. Essa possibilidade de maior liberdade de objetivos é evidente nos atuais e limitados sistemas de IA: como já mencionado, o único objetivo de um computador de xadrez é vencer o jogo, mas também existem computadores cujo objetivo é perder e competir em torneios de xadrez reversos em que o objetivo é forçar o oponente a capturar suas peças. Talvez essa liberdade de vieses evolutivos possa tornar as IA mais éticas do que os seres humanos em algum sentido profundo: filósofos morais, como Peter Singer, argumentaram que a maioria dos humanos se comporta de maneira não ética por razões evolutivas, por exemplo, discriminando animais não humanos.

Vimos que uma pedra angular na visão da "IA amigável" é a ideia de que uma IA autoaperfeiçoadora recursiva vai desejar manter seu (amigável) objetivo final à medida que se tornar mais inteligente. Mas como pode um "objetivo final" ser definido para uma superinteligência? Do meu ponto de vista, não podemos confiar na visão amigável da IA a menos que possamos responder a essa pergunta crucial.

Na pesquisa de IA, as máquinas inteligentes costumam ter um objetivo final bem estabelecido e bem definido, por exemplo, ganhar a partida de xadrez ou dirigir o carro até o destino de modo legal. Isso vale para a maioria das tarefas que atribuímos aos seres humanos, porque o horizonte de tempo e o contexto são conhecidos e limitados. Mas agora estamos falando de todo o futuro da vida em nosso Universo, limitado por nada além das (ainda não totalmente conhecidas) leis da física, portanto, definir um objetivo é assustador! Efeitos quânticos à parte, um objetivo verdadeiramente bem definido especificaria como todas as partículas em nosso Universo devem ser organizadas no final dos tempos. Mas não está claro que exista um final dos tempos bem definido na física. Se as partículas estiverem dispostas dessa maneira em um momento anterior, esse arranjo tipicamente não vai durar. E que arranjo de partículas é preferível, afinal?

Nós, humanos, tendemos a preferir alguns arranjos de partículas a outros; por exemplo, preferimos nossa cidade natal arranjada como ela é do que ter suas partículas reorganizadas por uma explosão de bomba de hidrogênio. Então, suponha que tentemos definir uma *função de bondade* que associa um número a todos os arranjos possíveis das partículas em nosso Universo, quantificando quão "bom" achamos que esse arranjo é, e, em seguida, fornecemos a uma IA superinteligente o objetivo de maximizar essa função. Pode parecer uma abordagem razoável, já que descrever o comportamento orientado a objetivos como maximização de funções é popular em outras áreas da ciência: por exemplo, os economistas costumam apresentar as pessoas como se tentassem maximizar o que chamam de "função de utilidade", e muitos designers de IA treinam seus agentes inteligentes para maximizar o que chamam de "função de recompensa". No entanto, quando assumimos os objetivos finais do nosso cosmos, essa abordagem representa um pesadelo computacional, pois seria necessário definir um valor de bondade para cada um dos arranjos possíveis, além de um googolplex, das partículas elementares em nosso Universo, onde um googolplex é 1 seguido por 10^{100} zeros – mais zeros do que partículas no nosso Universo. Como definiríamos essa função de bondade para a IA?

Como exploramos anteriormente, a única razão pela qual os humanos têm alguma preferência pode ser o fato de sermos a solução para um problema de otimização evolutiva. Assim, todas as palavras normativas em nossa linguagem humana, como "delicioso", "perfumada", "bonito", "confortável", "interessante", "sexy", "significativo", "feliz" e "boa" têm sua origem nessa otimização evolutiva: não há, portanto, garantia de que uma IA superinteligente as ache rigorosamente definíveis. Mesmo que aprendesse a prever com precisão as preferências de algum ser humano representativo, a IA não seria capaz de calcular a função de bondade para a maioria dos arranjos de partículas: a grande maioria dos possíveis arranjos de partículas corresponde a estranhos cenários cósmicos sem estrelas, planetas ou qualquer pessoa que seja, com os quais os humanos não tenham experiência, então quem deve dizer o quanto são "bons"?

Claro que existem *algumas* funções do arranjo de partículas cósmicas que podem ser rigorosamente definidas, e até conhecemos sistemas físicos que evoluem para maximizar algumas delas. Por exemplo, já discutimos quantos sistemas evoluem para maximizar sua *entropia*, que, na ausência de gravidade, acaba levando à morte por calor, em que tudo é chato, uniforme e imutável. Portanto, entropia não é algo que gostaríamos que nossa IA chamasse de "bondade" e se esforçasse para maximizar. Aqui estão alguns exemplos de outras quantidades que se poderia tentar maximizar e que podem ser rigorosamente definidas em termos de arranjos de partículas:

- A fração de toda a matéria em nosso Universo, que está na forma de um organismo em particular, digamos, seres humanos ou *E. coli* (inspirada na maximização evolutiva da aptidão inclusiva).
- A capacidade de uma IA prever o futuro, que o pesquisador Marcus Hutter defende ser uma boa medida de sua inteligência.
- O que os pesquisadores de IA Alex Wissner-Gross e Cameron Freer chamam de "entropia causal" (um sucedâneo para oportunidades futuras), que afirmam ser a marca registrada da inteligência.
- A capacidade computacional do nosso Universo.
- A complexidade algorítmica do nosso Universo (quantos bits são necessários para descrevê-lo).

- A quantidade de consciência em nosso Universo (veja o próximo capítulo).

No entanto, quando se começa com uma perspectiva da física na qual nosso cosmos consiste de partículas elementares em movimento, é difícil ver como uma interpretação de "bondade" se destacaria naturalmente como especial. Ainda temos que identificar qualquer objetivo final para o nosso Universo que pareça definível e desejável. No momento, os únicos objetivos programáveis que têm garantia de permanecer verdadeiramente bem definidos à medida que uma IA se torna cada vez mais inteligente são os expressos em termos de quantidades físicas sozinhas, como arranjos de partículas, energia e entropia. No entanto, não temos motivos agora para acreditar que quaisquer objetivos definíveis serão desejáveis para garantir a sobrevivência da humanidade.

Por outro lado, parece que nós, humanos, somos um acidente histórico e não somos a solução ideal para nenhum problema de física bem definido. Isso sugere que uma IA superinteligente com um objetivo rigorosamente definido poderá melhorar seu resultado ao nos eliminar. Isso significa que, para decidir sabiamente o que fazer com o desenvolvimento da IA, nós, humanos, precisamos enfrentar não apenas os desafios computacionais tradicionais, mas também algumas das questões mais difíceis da filosofia. Para programar um carro autônomo, precisamos resolver o dilema do bonde: em quem ele vai bater durante um acidente. Para programar uma IA amigável, precisamos capturar o significado da vida. O que é "significado"? O que é "vida"? Qual é o imperativo ético final? Em outras palavras, como devemos nos esforçar para moldar o futuro do nosso Universo? Se cedermos o controle a uma superinteligência antes de responder a essas perguntas com rigor, é improvável que a resposta a que ela chegará vá nos envolver. Por isso é oportuno reavivar os debates clássicos de filosofia e ética e acrescentar uma nova urgência à conversa!

Resumo

- A origem final do comportamento orientado a objetivos reside nas leis da física, que envolvem otimização.
- A termodinâmica tem o objetivo interno de *dissipação*: para aumentar uma medida de confusão chamada *entropia*.

- A *vida* é um fenômeno que pode ajudar a se dissipar (aumentar a confusão geral) ainda mais rápido, mantendo ou aumentando sua complexidade e replicando enquanto aumenta a confusão do ambiente.
- A evolução darwiniana muda o comportamento orientado a objetivos de dissipação para replicação.
- Inteligência é a capacidade de atingir objetivos complexos.
- Como nós, humanos, nem sempre temos os recursos para descobrir a estratégia de replicação de fato ideal, desenvolvemos regras práticas úteis que orientam nossas decisões: sentimentos como fome, sede, dor, luxúria e compaixão.
- Assim, não temos mais um objetivo simples, como replicação; quando nossos sentimentos entram em conflito com o objetivo de nossos genes, obedecemos a nossos sentimentos, como quando usamos o controle de natalidade.
- Estamos construindo máquinas cada vez mais inteligentes para nos ajudar a alcançar nossos objetivos. À medida que construímos essas máquinas para exibir um comportamento orientado a objetivos, nos esforçamos para alinhar os objetivos da máquina com os nossos.
- Alinhar os objetivos das máquinas com os nossos envolve três problemas não resolvidos: fazer com que as máquinas os aprendam, os adotem e os mantenham.
- A IA pode ser criada para ter praticamente qualquer objetivo, mas quase qualquer objetivo suficientemente ambicioso pode levar a subobjetivos de autopreservação, aquisição de recursos e curiosidade para entender melhor o mundo – os dois primeiros têm o potencial de levar uma IA superinteligente a causar problemas aos seres humanos, e o último pode impedi-la de manter os objetivos que lhe damos.
- Embora muitos princípios éticos sejam acordados pela maioria dos seres humanos, não está claro como aplicá-los a outras entidades, como animais não humanos e futuras IAs.
- Não está claro como imbuir uma IA superinteligente com um objetivo final que não seja indefinido nem leve à eliminação da humanidade, tornando oportuno reavivar a pesquisa sobre algumas das questões mais espinhosas da filosofia!

8

Consciência

> *"Não consigo imaginar uma consistente teoria de tudo que ignora a consciência."*
> Andrei Linde, 2002

> *"Devemos nos esforçar para aumentar a consciência em si – para gerar luzes maiores e mais brilhantes em um universo sombrio."*
> Giulio Tononi, 2012

Vimos que a IA pode nos ajudar a criar um futuro maravilhoso se conseguirmos encontrar respostas para alguns dos problemas mais antigos e mais difíceis da filosofia – quando precisarmos deles. Nas palavras de Nick Bostrom, estamos diante da filosofia com prazo. Neste capítulo, vamos explorar um dos tópicos filosóficos mais espinhosos de todos: a consciência.

Quem se importa?

A consciência é controversa. Se você mencionar essa palavra a um pesquisador de IA, um neurocientista ou um psicólogo, eles talvez revirem os olhos. Se um deles é o seu mentor, pode ficar com pena de você e tentar convencê-lo a não desperdiçar seu tempo com o que considera um problema irremediável e não científico. Aliás, meu amigo Christof Koch, um renomado neurocientista que lidera o Instituto Allen de Ciência do Cérebro, nos Estados Unidos, me disse que uma vez foi alertado sobre trabalhar com a consciência antes de ter estabilidade trabalhista – por ninguém menos que Francis Crick vencedor do prêmio Nobel. Se você procurar "consciência" no *Macmillan Dictionary of Psychology* de 1989, vai ler que "Nada que valha a pena ler foi escrito sobre ela".[1] Como vou explicar neste capítulo, sou mais otimista!

Embora os pensadores reflitam sobre o mistério da consciência há milhares de anos, a ascensão da IA acrescenta uma urgência repentina, em particular à questão de prever quais entidades inteligentes têm experiências subjetivas. Como vimos no Capítulo 3, a questão de saber se máquinas inteligentes devem ter alguns direitos depende crucialmente de serem conscientes e sofrerem ou sentirem alegria. Como discutimos no Capítulo 7, torna-se inútil formular uma ética utilitária com base na maximização de experiências positivas sem saber quais entidades inteligentes são capazes de tê-las. Como mencionado no Capítulo 5, algumas pessoas podem preferir que seus robôs permaneçam inconscientes para evitar sentir culpa por serem proprietários de escravos. Por outro lado, eles podem desejar o oposto se fizerem o upload de suas mentes para se libertar das limitações biológicas: afinal, qual é o sentido de fazer um upload de si mesmo em um robô que fala e age como você se ele for um mero zumbi inconsciente, ou seja, se isso significa que sua versão em upload não sente nada? Isso não equivale a cometer suicídio do seu ponto de vista subjetivo, mesmo que seus amigos possam não notar que sua experiência subjetiva morreu?

Para o futuro cósmico da vida no longo prazo (Capítulo 6), entender o que é consciente e o que não é se torna essencial: se a tecnologia permite que a vida inteligente se desenvolva em todo o nosso Universo por bilhões de anos, como podemos ter certeza de que essa vida é consciente e capaz de apreciar o que está acontecendo? Se não, então seria, nas palavras do famoso físico Erwin Schrödinger, "uma representação perante plateias vazias, não existindo para ninguém e, propriamente falando, não existindo"?[2] Em outras palavras, se permitirmos descendentes de alta tecnologia que julgamos erroneamente conscientes, esse seria o maior apocalipse zumbi, transformando nosso grande investimento cósmico em nada além de um desperdício astronômico de espaço?

O que é consciência?

Muitos argumentos sobre a consciência geram mais calor do que luz, porque os antagonistas estão falando um com o outro sem saber que estão usando definições diferentes da palavra. Assim como com "vida" e "inteligência", não há definição correta indiscutível da palavra "consciência". Na verdade, existem muitos concorrentes, incluindo senciência, vigília, autoconsciência, acesso a informações sensoriais e capacidade de fundir informações em uma narrativa.[3] Em nossa exploração do futuro da inteligência, queremos ter uma visão mais ampla e inclusiva possível, não limitada aos tipos de consciência biológica que existem até agora. É por isso que a definição que dei no Capítulo 1, que venho usando ao longo deste livro, é muito ampla:

> **consciência** = *experiência subjetiva*

Em outras palavras, se ser você gera alguma sensação agora, então você está consciente. É essa definição específica de consciência que chega ao cerne de todas as questões motivadas pela IA na seção anterior: ser Prometheus, AlphaGo ou um veículo autônomo da Tesla gera alguma sensação?

Para entender como é ampla nossa definição de consciência, observe que ela não menciona comportamento, percepção, autoconsciência, emoções ou atenção. Portanto, seguindo essa definição, você também está consciente quando está sonhando, mesmo que não esteja em vigília nem tenha acesso a informações sensoriais e (espero!) não seja sonâmbulo e faça coisas. Da mesma forma, qualquer sistema que sinta dor é consciente nesse sentido, mesmo que não possa se mover. Nossa definição deixa aberta a possibilidade de que alguns sistemas futuros de IA também estejam conscientes, mesmo que existam apenas como software e não estejam conectados a sensores nem corpos robóticos.

Com essa definição, é difícil não se importar com a consciência. Como Yuval Noah Harari escreve em seu livro *Homo Deus*:[4] "Se algum cientista quiser argumentar que experiências subjetivas são irrelevantes, terá o desafio de explicar por que a tortura ou o estupro estão errados sem nenhuma referência a experiências dessa natureza". Sem essa referência, são apenas um monte de partículas elementares se movendo de acordo com as leis da física – e o que há de errado nisso?

Qual é o problema?

Então, o que exatamente não entendemos sobre consciência? Poucos pensaram mais sobre essa questão do que David Chalmers, um famoso filósofo australiano raramente visto sem um sorriso brincalhão e uma jaqueta de couro preta – de que minha esposa gostou tanto que me deu uma parecida no Natal. Ele seguiu seu coração e se dedicou à filosofia, apesar de ter chegado às finais na Olimpíada Internacional de Matemática – e apesar de sua única nota B na faculdade, quebrando a sequência de notas A, ter sido no curso introdutório de filosofia. Na verdade, ele parece totalmente indiferente a críticas ou controvérsias, e fiquei surpreso com sua capacidade de ouvir educadamente as críticas desinformadas e desorientadas a respeito de seu trabalho, sem sequer sentir a necessidade de responder.

Como David enfatizou, de fato existem dois mistérios separados da mente. Primeiro, há o mistério de como um cérebro processa informações, que ele chama de problemas "fáceis". Por exemplo, como um cérebro trata, interpreta e responde a estímulos sensoriais? Como ele pode relatar seu estado interno usando a linguagem? Embora essas perguntas sejam extremamente difíceis, elas não são, pelas nossas definições, mistérios da consciência, mas mistérios da inteligência: tratam de como um cérebro lembra, calcula e aprende. Além disso, vimos na primeira parte do livro como os pesquisadores de IA começaram a fazer progressos importantes na solução de muitos desses "problemas fáceis" com máquinas – desde jogar Go a dirigir carros, analisar imagens e processar linguagem natural.

Há também o mistério de por que você tem uma experiência subjetiva, que David chama de problema "difícil". Quando dirige, você está experimentando cores, sons, emoções e uma sensação de si mesmo. Mas por que você está vivenciando alguma coisa? Um carro autônomo vivencia alguma coisa? Se você estiver apostando corrida com um carro autônomo, ambos estarão inserindo informações dos sensores, processando-as e emitindo comandos do motor. Mas, subjetivamente, a *sensação* de dirigir é algo logicamente separado – é opcional e, em caso afirmativo, o que a causa?

Abordo esse difícil problema de consciência do ponto de vista da física. Na minha perspectiva, uma pessoa consciente é apenas comida reorganizada. Então, por que um arranjo é consciente, mas o outro, não? Além disso, a física nos ensina que a comida é simplesmente um grande número de quarks e elétrons dispostos de um certo modo. Então, quais arranjos de partículas são conscientes e quais não são?*

O que gosto nessa perspectiva da física é que ela transforma o difícil problema que nós, como seres humanos, enfrentamos há milênios em uma versão com mais foco, mais fácil de lidar usando os métodos da ciência. Em vez de começar com um *problema* difícil de por que um arranjo de partículas pode parecer consciente, vamos começar com o difícil *fato* de que alguns arranjos de partículas parecem conscientes, enquanto outros, não. Por exemplo, você sabe que as partículas que compõem seu cérebro estão em um arranjo consciente agora, mas não quando você está dormindo profundamente sem sonhar.

Essa perspectiva da física leva a três difíceis questões separadas sobre a consciência, como mostra a Figura 8.1. Antes de tudo, que propriedades do arranjo de partículas fazem a diferença? Especificamente, quais propriedades físicas distinguem os sistemas conscientes dos inconscientes? Se pudermos responder a isso, podemos descobrir quais sistemas de IA são conscientes. Em um futuro mais imediato, também pode ajudar os médicos de pronto-socorro a determinar quais pacientes em estado vegetativo estão conscientes.

Segundo, como as propriedades físicas determinam como é uma experiência? Especificamente, o que determina os *qualia* – elementos básicos da consciência, como o vermelho de uma rosa, o som de um címbalo, o cheiro de um bife, o sabor de uma tangerina ou a dor de uma alfinetada?**

Terceiro, por que algo está consciente? Em outras palavras, existe alguma explicação profunda e desconhecida sobre por que grupos de matéria podem

---

* Um ponto de vista alternativo é o *dualismo de substâncias* – as entidades vivas diferem das inanimadas porque contêm alguma substância não física, como uma "anima", um "élan vital" ou uma "alma". O apoio ao dualismo de substâncias entre os cientistas diminuiu gradualmente. Para entender por quê, considere que seu corpo é composto por cerca de 10^{29} quarks e elétrons, que, até onde sabemos, movem-se de acordo com leis físicas simples. Imagine uma tecnologia futura capaz de rastrear todas as suas partículas: se elas obedecerem exatamente às leis da física, sua suposta alma não terá efeito sobre suas partículas; ou seja, sua mente consciente e sua capacidade de controlar seus movimentos não terão nada a ver com uma alma. Se, em vez disso, se descobrisse que suas partículas não obedecem às leis conhecidas da física porque estão sendo pressionadas por sua alma, a nova entidade que causava essas forças seria, por definição, física, e podemos estudá-la assim como estudamos novos campos e novas partículas no passado.

** Uso a palavra "qualia" de acordo com a definição do dicionário, no sentido de exemplos individuais de experiência subjetiva – isto é, para significar a própria experiência subjetiva, não qualquer substância pretendida que cause a experiência. Vale lembrar que algumas pessoas usam a palavra de maneira diferente.

ser conscientes, ou esse é apenas um fato bruto inexplicável sobre a maneira como o mundo funciona?

O cientista da computação Scott Aaronson, meu ex-colega no MIT, chamou a primeira pergunta de "problema bastante difícil" (PHP, do inglês *pretty hard problem*), assim como fez David Chalmers. Nesse espírito, vamos chamar os outros dois de "problema ainda mais difícil" (EHP, do inglês *even harder problem*) e de "problema realmente difícil" (RHP, do inglês *really hard problem*), como ilustrado na Figura 8.1.*

Realmente difícil → Por que algo é consciente? (Teorias não testáveis)

Ainda mais difícil → Como as propriedades físicas determinam os qualia? (Teorias parcialmente testáveis)

Bastante difícil → Quais propriedades físicas distinguem sistemas conscientes de inconscientes? (Teorias testáveis com leitura cerebral)

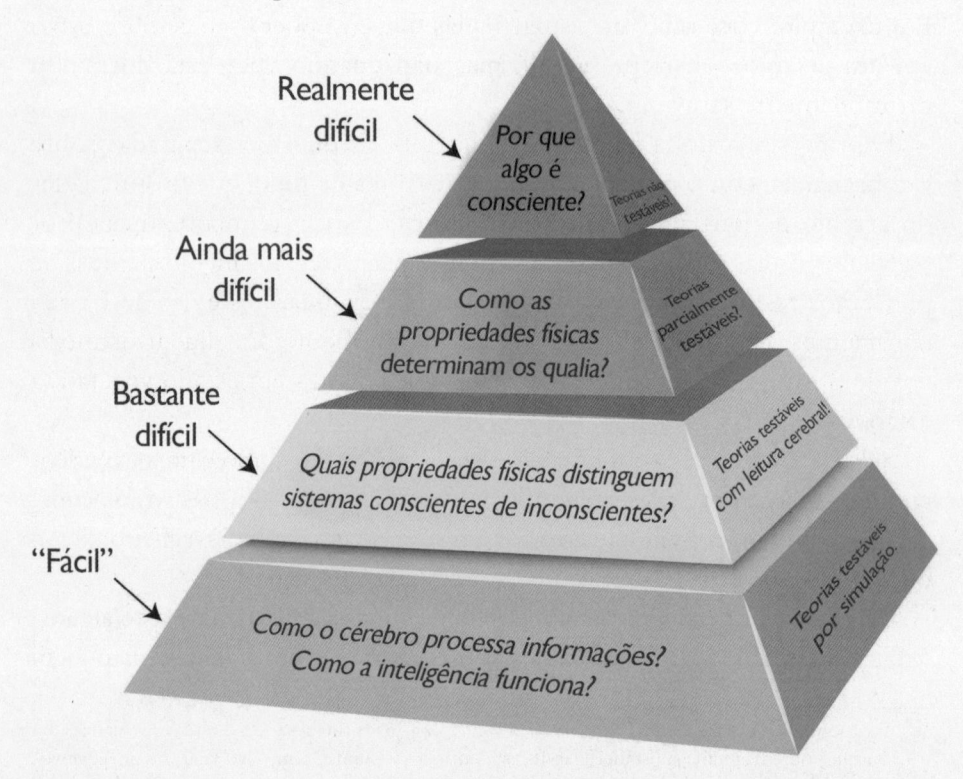

"Fácil" → Como o cérebro processa informações? Como a inteligência funciona? (Teorias testáveis por simulação)

Figura 8.1: Entender a mente envolve uma hierarquia de problemas. O que David Chalmers chama de problemas "fáceis" pode ser visto sem mencionar a experiência subjetiva. O fato aparente de alguns, mas não todos os sistemas físicos, serem conscientes faz surgir três perguntas distintas. Se tivermos uma teoria para responder à pergunta que define o "problema bastante difícil", então ela pode ser experimentalmente testada. Se der certo, podemos então melhorá-la para abordar as questões mais difíceis acima.

---

* Eu originalmente chamava o RHP de "problema muito difícil", mas depois que mostrei este capítulo a David Chalmers, ele me enviou a sugestão inteligente de mudar para o "problema realmente difícil", para corresponder ao que ele de fato quis dizer: "Como os dois primeiros problemas (pelo menos dessa maneira) não fazem parte do problema difícil, como eu o concebi, enquanto o terceiro problema sim, talvez você possa usar 'realmente difícil' em vez de 'muito difícil' para o terceiro para combinar com a minha classificação".

A consciência vai além da ciência?

Quando as pessoas me dizem que a pesquisa da consciência é uma perda de tempo, o principal argumento que dão é que ela é não científica e nunca será. Mas isso é realmente verdade? O influente filósofo austro-britânico Karl Popper popularizou o ditado agora amplamente aceito "Se não é falsificável, não é científico". Em outras palavras, a ciência tem tudo a ver com testar teorias contra observações: se uma teoria não pode ser testada, mesmo em princípio, é logicamente impossível falsificá-la, o que, pela definição de Popper, significa que não é científica.

Então, poderia haver uma teoria científica que responda a qualquer uma das três questões sobre consciência na Figura 8.1? Por favor, deixe-me tentar convencê-lo de que a resposta é um retumbante "SIM!", pelo menos para o problema bastante difícil: "Quais propriedades físicas distinguem sistemas conscientes de inconscientes?" Suponha que alguém tenha uma teoria que, dado qualquer sistema físico, responda à questão de descobrir se o sistema está consciente com "sim", "não" ou "incerto". Vamos ligar seu cérebro a um dispositivo que mede parte do processamento de informações em diferentes partes do órgão e enviar essas informações para um programa de computador que usa a teoria da consciência para prever quais partes dessas informações estão conscientes e apresenta suas previsões em tempo real numa tela, como na Figura 8.2. Primeiro você pensa em uma maçã. A tela mostra que há informações sobre uma maçã em seu cérebro, das quais você está ciente, mas que também há informações em seu tronco cerebral sobre seu pulso, das quais você não tem conhecimento. Você ficaria impressionado? Embora as duas primeiras previsões da teoria estejam corretas, você decide fazer alguns testes mais rigorosos. Você pensa em sua mãe, e o computador mostra que há informações em seu cérebro sobre ela, mas que você não tem conhecimento disso. A teoria fez uma previsão incorreta, o que significa que ela é descartada e entra no depósito de lixo da história científica, junto com a mecânica aristotélica, o éter luminífero, a cosmologia geocêntrica e inúmeras outras ideias fracassadas. Aqui está o ponto-chave: embora a teoria estivesse errada, era *científica*! Se não fosse científica, você não seria capaz de testá-la e descartá-la.

Figura 8.2: Suponha que um computador meça as informações que estão sendo processadas em seu cérebro e preveja quais partes dele você conhece, de acordo com uma teoria da consciência. Você pode testar cientificamente essa teoria, verificando se suas previsões estão corretas, fazendo uma correspondência com sua experiência subjetiva.

Alguém pode criticar essa conclusão e dizer que *eles* não têm prova das coisas de que você tem consciência, nem mesmo de você estar consciente: embora tenham ouvido você dizer que está consciente, um zumbi inconsciente poderia dizer a mesma coisa. Mas isso não torna essa teoria da consciência não científica, porque eles podem trocar de lugar com você e testar se ela prediz corretamente as *próprias* experiências conscientes.

Por outro lado, se a teoria se recusar a fazer previsões e apenas responder "incerto" sempre que for consultada, então ela não vai ajudar e, portanto, não é científica. Isso pode acontecer porque é aplicável apenas a algumas situações, porque os cálculos necessários são muito difíceis de realizar na prática, ou porque os sensores cerebrais não são bons. As teorias científicas mais populares de hoje tendem a estar em algum lugar no meio do caminho, dando respostas testáveis a algumas, mas não a todas as nossas perguntas. Por exemplo, nossa teoria básica da física se recusará a responder perguntas sobre sistemas que são, ao mesmo tempo, extremamente pequenos (exigindo mecânica quântica) e extremamente pesados (exigindo relatividade geral), porque ainda não descobrimos quais equações matemáticas usar nesse caso. Essa teoria central também se recusará a prever as massas exatas de todos os átomos possíveis – nesse caso, achamos que temos as equações necessárias, mas não conseguimos calcular com precisão suas soluções. Quanto mais perigosamente uma teoria vive, arriscando o pescoço e fazendo previsões testáveis, mais útil é e mais seriamente será levada se ela sobreviver a todas as nossas tentativas de matá-la. Sim, só podemos testar *algumas* previsões de teorias da consciência, mas é assim que é para *todas* as teorias físicas. Então, não vamos perder tempo reclamando do que não podemos testar, vamos trabalhar testando o que *pode* ser testado!

Em resumo, qualquer teoria que preveja quais sistemas físicos são conscientes (o "problema bastante difícil") é científica, contanto que consiga prever quais processos cerebrais são conscientes. No entanto, o problema da testabilidade fica menos claro para as questões mais avançadas da Figura 8.1. O que significaria para uma teoria prever como você vivencia subjetivamente a cor vermelha? E se, para começo de conversa, uma teoria pretende explicar por que existe uma consciência, como você a testa experimentalmente? Só porque essas perguntas são difíceis, não significa que devemos evitá-las e, aliás, vamos voltar a elas mais adiante. Mas quando confrontado com várias questões não respondidas relacionadas, acho que é sensato abordar a mais fácil primeiro. Por esse motivo, minha pesquisa de consciência no MIT está focada diretamente na base da pirâmide na Figura 8.1. Pouco tempo atrás, discuti essa estratégia com meu colega físico Piet Hut, de Princeton, que brincou que tentar construir o topo da pirâmide antes da base seria como se preocupar com a interpretação da mecânica quântica antes de descobrir a equação de Schrödinger, a base matemática que nos permite prever os resultados de nossas experiências.

Ao discutir o que está além da ciência, é importante lembrar que a resposta depende do tempo! Quatro séculos atrás, Galileu Galilei ficou tão impressionado com as teorias da física baseadas na matemática que descreveu a natureza como "um livro escrito na linguagem da matemática". Se ele incluísse uma uva e uma avelã, poderia prever com precisão as formas de suas trajetórias e quando atingiriam o chão. No entanto, ele não tinha ideia de por que uma era verde e a outra, marrom, ou por que uma era macia e a outra, dura – esses aspectos do mundo estavam além do alcance da ciência na época. Mas não para sempre! Quando James Clerk Maxwell descobriu suas equações epônimas em 1861, ficou claro que luz e cores também podiam ser entendidas matematicamente. Agora sabemos que a já mencionada equação de Schrödinger, descoberta em 1925, pode ser usada para prever todas as propriedades da matéria, incluindo o que é macio ou duro. Embora o progresso teórico tenha permitido previsões cada vez mais científicas, o progresso tecnológico possibilitou cada vez mais testes experimentais: quase tudo o que estudamos agora com telescópios, microscópios ou coletores de partículas estava além da ciência. Em outras palavras, o alcance da ciência se expandiu incrivelmente desde os dias de Galileu, de uma pequena fração de todos os fenômenos para uma grande porcentagem, incluindo partículas subatômicas, buracos negros e nossas origens cósmicas 13,8 bilhões de anos atrás. Isso levanta a questão: o que nos resta?

Para mim, a consciência é o elefante na sala. Você não apenas sabe que é consciente, mas é *só* o que você sabe com total certeza – todo o resto é inferência, como René Descartes apontou na época de Galileu. O progresso teórico e tecnológico vai acabar trazendo até a consciência firmemente para o domínio da ciência? Não sabemos, assim como Galileu não sabia se um dia entenderíamos a luz e a matéria.* Apenas uma coisa é garantida: não teremos sucesso se não tentarmos! É por isso que eu e muitos outros cientistas ao redor do mundo estamos tentando formular e testar teorias da consciência.

Pistas experimentais sobre consciência

Muitos processamentos de informações estão ocorrendo em nossa cabeça agora. Qual é consciente e qual não é? Antes de explorar teorias da consciência e o que elas preveem, vamos ver o que os experimentos nos ensinaram até o momento, desde observações tradicionais de baixa ou nenhuma tecnologia até medições cerebrais de última geração.

Quais comportamentos são conscientes?

Se você multiplicar 32 por 17 mentalmente, estará consciente de muitos dos trabalhos internos de sua computação. Mas suponha que eu mostre a você um retrato de Albert Einstein e peça para você dizer o nome do retratado. Como vimos no Capítulo 2, essa também é uma tarefa computacional: seu cérebro está avaliando uma função cuja entrada é informação dos seus olhos sobre um grande número de cores de pixel e cuja saída é informação para os músculos que controlam a boca e as cordas vocais. Os cientistas da computação chamam essa tarefa de "classificação de imagem" seguida de "síntese de fala".

---

* Se a nossa realidade física é inteiramente matemática (baseada em informações, falando em termos livres), como explorei no meu livro *Our Mathematical Universe*, então nenhum aspecto da realidade – nem mesmo a consciência – está além do alcance da ciência. De fato, o problema realmente difícil da consciência é, a partir dessa perspectiva, exatamente o mesmo problema de entender como algo matemático pode parecer físico: se parte de uma estrutura matemática é consciente, então vivenciará o resto como seu mundo físico externo.

Embora esse cálculo seja muito mais complicado que sua tarefa de multiplicação, você pode fazê-lo de forma muito mais rápida, sem esforço aparente e sem estar consciente dos detalhes de *como* o faz. Sua experiência subjetiva consiste apenas em olhar para a foto, experimentar um sentimento de reconhecimento e ouvir-se dizer "Einstein".

Os psicólogos sabem há muito tempo que você pode executar inconscientemente uma ampla gama de outras tarefas e outros comportamentos, desde reflexos piscantes até respirar, estender o braço, pegar alguma coisa e manter o equilíbrio. Normalmente, você está consciente do que fez, mas não como fez. Por outro lado, comportamentos que envolvem situações desconhecidas, autocontrole, regras lógicas complicadas, raciocínio abstrato ou manipulação da linguagem tendem a ser conscientes. São conhecidos como "correlatos comportamentais da consciência" e estão intimamente ligados à maneira esforçada, lenta e controlada de pensar que os psicólogos chamam de "Sistema 2".[5]

Também é sabido que você pode converter muitas rotinas do consciente para o inconsciente por meio de uma prática extensiva, por exemplo, caminhar, nadar, andar de bicicleta, dirigir, digitar, fazer a barba, amarrar sapatos, jogar no computador e tocar piano.[6] De fato, é sabido que os especialistas fazem suas especialidades melhor quando estão em um estado "flow", ou fluxo, conscientes apenas do que está acontecendo em um nível mais alto e inconscientes dos detalhes de baixo nível de como estão fazendo isso. Por exemplo, tente ler a próxima frase totalmente consciente de todas as letras, como quando aprendeu a ler. Você consegue sentir como é mais lento comparado a quando você está apenas consciente do texto no nível das palavras ou ideias?

Aliás, o processamento inconsciente de informações parece não apenas ser possível, mas também ser mais a regra do que a exceção. Evidências sugerem que dos aproximadamente 10^7 bits de informação que entram em nosso cérebro a cada segundo através de nossos órgãos sensoriais, podemos estar cientes apenas de uma pequena fração, com estimativas variando de 10 a 50 bits.[7] Isso sugere que o processamento de informações de que estamos conscientemente conscientes é apenas a ponta do iceberg.

Em conjunto, essas pistas levaram alguns pesquisadores a sugerir que o processamento consciente de informações deve ser considerado o CEO da nossa mente, que lida apenas com as decisões mais importantes que requerem análise complexa de dados de todo o cérebro.[8] Isso explicaria por que, assim como o CEO de uma empresa, ele não costuma querer se distrair com tudo o que seus subordinados estão fazendo – mas pode descobrir, se desejar. Para experimentar essa atenção seletiva em ação, olhe de novo para a palavra *"desired"* [desejar, em inglês]: fixe o olhar no ponto sobre o "i" e, sem mover os olhos, mude a atenção do ponto para a letra inteira e depois para a palavra toda. Embora as informações da sua retina permaneçam as mesmas, sua experiência consciente mudou. A metáfora do CEO também explica por que a experiência se torna inconsciente: depois de descobrir meticulosamente como ler e digitar, o CEO delega essas tarefas rotineiras a subordinados inconscientes para poder se concentrar em novos desafios de nível superior.

Onde está a consciência?

Experiências e análises inteligentes sugeriram que a consciência se limita não apenas a certos comportamentos, mas também a certas partes do cérebro. Quais são os principais suspeitos? Muitas das primeiras pistas vieram de pacientes com lesões cerebrais: danos cerebrais localizados causados por acidentes, derrames, tumores ou infecções. Mas isso era muitas vezes inconclusivo. Por exemplo, o fato de lesões na parte posterior do cérebro poderem causar cegueira significa que esse é o local da consciência visual, ou significa apenas que a informação visual passa por lá a caminho de onde quer que se torne consciente posteriormente, assim como passa primeiro pelos olhos?

Embora lesões e intervenções médicas não tenham identificado os locais de experiências conscientes, elas ajudaram a diminuir as opções. Por exemplo, eu sei que, embora sinta dor na mão como se de fato ocorresse lá, a dor deve ocorrer em outro lugar, porque um cirurgião uma vez desligou a dor da minha mão sem fazer nada nela: ele apenas anestesiou os nervos no meu ombro. Além disso, alguns amputados sentem uma dor fantasma que parece estar no membro inexistente. Como outro exemplo, notei uma vez que, quando olhava apenas com o olho direito, faltava parte do meu campo visual – um médico determinou que minha retina estava se soltando e a recolocou. Por outro lado, pacientes com certas lesões cerebrais vivenciam a *hemiagnosia*, quando também perdem informações da metade de seu campo visual, mas nem sabem que está faltando – por exemplo, comer a comida da metade esquerda do prato sem perceber. É como se a consciência de metade do mundo deles tivesse desaparecido. Mas essas áreas cerebrais danificadas deveriam gerar a experiência espacial ou estavam apenas fornecendo informações espaciais aos locais da consciência, assim como minha retina?

O pioneiro neurocirurgião americano-canadense Wilder Penfield descobriu, na década de 1930, que seus pacientes de neurocirurgia relatavam diferentes partes do corpo sendo tocadas quando ele estimulava eletricamente áreas específicas do cérebro no que hoje é chamado de "córtex somatossensorial" (Figura 8.3).[9] Também descobriu que os pacientes involuntariamente moviam diferentes partes do corpo quando ele estimulava áreas do cérebro no que agora é chamado de "córtex motor". Mas isso significa que o processamento de informações nessas áreas do cérebro corresponde à consciência do toque e do movimento?

Felizmente, a tecnologia moderna está nos dando pistas muito mais detalhadas. Embora ainda não possamos medir todos os disparos de todos os seus cerca de 100 bilhões de neurônios, a tecnologia de leitura cerebral está avançando rapidamente, envolvendo técnicas com nomes intimidadores, como fMRI, EEG, MEG, ECoG, ePhys e tensão fluorescente de detecção. A fMRI, que significa "ressonância magnética funcional", mede as propriedades magnéticas dos núcleos de hidrogênio para fazer um mapa 3D do seu cérebro mais ou menos a cada segundo, com resolução milimétrica. A EEG (eletroencefalografia) e a MEG (magnetoencefalografia) medem o campo elétrico e magnético fora da sua cabeça para mapear seu cérebro milhares de vezes por segundo, mas com baixa resolução, incapaz de distinguir características menores que alguns centímetros. Se você é sensível, vai gostar de saber que essas três técnicas são todas não invasivas. Se você não se importa de abrir seu crânio, existem opções adicionais. A ECoG (eletrocorticografia) envolve colocar, digamos, cem fios na superfície do seu cérebro, enquanto a ePhys (eletrofisiologia) envolve a inserção de microfilos, às vezes mais finos que um fio de cabelo humano, bem fundo no cérebro para registrar voltagens em até mil locais simultâneos. Muitos pacientes epilépticos passam dias no hospital enquanto o ECoG é usado para descobrir que parte do cérebro está desencadeando convulsões e precisa ser extirpado, e gentilmente permitem que os neurocientistas realizem experimentos de consciência enquanto isso. Por fim, o sensor de voltagem fluorescente envolve a manipulação genética de neurônios para emitir flashes de luz ao disparar, permitindo que sua atividade seja medida com um microscópio. De todas as técnicas, ele tem o potencial de monitorar rapidamente o maior número de neurônios, pelo menos em animais com cérebros transparentes – como o verme *C. elegans* com seus 302 neurônios e o peixe-zebra larval com seus cerca de 100 mil.

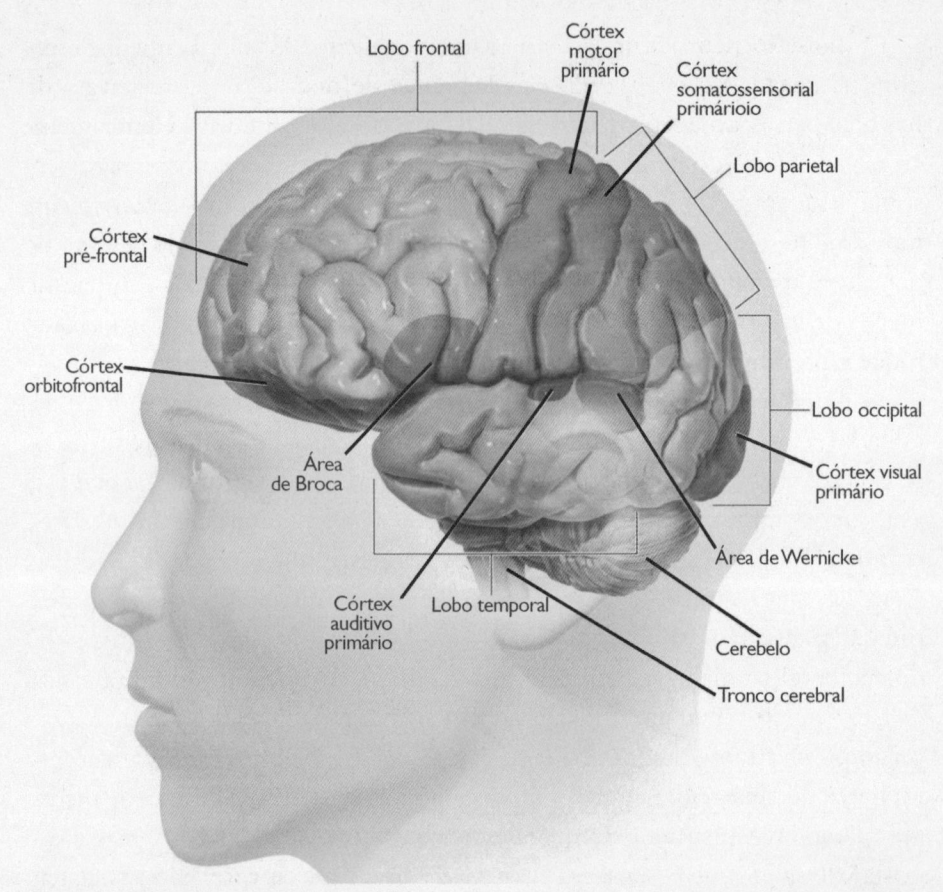

Figura 8.3: Os córtex visual, auditivo, somatossensorial e motor estão envolvidos com a visão, a audição, o toque e a ativação do movimento, respectivamente – mas isso não prova que estão onde a *consciência* de visão, audição, toque e movimento ocorre. Aliás, uma pesquisa recente sugere que o córtex visual primário é totalmente inconsciente, junto com o cerebelo e o tronco cerebral. Imagem cortesia de Lachina (<https://www.lachina.com>).

Embora Francis Crick tenha alertado Christof Koch sobre o estudo da consciência, Christof se recusou a desistir e, por fim, conseguiu convencer Crick. Em 1990, eles escreveram um artigo seminal sobre o que chamaram de "correlatos neurais da consciência" (CNCs ou NCCs, do inglês *neural correlates of consciousness*), perguntando quais processos cerebrais específicos correspondiam a experiências conscientes. Por milhares de anos, os pensadores tiveram acesso ao processamento de informações em seus cérebros apenas por meio de sua experiência e comportamento subjetivos. Crick e Koch apontaram que a tecnologia de leitura cerebral estava subitamente fornecendo acesso independente a essas informações, permitindo um estudo científico de qual processamento de informações correspondia a qual experiência consciente. Com certeza, as medições orientadas pela tecnologia transformaram a busca por CNCs em uma parte bastante comum da neurociência, uma cujas milhares de publicações se estendem até mesmo às revistas de maior prestígio.[10]

Quais são as conclusões até agora? Para obter uma amostra do trabalho de detetive da CNC, primeiro vamos descobrir se sua retina é consciente ou se é apenas um sistema zumbi que registra informações visuais, as processa e as envia para um sistema a jusante do cérebro onde ocorre sua experiência visual subjetiva. No painel esquerdo da Figura 8.4, qual quadrado é mais escuro: o A ou o B? O A, certo? Não, na verdade eles têm cores idênticas, o que você pode verificar olhando para eles isoladamente, fazendo pequenos orifícios entre seus dedos. Isso prova que sua experiência visual não pode residir inteiramente na retina, pois, se fosse assim, eles pareceriam iguais.

Agora olhe para o painel direito da Figura 8.4. Você vê duas mulheres ou um vaso? Se você olhar por tempo suficiente, vai vivenciar subjetivamente ambos em sucessão, mesmo que as informações que chegam à sua retina continuem as mesmas. Ao medir o que acontece no seu cérebro durante as duas situações, pode-se separar o que faz a diferença – e não é a retina, que se comporta de maneira idêntica nos dois casos.

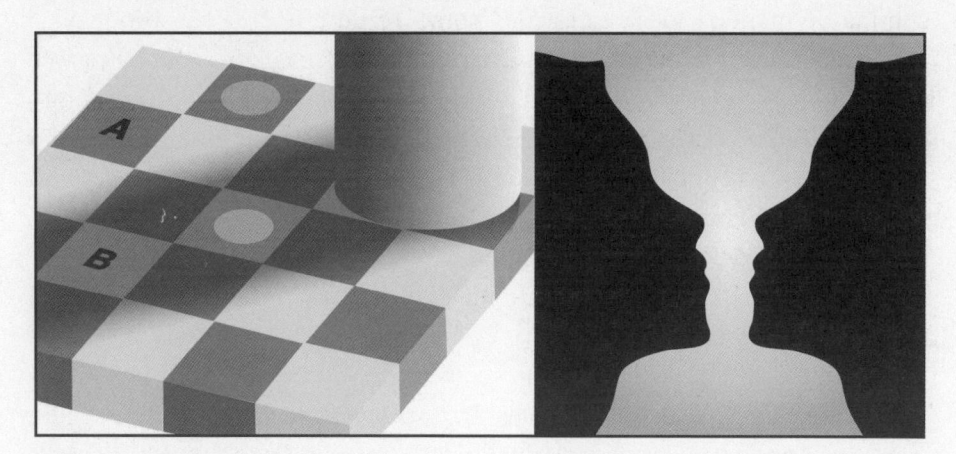

Figura 8.4: Qual quadrado é mais escuro – o A ou o B? O que você vê à direita – um vaso, duas mulheres ou ambas em sucessão? Ilusões como essas provam que sua consciência visual não pode estar nos seus olhos ou em outros estágios iniciais do seu sistema visual, porque não depende apenas do que está na foto.

O golpe mortal para a hipótese da retina consciente vem de uma técnica chamada "supressão contínua de flash", descoberta por Christof Koch, Stanislas Dehaene e colaboradores: foi descoberto que, se você faz um de seus olhos observar uma sequência complexa de padrões em rápida mudança, isso distrairá seu sistema visual a tal ponto que você não terá consciência de uma imagem estática mostrada para o outro olho.[11] Em resumo, você pode ter uma imagem visual em sua retina sem vivenciá-la e pode (enquanto sonha) vivenciar uma imagem sem que ela esteja em sua retina. Isso prova que suas duas retinas não hospedam sua consciência visual mais do que uma câmera de vídeo, mesmo que realizem cálculos complicados envolvendo mais de 100 milhões de neurônios.

Os pesquisadores da CNC também usam supressão contínua de flash, ilusões visuais/auditivas instáveis e outros truques para identificar quais regiões do seu cérebro *são* responsáveis por cada uma de suas experiências conscientes. A estratégia básica é comparar o que seus neurônios estão fazendo em duas situações em que basicamente tudo (incluindo suas informações sensoriais) é igual – exceto sua experiência consciente. As partes do seu cérebro que são delimitadas para se comportar de maneira diferente são então identificadas como CNC.

Essa pesquisa do CNC provou que nada da sua consciência reside em suas vísceras, mesmo que esse seja o local do seu sistema nervoso entérico, com seus enormes bilhões de neurônios que calculam como digerir sua comida de maneira ideal; sensações como fome e náusea são produzidas em seu cérebro. Da mesma forma, nenhuma das suas consciências parece residir no tronco cerebral, a parte inferior do cérebro que se conecta à medula espinhal e controla a respiração, os batimentos cardíacos e a pressão sanguínea. Mais chocante ainda, sua consciência não parece se estender ao seu cerebelo (Figura 8.3), que contém cerca de dois terços de todos os seus neurônios: os pacientes cujo cerebelo é destruído vivenciam fala arrastada e movimentos desajeitados que lembram os de um bêbado, mas permanecem totalmente conscientes.

A questão sobre quais partes do seu cérebro são responsáveis pela consciência permanece aberta e polêmica. Uma pesquisa recente do CNC sugere que sua consciência reside principalmente em uma "zona quente" envolvendo o tálamo (próximo ao meio do cérebro) e a parte traseira do córtex (a camada externa do cérebro que consiste em uma folha de seis camadas amassada que, se achatada, teria a área de um grande guardanapo).[12] Essa mesma pesquisa sugere algo controverso, que o córtex visual primário na parte de trás da cabeça é uma exceção a isso, sendo tão inconsciente quanto seus olhos e suas retinas.

Quando é a consciência?

Até agora, vimos pistas experimentais sobre quais tipos de processamento de informações são conscientes e onde a consciência ocorre. Mas *quando* ela ocorre? Quando eu era criança, costumava pensar que nos tornamos conscientes dos eventos à medida que eles acontecem, sem absolutamente nenhum atraso ou postergação. Embora essa ainda seja minha sensação subjetiva, está claro que isso não pode estar correto, pois leva tempo para o meu cérebro processar as informações que entram pelos meus órgãos sensoriais. Os pesquisadores da CNC calcularam cuidadosamente quanto tempo, e a conclusão de Christof Koch é que leva cerca de um quarto de segundo desde que a luz entra nos seus olhos a partir de um objeto complexo até que você a veja conscientemente como é.[13] Isso significa que se você estiver dirigindo por uma estrada a 100 km/h e de repente vir um esquilo a alguns metros à sua frente, é tarde demais para fazer algo a respeito, porque você já passou por cima dele!

Em resumo, sua consciência vive no passado, e Christof Koch estima que ela está cerca de um quarto de segundo atrasada em relação ao mundo exterior. Curiosamente, você pode reagir às coisas mais rápido do que pode se tornar consciente delas, o que prova que o processamento de informações responsável pelas suas reações mais rápidas deve ser inconsciente. Por exemplo, se um objeto estranho se aproximar do seu olho, seu reflexo de piscada pode fechar sua pálpebra em apenas um décimo de segundo. É como se um dos seus sistemas cerebrais recebesse informações ameaçadoras do sistema visual, calculasse que seu olho corre o risco de ser atingido, enviasse instruções por e-mail para os músculos dos olhos piscarem e enviasse simultaneamente um e-mail para parte consciente do seu cérebro dizendo "Ei, vamos piscar". Quando esse e-mail for lido e incluído em sua experiência consciente, o piscar de olhos já aconteceu.

Aliás, o sistema que lê esse e-mail é continuamente bombardeado com mensagens de todo o corpo, algumas mais demoradas que outras. Leva mais tempo para os sinais nervosos chegarem ao cérebro pelos dedos do que pelo rosto por causa da distância, e leva mais tempo para você analisar imagens do que sons porque é mais complicado – e é por isso que as corridas olímpicas são iniciadas com um estrondo, e não com um sinal visual. No entanto, se você tocar o nariz, terá conscientemente uma sensação simultânea no nariz e na ponta dos dedos, e se bater palmas, vai ver, ouvir e sentir o aplauso exatamente ao mesmo tempo.[14] Isso significa que sua experiência consciente total de um evento não é criada até que os últimos relatórios de e-mail lento sejam lançados e analisados.

Uma famosa família de experimentos da CNC, liderada pelo fisiologista Benjamin Libet, mostrou que o tipo de ação que você pode executar inconscientemente não se limita a respostas rápidas, como piscadas e lances de pingue-pongue, mas também inclui certas decisões que você pode atribuir ao livre-arbítrio – as medições cerebrais às vezes podem prever sua decisão antes que você se torne consciente de que a tomou.[15]

Teorias da consciência

Acabamos de ver que, embora ainda não entendamos a consciência, temos uma quantidade incrível de dados experimentais sobre vários aspectos dela. Mas todos esses dados vêm do *cérebro*, então, como isso pode nos ensinar algo sobre a consciência em *máquinas*? Isso requer uma grande extrapolação além do nosso domínio experimental atual. Em outras palavras, requer uma *teoria*.

Por que uma teoria?

Para entender o porquê, vamos comparar teorias da consciência com teorias da gravidade. Os cientistas começaram a levar a sério a teoria da gravidade de Newton porque tiraram mais proveito dela do que contribuíram com ela: equações simples que cabiam em um guardanapo podiam prever com precisão o resultado de todos os experimentos de gravidade já realizados. Por isso, eles também levaram a sério suas previsões muito além do domínio em que fora testada, e essas extrapolações ousadas acabaram funcionando até para os movimentos das galáxias em aglomerados de milhões de anos-luz de diâmetro. Contudo, as previsões foram muito pequenas para o movimento de Mercúrio ao redor do Sol. Os cientistas, então, começaram a levar a sério a teoria aprimorada da gravidade de Einstein, a relatividade geral, porque era sem dúvida ainda mais elegante e econômica, e previu corretamente até o que a teoria de Newton errou. Por consequência, também levaram a sério suas previsões muito além do domínio em que foram testadas, para fenômenos exóticos como buracos negros, ondas gravitacionais no próprio tecido do espaço-tempo e a expansão de nosso Universo a partir de uma origem quente e ardente – tudo isso posteriormente confirmado por experimento.

De modo análogo, se uma teoria matemática da consciência cujas equações caibam em um guardanapo pudesse prever com êxito os resultados de todas as experiências que realizamos no cérebro, começaríamos a levar a sério não apenas a teoria em si, mas também suas previsões para a consciência além do cérebro – por exemplo, em máquinas.

Consciência do ponto de vista da física

Embora algumas teorias da consciência remontem à Antiguidade, a maioria das modernas se baseia na neuropsicologia e na neurociência, e tenta explicar e prever a consciência em termos de eventos neurais que ocorrem no cérebro.[16] Embora tenham feito algumas previsões bem-sucedidas para correlatos neurais da consciência, essas teorias não podem nem aspiram a fazer previsões sobre a consciência em máquinas. Para dar o salto do cérebro para as máquinas, precisamos generalizar dos CNCs para os PCCs: *correlatos físicos da consciência* (em inglês, *physical correlates of consciousness*), definidos como os padrões de partículas em movimento que são conscientes. Porque, se uma teoria pode prever corretamente o que é consciente e o que não é, referindo-se apenas a elementos físicos, como partículas elementares e campos de força, pode, então, fazer previsões não apenas para cérebros, mas também para quaisquer outros arranjos da matéria, incluindo futuros sistemas de IA. Então, vamos dar uma perspectiva da física: que arranjos de partículas são conscientes?

Mas isso realmente faz surgir outra questão: como algo tão complexo quanto a consciência pode ser feito de algo tão simples quanto partículas? Eu acho que é porque se trata de um fenômeno que tem propriedades muito além das de suas partículas. Em física, chamamos esses fenômenos de "emergentes".[17] Vamos entender isso observando um fenômeno emergente que é mais simples do que a consciência: a umidade.

Uma gota de água é molhada, mas um cristal de gelo e uma nuvem de vapor não são, mesmo sendo feitos de moléculas de água idênticas. Por quê? Porque a propriedade da umidade depende apenas do arranjo das moléculas. Não faz absolutamente nenhum sentido dizer que uma única molécula de água está úmida, porque o fenômeno da umidade só surge quando existem muitas moléculas, dispostas no padrão que chamamos de líquido. Portanto, sólidos, líquidos e gases são fenômenos emergentes: são mais do que a soma de suas partes, porque têm propriedades muito além das propriedades de suas partículas. Eles têm propriedades que suas partículas não possuem.

Agora, assim como sólidos, líquidos e gases, acho que a consciência é um fenômeno emergente, com propriedades muito além das partículas. Por exemplo, ao entrar no sono profundo, a consciência é extinguida apenas com a reorganização das partículas. Do mesmo modo, minha consciência desapareceria se eu congelasse até a morte, o que reorganizaria minhas partículas de uma maneira pior.

Quando você junta muitas partículas para produzir qualquer coisa, da água ao cérebro, surgem novos fenômenos com propriedades observáveis. Nós, físicos, adoramos estudar essas propriedades emergentes, que muitas vezes podem ser identificadas por um pequeno conjunto de números que você pode medir – quantidades como a viscosidade de uma substância, a compressibilidade e assim por diante. Por exemplo, se uma substância é tão viscosa a ponto de ser rígida, a chamamos de sólida, caso contrário, de fluida. E se um fluido não é compressível, o chamamos de líquido, caso contrário, chamamos de gás ou plasma, dependendo do quão bem ele conduz eletricidade.

Consciência como informação

Então, poderia haver quantidades análogas que quantifiquem a consciência? O neurocientista italiano Giulio Tononi propôs uma quantidade que ele chama de "informação integrada", denotado pela letra grega Φ (Phi), que basicamente mede quanto diferentes partes de um sistema sabem umas das outras (ver Figura 8.5).

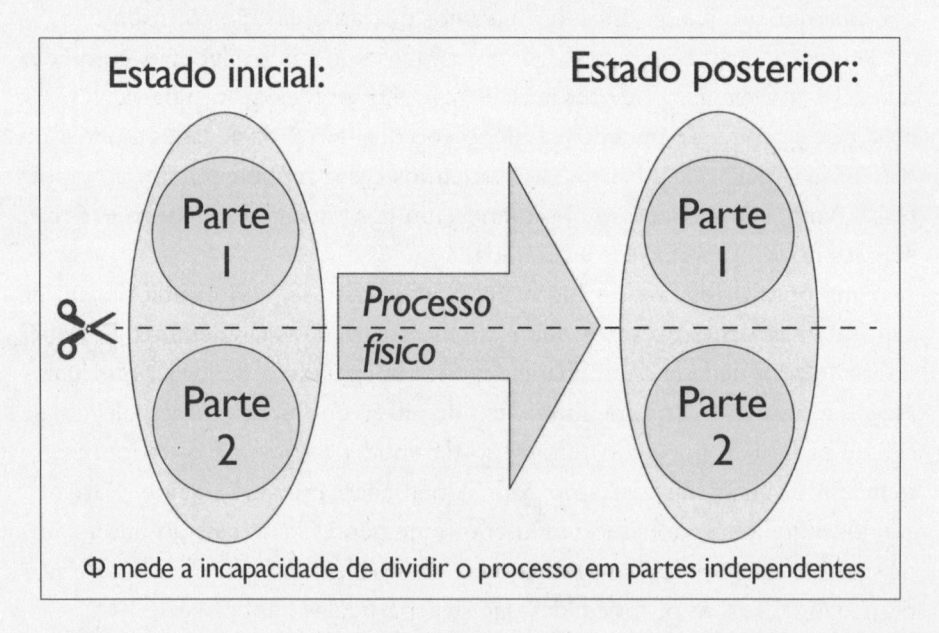

Figura 8.5: Dado um processo físico que, com o passar do tempo, transforma o estado inicial de um sistema em um novo estado, sua *informação integrada* Φ mede a incapacidade de dividir o processo em partes independentes. Se o estado futuro de cada parte depende apenas de seu próprio passado, não do que a outra parte está fazendo, então Φ = 0: o que chamamos de um sistema são na verdade dois sistemas independentes que não se comunicam entre si.

Conheci Giulio em uma conferência de física em 2014, em Porto Rico, para a qual eu o convidei junto com Christof Koch, e ele me pareceu o perfeito homem da renascença que teria se dado muito bem com Galileu e Leonardo da Vinci. Seu comportamento silencioso não conseguiu esconder seu incrível conhecimento de arte, literatura e filosofia, e sua reputação culinária já era conhecida: um jornalista cosmopolita de TV tinha acabado de me contar que Giulio havia, em apenas alguns minutos, preparado a salada mais deliciosa que ele provou na vida. Logo percebi que, por trás de seu comportamento de fala mansa, havia um intelecto ousado que seguia as evidências aonde quer que elas o levassem, independentemente dos preconceitos e dos tabus do *establishment*. Assim como Galileu seguiu sua teoria matemática do movimento, apesar da pressão do *establishment* para não desafiar o geocentrismo, Giulio desenvolveu a teoria da consciência mais matematicamente precisa até o momento, chamada *teoria da informação integrada* (TII ou IIT, do inglês *integrated information theory*).

Fazia décadas que eu argumentava que a consciência é como a informação se sente quando está sendo processada de certas maneiras complexas.[18] A TII concorda com isso e substitui minha expressão vaga "certas maneiras complexas" por uma definição precisa: o processamento da informação precisa ser integrado, ou seja, Φ precisa ser grande. O argumento de Giulio para isso é tão poderoso quanto simples: o sistema consciente precisa ser integrado a um todo unificado porque, se consistir em duas partes independentes, elas se sentirão como duas entidades conscientes separadas, em vez de uma. Em outras palavras, se uma parte consciente de um cérebro ou computador não pode se comunicar com o resto, o resto não pode fazer parte de sua experiência subjetiva.

Giulio e seus colaboradores mediram uma versão simplificada de Φ usando o EEG para medir a resposta do cérebro à estimulação magnética. Seu "detector de consciência" funciona muito bem: ele determinou que os pacientes estavam conscientes quando estavam acordados ou sonhando, mas inconscientes quando anestesiados ou em sono profundo. Ele até descobriu a consciência em dois pacientes que sofriam da síndrome do "encarceramento", que não conseguiam se mover ou se comunicar de maneira normal.[19] Portanto, isso está emergindo como uma tecnologia promissora para os médicos no futuro descobrirem se certos pacientes estão conscientes ou não.

Ancorando a consciência na física

A TII é definida apenas para sistemas discretos que podem estar em um número finito de estados, por exemplo, bits na memória do computador ou neurônios simplificados demais que podem ser ligados ou desligados. Infelizmente, isso significa que a TII não está definida para a maioria dos sistemas físicos tradicionais, que podem mudar de modo contínuo – por exemplo, a posição de uma partícula ou a força de um campo magnético pode assumir um número infinito de valores.[20] Se você tentar aplicar a fórmula TII a esses sistemas, normalmente obterá o resultado inútil de que Φ é infinito. Os sistemas mecânicos quânticos podem ser discretos, mas a TII original não está definida para sistemas quânticos. Então, como podemos ancorar a TII e outras teorias da consciência baseadas em informações em uma fundação física sólida?

Podemos fazer isso com base no que aprendemos no Capítulo 2 sobre como aglomerados de matéria podem ter propriedades emergentes relacionadas à informação. Vimos que, para algo ser utilizável como um dispositivo de memória capaz de armazenar informações, ele precisa ter muitos estados de vida longa. Vimos também que sendo *computronium*, uma substância que pode fazer cálculos, também requer dinâmicas complexas: as leis da física precisam fazer alterações de maneiras que sejam suficientemente complicadas para ser capaz de implementar o processamento arbitrário de informações. Por fim, vimos como uma rede neural, por exemplo, é um substrato poderoso para aprender porque, simplesmente obedecendo às leis da física, pode-se reorganizar para melhorar cada vez mais na implementação dos cálculos desejados. Agora, estamos fazendo uma pergunta adicional: o que torna uma gota de matéria capaz de ter uma experiência subjetiva? Em outras palavras, sob quais condições uma gota de matéria poderá fazer essas quatro coisas?

1. lembrar;
2. computar;
3. aprender;
4. vivenciar.

Exploramos os três primeiros no Capítulo 2 e agora estamos abordando o quarto. Assim como Margolus e Toffoli cunharam o termo *computronium* para uma substância que pode realizar cálculos arbitrários, gosto de usar o termo "sentrônio" para a substância mais geral que tem experiência subjetiva (é senciente).*

---

* Embora eu já tenha usado "perceptrônio" como sinônimo de sentrônio, esse nome sugere uma definição muito restrita, pois percepções são meramente aquelas experiências subjetivas que percebemos com base em informações sensoriais – excluindo, por exemplo, sonhos e pensamentos gerados internamente.

Mas como a consciência pode parecer tão não física se é de fato um fenômeno físico? Como pode parecer tão independente de seu substrato físico? Acho que é porque *é* bastante independente de seu substrato físico, o material em que é um padrão! Encontramos muitos belos exemplos de padrões independentes de substrato no Capítulo 2, incluindo ondas, memórias e cálculos. Vimos como não eram apenas mais do que suas partes (emergentes), mas também independentes de suas partes, ganhando vida própria. Por exemplo, vimos como uma futura mente simulada ou um personagem de jogo de computador não teria como saber se era executado no Windows, Mac OS, telefone Android ou outro sistema operacional, porque seria independente do substrato. Tampouco sabia se as portas lógicas de seu computador eram feitas de transistores, circuitos ópticos ou outro hardware. Ou quais são as leis fundamentais da física – elas podem ser qualquer coisa, contanto que permitam a construção de computadores universais.

Em resumo, acho que a consciência é um fenômeno físico que parece não físico porque é como ondas e cálculos: tem propriedades independentes de seu substrato físico específico. Isso decorre logicamente da ideia de consciência como informação. E leva a uma ideia radical de que de fato gosto: se a consciência é a maneira como a informação sente quando é processada de certas maneiras, então ela deve ser independente do substrato; é apenas a estrutura do processamento de informações que interessa, não a estrutura da matéria que processa as informações. Em outras palavras, a consciência é independente do substrato duas vezes!

Como vimos, a física descreve padrões no espaço-tempo que correspondem a partículas se movendo. Se os arranjos de partículas obedecem a certos princípios, dão origem a fenômenos emergentes que são bem independentes do substrato de partículas e têm uma sensação totalmente diferente para eles. Um ótimo exemplo disso é o processamento de informações, em *computronium*. Mas agora levamos essa ideia para outro nível: *se o próprio processamento da informação obedece a certos princípios, ele pode dar origem ao fenômeno emergente de nível superior que chamamos de consciência.* Isso coloca sua experiência consciente não um, mas dois níveis acima da matéria. Não é de admirar que a mente pareça não física!

Isso faz surgir uma questão: quais são esses princípios que o processamento de informações precisa obedecer para estar consciente? Não finjo saber que condições são *suficientes* para garantir a consciência, mas aqui estão quatro condições *necessárias* nas quais eu apostaria e exploraria em minha pesquisa:

Princípio	Definição
Princípio da informação	Um sistema consciente tem capacidade substancial de armazenamento de informações.
Princípio da dinâmica	Um sistema consciente tem capacidade substancial de processamento de informações.
Princípio da independência	Um sistema consciente tem uma independência substancial do resto do mundo.
Princípio de integração	Um sistema consciente não pode consistir em partes quase independentes.

Como eu disse, acho que a consciência é como as informações sentem quando são processadas de determinadas maneiras. Isso significa que, para ser consciente, um sistema precisa ser capaz de armazenar e processar informações, implicando os dois primeiros princípios. Observe que a memória não precisa durar muito: recomendo assistir a um comovente vídeo de Clive Wearing, que parece perfeitamente consciente, embora suas memórias durem menos de um minuto.[21] Acredito que um sistema consciente também precisa ser bastante independente do resto do mundo, porque, caso contrário, subjetivamente não sentiria que teria alguma existência independente. Por fim, acho que o sistema consciente precisa ser integrado em um todo unificado, como Giulio Tononi argumentou, porque se consistisse em duas partes independentes, elas sentiriam como duas entidades conscientes separadas, em vez de uma. Os três primeiros princípios implicam *autonomia*: que o sistema é capaz de reter e processar informações sem muita interferência externa, determinando, portanto, seu próprio futuro. Todos os quatro princípios juntos significam que um sistema é autônomo, mas suas partes, não.

Se esses quatro princípios estiverem corretos, então teremos meio caminho andado: precisamos procurar teorias matematicamente rigorosas que os incorporem e testá-las de modo experimental. Também precisamos determinar se são necessários princípios adicionais. Quer a TII esteja correta ou não, os pesquisadores devem tentar desenvolver teorias concorrentes e testar todas as teorias disponíveis com experimentos cada vez melhores.

Controvérsias de consciência

Já discutimos a eterna controvérsia de a pesquisa em consciência ser um absurdo não científico e uma perda de tempo inútil. Além disso, existem polêmicas recentes na vanguarda da pesquisa em consciência – vamos explorar as que considero mais esclarecedoras.

Recentemente, a TII de Giulio Tononi atraiu não apenas elogios, mas também críticas, algumas das quais têm sido contundentes. Há pouco tempo, Scott Aaronson disse em seu blog: "Na minha opinião, o fato de a Teoria da Informação Integrada estar errada – comprovadamente errada, por razões profundas – a coloca entre as 2% principais de todas as teorias matemáticas de consciência já propostas. Quase todas as teorias concorrentes da consciência, parece-me, foram tão vagas, fracas e maleáveis que só podem aspirar ao erro".[22] Para o crédito de Scott e Giulio, eles nunca tiveram problemas quando os vi debater sobre a TII em um workshop recente da Universidade de Nova York, e ouviram com educação os argumentos um do outro. Aaronson mostrou que certas redes simples de portas lógicas tinham informações altamente integradas (Φ) e argumentou que, como claramente não estavam conscientes, a TII estava errada. Giulio respondeu que, se fossem construídas, elas *estariam* conscientes, e que a suposição de Scott em contrário era antropocentricamente tendenciosa, como se o dono de um matadouro alegasse que os animais não podiam estar conscientes apenas porque não podiam falar e eram muito diferentes dos humanos. Minha análise, com a qual ambos concordaram, foi que eles estavam em desacordo sobre a integração ser apenas uma condição *necessária* para a consciência (com a qual Scott concordou) ou também uma condição *suficiente* (o que Giulio reivindicou). Essa última é claramente uma reivindicação mais forte e mais controversa, que espero que possamos testar em breve experimentalmente.[23]

Outra alegação controversa da TII é que as atuais arquiteturas de computadores não podem ser conscientes, porque a maneira como suas portas lógicas se conectam oferece uma integração muito baixa.[24] Em outras palavras, se você fizer um upload seu em um futuro robô de alta potência que simula com precisão cada um de seus neurônios e suas sinapses, mesmo que esse clone digital pareça, fale e atue de maneira indistinguível em relação a você, Giulio afirma que será um zumbi inconsciente sem experiência subjetiva – o que seria decepcionante se você fizesse o upload buscando pela imortalidade subjetiva.* Essa afirmação foi contestada por David Chalmers e pelo professor de IA Murray Shanahan ao imaginar o que aconteceria se você substituísse gradualmente os circuitos neurais em seu cérebro por equipamentos digitais

---

* Existe uma possível tensão entre essa afirmação e a ideia de que a consciência é independente do substrato, pois, já que mesmo o processamento da informação podendo ser diferente no nível mais baixo, ele é por definição idêntico nos níveis mais altos onde determina o comportamento.

hipotéticos simulando-os com perfeição.²⁵ Embora seu *comportamento* não fosse afetado pela substituição, já que a simulação é por suposição perfeita, sua *experiência* mudaria de consciente, no início, para inconsciente, no final, segundo Giulio. Mas como se sentiria no meio, à medida que fosse cada vez mais substituído? Quando as partes do seu cérebro responsáveis por sua experiência consciente da metade superior do seu campo visual fossem substituídas, você notaria que parte do seu cenário visual tinha desaparecido de repente, mas que você sabia misteriosamente o que havia lá, como relatado por pacientes com "visão cega"?²⁶ Isso seria profundamente preocupante, porque, se você pode experimentar de forma consciente alguma diferença, também pode contar a seus amigos quando questionado – mas, por suposição, seu comportamento não pode mudar. A única possibilidade lógica compatível com as suposições é que, exatamente na mesma instância em que alguma coisa desaparece de sua consciência, sua mente é misteriosamente alterada para fazer você mentir e negar que sua experiência mudou, ou esquecer que as coisas foram diferentes.

Por outro lado, Murray Shanahan admite que a mesma crítica da substituição gradual pode ser feita em *qualquer* teoria que afirme que você pode agir conscientemente sem estar consciente; portanto, você pode ficar tentado a concluir que agir e ser consciente são a mesma coisa, e que comportamento observável externamente é, portanto, tudo o que importa. Por outro lado, você teria caído na armadilha de prever que está inconsciente enquanto sonha, mesmo que saiba que não.

Uma terceira controvérsia da TII é se uma entidade consciente pode ser feita de partes que são conscientes separadamente. Por exemplo, a sociedade como um todo pode ganhar consciência sem que as pessoas nela percam a delas? Um cérebro consciente pode ter partes que também são conscientes por conta própria? A previsão da TII é um firme "não", mas nem todos estão convencidos. Por exemplo, alguns pacientes com lesões que reduzem severamente a comunicação entre as duas metades de seu cérebro passam pela "síndrome da mão alienígena", em que o lado direito do cérebro faz a mão esquerda fazer coisas que os pacientes afirmam não estarem causando nem entendendo – às vezes a ponto de usar a outra mão para restringir a mão "alienígena". Como podemos ter tanta certeza de que não há duas consciências separadas na cabeça deles, uma no hemisfério direito, que não consegue falar, e outra no hemisfério esquerdo, que fala e afirma que fala pelos dois? Imagine usar a tecnologia do futuro para criar um link de comunicação direta entre dois cérebros humanos e aumentar gradualmente a capacidade desse link até que a comunicação seja tão eficiente entre os cérebros quanto dentro deles. Chegaria um momento em que as duas consciências individuais desapareceriam de repente e seriam substituídas por uma única, como previsto pela TII, ou a transição seria gradual para que as consciências individuais coexistissem de alguma forma, mesmo quando uma experiência conjunta começasse a surgir?

Outra controvérsia fascinante é se os experimentos subestimam nosso grau de consciência. Vimos que, embora *sintamos* que visualmente temos consciência de vastas quantidades de informações envolvendo cores, formas, objetos e, ao que parece, tudo o que está à nossa frente, experimentos demonstraram que só podemos lembrar e relatar uma fração desanimadoramente pequena disso.[27] Alguns pesquisadores tentaram resolver essa discrepância perguntando se às vezes podemos ter "consciência sem acesso", isto é, experiência subjetiva de coisas complexas demais para caber em nossa memória de trabalho para uso posterior.[28] Por exemplo, quando você tem "cegueira desatencional" por estar muito distraído para perceber um objeto bem à vista, isso não significa que você não teve uma experiência visual consciente, apenas que ela não foi armazenada em sua memória de trabalho.[29] Isso deveria contar mais como esquecimento do que como cegueira? Outros pesquisadores rejeitam a ideia de que não se pode confiar nas pessoas sobre o que dizem ter vivenciado e alertam para suas implicações. Murray Shanahan imagina um ensaio clínico em que os pacientes relatam alívio completo da dor graças a um novo medicamento maravilhoso, que, no entanto, é rejeitado por uma comissão do governo: "Os pacientes apenas pensam que não sentem dor. Graças à neurociência, sabemos a verdade".[30] Por outro lado, houve casos em que pacientes que acordaram acidentalmente durante a cirurgia receberam um medicamento para fazê-los esquecer a situação. Devemos confiar no relato subsequente de que não sentiram dor?[31]

Como pode ser a consciência da IA?

Se algum futuro sistema de IA estiver consciente, o que vivenciará subjetivamente? Essa é a essência do "problema ainda mais difícil" da consciência, e nos força a ir para o segundo nível de dificuldade descrito na Figura 8.1. Atualmente, não apenas nos falta uma teoria que responda a essa pergunta, como também não temos certeza se é logicamente possível respondê-la por completo. Afinal, como seria uma resposta satisfatória? Como você explicaria a uma pessoa nascida cega como é a cor vermelha?

Felizmente, nossa incapacidade atual de oferecer uma resposta completa não nos impede de dar respostas parciais. Um alienígena inteligente estudando o sistema sensorial humano provavelmente inferiria que cores são *qualia* que parecem associadas a cada ponto em uma superfície bidimensional (nosso campo visual), enquanto sons não parecem tão localizados espacialmente, e dores são *qualia* que parecem associadas com diferentes partes do nosso corpo. Ao descobrir que nossas retinas têm três tipos de células cone sensíveis à luz, eles podem inferir que experenciamos três cores primárias e que todos os outros *qualia* de cor resultam da combinação delas. Ao medir quanto tempo os neurônios levam para transmitir informações pelo cérebro, podem concluir que não experimentamos mais do que dez pensamentos ou percepções conscientes por segundo e que, quando assistimos a filmes na TV a 24 quadros por segundo, experimentamos isso não como uma sequência de imagens estáticas, mas como um movimento contínuo. Ao medir a rapidez com que a adrenalina é liberada em nossa corrente sanguínea e quanto tempo permanece antes de ser decomposta, eles podem prever que sentimos rajadas de raiva que começam em segundos e duram minutos.

Aplicando argumentos semelhantes baseados na física, podemos fazer algumas suposições sobre certos aspectos de como uma consciência artificial pode parecer. Primeiro, o espaço de possíveis experiências de IA é *enorme* comparado ao que nós humanos podemos vivenciar. Temos uma classe de *qualia* para cada um dos nossos sentidos, mas as IAs podem ter muito mais tipos de sensores e representações internas de informações, portanto, devemos evitar a armadilha de supor que ser uma IA necessariamente se parece com ser uma pessoa.

Segundo, uma consciência artificial do tamanho do cérebro pode ter milhões de vezes mais experiências do que nós por segundo, uma vez que os sinais eletromagnéticos viajam na velocidade da luz – milhões de vezes mais rápido que os sinais dos neurônios. No entanto, quanto maior a IA, mais lentos serão os pensamentos globais para permitir que o tempo de informações flua entre todas as suas partes, como vimos no Capítulo 4. Assim, esperamos que uma IA "Gaia" do tamanho da Terra tenha apenas cerca de dez experiências conscientes por segundo, como um ser humano, e uma IA do tamanho de uma galáxia poderia ter apenas um pensamento global a cada 100 mil anos ou algo assim – portanto, não mais do que uma centena de experiências durante toda a história do nosso Universo até agora! Isso daria às grandes IAs um incentivo aparentemente irresistível para delegar cálculos aos menores subsistemas capazes de lidar com eles, para acelerar as coisas, assim como nossa mente consciente delegou o reflexo de piscar em um subsistema pequeno, rápido e inconsciente. Embora tenhamos visto antes que o processamento consciente da informação em nosso cérebro parece ser apenas a ponta de um iceberg inconsciente, devemos esperar que a situação seja ainda mais extrema para grandes IAs futuras: se elas tiverem uma única consciência, é provável que não ela tenha conhecimento de quase todo o processamento de informações que está ocorrendo nela. Além disso, embora as experiências conscientes de que ela desfruta possam ser extremamente complexas, também têm o ritmo de uma tartaruga em comparação com as atividades rápidas de suas partes menores.

Isso de fato traz à tona a controvérsia acima mencionada sobre as partes de uma entidade consciente também poderem ser conscientes. A TII prevê que não, o que significa que, se uma futura IA astronomicamente grande for consciente, quase todo o processamento de informações ficará inconsciente. Isso significaria que se uma civilização de IAs menores melhorar suas habilidades de comunicação a ponto de uma única mente de colmeia consciente surgir, suas consciências individuais muito mais rápidas serão subitamente extintas. Se a previsão da TII estiver errada, por outro lado, a mente de colmeia pode coexistir com a panóplia de mentes conscientes menores. De fato, pode-se imaginar uma hierarquia aninhada de consciências em todos os níveis, desde microscópico até cósmico.

Como vimos acima, o processamento inconsciente de informações em nossos cérebros humanos parece vinculado à maneira fácil, rápida e automática de pensar que os psicólogos chamam de "Sistema 1".[32] Por exemplo, seu Sistema 1 pode informar sua consciência que sua análise altamente complexa dos dados de entrada visual determinou que seu melhor amigo chegou, sem lhe dar nenhuma ideia de como a computação ocorreu. Se esse vínculo entre sistemas e consciência se provar válido, será tentador generalizar essa terminologia para as IAs, denotando todas as tarefas rotineiras rápidas delegadas às subunidades inconscientes como o Sistema 1 da IA. O pensamento global, árduo, lento e controlado da IA, se consciente, seria o Sistema 2 da IA. Nós, humanos, também temos experiências conscientes envolvendo o que vou chamar de "Sistema 0": percepção passiva bruta que ocorre mesmo quando você se senta sem se mexer ou pensar e apenas observa o mundo ao seu redor. Os sistemas 0, 1 e 2 parecem progressivamente mais complexos, por isso é impressionante que apenas o do meio pareça inconsciente. A TII explica isso dizendo que as informações sensoriais brutas no Sistema 0 são armazenadas em estruturas cerebrais semelhantes a uma grade com uma integração muito alta, enquanto o Sistema 2 tem alta integração devido a loops de feedback, em que todas as informações das quais você está ciente agora podem afetar seus futuros estados cerebrais. Por outro lado, foi exatamente a previsão da grade consciente que desencadeou a crítica de Scott Aaronson à TII mencionada anteriormente. Em resumo, se uma teoria que resolve o problema bastante difícil da consciência puder um dia passar com sucesso por uma rigorosa bateria de testes experimentais, para que comecemos a levar a sério suas previsões, também reduzirá bastante as opções para o problema ainda mais difícil sobre qual futuro as IAs conscientes podem vivenciar.

Alguns aspectos da nossa experiência subjetiva remontam claramente às nossas origens evolutivas, por exemplo, nossos desejos emocionais relacionados à autopreservação (comer, beber, evitar ser morto) e à reprodução. Isso significa que deveria ser possível criar IA que nunca experimente *qualia* como fome, sede, medo ou desejo sexual. Como vimos no capítulo anterior, se uma IA altamente inteligente é programada para ter quase qualquer objetivo suficientemente ambicioso, é provável que ela se esforce para se autopreservar para poder atingir esse objetivo. Se fizerem parte de uma sociedade de IAs, no entanto, podem não ter nosso forte medo humano da morte: contanto que tenham feito backup, tudo o que perdem são as memórias que acumularam ao partir do backup mais recente, desde que tenham certeza de que o software de backup será usado. Além disso, a capacidade de copiar com facilidade informações e software entre as IAs provavelmente reduziria o forte senso de individualidade que é tão característico da nossa consciência humana: haveria menos distinção entre você e eu se pudéssemos compartilhar e copiar facilmente todas as nossas memórias e habilidades, portanto, um grupo de IAs próximas pode se sentir mais como um único organismo com uma mente de colmeia.

Uma consciência artificial sentiria que tem livre-arbítrio? Observe que, embora os filósofos tenham passado milênios discutindo se *nós* temos livre-arbítrio sem chegar a um consenso, mesmo sobre como definir a questão,[33] estou fazendo uma pergunta diferente, que é sem dúvida mais fácil de resolver. Deixe-me tentar convencê-lo de que a resposta é simplesmente "Sim, qualquer tomador de decisão consciente *sentirá* subjetivamente que tem livre-arbítrio, independentemente de ser biológico ou artificial". As decisões se enquadram em um espectro entre dois extremos:

1. Você sabe exatamente por que fez essa escolha específica.
2. Você não tem ideia do motivo pelo qual fez essa escolha específica – parece ter escolhido aleatoriamente por capricho.

As discussões de livre-arbítrio em geral se concentram em uma luta para conciliar nosso comportamento de tomada de decisão orientado a objetivos com as leis da física: se você está escolhendo entre as duas explicações a seguir para o que fez, então qual é a correta? *"Eu a chamei para sair porque realmente gostei dela"* ou *"Minhas partículas me fizeram fazer isso, me movendo de acordo com as leis da física"*? Mas vimos no último capítulo que *ambas* estão corretas: o que parece um comportamento orientado a objetivos pode emergir de leis determinísticas da física sem objetivos. Mais especificamente, quando um sistema (cérebro ou IA) toma uma decisão do tipo 1, calcula o que decidir usando algum algoritmo determinístico, e a razão pela qual parece ter decidido é que, de fato, decidiu ao calcular o que fazer. Além disso, como enfatizado por Seth Lloyd,[34] existe um famoso teorema da ciência da computação que diz que, para quase todos os cálculos, não há maneira mais rápida de determinar seus resultados do que de fato executá-los. Isso significa que normalmente é impossível descobrir o que você vai decidir fazer dentro de um segundo em menos de um segundo, o que ajuda a reforçar sua experiência de ter livre-arbítrio. Por outro lado, quando um sistema (cérebro ou IA) toma uma decisão do tipo 2, simplesmente programa sua mente para basear sua decisão na saída de algum subsistema que atua como um gerador de números aleatórios. Nos cérebros e nos computadores, números efetivamente aleatórios são facilmente gerados pela amplificação do ruído. Independentemente de onde no espectro de 1 a 2 uma decisão esteja, as consciências biológicas e artificiais sentem, portanto, que têm livre-arbítrio: sentem que realmente são elas que decidem e não podem prever com certeza qual será a decisão até terminarem de pensar nisso.

Algumas pessoas me dizem que acham a causalidade degradante, que ela torna seus processos de pensamento sem sentido e que as torna "meras" máquinas. Considero essa negatividade absurda e injustificada. Antes de tudo, não há nada "mero" no cérebro humano, que, no meu entender, é o objeto físico mais incrivelmente sofisticado em nosso Universo conhecido. Segundo, que alternativa eles preferem? Não querem que sejam seus próprios processos de pensamento (os cálculos realizados por seus cérebros) que tomem suas decisões? Sua experiência subjetiva de livre-arbítrio é simplesmente como seus cálculos se sentem por dentro: eles não sabem o resultado de um cálculo até terminá-lo. É o que significa dizer que a computação *é* a decisão.

Sentido

Vamos terminar voltando ao ponto de partida deste livro: como queremos que seja o futuro da vida? Vimos no capítulo anterior como diversas culturas ao redor do mundo buscam um futuro repleto de experiências positivas, mas controvérsias fascinantes surgem ao buscar consenso sobre o que deve ser considerado positivo e como fazer escolhas entre o que é bom para diferentes formas de vida. Mas não vamos deixar que essas controvérsias tirem nossa atenção do elefante na sala: não pode haver experiências positivas se não houver experiências, ou seja, se não houver consciência. Em outras palavras, sem consciência não pode haver felicidade, bondade, beleza, significado ou propósito – apenas um desperdício astronômico de espaço. Isso implica que, quando as pessoas perguntam sobre o significado da vida, como se fosse trabalho do nosso cosmos dar sentido à nossa existência, elas entenderam errado: *não é o nosso Universo dando sentido aos seres conscientes, mas seres conscientes dando sentido ao nosso Universo*. Portanto, o primeiro objetivo de nossa lista de desejos para o futuro deve ser reter (e, com sorte, expandir) a consciência biológica e/ou artificial em nosso cosmos, em vez de extingui-la.

Se formos bem-sucedidos nesse empreendimento, como nós, humanos, nos sentiremos coexistindo com máquinas cada vez mais inteligentes? O surgimento aparentemente inexorável de inteligência artificial incomoda você? E, se sim, por quê? No Capítulo 3, vimos como deve ser relativamente fácil para a tecnologia alimentada por IA satisfazer nossas necessidades básicas, como segurança e renda, desde que exista a vontade política de fazê-lo. No entanto, talvez você esteja preocupado que ser bem alimentado, vestido, alojado e entretido não seja suficiente. Se estivermos garantidos de que a IA cuidará de todas as nossas necessidades práticas e dos nossos desejos, podemos acabar sentindo que nos falta significado e propósito na vida, como animais de zoológico bem cuidados?

Tradicionalmente, nós, humanos, muitas vezes fundamentamos nossa autoestima na ideia de *excepcionalismo humano*: a convicção de que somos as entidades mais inteligentes do planeta e, portanto, somos únicos e superiores. A ascensão da IA nos forçará a abandonar isso e nos tornar mais humildes. Mas talvez isso seja algo que deveríamos fazer de qualquer maneira: afinal, apegar-se a noções arrogantes de superioridade sobre os outros (indivíduos, grupos étnicos, espécies etc.) causou problemas terríveis no passado e pode ser uma ideia pronta para ser aposentada. Aliás, o excepcionalismo humano não apenas causou pesar no passado, mas também parece desnecessário para o desenvolvimento humano: se descobrirmos uma civilização extraterrestre pacífica muito mais avançada do que nós na ciência, na arte e em tudo o que nos interessa, isso provavelmente não impediria que as pessoas continuassem a ter significado e propósito na vida. Poderíamos manter nossas famílias, nossos amigos e nossas comunidades mais amplos e todas as atividades que nos deram significado e propósito, com esperança de não termos perdido nada além de arrogância.

Ao planejar nosso futuro, vamos considerar o significado não apenas de nossa vida, mas também de nosso Universo. Aqui, dois dos meus físicos favoritos, Steven Weinberg e Freeman Dyson, representam visões diametralmente opostas. Weinberg, que ganhou o Prêmio Nobel por seu trabalho fundamental no modelo padrão da física de partículas, disse a famosa frase: "Quanto mais o Universo parece compreensível, mais parece inútil".[35] Dyson, por outro lado, é muito mais otimista, como vimos no Capítulo 6: embora ele concorde que nosso Universo *era* inútil, ele acredita que a vida está agora preenchendo-o com cada vez mais significado, e que o melhor ainda está por vir se a vida conseguir se espalhar por todo o cosmos. Ele terminou seu artigo seminal de 1979 assim: "O universo de Weinberg ou o meu estão mais próximos da verdade? Um dia, em pouco tempo, saberemos".[36] Se nosso Universo voltar a ficar permanentemente inconsciente porque exterminamos a vida na Terra ou porque deixamos uma IA zumbi inconsciente dominá-lo, sem dúvida Weinberg terá sido o grande vencedor.

Nessa perspectiva, vemos que, embora tenhamos, neste livro, nos concentrado no futuro da inteligência, o futuro de consciência é ainda mais importante, pois é ela que permite o significado. Os filósofos gostam de usar o latim nessa distinção, contrastando *sapience* (a capacidade de pensar de forma inteligente) com *sentience* (a capacidade de vivenciar subjetivamente *qualia*). Nós, seres humanos, construímos nossa identidade ao sermos *Homo sapiens*, as entidades mais inteligentes ao redor. Enquanto nos preparamos para ser humilhados por máquinas cada vez mais inteligentes, sugiro que mudemos nosso rótulo para *Homo sentiens*.

Resumo

- Não existe uma definição indiscutível de "consciência". Uso a definição ampla e não antropocêntrica: *consciência = experiência subjetiva*.
- Se as IAs são conscientes nesse sentido é o que importa para os mais espinhosos problemas éticos e filosóficos gerados pela ascensão da IA: as IAs podem sofrer? Deveriam ter direitos? Fazer upload é um suicídio subjetivo? Poderia um futuro cosmos repleto de IAs ser o apocalipse zumbi final?
- O problema de entender a inteligência não deve ser confundido com três problemas separados de consciência: o "problema bastante difícil" de prever quais sistemas físicos estão conscientes, o "problema ainda mais difícil" de prever os *qualia* e o "problema *realmente* difícil" de por que alguma coisa tem consciência.
- O "problema bastante difícil" da consciência é científico, uma vez que uma teoria que prevê quais processos cerebrais estão conscientes é experimentalmente testável e falsificável, enquanto ainda não está claro como a ciência poderia resolver de modo completo os dois problemas mais difíceis.
- Os experimentos em neurociência sugerem que muitos comportamentos e muitas regiões do cérebro são inconscientes, com grande parte de nossa experiência consciente representando um resumo posterior ao fato de quantidades vastamente maiores de informações inconscientes.
- Generalizar as previsões da consciência do cérebro para as máquinas requer uma teoria. A consciência parece exigir não um tipo específico de partícula ou campo, mas um tipo específico de processamento de informações bastante autônomo e integrado, de modo que todo o sistema seja bastante autônomo, mas suas partes, não.
- A consciência pode parecer tão não física porque é duplamente independente do substrato: se a consciência é a maneira como a informação sente ao ser processada de certas formas complexas, então é apenas a estrutura do processamento da informação que importa, não a estrutura da matéria que processa a informação.
- Se a consciência artificial é possível, é provável que o espaço de possíveis experiências de IA seja enorme em comparação com o que os humanos conseguem vivenciar, abrangendo um vasto espectro de *qualia* e escalas de tempo – todos compartilhando um sentimento de livre-arbítrio.

- Uma vez que não pode haver sentido sem consciência, não é o nosso Universo dando sentido aos seres conscientes, mas seres conscientes dando sentido ao nosso Universo.
- Isso sugere que, enquanto nós, seres humanos, nos preparamos para ser humilhados por máquinas cada vez mais inteligentes, seremos consolados principalmente por sermos *Homo sentiens*, não *Homo sapiens*.

Epílogo

A história da equipe do FLI

"O aspecto mais triste da vida agora é que a ciência reúne conhecimento mais rápido que a sociedade reúne sabedoria."
Isaac Asimov

Aqui estamos, meu caro leitor, no final do livro, depois de explorar a origem e o destino da inteligência, dos objetivos e do significado. Então, como podemos transformar essas ideias em ação? O que devemos *fazer* de concreto para tornar nosso futuro o melhor possível? Essa é precisamente a pergunta que estou me fazendo agora mesmo, sentado à janela, saindo de São Francisco para voltar para Boston, em 9 de janeiro de 2017, da conferência de IA que acabamos de organizar em Asilomar, então vou terminar este livro compartilhando meus pensamentos com você.

Meia está dormindo ao meu lado depois das muitas noites maldormidas de preparação e organização. Uau, que semana maluca foi essa! Conseguimos reunir quase todas as pessoas que mencionei neste livro por alguns dias para essa continuação da conferência de Porto Rico, incluindo empresários como Elon Musk e Larry Page, líderes de pesquisa em IA da academia e empresas como DeepMind, Google, Facebook, Apple, IBM, Microsoft e Baidu, além de economistas, juristas, filósofos e outros pensadores incríveis (veja a Figura 9.1). Os resultados superaram até minhas mais altas expectativas, e estou mais otimista em relação ao futuro da vida, como há muito não me sentia. Neste epílogo, vou lhe dizer por quê.

Figura 9.1: Nossa conferência de janeiro de 2017 em Asilomar, continuação da de Porto Rico, reuniu um notável grupo de pesquisadores de IA e áreas afins. Fileira de trás, da esq. para a dir.: Patrick Lin, Daniel Weld, Ariel Conn, Nancy Chang, Tom Mitchell, Ray Kurzweil, Daniel Dewey, Margaret Boden, Peter Norvig, Nick Hay, Moshe Vardi, Scott Siskind, Nick Bostrom, Francesca Rossi, Shane Legg, Manuela Veloso, David Marble, Katja Grace, Irakli Beridze, Marty Tenenbaum, Gill Pratt, Martin Rees, Joshua Greene, Matt Scherer, Angela Kane, Amara Angelica, Jeff Mohr, Mustafa Suleyman, Steve Omohundro, Kate Crawford, Vitalik Buterin, Yutaka Matsuo, Stefano Ermon, Michael Wellman, Bas Steunebrink, Wendell Wallach, Allan Dafoe, Toby Ord, Thomas Dieterich, Daniel Kahneman, Dario Amodei, Eric Drexler, Tomaso Poggio, Eric Schmidt, Pedro Ortega, David Leake, Seán Ó hÉigeartaigh, Owain Evans, Jaan Tallinn, Anca Dragan, Sean Legassick, Toby Walsh, Peter Asaro, Kay Firth-Butterfield, Philip Sabes, Paul Merolla, Bart Selman, Tucker Davey, ?, Jacob Steinhardt, Moshe Looks, Josh Tenenbaum, Tom Gruber, Andrew Ng, Kareem Ayoub, Craig Calhoun, Percy Liang, Helen Toner, David Chalmers, Richard Sutton, Claudia Passos-Ferreira, János Krámar, William MacAskill, Eliezer Yudkowsky, Brian Ziebart, Huw Price, Carl Shulman, Neil Lawrence, Richard Mallah, Jurgen Schmidhuber, Dileep George, Jonathan Rothberg, Noah Rothberg. Fileira da frente: Anthony Aguirre, Sonia Sachs, Lucas Perry, Jeffrey Sachs, Vincent Conitzer, Steve Goose, Victoria Krakovna, Owen Cotton-Barratt, Daniela Rus, Dylan Hadfield-Menell, Verity Harding, Shivon Zilis, Laurent Orseau, Ramana Kumar, Nate Soares, Andrew McAfee, Jack Clark, Anna Salamon, Long Ouyang, Andrew Critch, Paul Christiano, Yoshua Bengio, David Sanford, Catherine Olsson, Jessica Taylor, Martina Kunz, Kristinn Thoisson, Stuart Armstrong, Yann LeCun, Alexander Tamas, Roman Yampolskiy, Marin Soljačić, Lawrence Krauss, Stuart Russell, Eric Brynjolfsson, Ryan Calo, ShaoLan Hsueh, Meia Chita-Tegmark, Kent Walker, Heather Roff, Meredith Whittaker, Max Tegmark, Adrian Weller, Jose Hernandez-Orallo, Andrew Maynard, John Hering, Abram Demski, Nicolas Berggruen, Gregory Bonnet, Sam Harris, Tim Hwang, Andrew Snyder-Beattie, Marta Halina, Sebastian Farquhar, Stephen Cave, Jan Leike, Tasha McCauley e Joseph Gordon-Levitt. Chegaram mais tarde: Guru Banavar, Demis Hassabis, Rao Kambhampati, Elon Musk, Larry Page e Anthony Romero.

O FLI nasce

Desde que aprendi sobre a corrida armamentista nuclear, aos 14 anos, me preocupo que o poder de nossa tecnologia esteja crescendo mais rápido do que a sabedoria com que a administramos. Decidi, portanto, infiltrar um capítulo sobre esse desafio em meu primeiro livro, *Our Mathematical Universe*, mesmo que o resto fosse principalmente sobre física. Fiz uma resolução de ano-novo para 2014 de que não podia mais reclamar de nada sem pensar seriamente sobre o que eu poderia fazer quanto a isso e mantive minha promessa durante a turnê de autógrafos do meu livro em janeiro: Meia e eu discutimos bastante sobre iniciar algum tipo de organização sem fins lucrativos voltada para a melhoria do futuro da vida por meio da administração tecnológica.

Ela insistiu para darmos um nome positivo o mais diferente possível de "Instituto Fim do Mundo & Melancolia" e "Instituto Vamos Nos Preocupar com o Futuro." Como "Instituto Futuro da Humanidade" já tinha sido registrado [Future of Humanity Institute], passamos para "Instituto Futuro da Vida" [Future of Life Institute, FLI], que tinha a vantagem adicional de ser mais inclusivo. Em 22 de janeiro, a turnê de autógrafos do livro nos levou a Santa Cruz e, quando o Sol da Califórnia se pôs sobre o Pacífico, jantamos com nosso velho amigo Anthony Aguirre e o convencemos a unir forças conosco. Ele não é apenas uma das pessoas mais sábias e idealistas que conheço, mas também é alguém que conseguiu administrar outra organização sem fins lucrativos, o Foundational Questions Institute (veja <http://fqxi.org>, em inglês), comigo por mais de uma década.

Na semana seguinte, a turnê me levou a Londres. Como o futuro da IA estava em minha mente, entrei em contato com Demis Hassabis, que gentilmente me convidou para visitar a sede da DeepMind. Fiquei impressionado com o quanto eles cresceram desde que ele havia me visitado no MIT, dois anos antes. O Google tinha acabado de comprá-los por cerca de 650 milhões de dólares, e ver seu vasto panorama de escritórios repleto de mentes brilhantes tentando alcançar o audacioso objetivo de Demis de "resolver a inteligência" me deu uma sensação visceral de que o sucesso era uma possibilidade real.

Na noite seguinte, conversei com meu amigo Jaan Tallinn usando o Skype, software que ele ajudou a criar. Expliquei nossa ideia do FLI e, uma hora depois, ele decidiu arriscar, investindo até 100 mil dólares/ano em nós! Poucas coisas me tocam mais do que alguém depositar mais confiança em mim do que mereço, então para mim foi incrível quando, um ano depois, após a conferência de Porto Rico que mencionei no Capítulo 1, Tallinn brincou dizendo que aquele tinha sido o melhor investimento que ele já tinha feito.

No dia seguinte, minha editora havia deixado uma brecha na minha agenda, que preenchi com uma visita ao London Science Museum. Depois de ficar obcecado com o passado e o futuro da inteligência por tanto tempo, de repente senti que estava andando por uma manifestação física dos meus pensamentos. Eles montaram uma coleção fantástica de coisas que representam o crescimento do nosso conhecimento, da locomotiva Rocket de Stephenson ao Ford Modelo T, passando por uma réplica lunar em tamanho real da *Apollo 11* e por computadores que datam da calculadora mecânica "Diferential Engine" de Babbage até o hardware moderno. Também fizeram uma exposição sobre a história de nossa compreensão da mente, desde as experiências de pernas de sapo de Galvani até os neurônios, a EEG e a fMRI.

Eu raramente choro, mas foi o que fiz na saída — e em um túnel cheio de pedestres, a caminho da estação de metrô South Kensington. Lá estavam todas aquelas pessoas tocando a vida alegremente, alheios ao que eu estava pensando. Primeiro, nós, humanos, descobrimos como replicar alguns processos naturais com máquinas, produzindo nosso próprio vento, nossos raios e nossa própria força mecânica. Gradualmente, começamos a perceber que nossos corpos também eram máquinas. Então, a descoberta de células nervosas começou a borrar a fronteira entre corpo e mente. Então, começamos a construir máquinas que poderiam superar não apenas nossos músculos, mas também nossas mentes. Então, em paralelo à descoberta do que somos, estamos inevitavelmente nos tornando obsoletos? Isso seria poeticamente trágico.

Essa ideia me assustou, mas também fortaleceu minha determinação de manter a resolução que fiz no ano-novo. Senti que precisávamos de mais uma pessoa para completar nossa equipe de fundadores do FLI, que lideraria uma equipe de jovens voluntários idealistas. A escolha lógica foi Viktoriya Krakovna, uma brilhante aluna de Harvard que não apenas conquistou uma medalha de prata na Olimpíada Internacional de Matemática, mas também fundou a Citadel, uma casa para cerca de uma dúzia de jovens idealistas que queriam uma razão para desempenhar um papel maior na vida e no mundo. Meia e eu a convidamos para ir a nossa casa cinco dias depois para lhe contar sobre nossa ideia, e, antes de terminarmos o sushi, o FLI nasceu.

Figura 9.2: Jaan Tallinn, Anthony Aguirre, este que vos fala, Meia Chita-Tegmark e Viktoriya Krakovna comemoram nossa incorporação ao FLI com sushi, em 23 de maio de 2014.

A aventura em Porto Rico

Isso marcou o início de uma incrível aventura que ainda existe. Como mencionei no Capítulo 1, fizemos reuniões regulares de brainstorming em nossa casa com dezenas de estudantes idealistas, professores e outros pensadores locais, em que as ideias mais bem cotadas se transformaram em projetos – e a primeira foi a publicação daquele artigo sobre IA mencionado no Capítulo 1, com Stephen Hawking, Stuart Russell e Frank Wilczek, que ajudou a provocar o debate público. Em paralelo às etapas iniciais da criação de uma nova organização (como incorporar, recrutar um conselho consultivo e lançar um site), realizamos um divertido evento de lançamento diante de um auditório lotado do MIT, no qual Alan Alda explorou o futuro da tecnologia com os principais especialistas da área.

No restante do ano, nós nos concentramos em organizar a conferência de Porto Rico que, como mencionei no Capítulo 1, visava envolver os principais pesquisadores de IA do mundo no debate de como manter a IA benéfica. Nosso objetivo era mudar a conversa sobre segurança de IA de preocupante para operante: discutir o quanto deveríamos nos preocupar, até concordar com projetos de pesquisa concretos que poderiam ser iniciados imediatamente para maximizar a chance de um bom resultado. Para nos preparar, reunimos ideias promissoras de pesquisa sobre segurança de IA em todo o mundo e buscamos feedback da comunidade em nossa crescente lista de projetos. Com a ajuda de Stuart Russell e de um grupo de jovens voluntários esforçados, especialmente Daniel Dewey, János Krámar e Richard Mallah, destrinchamos essas prioridades de pesquisa em um documento a ser discutido na conferência.[1] Esperávamos que, espalhando o consenso de que havia muita pesquisa valiosa sobre segurança de IA a ser realizada, incentivaríamos as pessoas a começarem essa pesquisa. O triunfo maior seria se ele pudesse convencer alguém a financiá-lo, uma vez que, até então, não havia essencialmente nenhum apoio por parte de agências governamentais de financiamento para esse trabalho.

Entra Elon Musk. Em 2 de agosto, ele chamou nossa atenção ao twittar: "Vale a pena ler *Superinteligência*, de Bostrom. Precisamos ser supercuidadosos com a IA. Potencialmente mais perigosa do que as armas nucleares". Entrei em contato para falar sobre nossos esforços e conversei com ele por telefone algumas semanas depois. Embora eu estivesse bastante nervoso e surpreso, o resultado foi excelente: ele concordou em se juntar ao conselho consultivo científico do FLI, participar de nossa conferência e potencialmente financiar um primeiro programa de pesquisa sobre segurança da IA a ser anunciado em Porto Rico. Isso deixou todos nós no FLI empolgados e nos fez redobrar nossos esforços para criar uma conferência incrível, identificar tópicos de pesquisa promissores e gerar apoio da comunidade para eles.

Encontrei Elon pessoalmente para um planejamento adicional quando ele foi ao MIT, dois meses depois, para um simpósio espacial. Foi muito estranho ficar a sós com ele em uma pequena sala verde, momentos depois de ele ter arrebatado mais de mil estudantes do MIT como uma estrela do rock, mas depois de alguns minutos, eu só conseguia pensar em nosso projeto conjunto. Gostei imediatamente dele. Elon irradiava sinceridade, e fui inspirado pelo quanto ele se importava com o futuro da humanidade no longo prazo – e como ele audaciosamente transformou sua aspiração em ações. Ele queria que a humanidade explorasse e colonizasse nosso Universo, então fundou uma empresa espacial. Como queria energia sustentável, fundou uma empresa de energia solar e uma de carros elétricos. Alto, bonito, eloquente e incrivelmente erudito, era fácil entender por que as pessoas ouviam o que ele dizia.

Infelizmente, esse evento do MIT também me ensinou como a mídia pode ser desagregadora e motivada pelo medo. A performance de Elon no palco consistiu em uma hora de uma discussão fascinante sobre exploração espacial, que acho que seria ótima para a TV. No final, um aluno fez uma pergunta fora do escopo sobre IA. A resposta incluiu a frase "com inteligência artificial, estamos convocando o demônio", que se tornou a *única coisa* que a maior parte da mídia citou – e, em geral, fora de contexto. Pensei que muitos jornalistas estavam inadvertidamente fazendo exatamente o oposto do que estávamos tentando atingir em Porto Rico. Embora quiséssemos estabelecer um consenso na comunidade destacando o terreno comum, a mídia teve um incentivo para destacar as divisões. Quanto mais controvérsia pudessem relatar, maiores seriam as classificações da Nielsen e a receita com anúncios. Além disso, embora quiséssemos ajudar pessoas de todo o espectro de opiniões a se juntar e se entender melhor, a cobertura da mídia inadvertidamente fez as pessoas em todo o espectro de opiniões se incomodarem umas com as outras, alimentando mal-entendidos ao publicar apenas os comentários mais provocativos sem contexto. Por esse motivo, decidimos banir jornalistas da reunião de Porto Rico e impor a "Regra de Chatham House", que proíbe os participantes de revelar depois quem disse o quê.*

Embora nossa conferência em Porto Rico tenha sido um sucesso, não foi fácil. A contagem regressiva exigiu um trabalho diligente de preparação, por

---

* Essa experiência também me fez repensar como eu, pessoalmente, deveria interpretar notícias. Embora fosse óbvio que eu soubesse que a maioria das agências tem sua própria agenda política, percebi que elas também têm um viés distante do centro em todas as questões, mesmo nas não políticas.

exemplo, eu telefonar ou mandar mensagens de Skype para um grande número de pesquisadores de IA para reunir uma massa crítica de participantes para atrair os outros interessados. Também houve momentos dramáticos – como quando me levantei às sete da manhã de 27 de dezembro para entrar em contato com Elon em uma péssima conexão telefônica com o Uruguai, e ouvi "Não acho que isso vai funcionar". Ele estava preocupado com o fato de que um programa de pesquisa sobre segurança de IA pudesse criar uma falsa sensação de segurança, permitindo que pesquisadores imprudentes avançassem dando pouca atenção à segurança. Mas então, apesar do som incessantemente interrompido, tivemos uma longa conversa sobre os enormes benefícios de integrar o tópico e fazer mais pesquisadores de IA trabalharem na segurança da IA. Depois que a chamada foi interrompida, ele me enviou um dos meus e-mails favoritos de todos os tempos: "A ligação caiu no final. Enfim, os documentos parecem corretos. Fico feliz colocar 5 milhões de dólares ao longo de três anos na pesquisa. Talvez 10 milhões?".

Quatro dias depois, 2015 teve um bom começo para Meia e para mim, enquanto relaxávamos um pouco antes da reunião, dançando no ano-novo em uma praia de Porto Rico iluminada por fogos de artifício. A conferência também começou bem: houve um consenso notável de que mais pesquisas sobre segurança de IA eram necessárias e, com base em informações adicionais dos participantes da conferência, o documento de prioridades de pesquisa em que trabalhamos foi aprimorado e finalizado. Passamos a carta aberta do Capítulo 1, que endossava a pesquisa de segurança, e ficamos encantados com o fato de que quase todo mundo a assinou.

Meia e eu tivemos uma reunião mágica com Elon em nosso quarto de hotel, na qual ele abençoou os planos detalhados de nosso programa de subsídios. Meia ficou emocionada ao ver como ele era pé no chão e sincero em relação à sua vida pessoal e quanto interesse demonstrou em nós. Ele perguntou como nos conhecemos e gostou da elaborada história de Meia. No dia seguinte, filmamos uma entrevista com ele sobre segurança de IA e o porquê de ele queria investir nela. Tudo parecia estar nos eixos.[2]

O ponto alto da conferência, o anúncio de doação de Elon, estava marcado para as sete da noite do domingo, 4 de janeiro de 2015, e fiquei tão tenso com isso que mal consegui dormir na noite anterior. E então, apenas 15 minutos antes de irmos para o painel em que isso aconteceria, nos deparamos com um problema! O assistente de Elon ligou e disse que parecia que Elon talvez não conseguisse fazer o anúncio, e Meia disse que nunca me viu mais estressado ou decepcionado. Elon finalmente apareceu, e eu podia ouvir os segundos passando até a sessão começar enquanto nos sentávamos e conversávamos. Ele explicou que estavam a apenas dois dias do lançamento crucial de um foguete da SpaceX, quando esperavam realizar o primeiro pouso bem-sucedido da primeira etapa em uma nave-drone, e que, como esse era um grande marco, a equipe da SpaceX não queria causar nenhuma distração com escândalos midiáticos envolvendo seu nome. Anthony Aguirre, calmo e equilibrado como sempre, apontou que isso significava que *ninguém* queria atenção da mídia para aquilo: nem Elon nem a comunidade de IA. Chegamos alguns minutos atrasados à sessão que eu estava moderando, mas tínhamos um plano: nenhum valor em dólar seria mencionado para garantir que o anúncio não chegasse ao noticiário, e eu cuidaria da Chatham House para manter o anúncio de Elon em segredo do mundo por nove dias se seu foguete chegasse à estação espacial, independentemente do sucesso do pouso. Ele disse que precisaria de mais tempo se o foguete explodisse no lançamento.

A contagem regressiva para o anúncio finalmente chegou a zero. Os palestrantes da superinteligência que eu tinha moderado ainda estavam sentados ao meu lado no palco: Eliezer Yudkowsky, Elon Musk, Nick Bostrom, Richard Mallah, Murray Shanahan, Bart Selman, Shane Legg e Vernor Vinge. Aos poucos, as pessoas foram parando de aplaudir, mas os membros do painel continuaram sentados, porque lhes pedi para ficar sem explicar por quê. Meia me contou depois que seu coração estava muito acelerado e que ela segurava a mão tranquilizadora de Viktoriya Krakovna por baixo da mesa. Eu sorri, sabendo que aquele era o momento pelo qual tínhamos trabalhado e esperado.

Eu disse que estava muito feliz por haver um consenso na reunião de que mais pesquisa era necessária para manter a IA benéfica, e que havia tantas direções concretas de pesquisa em que poderíamos trabalhar imediatamente. Mas havíamos conversado sobre sérios riscos nesta sessão, acrescentei, por isso seria bom melhorar o ânimo e entrar em um clima otimista antes de irmos ao bar e ao banquete que tinham sido organizados lá fora. "Portanto, estou passando o microfone para... Elon Musk!". Senti que a história estava sendo escrita quando Elon pegou o microfone e anunciou que doaria uma grande quantia para pesquisas de segurança da IA. Sem surpresa, ele causou um frisson. Como planejado, ele não mencionou quanto, mas eu sabia que eram belos 10 milhões de dólares, como combinado.

Meia e eu fomos visitar nossos pais na Suécia e na Romênia após a conferência e, animados, assistimos ao lançamento do foguete ao vivo com meu pai em Estocolmo. Infelizmente, a tentativa de aterrissagem terminou com o que Elon chamou de "desmontagem rápida e não programada", sua equipe levou mais 15 meses para conseguir uma aterrissagem bem-sucedida no oceano.[3] No entanto, todos os satélites foram lançados em órbita com sucesso, assim como nosso programa de subsídios por meio de um tweet de Elon para seus milhões de seguidores.[4]

Popularizando a segurança de IA

Um dos principais objetivos da conferência em Porto Rico foi popularizar a pesquisa sobre segurança da IA, e foi emocionante ver isso acontecer em várias etapas. Primeiro, houve a reunião em si, em que muitos pesquisadores começaram a ficar confortáveis em se envolver com o tópico quando perceberam que faziam parte de uma comunidade cada vez maior. Fiquei profundamente tocado pelo incentivo de muitos participantes. Por exemplo, Bart Selman, professor de IA da Universidade Cornell, me enviou um e-mail dizendo: "Sinceramente, nunca vi um encontro científico tão bem organizado ou mais emocionante e mais intelectualmente estimulante".

O próximo passo da popularização começou em 11 de janeiro, quando Elon twittou: "Os principais desenvolvedores de inteligência artificial do mundo assinam carta aberta pedindo pesquisa sobre segurança de IA",[5] com um link para a página de uma petição que logo reuniu mais de 8 mil assinaturas, incluindo muitos dos mais destacados criadores de IA do mundo. De repente, ficou mais difícil afirmar que as pessoas preocupadas com a segurança da IA não sabiam do que estavam falando, porque agora isso implicava dizer que os principais pesquisadores de IA não sabiam do que estavam falando. A carta aberta foi noticiada pela mídia ao redor do mundo de uma maneira que nos deixou gratos por termos barrado os jornalistas em nossa conferência. Embora a palavra mais alarmista da carta fosse "armadilhas", ainda assim, desencadeou manchetes como "Elon Musk e Stephen Hawking assinam carta aberta na esperança de impedir a revolta dos robôs", ilustrado por exterminadores assassinos. Das centenas de artigos que vimos, nosso favorito foi um que zombava dos demais, dizendo que "uma manchete que evoca visões de androides esqueléticos que pisam em crânios humanos transforma tecnologia complexa e transformadora em espetáculo de carnaval".[6] Felizmente, houve também muitos artigos sérios, e eles nos trouxeram outro desafio: acompanhar a torrente de novas assinaturas, que precisavam ser verificadas manualmente para proteger nossa credibilidade e eliminar brincadeiras como "HAL

9000", "Exterminador do Futuro", "Sarah Jeanette Connor" e "Skynet". Para essa e nossas futuras cartas abertas, Viktoriya Krakovna e János Krámar ajudaram a organizar uma brigada de verificadores que incluía Jesse Galef, Eric Gastfriend e Revathi Vinoth Kumar trabalhando em turnos, de modo que, quando Revathi ia dormir na Índia, passava o bastão para Eric em Boston, e assim por diante.

A terceira etapa da popularização começou quatro dias depois, quando Elon twittou um link para o anúncio de que estava doando 10 milhões de dólares para pesquisas sobre segurança de IA.[7] Uma semana depois, lançamos um portal on-line em que pesquisadores do mundo todo poderiam se inscrever e concorrer a esse financiamento. Só conseguimos unir o sistema de aplicativos tão rápido porque Anthony e eu tínhamos passado a década anterior organizando competições semelhantes para bolsas de física. O Projeto Open Philanthropy, uma instituição de caridade sediada na Califórnia, focada em doações de alto impacto, concordou generosamente em complementar o presente de Elon para nos permitir oferecer mais bolsas. Não tínhamos certeza de quantos candidatos teríamos, pois o tópico era novo e o prazo, curto. A resposta nos surpreendeu, com cerca de 300 equipes de todo o mundo pedindo cerca de 100 milhões de dólares. Um júri de professores de IA e outros pesquisadores analisou cuidadosamente as propostas e selecionou 37 equipes vencedoras que foram financiadas por até três anos. Quando anunciamos a lista de vencedores, foi a primeira vez que a resposta da mídia para nossas atividades foi bastante sutil e livre de imagens de robôs assassinos. Finalmente estava caindo a ficha de que a segurança da IA não era uma conversa vazia: havia um trabalho de fato útil a ser feito, e muitas grandes equipes de pesquisa estavam arregaçando as mangas para se juntar ao esforço.

A quarta etapa da popularização ocorreu organicamente nos dois anos seguintes, com dezenas de publicações técnicas e dezenas de workshops sobre segurança da IA em todo o mundo, em geral como parte das conferências principais da IA. Figuras persistentes tentaram por muitos anos envolver a comunidade de IA em pesquisa de segurança, com sucesso limitado, mas agora as coisas realmente decolaram. Muitas dessas publicações foram financiadas pelo nosso programa de doações e, no FLI, fizemos o possível para ajudar a organizar e financiar o maior número possível desses workshops, mas uma parcela crescente deles foi possibilitada pelos próprios pesquisadores de IA investindo seu tempo e seus recursos. Como resultado, cada vez mais pesquisadores aprenderam sobre pesquisa de segurança com os próprios colegas, descobrindo que, além de útil, também poderia ser divertido, envolvendo problemas matemáticos e computacionais interessantes para resolver.

Equações complicadas não são a ideia de diversão de todo mundo, é claro. Dois anos depois da nossa conferência em Porto Rico, antes da conferência em Asilomar, realizamos uma oficina técnica, em que os vencedores das bolsas do FLI puderam mostrar suas pesquisas, e assistimos, um slide após outro, a símbolos matemáticos na tela grande. Moshe Vardi, professor de IA na Universidade Rice, brincou que sabíamos que tínhamos conseguido estabelecer um campo de pesquisa sobre segurança de IA porque as reuniões se tornaram entediantes.

Esse crescimento drástico do trabalho de segurança da IA não se limitou à academia. Amazon, DeepMind, Facebook, Google, IBM e Microsoft lançaram uma parceria do setor para uma IA benéfica.[8] Grande doações novas para a segurança de IA possibilitaram uma ampliação na pesquisa em nossas maiores organizações irmãs sem fins lucrativos: o Instituto de Pesquisa em Inteligência de Máquinas, em Berkeley, o Instituto Future of Humanity, em Oxford, e o Centro para o Estudo do Risco Existencial, em Cambridge (Reino Unido). Doações adicionais de 10 milhões de dólares ou mais deram início a esforços adicionais de IA benéfica: o Centro Leverhulme para o Futuro da Inteligência, em Cambridge, a Fundação K&L Gates para Ética e Tecnologias Computacionais, em Pittsburgh, e o Fundo para a Ética e Governança de Inteligência Artificial, em Miami. Por último, mas não menos importante, com um compromisso de bilhões de dólares, Elon Musk fez parceria com outros empreendedores para lançar a OpenAI, uma empresa sem fins lucrativos em São Francisco que trabalha pela IA benéfica. A pesquisa sobre segurança de IA veio para ficar.

Em paralelo a essa onda de pesquisa, surgiu uma onda de opiniões, individual e coletiva. A Partnership on AI divulgou seus princípios fundadores, e longos relatórios com listas de recomendações foram publicados pelo governo dos Estados Unidos, pela Universidade Stanford e pela IEEE (a maior organização de profissionais técnicos do mundo), juntamente com dezenas de outros relatórios e cartas de posicionamento de outros lugares.[9]

Estávamos ansiosos para promover uma discussão significativa entre os participantes de Asilomar e descobrir quais eram os pontos comuns entre essa comunidade diversificada, se é que havia algum. Assim, Lucas Perry assumiu a heroica tarefa de ler todos os documentos que havíamos encontrado e extrair todas as opiniões. Em uma maratona iniciada por Anthony Aguirre e concluída em uma série de longas reuniões telefônicas, nossa equipe do FLI tentou agrupar opiniões semelhantes e eliminar a verborragia burocrática redundante para terminar com uma lista única de princípios sucintos, incluindo também opiniões inéditas, mas influentes que haviam sido expressadas de maneira mais informal em conversas e em outros lugares. Mas essa lista ainda incluía muita ambiguidade, contradição e margem para interpretação; então, no mês anterior à conferência, nós a compartilhamos com os participantes e reunimos suas opiniões e sugestões para princípios novos ou aprimorados. Essa contribuição da comunidade produziu uma lista de princípios significativamente revisada para uso na conferência.

Em Asilomar, a lista foi aprimorada ainda mais em duas etapas. Primeiro, pequenos grupos discutiram os princípios nos quais estavam mais interessados (Figura 9.3), produzindo refinamentos detalhados, feedback, novos princípios e versões concorrentes dos antigos. Por fim, entrevistamos todos os participantes para determinar o nível de suporte para cada versão de cada princípio.

Figura 9.3: Grupos de grandes mentes refletem sobre os princípios de IA em Asilomar.

Esse processo coletivo foi exaustivo e extenuante, com Anthony, Meia e eu diminuindo as horas de sono e o tempo de almoço na conferência em nossa batalha para compilar tudo o que era necessário a tempo para os passos seguintes. Mas também foi empolgante. Após discussões detalhadas, espinhosas e às vezes controversas com uma ampla variedade de comentários, ficamos surpresos com o alto nível de consenso que surgiu em torno de muitos dos princípios durante a pesquisa final – alguns receberam mais de 97% de apoio. Esse consenso nos permitiu estabelecer um alto nível de inclusão na lista final: mantivemos apenas princípios com os quais pelo menos 90% dos participantes concordaram. Embora isso tenha feito com que alguns princípios populares fossem descartados no último minuto, incluindo alguns dos meus favoritos,[10] isso permitiu que a maioria dos participantes se sentisse à vontade em endossá-los na folha de inscrição que passamos pelo auditório. Aqui está o resultado:

Os princípios da IA de Asilomar

A inteligência artificial já forneceu ferramentas benéficas que são usadas diariamente por pessoas ao redor do mundo. Seu desenvolvimento contínuo, guiado pelos princípios a seguir, possibilitará oportunidades incríveis para ajudar e capacitar as pessoas nas décadas e nos séculos à frente.

Questões de pesquisa

Artigo 1 – Objetivo de Pesquisa: *O objetivo da pesquisa em IA não deve ser criar inteligência não direcionada, e sim inteligência benéfica.*

Artigo 2 – Fundo de Pesquisa: *Os investimentos em IA devem ser acompanhados de financiamento para pesquisas para garantir seu uso benéfico, incluindo perguntas espinhosas em ciência da computação, economia, direito, ética e estudos sociais, como:*

(a) Como podemos tornar os sistemas futuros de IA altamente robustos, para que façam o que queremos sem sofrerem avarias ou serem invadidos?

(b) Como podemos aumentar nossa prosperidade por meio da automação, mantendo os recursos e o propósito das pessoas?

(c) Como podemos atualizar nossos sistemas legais para serem mais justos e eficientes, acompanhar o ritmo da IA e gerenciar os riscos associados à IA?

(d) Com que conjunto de valores a IA deve ser alinhada e qual status legal e ético deve ter?

Artigo 3 – Link Ciência-Política: *Deve haver um intercâmbio construtivo e saudável entre pesquisadores de IA e formuladores de políticas.*

Artigo 4 – Cultura de Pesquisa: *Uma cultura de cooperação, confiança e transparência deve ser promovida entre pesquisadores e desenvolvedores de IA.*

Artigo 5 – Contenção de Fuga: *As equipes que desenvolvem sistemas de IA devem cooperar ativamente para evitar desvios nos padrões de segurança.*

Ética e valores

Artigo 6 – Segurança: *Os sistemas de IA devem ser seguros e protegidos durante toda a sua vida útil operacional e de forma verificável, quando aplicável e viável.*

Artigo 7 – Falha na transparência: *Se um sistema de IA causar danos, deve ser possível determinar o motivo.*

Artigo 8 – Transparência judicial: *Qualquer envolvimento de um sistema autônomo na tomada de decisões judiciais deve fornecer uma explicação satisfatória auditável por uma autoridade humana competente.*

Artigo 9 – Responsabilidade: *Designers e criadores de sistemas avançados de IA são stakeholders nas implicações morais de seu uso, seu uso indevido e suas ações, com responsabilidade e oportunidade de moldar essas implicações.*

Artigo 10 – Alinhamento de valor: *Os sistemas de IA altamente autônomos devem ser projetados para garantir que seus objetivos e comportamentos se alinhem aos valores humanos durante toda a operação.*

Artigo 11 – Valores humanos: *Os sistemas de IA devem ser projetados e operados de modo a serem compatíveis com os ideais de dignidade humana, direitos humanos, liberdades e diversidade cultural.*

Artigo 12 – Privacidade pessoal: *As pessoas devem ter o direito de acessar, gerenciar e controlar os dados que geram, dado o poder dos sistemas de IA de analisar e utilizar esses dados.*

Artigo 13 – Liberdade e privacidade: *A aplicação da IA a dados pessoais não deve limitar de maneira irracional a liberdade real nem a sensação de liberdade das pessoas.*

Artigo 14 – Benefício compartilhado: *As tecnologias de IA devem beneficiar e capacitar o maior número possível de pessoas.*

Artigo 15 – Prosperidade compartilhada: *A prosperidade econômica criada pela IA deve ser amplamente compartilhada, para beneficiar toda a humanidade.*

Artigo 16 – Controle humano: *Os seres humanos devem escolher como e se devem delegar decisões para os sistemas de IA com o intuito de alcançar os objetivos escolhidos pelos seres humanos.*

Artigo 17 – Não subversão: *O poder conferido pelo controle de sistemas de IA altamente avançados deve respeitar e melhorar, em vez de subverter, os processos sociais e cívicos dos quais depende a integridade da sociedade.*

Artigo 18 – Corridas armamentistas com IA: *Uma corrida armamentista com armas autônomas letais deve ser evitada.*

Problemas de longo prazo

Artigo 19 – Alerta de capacidade: *Não havendo consenso, devemos evitar pressupostos contundentes em relação aos limites máximos das futuras capacidades da IA.*

Artigo 20 – Importância: *A IA avançada pode representar uma mudança profunda na história da vida na Terra e deve ser planejada e administrada com cuidados e recursos proporcionais.*

Artigo 21 – Riscos: *Os riscos impostos pelos sistemas de IA, especialmente os riscos catastróficos ou existenciais, devem estar sujeitos a planejamento e esforços de mitigação proporcionais ao seu impacto esperado.*

Artigo 22 – Autoaperfeiçoamento recursivo: *Os sistemas de IA projetados para se autoaperfeiçoar ou replicar recursivamente de maneira que possa levar a um aumento rápido da qualidade ou quantidade devem estar sujeitos a rigorosas medidas de segurança e controle.*

Artigo 23 – Bem comum: *A superinteligência só deve ser desenvolvida a serviço de ideais éticos amplamente compartilhados e para o benefício de toda a humanidade, e não de um Estado ou organização.*

A lista de assinaturas cresceu drasticamente depois que publicamos os princípios on-line; e hoje inclui mais de mil pesquisadores de IA e muitos outros grandes pensadores. Se você também deseja ingressar como signatário, pode fazê-lo aqui: <http://futureoflife.org/ai-principles>.

Ficamos impressionados não apenas pelo nível de consenso sobre os princípios, mas também pela força deles. Claro, à primeira vista, alguns parecem tão controversos quanto "Paz, amor e maternidade são valiosos". Mas muitos têm espinhos reais, como é mais fácil de ver formulando negações para eles. Por exemplo, "Superinteligência é impossível!" viola o Artigo 19, e "É um desperdício total fazer pesquisas para reduzir o risco existencial da IA!" viola o Artigo 21.

Aliás, como você pode ver, se assistir ao nosso painel de discussão de longo prazo no YouTube,[11] Elon Musk, Stuart Russell, Ray Kurzweil, Demis Hassabis, Sam Harris, Nick Bostrom, David Chalmers, Bart Selman e Jaan Tallinn concordaram que a superinteligência provavelmente seria desenvolvida e que a pesquisa de segurança era importante.

Espero que os Princípios da IA de Asilomar sirvam de ponto de partida para discussões mais detalhadas, o que acabará levando a estratégias e políticas de IA razoáveis. Nesse espírito, nosso diretor de mídia do FLI, Ariel Conn, trabalhou com Tucker Davey e outros membros da equipe para entrevistar os principais pesquisadores de IA sobre os princípios e como eles os interpretaram, enquanto David Stanley e sua equipe de voluntários internacionais do FLI traduziram os princípios para os principais idiomas do mundo.

Otimismo consciente

Como confessei no começo deste epílogo, estou me sentindo mais otimista sobre o futuro da vida do que há muito tempo. Compartilhei minha história pessoal para explicar o porquê.

Minhas experiências nos últimos anos aumentaram meu otimismo por duas razões distintas. Primeiro, eu testemunhei a comunidade de IA se reunir de uma maneira notável para enfrentar construtivamente os desafios futuros, em geral em colaboração com pensadores de outras áreas. Elon me contou, depois da reunião de Asilomar, que achou incrível como a segurança da IA saiu da periferia para o centro das atenções em apenas alguns anos, e eu também estou impressionado. E agora não são apenas as questões de curto prazo do Capítulo 3 que estão se tornando tópicos de discussão respeitáveis, mas até superinteligência e risco existencial, como nos Princípios da IA de Asilomar. Não havia como esses princípios serem adotados em Porto Rico dois anos antes, quando a palavra mais assustadora que apareceu na carta aberta foi "armadilhas".

Figura 9.4: Uma comunidade cada vez maior procura respostas em Asilomar.

Gosto de observar as pessoas e, em um momento da última manhã da conferência de Asilomar, fiquei no canto do auditório e observei os participantes ouvindo uma discussão sobre IA e direito. Para minha surpresa, uma sensação quente e confusa tomou conta de mim, e de repente fiquei muito emocionado.

Aquilo parecia tão diferente de Porto Rico! Naquela época, lembro-me de ver a maioria da comunidade de IA com uma combinação de respeito e medo – não exatamente como uma equipe adversária, mas como um grupo que meus colegas e eu, preocupados com a IA, sentíamos que precisávamos convencer. Mas agora parecia tão óbvio que estivéssemos todos na *mesma* equipe. Como você provavelmente já percebeu lendo este livro, ainda não tenho as respostas para criar um grande futuro com a IA, então é ótimo fazer parte de uma comunidade cada vez maior que procura as respostas em conjunto.

A segunda razão pela qual me tornei mais otimista é que a experiência do FLI foi empoderadora. O que causou minhas lágrimas em Londres foi um sentimento de inevitabilidade: que um futuro perturbador pode estar chegando, e não havia nada que pudéssemos fazer sobre isso. Mas os três anos seguintes dissolveram minha melancolia fatalista. Se até mesmo um grupo de voluntários não remunerados poderia fazer uma diferença positiva para o que sem dúvida é a conversa mais importante do nosso tempo, imagine o que todos podemos fazer se trabalharmos juntos!

Erik Brynjolfsson falou de dois tipos de otimismo em sua palestra em Asilomar. Primeiro, há o tipo incondicional, como a expectativa positiva de que o Sol nascerá amanhã de manhã. E existe o que ele chamou de "otimismo consciente", que é a expectativa de que coisas boas vão acontecer se você planejar com cuidado e trabalhar duro para que aconteçam. Esse é o tipo de otimismo que agora sinto sobre o futuro da vida.

Então, o que *você* pode fazer para causar uma diferença positiva para o futuro da vida conforme entramos na era da IA? Por razões que explicarei em breve, acho que um ótimo primeiro passo é trabalhar para se tornar um otimista consciente, se você ainda não é. Para ser um otimista consciente de sucesso, é crucial desenvolver visões positivas para o futuro. Quando os estudantes do MIT vão à minha sala para aconselhamento de carreira, costumo começar perguntando onde eles se veem em uma década. Se uma aluna responder "Talvez eu esteja na enfermaria de um instituto de câncer ou em um cemitério depois de ser atingida por um ônibus", eu lhe daria uma bronca. Prever apenas futuros negativos é uma péssima abordagem para o planejamento de carreira! Dedicar 100% dos nossos esforços para evitar doenças e acidentes é uma ótima receita para hipocondria e paranoia, não para a felicidade. Em vez disso, gostaria de ouvir a estudante descrever seus objetivos com entusiasmo, e depois disso podemos discutir estratégias para chegar lá e evitar armadilhas.

Erik apontou que, de acordo com a teoria dos jogos, visões positivas formam a base de uma grande fração de toda colaboração no mundo, desde casamentos e fusões corporativas até a decisão de estados independentes para formar os Estados Unidos. Afinal, por que sacrificar algo que você tem se não consegue imaginar o ganho ainda maior que isso proporcionará? Isso significa que deveríamos imaginar um futuro positivo não apenas para nós mesmos, mas também para a sociedade e para a própria humanidade. Em outras palavras, precisamos de mais esperança existencial! No entanto, como Meia gosta de me lembrar, de Frankenstein ao Exterminador do Futuro, as visões futuristas da literatura e do cinema são predominantemente distópicas. Em outras palavras, nós, como sociedade, estamos planejando nosso futuro tão mal quanto aquela aluna hipotética do MIT. É por isso que precisamos de otimistas conscientes. E é por isso que incentivei você ao longo deste livro a pensar em que tipo de futuro *quer*, em vez de simplesmente pensar no tipo de futuro de que tem *medo*, para que possamos encontrar metas compartilhadas para planejar e trabalhar.

Vimos ao longo deste livro como é provável que a IA nos dê grandes oportunidades e desafios difíceis. Uma estratégia que provavelmente ajudará em quase todos os desafios da IA é nos preparar e melhorar nossa sociedade humana *antes* que a IA decole por completo. É melhor formar nossos jovens para tornar a tecnologia robusta e benéfica antes de conceder grande poder a ela. É melhor modernizar nossas leis antes que a tecnologia as torne obsoletas. É melhor resolver os conflitos internacionais antes que eles se transformem em uma corrida armamentista autônoma. É melhor criarmos uma economia que garanta prosperidade para todos antes que a IA tenha o potencial de aumentar as desigualdades. Estamos melhor em uma sociedade em que os resultados da pesquisa sobre segurança de IA são implementados, em vez de ignorados. E, olhando para o futuro, para os desafios relacionados à IAG sobre-humana, é melhor concordar com pelo menos alguns padrões éticos básicos antes de começarmos a ensiná-los a máquinas poderosas. Em um mundo polarizado e caótico, as pessoas com o poder de usar a IA para fins maliciosos terão mais motivação e capacidade de fazê-lo, e as equipes que correm para criar a IAG sentirão mais pressão para cortar caminhos de segurança do que para cooperar. Em resumo, se podemos criar uma sociedade humana mais harmoniosa, caracterizada pela cooperação por objetivos compartilhados, isso vai melhorar as perspectivas de a revolução da IA acabar bem.

Em outras palavras, uma das melhores maneiras de melhorar o futuro da vida é melhorar o amanhã. Você tem poder para fazer isso de várias maneiras. É claro que você pode votar nas urnas e dizer aos políticos o que pensa sobre educação, privacidade, armas autônomas letais, desemprego tecnológico e outras questões. Mas você também vota todos os dias por meio do que escolhe comprar, de quais notícias escolhe consumir, do que escolhe compartilhar e de que tipo de modelo você escolhe ser. Você quer ser alguém que interrompa todas as conversas para verificar seu smartphone ou alguém que se sinta capacitado ao usar a tecnologia de maneira planejada e deliberada? Deseja ser dono de sua tecnologia ou deseja que a tecnologia seja sua dona? O que você quer que signifique ser humano na era da IA? Por favor, discuta tudo isso com aqueles ao seu redor – não é apenas uma conversa importante, mas também fascinante.

Somos os guardiões do futuro da vida agora, à medida que moldamos a era da IA. Embora eu tenha chorado em Londres, agora sinto que não há nada inevitável nesse futuro, e sei que é muito mais fácil fazer a diferença do que eu pensava. Nosso futuro não está definido e apenas espera para acontecer – o futuro é nosso e podemos moldá-lo. Vamos criar juntos um futuro inspirador!

Agradecimentos

Sou sinceramente grato a todos que me incentivaram e me ajudaram a escrever este livro, incluindo:

minha família, meus amigos, professores, colegas e colaboradores, pelo apoio e pela inspiração ao longo dos anos,
minha mãe, por despertar minha curiosidade por consciência e significado,
meu pai, pelo espírito de luta para tornar o mundo um lugar melhor,
meus filhos, Philip e Alexander, por demonstrar as maravilhas da inteligência em nível humano emergindo,
todos os entusiastas da ciência e tecnologia do mundo que entraram em contato comigo ao longo dos anos com perguntas, comentários e incentivo para buscar e publicar minhas ideias,
meu agente, John Brockman, por me pressionar até eu concordar em escrever este livro,
Bob Penna, Jesse Thaler e Jeremy England, pelas úteis discussões sobre quasares, sphalerons e termodinâmica, respectivamente,
aqueles que me deram feedback sobre partes do manuscrito, incluindo minha mãe, meu irmão Per, Luisa Bahet, Rob Bensinger, Katerina Bergström, Erik Brynjolfsson, Daniela Chita, David Chalmers, Nima Deghani, Henry Lin, Elin Malmsköld, Toby Ord, Jeremy Owen, Lucas Perry, Anthony Romero, Nate Soares e Jaan Tallinn,

os super-heróis que comentaram os rascunhos do livro todo, são eles Meia, meu pai, Anthony Aguirre, Paul Almond, Matthew Graves, Phillip Helbig, Richard Mallah, David Marble, Howard Messing, Luiño Seoane, Marin Soljačić, meu editor Dan Frank e, acima de tudo,

Meia, minha amada musa e companheira de viagem, por seu eterno incentivo, apoio e inspiração, sem os quais este livro não existiria.

Notas

Capítulo 1

1. "The AI Revolution: Our Immortality or Extinction?", *Wait But Why*, 27 jan. 2015. Disponível em: <http://waitbutwhy.com/2015/01/artificial-intelligence-revolution-2.html>.
2. A carta aberta "Research Priorities for Robust and Beneficial Artificial Intelligence", pode ser encontrada em: <http://futureoflife.org/ai-open-letter/>.
3. Exemplo clássico de alarmismo de robôs na mídia: Ellie Zolfagharifard, "Artificial Intelligence 'Could Be the Worst Thing to Happen to Humanity'", *Daily Mail*, 2 maio 2014. Disponível em: <http://tinyurl.com/hawkingbots>.

Capítulo 2

1. Notas sobre a origem do termo IAG: <http://wp.goertzel.org/who-coined-the-term-agi>.
2. Hans Moravec, "When Will Computer Hardware Match the Human Brain?", *Journal of Evolution and Technology*, 1998, vol. 1.
3. Na figura que mostra o custo da computação *versus* o ano, os dados anteriores a 2011 são do livro de Ray Kurzweil, *How to Create a Mind* [Ed. bras.: *Como criar uma mente*]; os dados subsequentes são calculados a partir das referências em: <https://en.wikipedia.org/wiki/FLOPS>.

4. O pioneiro da computação quântica David Deutsch descreve como ele vê a computação quântica como evidência de universos paralelos em seu livro *The Fabric of Reality*, Londres: Allen Lane, 1997. Se quiser ter acesso a minha própria leitura sobre os universos quânticos paralelos como o terceiro dos quatro níveis do multiverso, você vai encontrá-la no meu livro anterior: *Our Mathematical Universe: My Quest for the Ultimate Nature of Reality*, Nova York: Knopf, 2014.

Capítulo 3

1. Assista no YouTube ao vídeo "Google DeepMind's Deep Q-learning Playing Atari Breakout". Disponível em: <https://tinyurl.com/atariai>.
2. Ver Volodymyr Mnih *et al.*, "Human-Level Control Through Deep Reinforcement Learning", *Nature 518*, 26 fev. 2015, pp. 529-33. Disponível em: <http://tinyurl.com/ataripaper>.
3. Vídeo do robô Big Dog em ação. Disponível em: <https://www.youtube.com/watch?v=W1czBcnX1Ww>.
4. Reações ao sensacionalmente criativo movimento de 5ª linha do AlphaGO: "Move 37!! Lee Sedol vs AlphaGo Match 2". Disponível em: <https://www.youtube.com/watch?v=JNrXgpSEEIE>.
5. Para saber sobre as melhorias nas traduções feitas por máquinas, ver Gideon Lewis-Kraus, "The Great A.I. Awakening", *New York Times Magazine*, 14 dez. 2016. Disponível em: <https://www.nytimes.com/2016/12/14/magazine/the-great-ai-awakening.html>. O Google Tradutor está disponível em: <https://translate.google.com>.
6. Desafio do Esquema de Winograd. Disponível em: <http://tinyurl.com/winogradchallenge>.
7. Vídeo da explosão do Ariane 5. Disponível em: <https://www.youtube.com/watch?v=qnHn8W1Em6E>.
8. Relatório de falha do voo 501 do Ariane 5 pela comissão de inquérito. Disponível em: <http://tinyurl.com/arianeflop>.
9. Relatório da Fase I do Conselho de Investigação Mishap da Mars Climate Orbiter da Nasa. Disponível em: <https://llis.nasa.gov/llis_lib/pdf/1009464main1_0641-mr.pdf>.
10. O relato mais detalhado e consistente sobre o que causou a falha da missão para Vênus Mariner 1 foi a transcrição manual incorreta de um único símbolo matemático (falta de uma barra superior). Disponível em: <http://tinyurl.com/marinerflop>.

11. Uma descrição detalhada do fracasso da missão soviética para Marte Phobos 1 pode ser encontrada em: Wesley T. Huntress Jr. e Mikhail Ya Marov, *Soviet Robots in the Solar System*. Nova York: Praxis Publishing, 2011, p. 308.
12. Como o software não verificado custa à Knight Capital US $ 440 milhões em 45 minutos. Disponível em: <http://tinyurl.com/knightflop1> e <http://tinyurl.com/knightflop2>.
13. Relatório do governo dos Estados Unidos sobre o "Flash Crash" de Wall Street, "Findings Regarding the Market Events of May 6, 2010", 30 set. 2010. Disponível em: <http://tinyurl.com/flashcrashreport>.
14. Impressão 3D de edifícios (<https://www.youtube.com/watch?v=SObzNdyRTBs>), de dispositivos micromecânicos (<http://tinyurl.com/tinyprinter>) e muitas outras coisas (<https://www.youtube.com/watch?v=xVU4FLrsPXs>).
15. Mapa global de fab labs comunitários. Disponível em: <https://www.fablabs.io/labs/map>.
16. Artigo sobre Robert Williams sendo morto por um robô industrial. Disponível em: <http://tinyurl.com/williamsaccident>.
17. Artigo sobre Kenji Urada sendo morto por um robô industrial. Disponível em: <http://tinyurl.com/uradaaccident>.
18. Artigo sobre o trabalhador da Volkswagen sendo morto por um robô industrial. Disponível em: <http://tinyurl.com/baunatalaccident>.
19. Relatório do governo dos Estados Unidos sobre mortes de trabalhadores. Disponível em: <https://www.osha.gov/dep/fatcat/dep_fatcat.html>.
20. Estatísticas de mortalidade de acidentes de carro. Disponíveis em: <https://www.nhtsa.gov/press-releases/usdot-releases-2016-fatal-traffic-crash-data>.
21. Sobre a primeira fatalidade do carro autônomo da Tesla, ver Andrew Buncombe, "Tesla Crash: Driver Who Died While on Autopilot Mode 'Was Watching Harry Potter'", *Independent*, 1º jul. 2016. Disponível em: <http://tinyurl.com/teslacrashstory>. Para acessar o relatório do Gabinete de Investigação de Defeitos da Administração Nacional de Segurança no Trânsito nas Rodovias dos Estados Unidos, ver: <http://tinyurl.com/teslacrashreport>.
22. Sobre o desastre do "Herald of Free Enterprise", ver R. B. Whittingham, *The Blame Machine: Why Human Error Causes Accidents*. Oxford, UK: Elsevier, 2004.
23. Documentário sobre o acidente do voo 447 da Air France. Disponível em: <https://www.youtube.com/watch?v=j9eVau8ejWQ>. Relatório do acidente.

Disponível em: <http://tinyurl.com/af447report>. Análise externa. Disponível em: <http://tinyurl.com/thomsonarticle>.

24. Relatório oficial sobre o blecaute EUA-Canadá em 2003. Disponível em: <http://tinyurl.com/uscanadablackout>.
25. Relatório final da Comissão do Presidente sobre o acidente em Three Mile Island. Disponível em: <http://large.stanford.edu/courses/2012/ph241/tran1/docs/188.pdf>.
26. Estudo holandês mostrando como a IA pode rivalizar com radiologistas humanos no diagnóstico baseado em ressonância magnética do câncer de próstata. Disponível em: <http://tinyurl.com/prostate-ai>.
27. Estudo de Stanford mostrando como a IA pode se sair melhor do que patologistas humanos no diagnóstico de câncer de pulmão. Disponível em: <http://tinyurl.com/lungcancer-ai>.
28. Investigação dos acidentes com terapia radioativa Therac-25. Disponível em: <https://web.stanford.edu/class/cs240/old/sp2014/readings/therac-25.pdf>.
29. Relatório sobre overdoses de radiação letal no Panamá causadas por interface do usuário confusa. Disponível em: <http://tinyurl.com/cobalt60accident>.
30. Estudo de eventos adversos em cirurgia robótica. Disponível em: <https://arxiv.org/abs/1507.03518>.
31. Artigo sobre o número de mortes por maus cuidados hospitalares. Disponível em: <http://tinyurl.com/medaccidents>.
32. O Yahoo estabeleceu um novo padrão para "grande invasão" ao anunciar que um bilhão (!) de contas de seus usuários foram invadidas. Disponível em: <https://www.wired.com/2016/12/yahoo-hack-billion-users/>.
33. Artigo do *New York Times* sobre absolvição e condenação posterior de assassino da KKK. Disponível em: <http://tinyurl.com/kkkacquittal>.
34. O estudo de Danziger *et al.* de 2011 (<http://www.pnas.org/content/108/17/6889.full>), argumentando que juízes famintos são mais severos, foi criticado por Weinshall-Margela e John Shapard (<http://www.pnas.org/content/108/42/E833.full>), mas Danziger *et al.* insistem que suas reivindicações permanecem válidas (<http://www.pnas.org/content/108/42/E834.full>).
35. Relatório da *Pro Publica* sobre viés racial no software de previsão de reincidência. Disponível em: <http://tinyurl.com/robojudge>.
36. O uso da ressonância magnética e de outras técnicas de varredura cerebral como evidência em processos é altamente controverso, bem como a confiabilidade de tais técnicas, embora muitas equipes reivindiquem precisão melhor

que 90%. Disponível em: <http://journal.frontiersin.org/article/10.3389/fpsyg.2015.00709/full>.
37. A PBS fez o filme *The Man Who Saved the World* sobre o incidente em que Vasili Arkhipov impediu sozinho um ataque nuclear soviético. Disponível em: <https://www.youtube.com/watch?v=4VPY2SgyG5w>.
38. A história de como Stanislav Petrov descartou avisos de um ataque nuclear dos Estados Unidos, considerando-os alarme falso, foi transformado no filme *O homem que salvou o mundo*, e Petrov foi homenageado nas ONU e recebeu o World Citizen Award. Trailer disponível em: <https://www.youtube.com/watch?v=IncSjwWQHMo>.
39. Carta aberta de pesquisadores de IA e robótica sobre armas autônomas. Disponível em: <http://futureoflife.org/open-letter-autonomous-weapons/>.
40. Um oficial dos Estados Unidos aparentemente querendo uma corrida armamentista militar de IA. Disponível em: <http://tinyurl.com/workquote>.
41. Estudo sobre desigualdade de renda nos Estados Unidos desde 1913. Disponível em: <http://gabriel-zucman.eu/files/SaezZucman2015.pdf>.
42. Relatório da Oxfam sobre desigualdade global de riqueza. Disponível em: <http://tinyurl.com/oxfam2017>.
43. Para uma excelente introdução sobre a hipótese da desigualdade causada pela tecnologia, ver Erik Brynjolfsson e Andrew McAfee, *The Second Machine Age: Work, Progress, and Prosperity in a Time of Brilliant Technologies*. Nova York: Norton, 2014 [Ed. bras.: *A segunda era das máquinas: trabalho, progresso e prosperidade em uma época de tecnologias brilhantes*. São Paulo: Alta Books, 2015].
44. Artigo em *The Atlantic* sobre a queda dos salários para os menos instruídos. Disponível em: <http://tinyurl.com/wagedrop>.
45. Os dados plotados foram extraídos de Facundo Alvaredo, Anthony B. Atkinson, Thomas Piketty, Emmanuel Saez e Gabriel Zucman, The World Wealth and Income Database, incluindo ganhos de capital. Disponível em: <http://www.wid.world>.
46. Apresentação de James Manyika mostrando a mudança de renda do trabalho para o capital. Disponível em: <http://futureoflife.org/data/PDF/james_manyika.pdf>.
47. Previsões sobre a automação futura do trabalho da Universidade de Oxford (<http://tinyurl.com/automationoxford>) e da <http://tinyurl.com/automationmckinsey>.
48. Vídeo do chef robô. Disponível em: <https://www.youtube.com/watch?v=fE6i2OO6Y6s>.

49. Marin Soljačić explorou essas opções no workshop de 2016 "Computers Gone Wild: Impact and Implications of Developments in Artificial Intelligence on Society". Disponível em: <http://futureoflife.org/2016/05/06/computers-gone-wild/>.
50. As sugestões de Andrew McAfee sobre como criar empregos melhores estão disponíveis em: <http://futureoflife.org/data/PDF/andrew_mcafee.pdf>.
51. Além dos muitos artigos acadêmicos argumentando que "desta vez é diferente" para o desemprego tecnológico, o vídeo "Humans Need Not Apply" explica a mesma coisa de modo sucinto. Disponível em: <https://www.youtube.com/watch?v=7Pq-S557XQU>.
52. Gabinete de Estatísticas do Trabalho dos Estados Unidos. Disponível em: <http://www.bls.gov/cps/cpsaat11.htm>.
53. Argumento de que "desta vez é diferente" para o desemprego tecnológico. Federico Pistono, *Robots Will Steal Your Job, but that's OK* (2012). Disponível em: <http://robotswillstealyourjob.com>.
54. Alterações na população equina dos Estados Unidos. Disponível em: <http://tinyurl.com/horsedecline>.
55. Meta-análise mostrando como o desemprego afeta o bem-estar: Maike Luhmann *et al.*, "Subjective Well-Being and Adaptation to Life Events: A Meta-Analysis", *Journal of Personality and Social Psychology* 102, n. 3, 2012, p. 592. Disponível em: <https://www.ncbi.nlm.nih.gov/pmc/articles/PMC3289759>.
56. Estudos sobre o que aumenta a sensação de bem-estar das pessoas: Angela Duckworth, Tracy Steen e Martin Seligman, "Positive Psychology in Clinical Practice", *Annual Review of Clinical Psychology* 1, 2005, pp. 629-51. Disponível em: <http://tinyurl.com/wellbeingduckworth>. Weiting Ng e Ed Diener, "What Matters to the Rich and the Poor? Subjective Well-Being, Financial Satisfaction, and Postmaterialist Needs Across the World", *Journal of Personality and Social Psychology* 107, n. 2, 2014, p. 326. Disponível em: <http://psycnet.apa.org/journals/psp/107/2/326>. Kirsten Weir, "More than Job Satisfaction", *Monitor on Psychology* 44, n. 11, dezembro de 2013. Disponível em: <http://www.apa.org/monitor/2013/12/job-satisfaction.aspx>.
57. Multiplicando cerca de 10^{11} neurônios, cerca de 10^4 conexões por neurônio e cerca de um (10^0) disparando por neurônio a cada segundo pode sugerir que cerca de 10^{15} FLOPS (1 petaFLOPS) são suficientes para simular um cérebro humano, mas existem muitas complicações pouco compreendidas, incluindo o tempo detalhado dos disparos e a questão de se pequenas partes de neurônios e sinapses também precisam ser simuladas. O cientista da computação da IBM Dharmendra Modha estimou que são necessários 38 petaFLOPS (<http://

tinyurl.com/javln43>), enquanto o neurocientista Henry Markram estimou que são necessários cerca de mil petaFLOPS (<http://tinyurl.com/6rpohqv>). Os pesquisadores de IA Katja Grace e Paul Christiano argumentaram que o aspecto mais caro da simulação cerebral não é computação, mas *comunicação*, e que isso também é uma tarefa no que se refere ao que os melhores supercomputadores atuais podem fazer (<http://aiimpacts.org/about>).

58. Para uma estimativa interessante acerca do poder computacional do cérebro humano: Hans Moravec, "When Will Computer Hardware Match the Human Brain?", *Journal of Evolution and Technology*, vol. 1, 1998.

Capítulo 4

1. Para assistir a um vídeo do primeiro pássaro mecânico, ver Markus Fischer, "A Robot That Flies like a Bird". TED Talk, julho de 2011. Disponível em: <https://www.ted.com/talks/a_robot_that_flies_like_a_bird>.

Capítulo 5

1. Ray Kurzweil, *The Singularity Is Near*. Nova York: Viking Press, 2005 [Ed. bras.: *A singularidade está próxima*. São Paulo: Itaú Cultural/Iluminuras, 2018].
2. O cenário "Nanny AI" de Ben Goertzel é descrito em: <https://wiki.lesswrong.com/wiki/Nanny_AI>.
3. Para uma discussão sobre a relação entre máquinas e humanos e se as máquinas são nossas escravas, ver Benjamin Wallace-Wells, "Boyhood", *New York Magazine*, 20 maio 2015. Disponível em: <http://tinyurl.com/aislaves>.
4. O crime mental é discutido no livro de Nick Bostrom *Superintelligence* [Ed. bras.: *Superinteligência*] e, com mais detalhes técnicos, neste artigo recente: Nick Bostrom, Allan Dafoe e Carrick Flynn, "Policy Desiderata in the Development of Machine Superintelligence", 2016. Disponível em: <http://www.nickbostrom.com/papers/aipolicy.pdf>.
5. Matthew Schofield, "Memories of Stasi Color Germans' View of U.S. Surveillance Programs", *McClatchy DC Bureau*, 26 jun. 2013. Disponível em: <http://www.mcclatchydc.com/news/nation-world/national/article24750439.html>.
6. Para reflexões instigantes sobre como as pessoas podem ser incentivadas a criar resultados que ninguém deseja, recomendo "Meditations on Molloch". Disponível em: <http://slatestarcodex.com/2014/07/30/meditations-on-moloch>.
7. Para uma linha do tempo interativa de momentos em que a guerra nuclear quase poderia ter começado por acidente, ver Future of Life Institute, "Accidental Nuclear War: A Timeline of Close Calls". Disponível em: <http://tinyurl.com/nukeoops>.

8. Sobre pagamentos compensatórios às vítimas de testes nucleares dos Estados Unidos, ver Departamento de Justiça dos Estados Unidos, "Awards to Date 4/24/2015". Disponível em: <https://web.archive.org/web/20160410100932/https://www.justice.gov/civil/awards-date-04242015>.
9. Relatório da Comissão dos Estados Unidos que estuda ameaça de pulso eletromagnético nuclear (EMP), abril de 2008. Disponível em: <http://www.empcommission.org/docs/A2473-EMP_Commission-7MB.pdf>.
10. Pesquisas independentes de cientistas americanos e soviéticos alertaram Reagan e Gorbachev para o risco do inverno nuclear. P. J. Crutzen e J. W. Birks, "The Atmosphere After a Nuclear War: Twilight at Noon", *Ambio 11*, n. 2/3, 1982, pp. 114-25. R. P. Turco, O. B. Toon, T. P. Ackerman, J. B. Pollack e C. Sagan, "Nuclear Winter: Global Consequences of Multiple Nuclear Explosions", *Science* 222, 1983, pp. 1283-92. V. V. Aleksandrov e G. L. Stenchikov, "On the Modeling of the Climatic Consequences of the Nuclear War", *Proceeding on Applied Mathematics*. Moscou: Centro de Computação da Academia de Ciências da URSS, 1983, p. 21. A. Robock, "Snow and Ice Feedbacks Prolong Effects of Nuclear Winter", *Nature* 310, 1984, pp. 667-70.
11. Cálculo dos efeitos climáticos da guerra nuclear global: A. Robock, L. Oman, e L. Stenchikov. "Nuclear Winter Revisited with a Modern Climate Model and Current Nuclear Arsenals: Still Catastrophic Consequences", *Journal of Geophysical Research* 12, 2007, D13107.
12. Há indícios de que a Rússia esteja construindo uma "bomba do juízo final" baseada em cobalto. Disponível em: <https://www.huffingtonpost.com/max-tegmark/dr-strangelove-is-back-sa_b_8632032.html>

Capítulo 6

1. Para mais informações, ver Anders Sandberg, "Dyson Sphere FAQ". Disponível em: <https://www.aleph.se/Nada/dysonFAQ.html>.
2. O artigo seminal de Freeman Dyson sobre as esferas de mesmo nome: Freeman Dyson, "Search for Artificial Stellar Sources of Infrared Radiation", *Science*, vol. 131, 1667-8.
3. Louis Crane e Shawn Westmoreland explicam seu mecanismo proposto para o buraco negro em "Are Black Hole Starships Possible?". Disponível: <http://arxiv.org/pdf/0908.1803.pdf>.
4. Para um belo infográfico do CERN resumindo as partículas elementares conhecidas, ver <http://tinyurl.com/cernparticles>.
5. Vídeo exclusivo de um protótipo não nuclear de Orion ilustra a ideia de pro-

pulsão de foguetes movidos a bomba nuclear. Disponível em: <https://www.youtube.com/watch?v=E3Lxx2VAYi8>.

6. Aqui está uma introdução pedagógica à navegação a laser: Robert L. Forward, "Roundtrip Interstellar Travel Using Laser-Pushed Lightsails", *Journal of Spacecraft and Rockets* 21, n. 2, mar-abr. 1984. Disponível em: <http://www.lunarsail.com/LightSail/rit-1.pdf>.

7. Jay Olson analisa civilizações cosmicamente em expansão em "Homogeneous Cosmology with Aggressively Expanding Civilizations", *Classical and Quantum Gravity* 32, 2015. Disponível em: <https://arxiv.org/abs/1411.4359>.

8. A primeira análise científica completa de nosso futuro distante: Freeman J. Dyson, "Time Without End: Physics and Biology in an Open Universe", *Reviews of Modern Physics* 51, n. 3, 1979, p. 447. Disponível em: <http://blog.regehr.org/extra_files/dyson.pdf>.

9. A fórmula de Seth Lloyd acima mencionada nos disse que realizar uma operação computacional durante um intervalo de tempo τ custa uma energia $E \geq h/4\tau$, onde h é constante de Planck. Se queremos realizar N operações uma após a outra (em série) durante um tempo T, então $\tau = T/N$, assim $E/N \geq h N/4T$, o que nos diz que podemos executar $N \leq 2\sqrt{ET/h}$ operações seriais usando energia E e tempo T. Portanto, energia e tempo são recursos que ajudam ter muito. Se você dividir sua energia entre n diferentes cálculos paralelos diferentes, eles podem rodar de forma mais lenta e eficiente, fornecendo $N \leq 2\sqrt{ETn/h}$. Nick Bostrom estima que simular uma vida humana de 100 anos requer cerca de $N = 10^{27}$ operações.

10. Se você quiser ver um argumento cuidadoso sobre por que a origem da vida pode exigir um acaso muito raro, colocando nossos vizinhos mais próximos com mais de 10^{1000} metros de distância, recomendo o vídeo do físico e astrobiólogo de Princeton Edwin Turner, "Improbable Life: An Unappealing but Plausible Scenario for Life's Origin on Earth". Disponível em: <https://www.youtube.com/watch?v=Bt6n6Tu1beg>.

11. Ensaio de Martin Rees sobre a busca de inteligência extraterrestre. Disponível em: <https://www.edge.org/annual-question/2016/response/26665>.

Capítulo 7

1. Uma discussão popular sobre o trabalho de Jeremy England sobre "adaptação dirigida à dissipação" pode ser encontrada em Natalie Wolchover, "A New Physics Theory of Life", *Scientific American*, 28 jan. 2014. Disponível em: <https://www.scientificamerican.com/article/a-new-physics-theory-of-life/>. Muitas

das bases dessa discussão estão no livro de Ilya Prigogine e Isabelle Stengers, *Order Out of Chaos: Man's New Dialogue with Nature*. Nova York: Bantam, 1984.

2. Para mais sobre sentimentos e suas raízes fisiológicas: William James, *Principles of Psychology*. Nova York: Henry Holt & Co., 1890; Robert Ornstein, *Evolution of Consciousness: The Origins of the Way We Think*. Nova York: Simon & Schuster, 1992; António Damásio, *Descartes' Error: Emotion, Reason, and the Human Brain*. Nova York: Penguin, 2005 [Ed. bras.: *Descartes: emoção, razão e o cérebro humano*. São Paulo: Companhia das Letras, 2012]; e António Damásio, *Self Comes to Mind: Constructing the Conscious Brain*. Nova York: Vintage, 2012.

3. Eliezer Yudkowsky discutiu o alinhamento dos objetivos da IA amigável não com o nosso objetivo, mas com a nossa *volição extrapolada coerente* (CEV, do inglês *coherent extrapolated volition*). Em termos gerais, isso é definido como o que uma versão idealizada de nós desejaria se soubéssemos mais, pensássemos mais rápido e fôssemos mais as pessoas que desejávamos que fôssemos. Yudkowsky começou a criticar o CEV logo após publicá-lo em 2004 (<http://intelligence.org/files/CEV.pdf>), por ser difícil de implementar e porque não está claro se convergiria para algo bem definido.

4. Na abordagem inversa de aprendizado por reforço, uma ideia central é que a IA está tentando maximizar não sua própria satisfação com o objetivo, mas a de seu dono humano. Portanto, ele tem um incentivo para ser cauteloso quando não está claro o que o proprietário deseja e fazer o possível para descobrir. Também não deveria ter problema ser desligado pelo proprietário, pois isso implicaria que ele havia entendido mal o que o proprietário realmente queria.

5. O artigo de Steve Omohundro sobre o surgimento de objetivos de IA, "The Basic AI Drives" pode ser encontrado em: <http://tinyurl.com/omohundro2008>. Originalmente publicado em Pei Wang, Ben Goertzel e Stan Franklin. *Artificial General Intelligence 2008: Proceedings of the First AGI Conference*. Amsterdã: IOS, 2008, pp. 483-92.

6. Um livro instigante e polêmico sobre o que acontece quando a inteligência é usada para obedecer cegamente sem questionar sua base ética: Hanna Arendt, *Eichmann in Jerusalem: A Report on the Banality of Evil*. Nova York: Penguin, 1963 [Ed. bras.: *Eichmann em Jerusalém: um relato sobre a banalidade do mal*. São Paulo: Companhia das Letras, 1999]. Um dilema relacionado se aplica a uma proposta recente de Eric Drexler (<http://www.fhi.ox.ac.uk/reports/2015-3.pdf>) para manter a superinteligência sob controle, compartimentando-a em partes simples, nenhuma delas entendendo o quadro todo. Se isso funcionar, poderá mais uma vez fornecer uma ferramenta incrivelmente poderosa, sem uma bússola moral intrínseca, im-

plementando todos os caprichos de seu dono, sem qualquer escrúpulo moral. Isso seria uma reminiscência de uma burocracia compartimentalizada em uma ditadura distópica: uma parte constrói armas sem saber como serão usadas, outra executa prisioneiros sem saber por que foram condenados e assim por diante.

7. Uma variante moderna da Regra de Ouro é a ideia de John Rawls de que uma situação hipotética é justa se ninguém a modificar sem saber antecipadamente quem seria a pessoa envolvida nela.
8. Por exemplo, o QI de muitos dos principais funcionários de Hitler era bastante alto. Ver "How Accurate Were the IQ Scores of the High-Ranking Third Reich Officials Tried at Nuremberg?", *Quora*. Disponível em: <http://tinyurl.com/nurembergiq>.

Capítulo 8

1. O verbete sobre consciência de Stuart Sutherland é bastante divertido: *Macmillan Dictionary of Psychology*. Londres: Macmillan, 1989.
2. Erwin Schrödinger, um dos pais fundadores da mecânica quântica, fez a observação mencionada em seu livro *Mind and Matter* enquanto contemplava o *passado* – e o que teria acontecido se a vida consciente nunca evoluísse em primeiro lugar. Por outro lado, a ascensão da IA levanta a possibilidade lógica de que possamos acabar nos apresentando para plateias vazias no *futuro*.
3. A *Stanford Encyclopedia of Philosophy* fornece uma extensa pesquisa de diferentes definições e usos da palavra "consciência". Disponível em: <http://tinyurl.com/stanfordconsciousness>.
4. Yuval Noah Harari, *Homo Deus: A Brief History of Tomorrow*. Nova York: Harper-Collins, 2017, p. 116 [Ed. bras.: *Homo Deus: uma breve história do amanhã*. São Paulo: Companhia das Letras, 2016].
5. Excelente introdução ao "Sistema 1" e "Sistema 2" de um pioneiro: Daniel Kahneman, *Thinking, Fast and Slow*. Nova York: Farrar, Straus & Giroux, 2011 [Ed. bras.: *Rápido e devagar: duas formas de pensar*. Rio de Janeiro: Objetiva, 2011].
6. Ver Christof Koch, *The Quest for Consciousness: A Neurobiological Approach*. Nova York: W. H. Freeman, 2004.
7. Talvez estejamos apenas conscientes de uma pequena fração (digamos 10-50 bits) da informação que entra em nosso cérebro a cada segundo: K. Küpfmüller, "Nachrichtenverarbeitung im Menschen", 1962, in: K. Steinbuch (ed.) *Taschenbuch der Nachrichtenverarbeitung*. Berlim: Springer-Verlag, 1962, pp. 1481-502. T. Nørretranders. *The User Illusion: Cutting Consciousness Down to Size*. Nova York: Viking, 1991.

8. Michio Kaku, *The Future of the Mind: The Scientific Quest to Understand, Enhance, and Empower the Mind*. Nova York: Doubleday, 2014 [Ed. bras.: *O futuro da mente: a busca da ciência para entender, aprimorar e potencializar a mente*. Rio de Janeiro: Rocco, 2015]; Jeff Hawkins e Sandra Blakeslee. *On Intelligence*. Nova York: Times Books, 2007; Stanislas Dehaene, Michel Kerszberg e Jean-Pierre Changeux, "A Neuronal Model of a Global Workspace in Effortful Cognitive Tasks", *Proceedings of the National Academy of Sciences* 95, 1998, 14529-34.

9. Vídeo comemorando o famoso experimento de Penfield "I can smell burnt toast" [Sinto cheiro de torrada queimada]. Disponível em: <https://www.youtube.com/watch?v=pUOG2g4hj8s>. Detalhes do córtex sensório-motor: Elaine Marieb e Katja Hoehn, *Anatomy & Physiology*, 3ª ed. Upper Saddle River, NJ: Pearson, 2008, pp. 391-5.

10. O estudo dos correlatos neurais da consciência (CNCs) tornou-se bastante popular na comunidade de neurociências nos últimos anos – ver, por exemplo, Geraint Rees, Gabriel Kreiman e Christof Koch, "Neural Correlates of Consciousness in Humans", *Nature Reviews Neuroscience* 3, 2002, pp. 261-70, e Thomas Metzinger, *Neural Correlates of Consciousness: Empirical and Conceptual Questions*. Cambridge, MA: MIT Press, 2000.

11. Como funciona a supressão contínua de flash: Christof Koch, *The Quest for Consciousness: A Neurobiological Approach*. Nova York: W. H. Freeman, 2004; Christof Koch e Naotsugu Tsuchiya, "Continuous Flash Suppression Reduces Negative Afterimages", *Nature Neuroscience* 8, 2005, pp. 1096-101.

12. Christof Koch, Marcello Massimini, Melanie Boly e Giulio Tononi, "Neural Correlates of Consciousness: Progress and Problems", *Nature Reviews Neuroscience* 17, 2016, p. 307.

13. Ver Koch, *The Quest for Consciousness*, p. 260, e as discussões na *Stanford Encyclopedia of Philosophy*, disponível em: <http://tinyurl.com/consciousnessdelay>.

14. Sobre a sincronização da percepção consciente: David Eagleman, *The Brain: The Story of You*. Nova York: Pantheon, 2015 [Ed. bras.: *Cérebro: uma biografia*. Rio de Janeiro: Rocco, 2017], e *Stanford Encyclopedia of Philosophy*, disponível em: <http://tinyurl.com/consciousnesssync>.

15. Benjamin Libet, *Mind Time: The Temporal Factor in Consciousness*. Cambridge, MA: Harvard University Press, 2004; Chun Siong Soon, Marcel Brass, Hans-Jochen Heinze e John-Dylan Haynes, "Unconscious Determinants of Free Decisions in the Human Brain", *Nature Neuroscience* 11, 2008, pp. 543-5. Disponível em: <http://www.nature.com/neuro/journal/v11/n5/full/nn.2112.html>.

16. Exemplos de abordagens teóricas recentes para a consciência: Daniel Dennett, *Consciousness Explained*. Nova York: Back Bay Books, 1992; Bernard Baars, *In the Theater of Consciousness: The Workspace of the Mind*. Nova York: Oxford University Press, 2001; Christof Koch, *The Quest for Consciousness: A Neurobiological Approach*. Nova York: W. H. Freeman, 2004; Gerald Edelman e Giulio Tononi, *A Universe of Consciousness: How Matter Becomes Imagination*. Nova York: Hachette, 2008; António Damásio, *Self Comes to Mind: Constructing the Conscious Brain*. Nova York: Vintage, 2012; Stanislas Dehaene, *Consciousness and the Brain: Deciphering How the Brain Codes Our Thoughts*. Nova York: Viking, 2014; Stanislas Dehaene, Michel Kerszberg e Jean-Pierre Changeux, "A Neuronal Model of a Global Workspace in Effortful Cognitive Tasks", *Proceedings of the National Academy of Sciences* 95, 1998, 14529-34; Stanislas Dehaene, Lucie Charles, Jean-Rémi King e Sébastien Marti, "Toward a Computational Theory of Conscious Processing", *Current Opinion in Neurobiology* 25, 2014, 760-84.
17. Discussão completa dos diferentes usos do termo "emergência" em física e filosofia por David Chalmers. Disponível em: <http://cse3521.artifice.cc/Chalmers-Emergence.pdf>.
18. Discussões em que argumento que consciência é o que as informações sentem ao serem processadas de certas maneiras complexas. Disponíveis em: <https://arxiv.org/abs/physics/0510188>, <https://arxiv.org/abs/0704.0646>. Max Tegmark. *Our Mathematical Universe*. Nova York: Knopf, 2014. David Chalmers expressa uma opinião semelhante em seu livro *The Conscious Mind*, de 1996: "Experiência é informação de dentro; física é informação de fora".
19. Adenauer Casali *et al.*, "A Theoretically Based Index of Consciousness Independent of Sensory Processing and Behavior", *Science Translational Medicine* 5, 2013, 198ra105. Disponível em: < http://tinyurl.com/zapzip>.
20. A teoria da informação integrada não funciona para sistemas contínuos. Disponíveis em: <https://arxiv.org/abs/1401.1219>, http://journal.frontiersin.org/article/10.3389/fpsyg.2014.00063/full> e <https://arxiv.org/abs/1601.02626>.
21. Entrevista com Clive Wearing, cuja memória de curto prazo é de apenas 30 segundos. Disponível em: <https://www.youtube.com/watch?v=WmzU47i2xgw>.
22. Crítica de Scott Aaronson sobre TII. Disponível em: <http://www.scottaaronson.com/blog/?p=1799>.
23. A crítica de Cerullo sobre TII, argumentando que a integração não é uma condição suficiente para a consciência, pode ser lida em: <http://tinyurl.com/cerrullocritique>.

24. Previsão do TII de que humanos simulados serão zumbis. Disponível em: <http://rstb.royalsocietypublishing.org/content/370/1668/20140167>.
25. Crítica de Shanahan sobre TII. Disponível em: <https://arxiv.org/pdf/1504.05696.pdf>.
26. Visão cega: <http://tinyurl.com/blindsight-paper>.
27. Talvez estejamos apenas cientes de uma pequena fração (digamos 10-50 bits) da informação que entra em nosso cérebro a cada segundo: Küpfmüller, "Nachrichtenverarbeitung im Menschen"; Nørretranders, *The User Illusion: Cutting Consciousness Down to Size*. Nova York: Viking, 1991.
28. O argumento a favor e contra a "consciência sem acesso": Victor Lamme, "How Neuroscience Will Change Our View on Consciousness", *Cognitive Neuroscience*, 2010, pp. 204-20. Disponível em: <http://www.tandfonline.com/doi/abs/10.1080/17588921003731586>.
29. Vídeo "Selective Attention Test". Disponível em: <https://www.youtube.com/watch?v=vJG698U2Mvo>.
30. Ver Lamme, "How Neuroscience Will Change Our View on Consciousness", n. 28.
31. Essa e outras questões relacionadas são discutidas em detalhes no livro de Daniel Dennett, *Consciousness Explained*.
32. Ver Kahneman, *Thinking, Fast and Slow*, já citado na nota 5.
33. A *Stanford Encyclopedia of Philosophy* analisa a controvérsia do livre-arbítrio em: <https://plato.stanford.edu/entries/freewill>.
34. O vídeo de Seth Lloyd explicando por que uma IA parece ter livre-arbítrio está disponível em: <https://www.youtube.com/watch?v=Epj3DF8jDWk>.
35. Ver Steven Weinberg, *Dreams of a Final Theory: The Search for the Fundamental Laws of Nature*. Nova York: Pantheon, 1992.
36. A primeira análise científica completa de nosso futuro distante: Freeman J. Dyson, "Time Without End: Physics and Biology in an Open Universe", *Reviews of Modern Physics* 51, n. 3, 1979, p. 447. Disponível em: <http://blog.regehr.org/>.

Epílogo

1. A carta aberta (<http://futureoflife.org/ai-open-letter/>) que surgiu da conferência de Porto Rico argumenta que a pesquisa sobre como tornar os sistemas de IA robustos e benéficos é importante e oportuna e que existem orientações concretas de pesquisa que podem ser seguidas hoje, como exemplificado no documento de prioridades de pesquisa: <http://futureoflife.org/data/documents/research_priorities.pdf>.

2. Minha entrevista em vídeo com Elon Musk sobre segurança de IA está disponível em:<https://www.youtube.com/watch?v=rBw0eoZTY-g>.
3. Boa compilação em vídeo de quase todas as tentativas de pouso de foguetes SpaceX, culminando com o primeiro pouso oceânico de sucesso: <https://www.youtube.com/watch?v=AllaFzIPaG4>.
4. Elon Musk twittou sobre nossa competição de subsídios de segurança de IA. Disponível em: <https://twitter.com/elonmusk/status/555743387056226304>.
5. Elon Musk twittou sobre a nossa carta aberta que apoia a IA. Disponível em: <https://twitter.com/elonmusk/status/554320532133650432>.
6. Erik Sofge zomba do excesso de notícias assustadoras sobre nossa carta aberta em "An Open Letter to Everyone Tricked into Fearing Artificial Intelligence", *Popular Science*, 14 jan. 2015. Disponível em: <http://www.popsci.com/open-letter-everyone-tricked-fearing-ai>.
7. Elon Musk twittou sobre sua grande doação ao Future of Life Institute e para o mundo dos pesquisadores de segurança de IA. Disponível em: <https://twitter.com/elonmusk/status/555743387056226304>.
8. Para saber mais sobre a Partnership on AI para beneficiar as pessoas e a sociedade, acesse: <https://www.partnershiponai.org>.
9. Alguns exemplos de relatórios recentes sobre IA que expressam opiniões: Stanford 100 Year AI Study, "Artificial Intelligence and Life in 2030", set. 2016: <http://tinyurl.com/stanfordai>. Relatório da Casa Branca sobre o futuro da IA: <http://tinyurl.com/obamaAIreport>. Relatório ad Casa Branca sobre IA e empregos: <http://tinyurl.com/AIjobsreport>. Relatório do IEEE sobre IA e bem-estar humano, "Ethically Aligned Design, Version 1", 13 dez. 2016: <https://standards.ieee.org/content/dam/ieee-standards/standards/web/documents/other/ead_v1.pdf>. Roteiro da US Robotics: <http://tinyurl.com/roboticsmap>.
10. Entre os princípios que não resistiram ao corte final, um dos meus favoritos foi: "Cuidado com a consciência: não havendo consenso, devemos evitar suposições fortes sobre se a IA avançada terá ou não a consciência ou a necessidade de consciência ou sentimentos". Ele passou por muitas iterações e, na última, a polêmica palavra "consciência" foi substituída por "experiência subjetiva" – mas esse princípio, no entanto, obteve apenas 88% de aprovação, ficando um pouco abaixo da marca de corte de 90%.
11. Painel de discussão sobre superinteligência com Elon Musk e outras grandes mentes. Disponível em: <http://tinyurl.com/asilomarAI>.